未名社科·学术面对面

诠释人类学

Explanatory Notes on Anthropology

叶启晓 编著

北京大学出版社
PEKING UNIVERSITY PRESS

图书在版编目(CIP)数据

诠释人类学/叶启晓编著. —北京:北京大学出版社,2012.1
(未名社科·学术面对面)
ISBN 978-7-301-19589-5

Ⅰ. ①诠…　Ⅱ. ①叶…　Ⅲ. ①人类学-研究　Ⅳ. ①Q98

中国版本图书馆 CIP 数据核字(2011)第 200122 号

书　　名:诠释人类学
著作责任者:叶启晓　编著
责 任 编 辑:高桂芳(pkuggf@126.com)
标 准 书 号:ISBN 978-7-301-19589-5/C·0707
出 版 发 行:北京大学出版社
地　　址:北京市海淀区成府路 205 号　100871
网　　址:http://www.pup.cn　电子邮箱:ss@pup.pku.edu.cn
电　　话:邮购部 62752015　发行部 62750672　编辑部 62753121
　　　　　出版部 62754962
印　刷　者:三河市博文印刷厂
经　销　者:新华书店
　　　　　730 毫米×980 毫米　16 开本　26.5 印张　449 千字
　　　　　2012 年 1 月第 1 版　2012 年 1 月第 1 次印刷
定　　价:58.00 元

序一：人类学的视野

周大鸣

如果从1903年赫胥黎的《天演论》中译本在中国的问世算起，中国人类学发展到今天已历经沧桑百年。笔者曾以时间为经，以人事为纬，以学术思想的发展为主轴，回顾了中国人类学的百年历程。① 站在历史的高度，今日处于兴盛期的人类学在学科建设上已经取得相当的成果。第一是人类学学科点在更多的大学建立起来。第二是人类学研究机构增多。第三是中山大学和北京大学的人类学成为"国家重点建设学科"，这是国家首次在人类学设立重点学科，这样国家有更多的资金和人力投入人类学的建设。第四是2009年第16届世界民族学人类学大会在中国召开。以此为契机，我们相信，将有更多的人类学研究机构和学科点建立起来，同时也将有更多的学术活动和学术成果问世。第五是2004年中山大学历史人类学研究中心被批准为教育部人文社会科学重点研究基地，这是教育部首次设立人类学的重点研究基地。第六是一系列学术刊物的出版。

作为一门以人类社会及其文化为研究主体的学科，人类学的内容涉及社会结构、社会组织、宗教信仰与仪式、经济生活、族群认同、社会文化变迁等。通过对社会和文化多样性进行全面考察和比较，人类学为我们提供了一个更好地认识自身文化与异文化的视角。伴随着世界全球化进程和科技

---

① 周大鸣、刘朝晖：《中国人类学世纪回眸》，载周大鸣：《21世纪人类学》，民族出版社2003年版。

革新，世界各国各地区都经历着社会和文化上的巨变，不同文化间的交流日益密切，同时冲突也日益加剧，人类学因其独特的理论和视角而具有相当重要的现实意义。在欧美国家，经过一百多年的发展之后，人类学已成为各知名学府（如牛津、剑桥、哈佛、耶鲁）的基础学科，对20世纪的哲学、文学、历史学等人文学科都产生了重要影响。当前国外很多大学，包括与我国相邻的日本、韩国、印度等国的大学都把人类学列为基础学科和本科阶段的必修课程，我国台湾地区的大学也多半开设了人类学课程。

反观我国内地高校，作为哲学和人文社会科学教育的一门重要基础学科，人类学所受重视程度尚远远不足。除了中山大学等数所高校和民族院校开设有较为完备的人类学课程之外，一般大学均没有开设作为基础课程的人类学课。在这个背景下，叶启晓的这本《诠释人类学》可谓来得及时。

摆在我面前的这本《诠释人类学》让我想起了著名人类学家克利福德·格尔兹（Clifford Geertz）。他所开创的解释人类学或阐释人类学（Interpretive Anthropology）在我国台湾地区有时也被译为诠释人类学。① 格尔兹的诠释人类学在于说明人类学这门学科在理解文化和进行文化研究时应当通过深描以期从“文化持有者的内部眼界”把握作为地方性文化体系的常识、艺术、权力符号体系等，而叶启晓的这本《诠释人类学》则是对人类学这门学科进行整体诠释的一次有益尝试。全书共分四篇，分别从人类学总论、体质人类学、文化人类学、应用人类学和全球化的人类学趋势四个方面对人类学知识进行论述。正如其内容提要中所言，该书“既系统地诠释了人类的起源、进化和人类在自然界中的位置及人类的种族、人类体质与文化的关系等问题；也深入浅出地诠释了人类文化的概念、外显结构，并从精神、制度、物质三个层面，阐释其各自的形态与特征；进而讲述人类文明及其概念与要素，综合阐释世界文明发祥和中国文明起源等问题；最后讨论全球化和人类社会未来发展的趋势、问题和瞻望。”作为一本总论性的人文通识教育参考书，它较为全面而系统地阐释了人类学的相关知识、理念、思维方法、学科理论及发展趋势，既全面系统，又强调了体质人类学这一部分，突出了与医科学生的联系。全书章节安排合理，文风深入浅出。

---

① 比如他的 *Local Knowledge: Further Essays in Interpretive Anthropology* 在内地被翻译为《地方性知识：阐释人类学论文集》（王海龙、张家瑄译，中央编译出版社2000年版），而在我国台湾地区被翻译为《地方知识：诠释人类学论文集》（杨德睿译，台北：麦田出版公司2007年版）。

作为一名具有考古人类学专业背景的在医科大学讲授人类学与人文类课程的学者，叶启晓教授为人类学在普通高校人文通识教育中的推广作出了努力。他所在的上海中医药大学在医药学高等教育中开设人类学课程，属全国首开，现在一些兄弟院校已产生一定影响，听说北京中医药大学、南京中医药大学和福建中医药大学等高校也即将开设人类学课程。而这本《诠释人类学》就是他在不同大学讲授人类学和人文类课程的讲稿基础上编著的人文通识教育参考书。我相信并期望，随着人类学在普通高校人文通识教育的普及和深入开展，人类学在中国的未来会更加美好。

序二

这是一本写给普通高校本科生、研究生及相关教研人员的人类学通识性读本，也是一本内容丰富而系统的人类学教学参考书。

人类学是一门十分重要的人文学科，在国际上，越是发达的国家越是重视人类学教育，许多大学特别是稍有名气的大学都开设有人类学课程。高等教育中的人类学教育有不断升温的趋势。

中国人类学教育起步较早，1906 年国学大师王国维就提出在大学教育中设立人类学科目。1913 年教育部颁布的大学规程中规定，“文科文学门理科动物学门设人类学”。1917 年蔡元培担任北大校长后，即在国学门通科教育中开设人类学课程，并培育其不断发展。然而，自 20 世纪 50 年代起，中国人类学教育开始曲折发展，以致国人大都没有机会接触系统的人类学课程。许多大学生、研究生，甚至是与人密切相关专业的学生，亦对其知之不多，这就使他们的知识结构留下了难以弥补的缺憾。20 世纪 80 年代后，人类学与其他学科一样，迎来了新的发展机遇，但学科积累和教育资源严重不足，与发达国家相比，不论在专业教育还是基本素质教育或普及教育方面，都存在着很大的差距。

人类，作为地球上的一个物种，已在这个有限的星球上走过了几百万年的历程，并占据着地球生命主宰者的顶级位置。现代科学技术引领着人类生产力高速发展，推动着人类社会进入到一个高度文明的时期。生产力发展和科技进步在给人类社会和人类生活带来福音的同时，也给人类生存带来了可怕的后果。由于人类对自然资源的过量掠夺，人均资源量在急剧减少，耕地、矿产、森林、石油、淡水、食品等等，都成为人类社会共同面临的严重问题。人类的行为,使生物界的生态平衡发生倾斜,许多物种濒临消失,生物多样性失衡,人类与自然环境的依存关系,逐渐趋进到危险的边缘,沙漠化、厄尔尼诺、沙尘暴、洪水、海啸、飓风、臭氧层破坏、气候变暖、水体污染、温室效应等等,时时威胁人类的生存。人口数量增多,密度加大,资源有限,贫富不均,导致内部摩擦加剧,矛盾重重,引起社会不和谐。加之社会矛盾、民族矛盾、宗教矛盾,以及都市化、现代化、信息化、全球化带来的新的社会问题,使不同文明之间的冲突与对抗愈演愈烈,越来越尖锐,越来越复杂。

要认识和解释人类社会出现的这一系列问题,需要大力普及人类学知识,加强人类学的科学研究;更需要大力强化人类学教育,使更多的人特别是大学生、研究生在学习和掌握人类学基本知识和基本理论的前提下,从人类学的视角冷静地思考和评价人类社会目前所面临的紧迫问题,探索解决问题的方法与途径,进而科学地认识和引导人类社会的健康发展。

人类学教育还是大学生基本人文素质教育的重要课程。学习和掌握人类学的基本原理和基本理论,对拓展学生视野,拓宽知识领域,促进自身专业发展大有益处,因为人的知识、人的因素、人的理论是任何专业都脱离不了的。尤其在面向全球化的现代中国社会,在普通高校开展人类学教育有着深远意义。

叶启晓教授编著的这本总论性的人文通识教育教材,较为全面系统地阐明了人类学的相关知识、理念、思维方法以及发展趋势,既全面系统又结合医科学生的学科要求,将人类的文化发展与体质进化有机结合,内容逻辑清晰,章节安排合理,文风深入浅出,语言通畅顺达,科学性很强。同时,这本书又是在广泛查阅和吸收国内外最新的人类学资料和理论成果的基础上编著的,它不仅是叶启晓老师多年讲授人类学课程讲稿的升华,也是他几十年辛勤治学、厚积薄发的新作。相信这本由北京大学出版社出版的《诠释人类学》大作,一定对中国医学高校乃至普通高校的人类学通识教育有所裨益。谨此为序。

上海中医药大学终身教授、博士生导师　严振国

2010 年 11 月 16 日于上海

目录

导言

20 世纪以来，人类学作为研究人类自身的科学越来越受到重视。人类学的研究成果渗透到现代科学的各个领域，并在推动人类正确认识自身，正确认识人类在自然界中的地位，协调人类内外部关系，促进人类社会的进步与发展中起到重要的作用。

在国际上，人类学是一门非常重要的学科。各国稍有名气的大学大都设有人类学系，许多大学把人类学课程作为本科生和研究生的必修课，将其摆在教学计划的重要位置。世界上许多国家，特别是发达国家，都有加大人类学普及教育和专业教育的趋势。

当今世界，是一个机遇与挑战并存的世界。人类作为地球上的一个物种，已经走过了几百万年的历程。在一定程度上，人类已高高地占据着地球生命主宰者的生态顶级位置。同时，人类自身和人类社会也越来越多地面临着各种尖锐复杂的问题。

在微观上，人类对自身的认识已经深入到分子层面，但也不可否认克隆技术、DNA 鉴定、器官移植和人工再造、转基因技术的应用等等，在为人类带来福音的同时也带来了若干消极的后果。在宏观上，由于过量的资源掠夺，人类与生物界的生态平衡、与自然环境的依存关系逐渐趋进到一个可怕的边缘。在人类文明的进程中，都市化、现代化、信息化、全球化的浪潮汹涌澎湃，而在这大潮中的社会矛盾、民族矛盾、宗教矛盾、不同文明的冲突与对抗却愈演愈烈。在这个波澜壮阔、激流险滩的场景背后究竟蕴涵着什么？人类将走向何方？社会需要有更多的人通晓、探索和发展人类学理论，并在其理论指导下进行冷静的思考，探索出合理的解决方案，科学地指导人类社会的前程。

人类学正是在这样一个背景下，伴随社会文明的进程和现代社会对人类学研究的需求而蓬勃发展的。当代人类学不仅在理论、实验和应用方面进展迅速，在学科建设上亦不断完善。现代科技理论和方法对人类学的有力支撑，不仅使人类学基础的传统领域得到巩固并向纵深的层面发展；也使人类学的研究逐步与相关学科有机结合，出现了若干新的分支，将传统学科不断延伸。譬如，在体质人类学方面出现了优生学、心理人类学、医药人类学、营养人类学、老年人类学、分子人类学等；在文化人类学方面出现了政治人类学、经济人类学、影视人类学、教育人类学、人类工效学、农业人类学、都市人类学等等。人类学也正在成为各国家、各地区、各民族共同关心的、带有世界性的学科。

在美国威廉斯堡举行的第十四届国际人类学大会(1998 年)上，当代人类学家们甚至提出了这样一个口号："21 世纪，人类学的世纪"。人类学正在与人类社会的飞速发展相同步，以迅猛的速度向人类社会所急需的方向发展，人类学的教育与研究亦愈来愈呈现出蒸蒸日上的局面。

然而，在中国，许多人没有接受过人类学知识的系统教育，不清楚人类学的知识体系和人类学的研究内容。甚至许多相关专业的大学生和研究生，也不大清楚人类学是一个什么样的学科，对人类学的知识，知之不多。这就在很大程度上制约了他们对人类本身的认识，并在其知识结构中留下很多不易弥补，或者说，终身难补的缺憾。反之，倘若在其知识结构中系统地接受过人类学知识的教育，他们就能在更深刻、更广博的层面上，更确切地把握和运用人类学的理论和知识来指导专业实践并受益终身。对于普通大学生，特别是理工科大学生和研究生，若在其知识结构中强化了人类学知识的系统训练，那么他们便会如虎添翼，为其专业理论的发挥拓展开一个更加宽厚广博的发展空间。医学学生，尤其是中医药专业的大学生、研究生，如果系统学习和掌握了人类学的知识和理论，他们就会站在一个更高的角度来认识和发展自己的专业。正如世界著名的人类学大师 E. B. 泰勒所说："在教育科目日渐增多的时代，在研究者负荷很重的双肩上再放上一门新学科，乍一看像是增加他的困难。但事实说明，人类学只会快捷地促进研究负担的减轻，而不会加重。”[①]

人类学是什么？一言二语难以讲清楚。

美国人类学家亨德里克·房龙（Hendrik Van Loon）在他的著作《人类的故事》（*The Story of Mankind*）一开篇即写下这样一段话[②]：

> 我们生活在一个巨大问号的阴影底下。
> 我们是谁？
> 我们来自哪里？
> 我们去向何方？
> 虽然进展缓慢，但由于坚韧不拔的努力，
> 我们已经把这个问号越来越推向那条隐约可辨的界线，
> 我们希望越过这条界线找到问题的答案。

人类学，正是从回答“我们是谁”、“我们来自哪里”，这样一些基本问题开始进行研究的一门科学。当代人类学更侧重从历史的角度、全球的角度，甚至从宇宙星际的角度来研究“我们”作为人类，是怎么起源的，怎样进化的，人类的体质特点和性状演变，人类在自然界和生命发展过程中的时空位置，及其与其他生物种群的关系和区别；研究人类的文化现象、语言现象、社会现象；研究人类的种族、民族和差别，以及人类社会发展中的人口问题、环境问题，人类文明的进程和农业化、工业化、城市化、现代化和全球化等等相关问题。人类学研究，又是以物质存在为基础，以调查比较为手段，用辩证唯物主义和历史唯物主义的观点，深入细致地针对人类各个发展阶段的各种物质的、制度的和精神的文化信息进行系统研究的学科。

在人类社会处于蛮荒和愚昧的时代，由于生产力水平低下，人群相互隔离，人们在很大程度上还不知道人类这个物种在地球上究竟有多少个体；不知道人类通过上百万年坚韧不拔的努力，足迹已踏遍地球上几乎所有的角落；也不知道人类有不同的种族、不同的肤色、不同的习俗；更不知道人类这一物种何时起源、“我们来自哪里”、“我们是谁”等等。甚至在相当长的时间里，人们对于人类自身起源的认识，被笼罩在唯心论的“超自然神灵”创造人

---

① 〔英〕爱德华·B. 泰勒：《人类学——人及其文化研究》，连树声译，广西师范大学出版社2004年版，序言第1页。

② 〔美〕亨德里克·威廉·房龙：《人类的故事》，刘缘子等译，生活·读书·新知三联书店1988年版，第1页。

的阴霾之中不能自拔，以致如今仍有许多人倾心接受或不排斥“神创造人”的观点。经过几千年的不懈努力，尤其在近几个世纪的激烈争论中，科学家举出大量无可争辩的事实，才逐渐让人们从“唯心论”的迷雾和阴霾中摆脱出来，现代人类学也一步步冲破唯心论的束缚，在科学的道路上不断发展，不断完善。今天，人类学已经成为一个相对独立的现代学科，并越来越得到人类社会的普遍关注。

这本书是为与人类学关系密切或相关专业的非人类学专业的普通高校本科学生，特别是医药类专业本科生、研究生及相关教学研究人员而编写的。其既是一本进行通识教育的教学参考书，也是大学生基本人文素质培养的综合性读物。全书较全面系统地讲述了人类学的基础知识、基本理论和现代人类学的最新科研成果，使学生通过较短时间的阅读，对人类学的知识体系能有一个全面的了解和掌握，并融汇贯通地运用到专业研究领域中去；同时，也为有志学生进一步钻研人类学，打下一个较踏实的人类学理论基础，使之能以此为起步，向人类学更纵深的领域进发。相信和希望通过人类学教学和阅读本书，每个研读者和学生都能受到启发，开阔视野，增加知识，得到收获，并在今后的社会实践和专业道路上有所助益。

第一篇　人类学总论

第一章

人类学的概念

第一节　人类学概念的形成

人类学是一门研究人的体质及其文化的科学。在它成为一个专门学科之前，人们早已注意到人类本身及其文化的研究。在古希腊、古罗马、古埃及、两河流域和华夏中国等文明国度或地域的古代哲学、医学、法学、地理学、农学等经典中，都有先人从事人及其文化研究的记载和信息。其研究历史至少可追溯到人类文明的初期或者说几千年以前。但限于当时的生产力水平，人们对自然界和对人类自身的认识都很有限，甚至在整个漫长的农业时代，人们的认知水平始终处在一个比较低的层次和相对缓慢的发展阶段。同时，交通不便、人群隔绝、异族接触困难重重等，都不可避免地使得先人对人类整体的认识出现片面性，因而古时的人类学及相关研究皆比较粗糙而零散，既缺乏整体性，也缺乏科学性。

当人类社会进入工业文明的时候，人类学的思想开始深化，比较系统全面、自成体系的人类学学科逐渐形成。

最初，人类学的形成，发生在欧洲和以欧洲为代表的西方社会。因为工业文明起源于欧洲，那里首先具备了科学人类学形成的社会条件。我们知道，自 14 世纪初至 15 世纪末，欧洲社会开始向现代社会转型，其标志是工业文明逐渐显露生机，并愈来愈猛烈地冲击着以农耕文明为基础的封建社会体制；在主权上，国家世俗理念开始膨胀并越来越强烈；在思想文化领域，文艺复兴浪潮推动着科学的风帆；航海探险和海外扩张活动，改变着地理人群和异族间的隔绝状态，加速着不同地域、不同种族间的接触与交流，与此同时，宗教改革重新厘定了人与上帝的关系；科学革命确立了新的宇宙体系和新的宇宙观；科学的唯物论哲学，指引科学家进行“不带任何偏见的直接观察”和理论概括，引申出实践检验的科学方法；启蒙运动推崇了科学精神、理性思考的进步理念，为现代意识形态的形成奠定了基础等等，这些都推动和加快着人类社会进步的步伐。在此社会背景下，欧洲或西方社会大量收集和积累了异域人文资料，并膨胀了对这些资料寻求科学解释的迫切需求。随之，科学人类学便应运而生，之后它逐渐完善并传播到世界各地。

人类学的英文是“Anthropology”。从词源上分析，这些词汇皆来源于古希腊文的两个词，即：ανθρωποδ＋λογοδ，亦即“Anthropos＋Logos”，前面一个词是“人”的意思，后面一个词是“学问”的意思。两词合意很清楚，即指研究人的科学（the science of man）。显然，这个定义过于简单，以致内涵过小而外延偏大，似乎说人类学的范围广漠而无际，凡属于人的事情都在其研究的范围之内。这就很容易产生疑义，亦极易混淆人类学与其他相关学科的界限，比如医学、生理学、心理学、政治经济学等，都是研究和讨论人及其相关问题的科学，它们都有自己独立的专门学科，不能简单地纳入人类学的范畴，人类学也不能将这些学科都统一起来。人类学的外延过大也会使人类学失去独立性。因而，人类学家们一直在探索人类学学科的知识体系和内在规律性，试图将人类学的概念更加严格而贴切地确定下来。

但是，人类学毕竟是一个世界性学科，研究者来自不同的国家和民族，他们各自具有不同的文化传统和不同的知识背景。因而，各国学者从事人类学研究的指导思想、思维方式和路径，以及他们对人类学概念内涵的理解与厘定，都存在着一些差别。同时，人类学在自身发展中也存在一个不断完善的过程，比如早期人类学的研究范围相对偏窄，比较侧重于人类躯体、种族形态与分布等方面的研究，而近现代人类学的研究范围又逐步趋向宽泛而愈加注重人类文化的研究等等。这些因素都导致国际上对人类学概念的解释长期不能固定和统一。

为了正确理解人类学的概念，下面我们沿时间线索简要回顾不同学者对人类学概念与定义的观点及其诠释，以便在人类学的学习中，比较清楚地理解人类学的概念与定义。

第二节 对人类学概念的不同诠释

英国人类学家泰勒(Edward Burnett Tylor, 1832—1917),在学术史上被誉为世界上第一位人类学家。他自19世纪60年代始,一直潜心于人类学的学科建设与探索,1883年牛津大学首肯了他的学科建设成就,向其颁发了学科聘书,人类学由此逐渐成为一门独立而有影响的学科。泰勒的主要著作有:《阿纳霍克高原,或墨西哥与墨西哥人的古代和现代》(1861)、《人类早期历史的研究》(1865)、《原始文化》(两卷,1871)、《人类学》(1881)等。他开创了人类学研究的理性主义思想和人类学的基本研究方法。自那时起,人类学家们一直在探索人类学的学科概念并对其进行科学定义。虽然泰勒已经把野蛮人的生活方式当作一种文化类型来研究,并提出了一种广义的文化概念,但早期的人类学家仍大都将人类学定位在专门研究人类躯体的科学,认为人类学是一门主要从生物学角度,来研究人类体质差异和人种区别等问题的科学。

托皮那(Topinard)1876年在其《人类学》(*Anthropologie*)一书中给人类学下的定义是:"人类学是博物学的一个分科,为研究人及人种的学问。"①

后来,随着人类学研究的不断深入,以及研究内容的不断丰富,学术界在人类学的学科定义与研究范围上,逐渐出现了两种明显不同的观点。

一种观点是以德国、俄罗斯和欧洲大陆另外一些国家的学者为代表,认为"人"是生物的一种,人类学是在生物学范畴内专门研究人类体质特征的学问,包括人类起源的研究、人类进化的研究和人类近亲——灵长类动物的研究等等。《苏联大百科全书》给人类学下的定义是:"人类学是关于人类起源与演变,人类的种族形成和人类体质结构的正常变异的科学。"②这种观点在新中国成立后的几十年中对我国的人类学研究产生过很大的影响。近年来,随着人类社会的进步和科学事业的发展,持这种观点的研究者开始发生微妙的变化,并出现逐渐向后面一种观点靠拢的趋向。

另一种观点是以美国和英国学者为代表。他们认为,人类体质的进化

---

① 参见林惠祥:《文化人类学》,商务印书馆1991年版,第3页。

② 参见林嘉煌:《体质人类学与文化人类学的关系》,载中国人类学会:《人类学研究》,中国社会科学出版社1984年版,第31页。

不单纯依赖生物学方面的因素，还包括人类社会文化方面的诸多因素。比如在人脑的作用下，人类有意识地从事某种活动而使体质结构逐渐发生适应性改变等，就明显体现出人类文化因素在体质演进中的主导作用。正是因为人类文化的诸多因素在人类进化中所起的作用十分明显，应该把人类所独具的文化现象，作为人类学中一项重要内容加以研究。

随着人类学研究的不断深入，赞成这种观点的学者不断增多。在这些学者中间，尽管彼此对人类学概念的诠释偶有异同，但各自研究的内容都不仅包涵了人类体质的研究，也包涵了人类社会与文化的研究。

下面列出其中具代表性的几种：

美国人类学家克拉克·威斯勒(Clark Wissler)的解释是："人类学是研究人的科学，包括所有把人类当作社会的动物(socil animal)而加以讨论的问题。"①

英国人类学家马雷特(R. R. Marett)认为："人类学是沉浸于演进的观念之全部人类史，以在演进中的人类为主题，研究在某时代某地方的人类，肉体与灵魂二方面都加以研究。"②

伦敦大学的人类学家马林诺斯基(Bronislow Malinowski)认为："人类学是研究人类及其在各种发展程度中的文化(culture)的科学，包括人类的躯体、种族的差异、文明(civilization)、社会构造，以及对于环境之心灵的反应等问题之研究。"③

根据学者们的研究，许多著名的近现代辞典也对人类学概念作出相应的界定：

《国际社会科学大百科全书》："人类学，它的名称从词源上说是'人的研究'——它是关于人类研究最全面的学科群。全面性在于它与整个人类社会的地理学的和年代学的范围关联。事实上，它是人类科学中唯一研究其体质和社会文化两个方面的学科。"④

《韦伯斯特新世界大辞典》对人类学下的定义是：人类学，关于人的科学，着重研究人种、人类的体质和文化上的特征、人类的分布习俗、社会关

① 参见林惠祥：《文化人类学》，商务印书馆 1991 年版，第 3 页。

② 同上。

③ 同上书，第 4 页。

④ 参见林嘉煌：《体质人类学与文化人类学的关系》，载中国人类学会：《人类学研究》，中国社会科学出版社 1984 年版，第 30 页。

系等等。①

《不列颠百科全书》认为："人类学研究人类的学科，主要研究人类的体质特征、进化历史、人种分类、历史上及现今分布状况、居群关系和文化史。人类学的任务是对世界各不同民族的情况作出自然主义的描述和解释。现代人类学有两个主要分支：一是文化人类学，全面探讨人类文化；二是体质人类学，研究古代及现代的人类体质特征。"②

《大美百科全书》对人类学词条的解释是："人类学一门兼顾人类的生物面及文化面之研究的学问。其中将人类视同动物物种的研究，称为'体质人类学'；研究人类在社会中生存所呈现的生活方式则称为'文化人类学'。虽然没有任何人类学家可能做到这定义的人类学范畴，但了解人类的整体观确实是人类学研究的中心课题。"③

近几十年来，兼顾体质与文化的人类学研究，越来越受到世界大多数国家人类学者的认同，并逐渐成为当代人类学研究中的主流。

在中国，现代人类学思想主要来自西方，直至20世纪中叶，国人基本认同以英美学者为代表的人类学观点。在人类学研究领域，既研究体质人类学，也研究文化人类学。1918年陈映璜先生所著《人类学》和1924年上海商务印书馆出版的顾寿白所著《人类学大意》等，均包括了人类体质和文化两方面的研究内容。中国著名人类学家、厦门大学人类学教授林惠祥先生在20世纪30年代初曾综合各家论说，提出了人类学的定义和研究内容与范围，即"人类学是用历史的眼光研究人类及其文化之科学，包括人类的起源、种族的区分，以及物质生活、社会构造、心灵反应等的原始状况之研究。换言之，人类学便是一部'人类自然史'包括史前时代与有史时代，以及野蛮民族与文明民族之研究；但其重点系在史前时代与野蛮民族"。林先生的综合论述比较全面，但其说人类学的研究重点"系在史前时代和野蛮民族"的观点，却早已被后来的人类学研究所突破。当代人类学不仅研究人类的过去，也越来越多地深入到现代人类生活的各个领域，在研究当代人类所发生的种种问题中发挥着重要作用。

新中国成立后，中国开始积极适应和模仿苏联的教育模式。20世纪50

---

① *Webster's New World Dictionary*, Third College Edition. New York: Prentice Hall, 1994, pp. 58—59.

② 《不列颠百科全书》(第1卷)，中国大百科全书出版社2007年版，第380页。

③ 参见《大美百科全书》第2卷，光复书局企业股份有限公司1990年版，第28页。

年代，高教部曾提出“苏联经验中国化”的口号；人类学教研也积极适应苏联等国“人类学即体质人类学”的狭义观点，使本来就不多的大学人类学专业，在苏联专家的指导下有的并进了生物学系专事体质人类学教学与研究，有的并入社会学系(部)或民族学院校，有的被拆散。甚至在具有广泛影响的综合性辞书《辞海》中，对人类学辞条的解释，也偏向于苏俄等国狭义人类学的概念体系中。《辞海》将人类学词条规划到[生物分册]，词条解释为：

> 人类学为研究人类体质特征、类型及其变化规律的科学。包括从猿到人的演变过程，人体发育中的体质发展和增进，世界各人种的形成过程，地理分布及其相互关系。主要分科有人体形态学、古人类学和人种学等。①

改革开放以来，我国人类学界开始摆脱狭义人类学概念的束缚，逐步按照人类学研究的内在规律和学科内容的合理结构来推进人类学的研究活动，越来越多的学者参与到主流人类学研究的体系中来，接受并赞成兼顾体质与文化的人类学研究思想。

第三节 人类学的概念及其理解

恩格斯在《自然辩证法》中指出：“每一种科学都是分析单个的运动形态或一系列互相关联和互相转变的运动形态的。”②人类学作为一门科学，它的研究对象是人类的产生与发展。而人类的产生与发展又是由物质的、精神的以及与之相关联事物的运动所表现出来的若干形态。在整体上，人类是自然界的一部分，有自然属性；同时，人类又具有支配自己行为的思想、思维和行为习俗，并真实地生活在一定的社会关系之中，这些都是人类的文化属性和社会属性。也就是说，科学的人类学，不仅应该包括人类的自然属性，即体质人类学研究的领域；也应该包括人类的文化属性和社会属性，即文化人类学的研究领域。恩格斯在归纳人类学的学科属性时还曾有这样一句话：“(人类学)是从人及其人种的形态学和生理学过渡到历史的中介。”③

---

① 《辞海·生物分册》，上海人民出版社 1975 年版，第 6 页。

② 恩格斯：《自然辩证法》，曹葆华、于光远、谢宁译，人民出版社 1955 年版，第 209 页。

③ 恩格斯：《自然辩证法》，载《马克思恩格斯选集》第四卷，人民出版社 1995 年版，第 281 页。

这个论述精辟地阐明了人类学的学科性质和学科定位：它是一门自然科学和社会科学相过渡的学科。或者说，人类学既属于自然科学又属于社会科学，它是研究人类体质和文化形成(起源)、发展规律的科学。

对于人类学概念的定义，目前世界上还没有一个让学者们都能接受或完全赞同的统一定义。这给人类学的学科建设和教育带来麻烦。下面我们参考和比较以往有代表性的定义方案，建议用以下文字作为人类学的基本定义，即：

> 人类学，是用辩证唯物论和历史唯物论的观点，以生物属性和文化属性两个视角，从个体、群体和整体上，全面系统地研究人类起源和不同时空条件下，人类体质、文化和社会演进过程、特征与规律性及人类与外部环境关系的综合性实证科学。

这个定义内涵丰富，主要包括四层涵义，要点可概括为：一个观点，两个视角，三个层面，四个关键词。

“一个观点”，是对人类学的哲学观点的理解。辩证唯物论与历史唯物论，应是人类学研究的哲学基础和世界观，只有建立在这样一个哲学基础之上，才能正确地认识和理解人类学的研究对象和内容，才能掌握和运用好现代人类学的理论与方法，才能进行理性的分析与判断，以致针对人类所面临的各种问题，探讨解决问题的科学方案。

“两个视角”，是从生物属性和文化属性两方面相结合来观察、认识、研究人和人类。从一般意义上说，人类的生物属性与文化属性是既有区别又有联系的两个方面。生物属性，通常指有形的或大部分是有形的、物质的，具有生物学意义的研究对象和内容。比如，人的四肢、各个系统、器官、形态、功能、人体的结构等。文化属性，则往往是抽象而无形的，是人类独有的研究对象和内容。文化属性虽然是无形的，但这些对象和内容，却往往以“物化”的形态或其他一些(制度的、精神的、社会的)形态表现出来，比如人类的物质成果、宗教信仰、生活方式、习惯习俗、语言、动作等等，让人们看得见，听得到，或感受得到它们的存在。就整体而言，人的生物属性是内在基础，文化属性是外部形式，两者完美结合是人的全部。从进化过程看，我们不难理解人类体质的进化为其文化的发展提供了前提，而人类文化的进步又在很大程度上促进了体质的演进。在自然界中，人类成功进化到如今完美的程度，离不开体质和文化两方面相互配合与相互促进，离不开两者的紧密结合、相互依赖和互动共进。因此，全面科学地认识人类，必须从人类的生物属性与文化属性两个视角进行考察，两者缺一不可，不能重此轻彼，也不能将其相互割裂。

"三个层面"，从字面上看是人类的"个体、群体和整体"的研究。但这个问题不应只是停留在人数的多少上，应着重理解它们是人类学研究中，对象的不同类型、性质、组合、特征的综合性对比研究和不同的方法论研究，从而把握人类个体、群体和整体三者间的关系。人类个体的研究，主要侧重于两个方面：一是对人类个体的共性特征研究，另一是对人类个体的个性特征研究。不论在体质方面，还是在文化方面，人类个体的共性特征和个性差异都是客观存在而需要人类学不断深入研究的内容。人类学的群体研究，是一项极其复杂的研究内容。从数量上，群体有不同大小，既有两三人、三五人的小群，也有上千人、上万人，甚至千百万人的大群。群体的演变又有历史性，不同历史时期，人群的内部结构和群体特征有很大的差别。人群的划分，人群体质文化特点的差异研究，人群的分布，人群的迁徙，人群间的关系，人群的内部组织与结构，人群的形成、变化与重组等等，都是人类群体层面研究的内容。整体研究，是从人类整体的角度，弄懂人类在自然中的位置，正确认识人类与自然界、生物界的关系；正确认识自然环境变化对整个人类的影响，也正确认识人类适应、改造自然环境时对自然环境产生的影响；研究人类的起源、演进和未来人类及社会发展走向；人类的生存环境、疾病、威胁、整体变异、资源条件等等，都应是人类整体层面研究的问题。

"四个关键词"，是定义中对人类学学科性质的综合理解。一是"不同时空"。要理解人类学研究，不仅对研究对象的"空间"特征进行动态研究，更要对研究对象的"时间"特征进行动态研究，即人类学的研究是在"四维"坐标系中的科学研究。二是"演进过程"。要理解演进过程中的不同概念，如体质进化、文化发展、社会进步，历史的、现在的、将来的，阶段性和长期性，以及演进的因素、方式、机制、时间、方向、结果及其规律性等。三是"外部环境"。要把握人类个体、群体和整体所生存的环境，探讨环境与人类生存的关系。四是"综合性实证科学"。这是对人类学学科性质的定位，其强调综合而全面系统地研究，不能片面研究某一方面而忽视另一方面，如只研究宏观而不研究微观；也不能只研究人类的蛮荒时代而不去探讨人类的文明时代，更不能将某一时代的人类研究与人类发展史的整个过程割裂开来。同时，人类学又是一门以事实为依据，以实地调查为基础的学科，它的全部理论都产生于实践，产生于真实的考古发掘、实地调查和实验研究等，没有这些第一手资料的实证，科学人类学就不能成立。

实际上，人类学是在极其广阔的视野中对人类进行研究的科学。人类学家致力于探索与人类相关的各种各样的问题，如人类作为一个物种是如何产生的，又是怎样进化到如今样子的；人类的外表、体态和文化为什么有如此大的差别；人类经济、政治、技术、艺术、宗教，以及礼仪风俗、生活习惯等等是怎样发展的，又是怎样形成差别的；为什么有的人群以农业为生，而有的人群则有发达的畜牧业；为什么人类的社会组织和婚姻形态有千差万别等。人类学家不但研究活着的人，还研究死去的人，研究与人相关的动物、植物和环境。人类学家不仅研究人类自身，也研究与人类相近的灵长类动物，甚至从人类的起源，一直追溯到生命的起源和演化的全部历程。

人类学是一个广博的知识系统，正是因为人类学研究的范围极其广阔，需要坚实的自然科学和社会科学的理论基础，因而，对于某一个人类学者而言，难能成为人类学全方位的专家。他们通常把自己的研究兴趣集中在人类学领域中的某一方面，而兼及其他，成为人类学中某领域的专家。这样又促进了人类学各个分支学科的相互依赖，相互渗透，使不同分支的研究不断深入，并推动人类学不断在总体上取得发展。

第二章

人类学的学科简史

第一节 人类学思想的萌芽时期

当人类逐渐摆脱愚昧和野蛮，向文明迈进的时候，先哲们对人类自身的探索就很自然地萌发了。那时人们最新奇和最关注的问题是：人是什么，人从哪里来，人为什么会是这个样子，等等。围绕着这些问题，先人们逐渐形成了两种截然不同的认识。一种是建立在唯心论"超自然神灵"思想基础上的"神"或"上帝"创造人的观点；另一种是后来逐渐萌生的，建立在朴素唯物论基础上的自然创造人的观点。在两种观点的比较中，神和上帝创造人的观点在人类学思想的萌芽时期，始终明显地占据着主导地位。

一、神灵思想的萌生与蔓延

因为早期人类的生产力水平低下，思想尚处于朦胧时期，或者说刚刚开始解脱蒙昧状态。在他们的头脑中无论对自己，或对自己籍以生存的自然条件，都没有任何有联系的观念。他们对大自然发生的各种现象和事物，也都不能客观科学地认识其本质，只知其然而不能知其所以然。譬如，对自然世界中，太阳、月亮、星星等天体有规律地旋转变幻，风、雨、雷、电不期而至地降临，森林大火无情地燃烧，不同生灵的种种形态等，人们产生着巨大的惊奇、疑惑、恐惧和无奈。在浩瀚无际的大自然里面，在纷繁复杂、变幻无穷的大千世界当中，人们觉得自己是那样的渺小，他们对周围的一切感到束手无策。

久而久之，当这些惊奇、疑惑、恐惧和无奈……得不到正确解释的时候，人们便很自然地产生一系列想象。其中最能让人们普遍接受的观点是：在这一切表象的背后一定有着一种威力巨大，人们难以想象到的“超自然”的东西，在操纵和安排着一切，这“超自然”的东西，被称做“神”或“上帝”。在人类发展的早期，甚而后来人类社会发展到相当发达的阶段，人类生产力水平仍然没有达到对“超自然力”加以解释的程度，因而在相当长的历史时期中“神”或“上帝”的存在无法证伪，而没有“超自然”神灵存在的认识亦无法证实。因此，神和上帝操纵和安排着一切的观点一经提出，便越来越快地迎合了越来越多的人，满足了他们对那些惊奇、疑惑、恐惧和无奈的自然事物加以解释的企盼，并一直保持着观念上的强势。至今，仍有许多人深信神和上帝的存在，并在生活中事事祈望着神灵的保护。

超自然神灵创世的思想就是在这样的环境下，先后在一些古老的发祥地不约而同地出现，并逐渐蔓延或传播于世界各地。

在欧洲大陆，由于神灵思想的影响，自遥远的古代到“文艺复兴”前的漫长岁月，生物学界一直被“神创论”和“物种不变论”统治着，大多数人对此深信不疑。“神创论”和“物种不变论”认为，地球上的各种生物，包括人类在内，都由神所创造。世界上的物种更是不会改变，上帝当初创造出多少个物种，地球上就存在多少个物种，物种的数量既不会增加也不会减少。正因如此，在相当长的时间里，人们不去关心人类的起源，因为《圣经》上已经把这些问题讲得清清楚楚。

> 起初，神创造天地，地是空虚混沌，渊面黑暗；神的灵运行在水面上。
>
> 神说：“要有光”，就有了光。神看光是好的，就把光暗分开了。神称光为昼，暗为夜。有晚上，有早晨，这是头一日。
>
> 神说：“诸水之间要有空气，将水分为上下。”神就造出空气，将空气以下的水，空气以上的水分开了。事就这样成了。神称空气为天。有晚上，有早晨，是第二日。
>
> 神说：“天下的水要聚在一处，使旱地露出来。”事就这样成了。神称旱地为地，称水的聚处为海。
>
> 神看着是好的。神说：“地要发生青草和结种子的菜蔬，并结果子的树木，各从其类，果子都包着核。”事就这样成了。于是地发生青草和结种子的菜蔬，各从其类，果子都包着核。
>
> 神看着是好的。有晚上，有早晨，是第三日。

神说："天上要有光体，可以分昼夜，作记号，定节令、日子、年岁，并要发光在天空，普照在地上。"事就这样成了。于是神造了两个大光，大的管昼，小的管夜，又造众星，就把这些光摆列在天空，普照在地上，管理昼夜，分别明暗。

神看着是好的。有晚上，有早晨，是第四日。

神说："水要多多滋生有生命的物，要有雀鸟飞在地面以上，天空之中。"神就造出大鱼和水中所滋生各样有生命的动物，各从其类；又造出各样飞鸟，各从其类。神看着是好的。神就赐福给这一切，说："滋生繁多，充满海中的水，雀鸟也要多生在地上。"有晚上，有早晨，是第五日。

神说："地要生出活物来，各从其类；牲畜、昆虫、野兽，各从其类。"事就这样成了。……

神说："我们要照着我们的形象，按着我们的样式造人，使他们管理海里的鱼、空中的鸟、地上的牲畜和全地，并地上所爬的一切昆虫。"

神就照着自己的形象造人，乃是照着他的形象造男造女。神就赐福给他们，又对他们说："要生养众多，遍满地面，治理这地；也要管理海里的鱼、空中的鸟和地上各样行动的活物。"神说："看哪，我将遍地上一切结种子的菜蔬，和一切树上所结有核的果子，全赐给你们作食物。至于地上的走兽和空中的飞鸟，并各样爬在地上有生命的物，我将青草赐给它们作食物。"事就这样成了。

神看着一切所造的都甚好。有晚上，有早晨，是第六日。

天地万物都造齐了。到第七日，神造物的工已经完毕，……神赐福给第七日，定为圣日，因为在这日，神歇了他一切创造的工，就安息了。①

从《圣经·旧约》创世纪篇可以看出，"神"对天地万物的安排是那样的周详有序，又是那样的合乎逻辑。

在古希腊，人们把世界的产生也解释为是神的创造。希腊神话中，混沌之初，首先有了大地女神——该亚，她创造了群山，生育了天神——乌拉诺斯。然后，该亚与乌拉诺斯结合产生了巨人族——提坦，成为宇宙间的第一

---

① 参见中国基督教协会：《圣经》创世纪篇，1998年，第1—2页。

批主人。后来，宙斯打败了巨人族提坦，成为诸神之王。在古希腊的另一则神话里，讲述的是巨人族“提坦”人中，有一个先知先觉的神叫做“普罗米修斯”，是他首先知道了泥土里有“天神的种子”，于是就用那里的黏土和水捏造出了人类。①

在两河流域的古巴比伦，有关创世的神话有多种。所描述的创世过程不尽相同，流传较广的是一个名叫《埃努玛·埃里什》的神话故事。这则神话故事说，最初，世界一片昏暗，没有天地，只有一对男女存在，男的叫阿普苏，女的叫提亚马特，是他们的结合产生了万物，但也是他们把这世界搞得一片混乱。这时，一个叫马尔都克的神出现了，他威武勇敢，力大无穷，将一颗能变成风暴的药丸投进提亚马特的口中，使她的肚子立即膨胀起来，马尔都克一枪投去，将提亚马特杀死。于是，马尔都克将提亚马特庞大的尸体一分为二，一半为天，一半为地。之后，他设置了日月星辰，为众神建立了居所。为了侍奉神灵，他把自己的血混着泥土塑造成人。因此，马尔都克便成了开天辟地的英雄。②

弥足珍贵的是，这段神话故事不仅在民间口头流传，还用古老的楔形文字刻录在七块泥版上。1854 年，这七块刻有文字的铭文泥版（见图 2-1），在

图 2-1　刻有古巴比伦楔形文字的铭文泥版

① 参见陈恒：《失落的文明：古希腊》，华东师范大学出版社 2001 年版，第 79—80 页。
② 陈晓红、毛锐：《失落的文明：巴比伦》，华东师范大学出版社 2001 年版，第 93 页。

位于伊拉克摩苏尔市，底格里斯河东岸的一个叫尼尼微的阿苏尔巴尼帕(Ashurbanipal，公元前668—前627年在位)宫殿遗址(City Site of Nineveh)中，被英国考古队发掘出来，至今保存在英国大不列颠博物馆。

在中国，古时关于人类起源的神话传说也有相似的几种版本。其中以“女娲造人”的传说流传广泛。汉代石刻画像、砖刻和砖画中，常见有人首蛇身的伏羲和女娲交媾的图案出现(见图2-2)。图案中的伏羲女娲，腰身以上雕作人形，穿袍戴冠；腰身以下则是蛇躯(也有说作龙躯)，两条尾巴紧紧地缠绕相交着，他们一人掌月而表阴，一人持日则显阳，寓意阴阳交合。有的伏羲女娲画像还在二人中间挽着一个天真烂漫的小儿，这小儿两足跐走，双手分别拉着女娲和伏羲的衣襟，神态生动而形象。唐代帛画中的伏羲女娲图，也明确地表达了这样一些寓意(见图2-3)。在这帧唐代帛画中，伏羲掌中持距(曲尺)，女娲手里握规。中国古时“方曰距，圆曰规”，即“方者中距，圆者中规”，现代汉语中“规矩”的词义来源于此。这些画像和神话传说，代代相传，流传至今，其所表述的信息告诉我们，人类就是由这样一对半人半兽的天神滋生繁衍下来的。

图2-2 东汉伏羲女娲交媾画像砖

图2-3 新疆吐鲁番出土的唐代伏羲女娲帛画

值得注意的是，在这些伏羲女娲图上，人们可以清晰地领会出伏羲与女娲虽然是神，但他们“造人”的方法却是有性繁殖的，以阴阳相配、雄雌交媾的方式培育后代，这与现代生物科学原理相符合。

但在一些民间神话故事中，女娲“造人”的方法也有无性繁殖的。相传女娲与古希腊神话中的普罗米修斯一样，用揉泥来“造人”，其方法似乎更加神化了。女娲是个天神，她一生的伟业都表现在“造人”和“补天”两件事上。盘古开天辟地后，大地上山川草木、鸟兽鱼虫一应俱全，唯独没有人类，女娲行走的大地十分荒寂，她想让这世界生气蓬勃起来，于是就掘了池边地上的黄泥，掺合了水，仿照自己的形貌，揉团成第一个娃娃样的小泥人。女娲将小泥人放在地上，他一落地竟然活了起来，且呱呱地叫着，欢喜地跳跃着。女娲很是欣喜，便又继续揉泥团，造成许多男男女女的人；但是，如此造人既笨慢又辛苦，后来，她索性用藤条伸进泥潭，搅浑泥浆向地面挥洒，泥点溅落的地方，就变出许多小小的人，造人的效率大为提高；然而，这样“造人”仍然很麻烦，女娲就让男人和女人交配起来自己创造后代，这样人类就自行繁衍了下来。

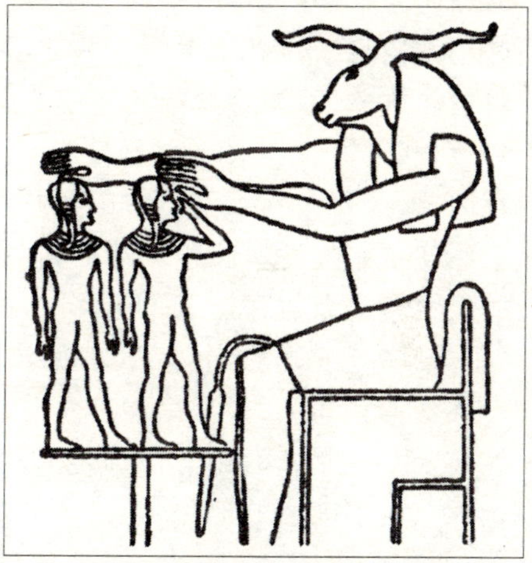
图 2-4 古埃及哈奴姆造人图

神创造人的记载和传说还有许多，如古埃及人大多相信世上的第一个人是大神“哈奴姆”在陶器作坊里用陶泥塑成的(见图 2-4)。大洋洲新西兰的毛利人相信，最初人是神用红土和血混合造成的。我国的纳西族传说，人是从天和地孵化的卵中生出来的。彝族则传说男人是男神用黄泥，女人是女神用白泥分别在黄土山和白土山造出来的，等等。

“超自然”神灵思想的产生和传播经历了漫长的历史岁月，影响极其广泛和深远，世界各地几乎每个民族在这一时期都经历过“超自然”神灵思想的产生和信仰的高峰，或不同程度地受到“超自然”神灵思想的影响，直至科学技术高速发展的近代社会，仍然有相当多的人相信“超自然”神灵的存在。

在世界各地，虽然人们对“超自然”神灵的称呼不同，但对它的认识却都有两个共同特点：其一，人和万物都是“超自然”的神创造的，“超自然”的神是“造物主”，它力大无穷，无所不能，操纵着世间的一切事务，任何人和事都摆脱不了它的安排；其二，人和物一经被造出，就不会变化，神早已安排好了世间的一切，一切只能听从它的安排。这样一来，人们就在一定程度上获得了对千奇百怪的自然世界和复杂深奥的人类自身各种问题的解释，把对自身和外部世界的未知变成了已知，满足了人们的认知需求。当然，现代人还不能相信或不能完全相信所谓“超自然”神灵的存在，但事实上，我们也不能完全肯定地说“超自然”神灵思想没有任何道理。

二、朴素唯物主义思想的形成与发展

在“超自然”神灵思想形成和盛行的同时或稍后，建立在原始哲学基础上的朴素唯物主义思想也慢慢地在一些民族中相继“萌生”出来。朴素唯物主义思想的产生，来源于先贤们对于自身和外部事物的长期观察和研究。当人类体质得到发展，特别是人脑的发展，人类的思维能力快速提高，思维能力和智力水平的提升，带动人类社会生产力的发展和认知能力的进步，人们开始不满足于神灵思想对世间事物和人类自身的解释，凭借着自己的实践观察和研究，围绕着这些问题提出若干疑问，并试图探究人类在整个世界中的地位、人类与其他动物的差别、人类自身的体质结构和内部奥秘。先贤们自问：人为什么有不同类型、人的生命有多长、人类究竟“来自何方”等，这样一些基本的人类学问题。从而，在朴素唯物主义思想指导下，具有科学意义的探索与研究便开始了。

古希腊著名唯物主义学家德漠克利特（Democritus，公元前 460—前 370）在他的论述中，较早论述过人类进化思想。阿那克萨哥拉（Anaxagoras，公元前 500—前 428）则力求确定人类与动物的本质区别，认为人类之所以在世界上居于高超的地位，是由于具备了双手。著名雅典学者伊索克拉底（Isocrates，公元前 436—前 338）通过比较研究，提出了人类语言的巨大作用。

被誉为人类医学史上最伟大的人物的古希腊医圣希波克拉底（Hippocrates of Cos Ⅱ，公元前 460—前 377），在长期研究了气候环境因素对人体的影响后，提出“体液（humours）学说”。他认为，人体由血液（blood）、黏液（phlegm）、黄胆（yellow bile）和黑胆（black bile）四种体液组成，这四种体液的不同配合，使人们有不同的体质和性情特征。

亚里士多德（Aristotle，公元前 384—前 322）则奠定了动物学基础。他创立了“生物阶梯”的思想，认为一系列生物体的地位逐渐升高，呈阶梯状排列。他的理论虽在许多方面不同于进化论的逻辑，但其提出生物以阶梯形式排列的原则，对后来进化论学说的诞生起到了巨大作用。

公元 2 世纪，著名古罗马学者克劳丢斯·盖伦(Galen，公元 130—203)进行了大量动物尸体解剖(包括猴子等灵长类动物)，创立了人类医学和生物学的知识体系。

在华夏中国，自新石器时代开始，先民们的原始唯物主义思想和唯物论自然观即逐渐形成。公元前 1 世纪前后，《易经》用八卦概括出宇宙物质世界中的八种基本成分，认为世间万物都是由这八种物质成分阴阳搭配构成和衍生而来，其间蕴涵了丰富的朴素唯物论思想。

公元前六、五世纪之交，老子的《道德经》面世，其认为“道”乃万物之本源，“道”与万物间的基本规律是：“人法地，地法天，天法道，道法自然”。进而阐释出：“道生一，一生二，二生三，三生万物”和“天下万物生于有，有生于无”等精辟的哲学观点。[①] 其“道生一”可理解为：“道”先“化生”出元气(道家所称之“元气”乃一种物质、一种能量，是具电磁性能和生命力的极微粒子集合)；“一生二”即是元气的增加与积累并转化、分化为阴阳两部分；“二生三，三生万物”即再由阴阳二气“和合”而产生出新的物质，并衍生出天地万物。庄周在《庄子·外篇·知北游》中更加清楚地概括道：“人之生，气之聚也。聚则为生，散则为死。”[②]可见，几千年前的道家思想已摆脱了“神创万物”观念的束缚，闪烁出夺目的唯物主义光彩。

公元前 5—3 世纪，《黄帝内经》面世。这部华夏医学典籍更深入系统地将“气化论”思想展现给世人。《素问·天元纪大论》篇，详细论述了“气”与“化”在自然环境演化及物质形成变化中的作用。这里的“气”，不仅仅指“元气”，又指自然界中具体表现出的“风、湿、寒、热、燥、火”六气(六种自然现象)，抑或自然界中气候环境(或大气)的某些基本特征。“化”，“物生谓之化”，又“在天为气，在地成形，形气相感而化生万物矣”。然，有“气”方能有“化”，没有“气”就没有“化”。同时，“物生之化”需要外部自然气候有常变化，倘若外部气候变化无常，没有规律，譬如有火而无水或有寒而无热，或气候变幅超限，万物生灵和人的生命都不可能“化生”，即使有生命产生，也难以正常发育和成长。因此，世上一切生物，包括人类都是在内外部环境有规律(有常)变化中，由“气”“化生”而来。正如《天元纪大论》的表述：“太虚寥

① 参见《老子》第 25、40、42 章。

② 《庄子》，宁远航译注，陕西师范大学出版社 2010 年版，第 271 页。

廓,肇基化元,万物资始,五运终天,布气真灵,忽统坤元,九星悬朗,七曜周旋;曰阴曰阳,曰柔曰刚,幽显既位,寒暑弛张,生生化化,品物咸章。"①其大意:自然界(宇宙)辽阔而无际,是万物萌生的物质基础,因为有了基础,万物才有开始;风、热、火、湿、燥、寒等各种气候的正常变化,使得整个大地出现了各种生命现象;天体中日月星辰不断运转,引起气候变化,并导致大地上寒与热,明与暗有规律地交替更迭,形成季节的往复更新;由于季节气候有规律(正常)地变化,万物也才有了生成演变的规律。由见,《内经》时代,华夏先哲们对人类自身和宇宙万物的形成已有了较高水平的认识。

虽然所有上述研究和论述都带有原始而粗糙的时代印记,在研究的深度和广度上也无法和后来的人类学相提并论,但这些建立在长期观察基础上,具有朴素唯物论思想的研究和理论,已蕴涵了很深的自然辩证法哲学和人类学的科学意义,对现代人类学的产生和发展奠定了科学基础。

三、进化论思想与神教思想的辩争

在人类学思想的萌芽时期,虽然神教思想始终占据着强势位置,但愈到后来,朴素唯物主义认识和科学思想愈加发展,并在人类学即将成为一门科学的前夜,根深蒂固的神教思想与科学思想的交锋和辩争,成为这个时期结束前,科学界和神学界甚至社会民众都普遍关注的时代主题。

在这场激烈的辩争中,先哲们付出了艰辛的代价,甚至为此殉及生命。当时,像大阿尔伯特(Albertus Magnus, 1200—1280)这样一些走在时代前面的思想家,在他们刚刚感到科学思维引导他们走向背离教条思想的时候,便立即从自己的立场上缩了回去,并慌忙宣布"还是基督教义可靠"。

在中世纪的欧洲,教会与腐朽封建统治同流合污,形成顽固的黑暗势力,他们对所有进行科学探索,追求科学真理,从而违背神学教义的人,一律进行打击和迫害。先哲们因为倡导科学真理而被"宗教"势力迫害的事例屡屡发生。

罗吉尔·培根(Roger Bacon, 1214—1292),是企图将科学从神学中解放出来的第一人。由于他强调知识必须从对事物的感觉经验中得来,并批评托马斯·阿奎那庞大的体系缺少数学和自然科学这两个基石,以及他不时会揭露教会的腐朽与堕落等,被教会势力冠以"研习危险的新事物"和"有

① 《黄帝内经·素问》,人民卫生出版社 1978 年版,第 364—365 页。

巫术嫌疑”等罪名，而关进修道院的监狱，囚禁了十四年，身心遭到严重摧残，以致他出狱仅仅一年即愤然离开了人世。

意大利著名医生阿巴诺的彼得，1316 年因主张地球的另一面也有人居住和其他科学见解，被指控为异端。只是因为他患病而死，才免遭宗教裁判法庭的酷刑。

意大利另一位著名天文学家齐柯就没有那么幸运。1327 年，阿斯柯利的齐柯也因认为地球另一面有人类居住，被教会指控有巫师嫌疑，当即剥夺了他在波隆那大学的教授职位，并在佛罗伦萨被教会势力无情地推上了宗教裁判所的篝火台而活活地烧死。

西班牙科学家塞尔维特的遭遇也触目惊心。塞尔维特（Michael Servetus，1511—1553）不仅是一名神学家，还是一个著名医生和人文学家。他的兴趣包括天文学、气象学、地理学和法学，以及圣经、数学、解剖学和药物学。他也是欧洲第一个描述肺循环的人。他 1553 年秘密出版了《基督教的复兴》（*Christianism Restitutes*）一书，书中用了“一元论”的观点，并阐述了肺循环的看法，被天主教徒与基督教徒视为异端邪说；加之他翻译托勒密的《地理学》时，如实地描写了巴勒斯坦土地贫瘠，又反对神学所说的人的血液分为不同等级等，从而恼怒了宗教势力。宗教裁判所对他进行缉捕，并于 1553 年 10 月 27 日在日内瓦郊外被处用慢火烤炙，直至被烧死在火刑柱上。他的所有著作也均惨遭封禁，并同他一起上了火刑场，通通被焚毁。

然而，这种情况并没有一直持续下去。自从法国杰出的博物学家拉马克（Jean B. Lamark，1744—1829）在 1809 年出版的名著《动物哲学》中最初提出进化论思想，到 19 世纪中叶达尔文《物种起源》（1859）问世，再到赫胥黎“人猿同祖论”的观点公之于世等，唯心论与“神创论”思想的根基便开始动摇。但宗教顽固派不仅不相信科学，反而企图将科学进化论思想一举扼杀在襁褓之中。

一场科学思想与神教思想的激烈争辩不可避免了。

世界科学史上著名的“牛津大论战”，就是在这样的背景下发生的，它将唯心主义神创论思想与唯物主义进化论思想的论争推向了高潮。

事件发生在 1860 年 6 月 30 日。

这年的 6 月 27 日—7 月 4 日，英国科学促进会在牛津召开第 30 届年会。6 月 30 日，会议分组活动，动植物组专门安排了一次“关于人类是否起源于动物问题”的专题讨论会。由于听众比预计的人数多很多，会场改在新落成的英国牛津自然历史博物馆的科学会堂进行。开会时几无虚席(大约有700多名听众),其中有科学家、宗教界人士、牛津大学的师生以及一些普通听众。当博物学家赫胥黎(Thoma Henry Huxley, 1825—1895)用大量证据论述人类最初起源于猿人动物的时候,早就气得面色发青的牛津教区大主教威尔伯福斯(Samuel Wilberforce)迫不及待地站立起来,向赫胥黎发起凶恶的攻击。他无理地高声质问赫胥黎:你究竟是由祖父方面的猴子,还是祖母方面的猴子变来的?当这位主教大人在一片哄笑声中,以胜利者的姿态坐下来之后,赫胥黎又接着发言,他举出大量科学事实,有力地批驳了这位道貌岸然的主教先生的无知和诽谤。然后他庄严地宣称:自己绝不会因为有猴子做他的祖先而感到羞愧,而只会因为有像主教先生那样信口雌黄、妖言惑众的同类而感到羞耻。在宗教顽固派的叫骂声和进步科学家、大学生等满席听众的热烈掌声中,科学进化论思想获得了最终的胜利。

通过这次辩争,以坚实的科学证据为支撑的进化论观点被越来越多的人所相信,并广泛地宣传开来。牛津教区威尔伯福斯主教在这场精彩的论战中所采用的漫骂式语言,对进化论者进行的恶意攻击并没有吓退科学的脚步,却极大地讽刺了自身,也使神教思想在人类起源问题上开始陷入窘境。

后来,随着古人类遗骨的不断发现和研究,进化论思想不断获得考古学的新证据,使其理论不断完善,并逐渐得到全世界学术界的普遍承认。科学进化论思想推动了西方和世界正确认识人类自身及其起源,为科学人类学的产生和发展吹响了号角。

第二节 科学人类学的形成时期

人类学思想虽然萌生于很久远的古代,但作为一门科学,人类学的产生与发展,却与15世纪前后开始的人类探险活动和地理大发现,以及后来的殖民主义扩张有着直接的关系。

最初,对异域产生浓厚兴趣的人群,都是与西方工业文明同步发展起来的那些走在时代前沿的弄潮儿和探索者。其中大多是善于探奇的欧洲探险家和传教士、旅行家、淘金者等各类人士。这些富有智慧的探索者来到非洲、亚洲、美洲和太平洋和一些岛屿,发现那里的居民在体质、肤色、语言、信仰、风俗、习惯等许多方面,都与自己所接触的本地居民有很多差别。这就使得那些探险家、传道士和旅行家们产生了一系列疑问:“他们”是“人”吗?

他们与我们是同类吗？他们到底是些什么人？他们为什么会有这些奇风异俗？他们的教化与欧洲文明是什么关系？他们各自之间又是一个什么样的关系？这些带着疑问的信息常常在文明社会回荡，使人们开始在空间上对不同地域的人群产生了的许多联想。

与此同时或稍后，人们又注意到，远古时期的人类遗骨、人类遗留下来的石质工具、用具等等，大都与早已灭绝的动物遗骸、遗骨一起埋藏在地层里。这些事实又使人们很自然地联想到人类生存演变过程的“时间有多久”的问题。比如，这些先人到底生活在多少年以前，他们是如何生活的，先人为什么与我们有什么区别，等等。

正是人们从空间上和时间上，对那些远离自己的同类的好奇心理，使人类学逐渐发展起来，成为一门从全时空范围内认识和研究人类的各种特征，包括人类的体质、种族与文化及其演变过程等诸方面内容的专门科学。

一、科学人类学的产生

具有科学意义的人类学，沿着人们的好奇心理，在智者们搜集到大量不同人群的相关资料后，经过学者们潜心分析和持续研究，将先前零散而残缺的人类学思想和知识系统化，进而上升到理论层面，逐渐搭建起学科的基本理论框架。

19 世纪中叶，西方社会正式确立了具有现代学科特征的人类学学科体系。其标志是不仅搭建起科学人类学的理论框架，而且在不断加深对人类生物性研究的同时，更加注重人类的社会文化属性研究，特别是关注异域文化，以至于将此作为探讨人性的主要参照物。

这时期西方社会的人类学相关学术组织的相继创立，也成为现代人类学确立的重要标志。如 1839 年巴黎，1863 年伦敦，1869 年柏林，1870 年维也纳，1873 年斯德哥尔摩，1879 年华盛顿都先后建立了人类学会；法国巴黎 1839 年，英国伦敦 1841 年，美国纽约 1842 年，则先后建立起民族（人类）学会。这些国家的大学陆续接受人类学这门学科，开始有计划地向学生讲授人类学课程。科学人类学由此开始，成为西方社会重要的学科部门和人们普遍感兴趣的科学研究领域。

二、人类学的先锋——巴斯蒂安和拉策尔

真正能称得上科学人类学家的最早学者是德国人巴斯蒂安（Adolf Bastian，1826—1905）和拉策尔（Friedrich Ratzal，1844—1904）。他们两人的研究都应用了当时宏大而散漫的地理学、生物学及心理学知识，并参考了大量旅行家漫谈、传教士记载，以及其他关于异民族的零碎知识或谬说等资料。

巴斯蒂安对探奇和旅行始终保持着极大的兴致，他曾经9次做世界大旅行，有时远离文明社会长达数年之久。他曾游历和研究过美洲、非洲、东南亚、南海群岛等地方。有些地方他去过很多次，每次旅行后他都会完成许多著作。在这些著作中，记载着关于人类不同种族与文化的事实，也记载着他自己的观念、观点和论说。巴斯蒂安旅行的次数愈多，愈相信人类根本上是一致的。于是，他便产生了所谓"根本观念"的思想，认为人类之各种族各民族大都具有相同或相似的根本观念，但在巴斯蒂安的著作中，这些根本观念却是不易找到的，因为他只提出了根本观念而没有解释它或区分它。他所谓的"根本观念"其实不过是指人类的天性，即发生人类文化的心理源泉（我们现在也相信人类文化有一种心理源泉）。

巴斯蒂安除了撰写出卷帙繁多的游记外，其人类学著作：《人类根本观念》、《民族观念》、《历史上的人类》等，都具有非常珍贵的人类学科学价值。

拉策尔早年接受了地理学的训练。他在早期的著作中就阐发了"要研究环境关系中的生命"的志趣。他并不把生命人类及文化当作和物质环境相对的实物，而是将他们视为环境的结果；将动物界，包括人类都界定为地球发展的最后产物，而文化则是地理与气候的终局。拉策尔的不朽大著《人类历史》记述了许多民族不同文化阶段的历史特征。他的重要著作还有《人类地理学》、《民族学》等等。

巴斯蒂安和拉策尔的研究虽不尽完善，但从整体上构建了科学人类学理论框架的基础，将人类学引入一个科学的轨道，并将其学科内容和研究方法导入到一门科学所应该具备的基本范畴，也使这一学科的内涵和内在逻辑符合时代与社会的需要，更符合学科本身的发展规律。因而，后来的学者称巴斯蒂安和拉策尔是"人类学的先锋"。

三、进化论思想推动人类学的发展——斯宾塞、摩尔根、泰勒的贡献

这里指的进化论思想，包含两个方面：一方面是生物学意义上的进化论思想，另一方面是人类文化意义上的社会演进理论和思想。

起先，人们对“进化”的认识来源于生物学上的进化演变，即对生物种类由低级向高级，由简向繁，逐次演进规律的认识。从 19 世纪初开始，人们逐渐认识到，在人类社会及其文化的变迁中，也存在由低级向高级，由简单向复杂的进化演变规律。学者们将社会进化演变的观点称为“社会演进论”。然而，若深究其概念，便可体会到，原来在生物学层面上的进化论思想，几乎完全被包含在人类社会持续进步的社会演进论观念之中，只是将其作为这一理念中的生物学基础和生物学证据。

实际上，在古希腊时代，先哲们就总结出人类曾经历了狩猎、畜牧和农耕三阶段的社会进化假说。18 世纪中叶，启蒙运动和启蒙哲学家将其归纳为学界的“社会演进论”观点。苏格兰启蒙哲学家弗格森（Adam Ferguson，1723—1816）在 1767 年所著的《文明社会史》中，把人类社会演进过程进一步概括为，经过了蒙昧、野蛮、文明三个阶段。至 19 世纪中叶，孔德（Auguste Comte，1798—1857）受启蒙哲学思想的启发，在《实证哲学教程》中提出人类理智发展中也存在三个阶段的演进模式，即“我们的每一种观点，每一个知识部门，都先后经过三个不同的理论阶段：神学阶段，又名虚构阶段；玄学阶段，又名抽象阶段；科学阶段，又名实证阶段”；对应于这三个阶段的人类社会组织是：军事、法律和工业三种形式；对应的政治组织是：神权、王权与共和三种政体。[①] 同时，德国文化史学家克列姆（Gustav Klemm）在《人类文化通史》（1843）中也列出了人类社会的“野性”、“开化”、“自由”三阶段的进化序列。

英国社会学家斯宾塞（Herbert Spencer）在当时拉普拉斯（Laplace）和康德（Kant）的天文学、莱尔（Lyell）的地质学、巴尔（Baer）的胎生学，以及生物进化思想的支持下，于 1852 年完成了他的大著《进化的假说》比查尔斯·达尔文 1859 年发表《物种起源》提早 7 年就提出了社会进化思想，并形象地将人类社会类比为生物有机体，进而阐述出社会单线进化的理论。

美国人类学大师摩尔根（L. H. Morgan）则将社会演进的思想进一步深化，集大成地将其系统化，并对每一个阶段的具体内涵和标志作了较明确的划分和规定。摩尔根最先将人类社会发展划分为：野蛮（Savagery）、半开化（Barbarism）、文明（Civilization）三阶段。进而，又将野蛮与半开化各阶段划分为低、中、高三级：以取火、渔猎、弓箭的发明为标志，称为野蛮阶段；以陶

---

① 于海：《西方社会思想史 1860—1960》，复旦大学出版社 1993 年版，第 189 页。

器、畜牧、农耕、铜铁加工为标志，称为半开化阶段，并以陶器的发明作为半开化阶段的开始；以拼音文字的发明作为文明阶段的开始。[1] 摩尔根之后，这个系统经许多学者的增补完善，使之日臻详细。

我们参照萨瑟兰（Alexander Sutherland）的方法列表对比如下（见表 2-1）：

表 2-1 人类社会发展的三阶段分期表

<table>
<tr><th colspan="2">作者和对象</th><th colspan="2">第一阶段</th><th colspan="2">第二阶段</th><th colspan="2">第三阶段</th><th>备注</th></tr>
<tr><td colspan="2">古希腊的社会进化假说</td><td colspan="2">狩猎</td><td colspan="2">畜牧</td><td colspan="2">农耕</td><td>15 世纪以前</td></tr>
<tr><td>弗格森</td><td>人类社会</td><td colspan="2">蒙昧</td><td colspan="2">野蛮</td><td colspan="2">文明</td><td>1767 年《文明社会史论》</td></tr>
<tr><td rowspan="3">孔德</td><td>人类社会理智发展</td><td colspan="2">神学阶段（虚构阶段）</td><td colspan="2">玄学阶段（抽象阶段）</td><td colspan="2">科学阶段（实证阶段）</td><td rowspan="3">1830—1842 年《实证哲学教程》</td></tr>
<tr><td>人类社会组织形式</td><td colspan="2">军事</td><td colspan="2">法律</td><td colspan="2">工业</td></tr>
<tr><td>人类社会政治体制</td><td colspan="2">神权</td><td colspan="2">王权</td><td colspan="2">共和</td></tr>
<tr><td>克列姆</td><td>人类社会发展</td><td colspan="2">野性</td><td colspan="2">开化</td><td colspan="2">自由</td><td>1843 年《人类文化通史》</td></tr>
<tr><td rowspan="3">摩尔根</td><td rowspan="3">人类社会发展</td><td rowspan="3">野蛮</td><td>弓箭</td><td rowspan="3">半开化</td><td>铁器玉器</td><td rowspan="3">文明</td><td>早期国家</td><td rowspan="3">20 世纪初</td></tr>
<tr><td>渔猎</td><td>畜牧农耕</td><td>青铜器</td></tr>
<tr><td>取火</td><td>陶器出现</td><td>拼音文字发明</td></tr>
</table>

社会演进论不断得到达尔文生物进化论思想的充实与完善，形成了以进化思想为基础的人类学。学者们认为，人类和世界都遵循自然、外在和既定的进步规律，事物通过不断的分化与组合，沿着从简单到复杂，从低级到高级，从同质不整合（机械团结）到异质整合（有机团结）的方向发展。[2] 社会演进论的实质，是借助生物学家和地质学家的自然史理论来构建人类文化史，用历史的观点追溯、探讨人和人类社会及其文化诸元素的起源和

① 参见林惠祥：《文化人类学》，商务印书馆 1991 年版，第 26 页。

② 参见庄孔韶等：《人类学通论》，山西教育出版社 2003 年版，第 41 页。

进程。

因此，进化论思想使人类学在不断完善中形成了三个基本的认识原则：

一是，认为人类追求进步的心智和本质相一致，即人类无论何种民族，在心理方面追求进步的心理状态和潜质是基本相同和一致的。

二是，认为人类自身的发展和文化的发展，与人类所处的自然环境的关系与作用基本相同，然而不论何种民族都会在相似的环境、相近的时间、相当的阶段，发生自己的相应文化。这也被称作“独立发明说”。

三是，认为人类社会文化的演进大体上遵循相同的路线，即基于前两条，人类的心智与刺激基本相同，其社会文化演进会沿着基本相同的路线向前发展，这也被称作“并列发展说”（Parallelism），或称为“一线发展说”（Unilinear Development）。虽然各民族在发展上都沿相同或相似的路径向前发展，但是体现在各民族的发展阶段、发展层次方面，却在时间上不尽同步，有些民族演进得快，有些民族演进得慢，而所有民族终究会一段段、一步步地向前进。这种前进在无外界干扰的情况下一般是渐进式的而不是突进式的。

这个时期对科学人类学作出重要贡献和产生巨大影响的学者是英国的斯宾塞和泰勒，还有美国的摩尔根。

斯宾塞将先前相对分散的人类社会进化思想归纳总结为一个比较系统的知识体系，并在当时的天体演化论、地质发展史和生物进化论等理论的支持下，第一次较完整地阐述了社会远近的理论。他的著作主要有：《社会学原理》（*Principles of Sociology*，1876—1896）；《伦理学原理》（*Principles of Ethics*，1879—1893）；《叙述社会学》（*Descriptive Sociology*，1874—1881）等，至今还有很深的影响。

泰勒（E. B. Tylor，1832—1917）对科学人类学的贡献和影响更是巨大的。他精于人类学，熟悉异文化。他的重要贡献是确定了人类学这门“文化的科学”，扩大了人类学的学科影响和声望。他不仅提出了著名的“符合整体”理论，还归纳了学科的研究方法，如比较法、遗存法和统计法等。泰勒的《原始文化》（*Primitive Culture*，1871）、《人类早期历史之研究》（*Researches into the Early History of Mankind*，1865）、《人类学》（*Anthropology*）等都是科学人类学的重量级著作。

美国的摩尔根（L. H. Morgan）则把人类学的研究，推向了更深更广的领域。他亲身考察了美国土著居民，并曾用通信问卷方式收集海外民族学的资料，在此基础上系统而科学、严谨地贡献了他的研究成果。他的三部名著：《易洛魁联盟》(1851)，是第一部现代不同民族的志书；《人类家庭的血亲和姻亲制度》(1871)，更是第一部对人类社会制度与形态进行深入分析和比较的名著；《古今社会》(1877)系统而科学，内容涉及人类的生计方式、物质文化、社会组织和制度结构层次等，尤其书中将人类社会发展历程更加确切地归纳为“蒙昧—野蛮—文明”三个阶段[①]，使之理论更加宏大而严谨，更具有跨时代意义。因而，《古代社会》不仅是科学人类学的不朽著作，也是人类学学科史上的里程碑。

这一时期，人类学取得的进展，大体上可归纳为如下几方面：

第一，从根本上正视和确立了人类自身和人类社会文化由低级向高级，由简单向复杂，不断进化的科学规律，为人类学向更深更广的科学领域发展，拓展了无限的科学前景。

第二，以人类生物学研究为基础，在人类社会文化史研究中，将史前史、古生物学、体质人体学、语言学、民族学等知识有机融合，共同探讨人性、文化、人与动物、人与自然、人与人的关系等相关问题，并广泛收集世界各地各民族人类的物质文化标本和社会制度的材料，包括远古的、古代的和近世的，初步构建起科学人类学研究的宏观体系。

第三，在人类学的科学研究中，形成了许多基本概念或结论。如人性普同、制度进化、社会演进、标本积累、社会变迁等。

尽管如此，这时的人类学从整体上或理论方法上，仍然存在着很多缺陷。比如，关于人类起源的许多命题还停留在思辨的层次，其材料基础亦不够坚实，材料选择上取舍失之简单；同时，在对人类文化的认识上，还明显地存有时空排序不严谨的现象，或任意拆分文化结构以搭建宏观模型，并存偏倚“通则”而轻视文化真实的情况，等等；有时，在重点阐述人类文化发展主线时，往往因经验资料不足而借助逻辑推理或降格以求，甚至深入到生物和心理层次寻求支持等。但所有这些都是人类学发展中不可避免的缺陷，与这一时期人类学的发展成就相比是微不足道的。

---

① 参见〔美〕路易斯·亨利·摩尔根：《古代社会》(新译本)，杨东莼、马雍、马巨译，商务印书馆1997年版，第8—12页。

第三节　人类学走向成熟的时期

19世纪末至20世纪70年代，是人类学走向成熟的时期。这时期人类学在以往研究的基础上，理论更加完整，学科结构更趋系统，研究方法更加务实，研究理论不断出新，现代人类学的知识主体和认同基础以及人类学的学科经典等也大多形成于这一时期。特别是在文化人类学领域，人们开始不满足于先前盛行的社会"进化"理论，先后推出文化传播论、历史特殊论和社会整体功能论等新的理论观点，使人类学的研究层次迈上新的高度，也使人类学研究越来越显现出勃勃的生机。

下面简单介绍几种有代表性的文化人类学理论。

一、文化传播论的出现与完善

文化传播论(Diffusionism)，源自科学革命以来的自然史、地理学和博物学。其最早的理论先驱是德国学者拉策尔。拉策尔认为，人类不是静止的动物，人群的文化特质会伴随民族的迁徙而扩散，因之，他描绘出人类文化的分布图，并比较各地域民族文化要素间的相似程度，进而分析它们在历史上的相互影响和联系。拉策尔的认识理论和实践研究成为文化传播论的先声。

在此基础上，经过学者们的不断发展与整合，大体上形成三个具有代表性的理论体系：其一是以德国和奥地利学者为代表的文化圈理论，其二是以英伦学者为代表的埃及中心论，其三是以美国学者为代表的文化区理论。

文化传播论从根本上摆脱了进化论关于人类社会循同演进模式的束缚，认为人类的发明和创造极其罕见，不可能到处重复。在人类体质进化的同时，人类文化亦同步发展，而文化发展都是人群间以不同方式接触，相互影响、借鉴和采用的结果，是文化元素从其发祥地扩散到不同地方而被模仿、采借和接受的过程。文化，本来就具有向外扩散、传播的本性，它使世界各地的文化相互影响、相互借鉴，形成了很多相似性。一个民族或地区，文化形成的渠道除去发明产生就是传播得来，在每个民族或地域的文化结构中，由传播途径获得的文化占有绝大的比例。文化传播的方式，是从原点慢慢扩散出去，跨越空间，由内缘向周边，一圈一圈地逐渐扩散传播。

德奥学者提出的文化圈(Kulturkreis)理论认为，文化或文明具有地域性，每个区域都有自己的文化源发生和变迁的中心，中心的文化向外传播扩散，犹如石头落入水中激起涟漪的波纹，一环一环地向外传播。文化的传播，存在空间和时间两个尺度。空间尺度注重文化特质的分布动态，它有由中心向边缘文化物质依次减弱的趋势，这是因为越是边缘越容易受到另一区域文化传播的影响。同时，由于中心区文化容易创新，所以边缘区的文化比中心区的文化古老。时间的尺度则注重文化特质的叠压关系，而人类文化传播的强度与信度，取决于文化物质的“形”与“量”两个标准：形的标准是从文化的形式、结构和作用方面来界定文化特质的相似性；量的标准则从相似性文化特质的数量上评价文化传播的强度。在德奥学者中，对文化圈理论贡献最大的是德国学者弗罗贝纽斯、格雷布纳尔和奥地利学者施密特。弗罗贝纽斯（Leo Frobenius，1873—1938）最先提出“文化圈”的概念，将文化传播理论引向“文化圈”的方向。格雷布纳尔（Fritz Graebner，1877—1934）可算作真正的文化传播论者，他进一步阐释“文化圈”和“文化层”的概念，认为人类的发明创造能力极其有限，只有少数优秀民族才能发明和创造文化，其他民族都要从优秀民族那里采借其发明和创造出的文化；格雷布纳尔进而提出人类学研究的唯一主题就是文化现象的传播与采借，并提出评价文化传播强度与信度的“形”与“量”的标准。奥地利学者施密特（Wilhelm Schmidt，1868—1954）则进一步发展了格雷布纳尔的思想，并创办《国际人类学杂志》，使文化圈理论更加完善。

在英伦，文化传播学派代表人物主要有里弗斯、史密斯和佩里。威廉·里弗斯（W. H. R. Rivers，1864—1922）在撰写《美拉尼西亚社会史》第一卷的时候，还是“进化论”的观念，而在第二卷的时候已经明显倡导传播论。他认为，“各民族的联系及其文化的融合，是发动各种导致人类进步的力量的主要动力”。史密斯（G. Elliot Smith，1871—1937）认为，人类文化的传播是有规律的，一般是由文明创发的中心地区向四周辐射；他进而认为埃及是世界文明的发源地，人类一切彼此联系的文化现象都是在某一时候由埃及诞生，并于公元前 9—前 8 世纪开始向其他国家传播。这种观点将文化传播理论推向了极端，被称为“埃及中心论”。詹姆斯·佩里（W. J. Perry）是史密斯的学生，他不但继承了史密斯“埃及中心论”的观点，更将它推演到几近荒谬的程度。

实际上，人类文化是多元的，起源区亦不能肯定就是一个中心，因此，文化传播应该是一个互相的、双向进行的过程。不同文化之间的接触、碰撞，引起不同民族之间文化的互相采借和接纳；同时，文化传播又必然导致文化变迁，文化变迁可以是部分的，也可以是整体的，或者说它表现为文化的融合和某种新文化的产生。

相比之下，美国学者提出的文化区理论却是对德奥文化圈理论的深化，它赋予文化传播论更加具体的内部元素和实质内容，将文化的要素分得更细，层次、逻辑和结构更加清晰，更便于把握和经验操作。美国著名人类学家博厄斯(Franz Boas, 1858—1942)是位德裔学者，他早期在整理美国自然史博物馆标本时得到启示：馆里各种标本的文化特征，都依地域不同而集成不同群组。随即，他将北美洲不同的物质文化，划分成几个区域，由此产生了"文化区"的概念。因为这些"文化区"都是根据客观物质标本的文化特征来划分和确定的，因而基本符合实际。在文化区的研究中，博厄斯和威斯勒(C. Wissler)进一步认为，人类学的研究单位是一个部落的文化，部落的文化便是部落人群的"生活方式"或思想与行为的集合，它包含许多方面及其内容。博厄斯把每个具体的、最小的、单一内容叫做"文化特质"(Culture-trait)，例如医用器具中的一种针灸针或一个单件工具等，研究者研究这个部落人群医疗行为时，首先要从这些基本的、具体的、最小的"文化特质"为单位开始研究；在众多的"文化特质"中，归属于同一功能或相近属性的一系列很自然地归类成一个略高的层级，被他称作"文化丛"或"文化丛结"(Culture Complex)，例如医疗行为中那些与人体经穴相关的针具、灸具、经络、腧穴、艾条、手法等一系列"文化特质"组合成一个有关经穴的文化丛结；"文化丛结"又有不同的特征、功用和性质，博厄斯把若干关系密切的"文化丛结"组合在一起，叫做"文化类型"(Culture Type)，例如华夏民族中某地域的传统医疗行为中，医学理论、医疗实践、草药、针灸、经穴、按摩等等"丛结"组构成这一地域的中医药文化类型；几种或多种关系密切或相关联的"文化类型"延续分布，就形成了文化带，例如中国东部地区的中医药文化带；再进一步，那些关系密切或相关的"文化带"，很自然地构成范围不同的各种"文化区"或"文化区域"。这样，博厄斯就在理论上建构了一个逻辑严谨、结构完整的人类文化体系。这个体系的逻辑链条即：文化特质→文化丛结→文化类型→文化带→文化区。虽然用这样的方法来进行文化的解释并进行文化特性的系统研究，必然也会产生过于机械和生硬的感觉，似乎与人类文化所具有的可塑性，或者说与人类文化所具备的"有弹性的超有机体特性"有些不协调。但文化区理论克服了任意拆分文化元素去拼装理论大图式的弊端，有助于文化研究的层层切入，直至细致入微的文化特质描述和不同文化层次的对比研究，也赋予了文化传播论新的内涵，完善了传播论的理论体系。

当然，传播论也有不可回避的缺陷，它仅仅解释了人类文化间的联系、冲突、采借、转移等传播的方式和途径，并提出：传播是人类文化发展的主要因素、文化采借多于发明、文化变迁过程就是文化传播的过程等，却没能解释清楚"文化特质"的最初起源，或者说将文化现象与它的创造者割裂开来，甚至有些观点失之极端，使其理论在某些具体方面显得有些牵强附会或存臆造之嫌。尽管如此，传播论无疑使人们对于人类文化发展的认识向前跨越了一步，它弥补了先前进化论忽视文化传播迁徙的不足，揭示出传播在人类文化进步中的重要作用，从而重新审视和构建人类文化史。

实际上，传播论和进化论都不能说自己绝对正确。进化论侧重于将人类学资料纳入时间序列，提炼出"文化单线进化"、"社会循同演进"等观点，而传播论则将人类学资料纳入空间序列，阐释出文化传播在人类文化变迁与发展中的作用。换言之，进化论倚重事物的纵向联系，而传播论则倚重事物间的横向联系；两者各有长短，不好厚此薄彼，若两者完美结合应更有助于人类文化的深入研究。

二、历史学派的理论

历史学派的理论，也称历史文化论或历史特殊论。最早出现在美国，代表学者是博厄斯。这一理论认为，人类学研究的所有主题，都是诸多历史力量互相作用结果的折中。它的理论精髓是用文化与个人关系为本体，以经验论和实证论为方法，以文化相对论为原则，来构建各民族和族群的文化史。

博厄斯在《种族、语言和文化》一书中提出，人类学研究的目的是："关于人类和他的历史"，是"在最广阔意义上的历史项目，必须包括人的形体发展历史，人的生理学上的功能、思想和文化"[①]。博厄斯概括出人类学研究的具体目的和任务有三项：一是重建人类史，二是揭示文化发展规律，三是探讨人类体质与文化变迁的动力。这些高屋建瓴的概括对人类学的学科发展具有深远的指导意义。

① F. Boas, *Race, Language and Culture*, New York: Macmillan, 1982, p. 244.

在实际研究中，历史特殊论强调对具体文化作详细精确的描述和记录，认为只有具体的事物才是历史的，只有历史的事物才是可靠的。该理论认为，任何人类学的科学工作，就是观察现象和收集资料，只要资料完备，人类及其文化的整体就能显现。在不同人群文化的比较上，则认为每种文化都各有独特的经历，经历不同，社会文化的性质、价值和功能都会不同，不能生硬地用“通则”来把它们划归整齐。因此，人类文化发展的历时排列，不应像进化论先前所描述的那样，是简单的单线发展序列，而应是复杂的，既有自身特点，又有彼此联系的、多头并进的发展体系。从而，每种文化皆因其自身的特殊经历而有独特的价值。这就为创造和保护文化的多元性与多样性提供了坚实的理论，也为避免和纠正本民族中心论和种族主义提供了理论依据，还在伸张不同文化的特性和挽救濒危文化中发挥着积极作用。同时，也很自然地产生一个重要概念，即文化相对论。

历史特殊论还提出了一些重要概念，如人性是由文化形塑，而不是由生物铸就；人是文化的产物和缩影；文化是大写的人格，教养大于天性等等，强调了文化对于人的作用。

历史学派的理论，不仅包括文化区理论和区域年代假说，还有语言相对论假说、文化相对论、文化整合论、模式论、平等观念、理想类型与实际行为、人性、文化与环境互动观等等，使人类学研究的理论更加丰富，更加富有科学内涵。

三、法国社会学派的理论

法国社会学派出现于19世纪末，由于其创办《社会学年鉴》也被称作“社会年鉴派”。他们提出的社会学理论，曾是法国社会学界流行的理论。法国哲学家、教育家和社会学家迪尔凯姆(Emile Durkheim，1858—1917，亦译作“涂尔干”)是这一理论的代表学者，他对于宗教学、人类学和政治学都有精心的研究，是现代社会学的奠基人之一，其影响可与马克思(Karl Marx)和韦伯(Max Weber)齐名，是构建西方社会理论大厦的巨匠。

迪尔凯姆先前曾研究社会分工、原始分类、互惠互报、乱伦禁忌、自杀、宗教礼仪等经验现象；后来，创建《社会学年鉴》，推广了神圣/凡俗、外在/内化、机械团结/有机团结、两元对立、原始分类、图腾原理、集体意识、集体表象等社会学概念。他不反对摩尔根，也用社会进化发展的观点来研究民族学资料；他主张把社会现象作为社会学研究的对象，并提出了具体研究方法。他的著作《社会分工论》(1893)、《社会学方法论》(1895)、《自杀论:社会现象研究》(1897)、《乱伦禁忌及其起源》(1898)、《宗教生活的基本形式》(1912)等,在社会学界产生着巨大影响,他的理论观点为英国社会整体功能论学派的产生播下了种子。

迪尔凯姆主张,社会学的研究对象是社会现象。社会现象具有两个特征:一是客观性,它外在于个人意识;另一是社会性,如构成集体信仰、倾向和守则。"人们的行为方式、思维方式和感觉方式中有一种社会性质,它存在于个人意识之外","而且还有一个强大的力量,不管个人愿意与否,它们能够用某种强制来使个人服从"①。这里的强制力量是说,人们大多数的意念和倾向都不是自己造就的,而是来自外界,通过引导、影响、强迫而使人们自觉不自觉地接受,也通过强制个人或群众内部的传播张力而实现,通过法律、道德、风俗习惯、经济组织以及团体的力量作用于个人。

迪尔凯姆基本观点的重要概念是集体表象(collective representation)或集体意识(collective conscience)。他在《社会分工论》中解释道:"社会成员平均具有的信仰和感情的总和,构成了他们自身明确的生活体系,我们可以称之为集体意识或共同意识。"②共同的生活方式、信仰和感情起源于共同的经验和社会成员间的交流,社会上每一个成员从出生以来就被共同意识所控制,"集体意识根本不同于个人意识,它是社会全体成员反复感知和作为一种制度固定下来的东西,是可以经验、实证的社会事实"。迪尔凯姆认为,集体意识或集体表象是社会成员广泛合作的结果,是由世世代代的经验和知识积累而成,它沿时间和空间两个坐标延展下去,构成人们共有的观念、情感、思维和行为表现,并在个人之外,实实在在地存在着,每个人每时每刻都要与之相适应,也时时受其制约。这些集体意识和行为方式,非个人所能形成,个人也不可能使其不存在,更难以使它们不要这样,然个人却不得不考虑它们。由见,迪尔凯姆的思想已如此精辟和深入。

庄孔韶先生将迪尔凯姆的社会学理论称为社会决定论,并将其精华概括为五个方面,即:

第一,认为社会事实自成其类,只能用先在的其他社会事实来解释,而不能化简到心理和生物层次去认识;第二,认为社会先在、外在都独立于个

① 〔法〕迪尔凯姆:《社会学研究方法论》,胡伟译,华夏出版社 1988 年版,第 4—10 页。

② 〔法〕涂尔干:《社会分工论》,渠东译,三联书店 2000 年版,第 42 页。

体，并大于个体之和，因而能对个体形成强制；第三，社会强制力来源于无形而有力的集体意识和集体表象，而以神圣/凡俗分类为基础的宗教则是社会的核心形式；第四，人们对自然界的分类，依据社会文化分类，社会文化分类则依据两元对立原理；第五，前面所有社会现象都有现实功能，因而可用科学方法进行实证研究。①

法国社会学年鉴派的学者多把社会学和民族学视为互通的学科，他们给“社会”这一概念的定义是：“个体外部的一切行动、思想和感觉(acting、thinking and feeling)的方式”。他们的思想不仅对英国社会整体功能论的出现提供了理论帮助，也对当代人类学的形成和发展产生着深远的影响。迪尔凯姆在宗教、哲学和教育等方面的研究成果及理论贡献也相当卓著，这里不作展开。

四、社会整体功能论

继进化论、传播论和历史学派的理论先后出现之后，在欧洲殖民统治者对殖民地，特别是对非洲统治管理理论需求饥渴的形势下，伴随着人类学家在非洲殖民地(土著居住地)的实践活动，及其由此获得的丰富资料和宝贵经验，社会整体功能论跃然升华至人类学科的理论层面，成为独树一帜的人类学理论，引起学界的极大反响。

社会整体功能论最初产生于英国，代表学者是伦敦经济政治学院的马林诺斯基(B. K. Malinowski，1884—1942)和牛津大学的拉德克力夫·布朗(A. R. Radcliffe Brown，1881—1955)。他们两人虽然都是“功能论”学者，但其观点却有所差别。一般认为，以 1922 年马林诺斯基的《西太平洋的航海者》(*Argonauts of Western Pacific*)和布朗的《安达曼群岛上的居民》(*Andaman Islanders*)两部重要著作的出现作为标志，社会整体功能论的理论全面成熟，并成为人类学研究的重要理论。

马林诺斯基的功能论被称为“文化功能论”。他认为，人类学是研究文化的特殊科学，文化包括四个方面，即物质设备、精神文化、语言及社会组织。人类学的重要任务就是研究文化的功能，而文化的意义则存在于文化要素的关系之中，文化的真正要素是社会制度；对于每一件具体的事物，只有将其放入真实的社会制度和文化布局中去明确它的地位与关系，才能认

---

① 参见庄孔韶：《人类学通论》，山西教育出版社 2003 年版，第 55—56 页。

识它的文化功能，也才能获知它真正的文化意义。他批评进化学派重构以往发展阶段的做法和传播学派追寻传播路线去重构历史的观念，都是对文化本质认识不足，而只有先对文化进行功能分析才能探讨它的“进化”和“传播”，在功能没有解释及各要素间的关系没有明确的时候，文化的形式便无法明确。

马林诺斯基提出的一个重要观念是“文化与人的需要密不可分”。人的第一需要是生存需要，即有机体需要，它形成基本的“文化迫力”并强制社区发生种种有组织活动，人们正是紧紧依靠这些有组织的合作及经济的、道德的观念来满足生存（有机体、生理）的需要。人的第二需要是生殖繁衍需要，由此产生的“文化迫力”导致人类形成种种规则和标准，以及各不相同的“文化要素”来约束、克服或改变人们的自然冲动，从而在不同社会形成不同的两性风俗，如求偶活动、婚姻、亲子关系、亲属和氏族组织等，使人类生殖繁衍的需要和行为纳入到文明有序的社会文化体系之中。

实际上，生存与繁衍都属生物性需求。马林诺斯基又将人类基本生物性需求归纳为七种：即新陈代谢、生殖繁衍、身心安全、舒适、运动、成长和健康。人们必须满足这些基本需求才能正常地生活下去。由于这些基本需求的存在，任何社会都能够适时地萌生出相应的文化措施，包括卫生、营养、居住、防卫、伦理等，还包括为这些目的而产生的技术等。

在人类基本生物需求得到满足或在满足的过程中，第二类需求便又出现，那就是法律组织的需求；随之，第三类需求亦将不期而至，即依靠传统风俗为工具的广义教育需求，它使人类文化得到延续。马林诺斯基认为，人类的基本生物需要是文化滋长和发展的条件，文化在满足人类需要的过程中，又创造出新的需要，这就是文化最大的创造力和人类进步的关键。①

进而，马林诺斯基认为，每种文化都具有效力功能并整合为一个整体，若脱离整体关系，我们将无法了解文化的任何一部分；同样，任何社会也都是有机、自动、自足的功能整体，其内部每一个部件都要联系它的整体功能才能认识。例如，在诸民族“风俗”中蕴涵着的文化，大都有一项重要功能外显为不同民族的“乱伦禁忌”、“族外婚”等民俗约定，这些约定将因性冲动而可能造成的社会分裂或性竞争的力量与日常家庭、氏族间所需的合作分离开来，成为家庭和社会稳定的基石。每一个人都受到自己

① 〔英〕马林诺斯基：《文化论》，费孝通等译，中国民间文艺出版社 1987 年版，第 91 页。

社会中这些“风俗”的制约，使遗传的兽性冲动变为“礼仪化”的生活行为和习惯，而这些生活行为和习惯又以文化的形式，借教育的力量代代相传下去。与此相同，文化的功能遍布在人类社会生活的方方面面，如制度的功能、社会组织与管理的功能、仪式活动的功能、类别称呼的功能、宗教信仰的功能、巫术的功能，以及思想、道德、艺术、娱乐、游戏的功能等等。各项功能在社会整体结构中都有自己的位置且相互配合，文化历程和文化要素间的关系都顺应着功能关系。因此，社会整体应是跨文化比较研究的基本单位。只有通过对社会整体的科学比较，才能探求出人类及其社会文化发展的基本规律。

马林诺斯基认为，世间并没有“自然人”，所谓“人性”是接受文化形塑的结果，因此，研究文化能使我们对人性有更深刻的了解。他提出文化具有三个因子和八个方面：三因子是物质底层、社会组织和精神文化（语言）；八方面是经济、教育、政治、法律与秩序、知识、宗教巫术、艺术和娱乐。三因子基本上代表了文化的结构，八个方面则代表了文化的功能。

在研究方法上，马林诺斯基认为“事实就是真实本体，功能是文化真谛，把握真谛必须直接观察事实的各方面功能”，因之，他主张人类学研究者必须从事田野工作，又要谙熟观察艺术，同时还要是文化理论专家，这样齐头并进才有前途，否则研究结果就毫无价值。

马林诺斯基的人类学研究，不仅仅侧重于社会整体的文化制度与功能，更注重社会文化制度对人的生物和心理需求的满足。他也曾客观地认为，功能的解释并不妨碍进化论和传播论对社会发展的探索，而是可以弥补它们的不足。马林诺斯基出色的田野工作和他对科学的执著、热情及全身心投入的精神成为后学的楷模。

布朗的观点被称作结构—功能论（structural functionalism）。他认为经验事实只是表象，背后还有能作为抽象结构的真实本体，功能本身不是真谛，但它是通向社会整体结构的路标。他将“功能”视作整体内部活动对整体活动所作出的贡献，认为“原始社会的每个风俗与信仰在该社区的社会生活中扮演着某些决定性的角色，恰如生物的每个器官在该有机体的一般生命中扮演着某些决定性角色一样”[①]。布朗提出，一切文化现象都具有特定的功能，无论是整个社会还是其中的某个社区，都是一个功能

① A. R. Radcliff Brown, *The Andaman Islanders*, Cambridge University Press, 1922.

统一体，构成统一整体的各部分相互配合、协调一致。研究时，只有找到各部分的功能，才能了解它的真正意义。

在理论上，布朗既强调功能，又注重社会结构研究。他认为“社会结构”是诸文化统一体中由“制度”支配的人与人的关系，而“制度”则是社会生活中长期形成的那些被认同的约定原则、规范体系和行为模式，人与人的关系是变动的，但社会结构的形式却是相对稳定的。基此，他将社会结构定义为：“在由制度即社会上已确立的行为规范、模式规定或支配的关系中，人的不断配置组合。”①

在研究方法上，布朗建议在人类学研究中采用自然科学研究中常用的“归纳法”，主张将田野作为实验室，研究者亲自收集资料；他更注重对不同文化和不同社会的比较研究。他还认为，社会人类学研究方法有两种：一是历时性研究，另一种是共时性研究。其重要观点有三：一是共时性研究应优先于历时性研究；二是历时性研究的重点应是文化变迁，而不是文化起源；三是共时性研究不仅要发掘不同文化的相似性，更要发掘它们的差异性，差异性比相似性更重要。

马林诺斯基和布朗所倡导的“功能论”思想使当时的人类学研究焕然一新，也使人类学在进化论、传播论和历史学派理论的基础上，又向前迈出新的步伐。它揭示出人类社会的演进与传播，不是简单的因果关系，而是一种复杂的相互存在某种联系的共时复合关系；揭示出各文化体系间的“结构”研究比文化间的要素研究更为重要，因为这能够揭示文化的真正功能与本质。社会整体功能论所倡导的共时研究与应用导向，拓宽了人类学的领域，将人类学的研究从文物、文献和遗俗研究的玄理奥义中解脱出来，转向面对普通人群的日常生活；将人类学研究从书斋带到田野，从历史带到现实；从对社会演进图谱的构建，带到对社会生活整体的直接观察和详细描述，使人类学直接应用于对复杂社会各层面的研究，从而开创了“人文世界，到处是田野”的先河。社会整体功能论的思想也深刻地影响了林耀华和费孝通等一批中国的人类学家。

---

① 〔英〕拉德克力夫·布朗：《社会人类学方法》，夏建中译，山东人民出版社1988年版，第148页。

第四节 人类学的反思与转型时期

一、东西两个科学体系的形成

世界大战给人类带来巨大灾难，学术界亦步入低潮岁月，人类学研究氛围萧萧黯然。二战后，人类学开始复苏并进入战后反思、盘整与转型时代。在战后至19世纪60年代初的近20年中，人类学在世界范围内大体分化出东、西两个体系。但在两个阵营的理论中都渗透有被折衷了的“进化论”和“社会整体功能论”(结构功能论)思想；他们的研究结果也都延伸到转型期以后，其影响远远超出学科范围，并形成了当代人类学科学理论的重要部分。

东方体系的代表是苏联。它和它所代表的欧洲大陆一样，按着传统将人类学等同于体质人类学，归属在生物学部门，把文化人类学称为民族学，归属于历史学门下。苏联人类学的主要任务，是从生物学角度研究人类；而被称作民族学的文化人类学则主要研究原始社会史、经济文化类型和历史民族区系、人类婚姻史、民族过程和民族共同体的概念及分类等等。从总体看，苏联学者勃罗姆列伊运用新马克思主义观点对民族过程和民族分类的研究成就最大，并对中国的人类学有较大影响。[①]

在西方阵营内，人类学的发展波澜壮阔，异彩纷呈。文化生态学、新进化论、心理人类学、跨文化研究、马克思主义人类学和结构人类学等，都形成了自己的理论，并积累了大量资料。比较重要的理论成果有怀特(Leslie White)的新进化论(neo-evolutionism)、柴尔德(Gordon Childe)的物质文化进化论、斯图尔德(Julian Steward)的文化生态学和多线进化论，以及塞维斯(Elman Service)与萨林斯(Marshall Sahlins)的普遍与特殊进化并行论和默多克(G. P. Murdock)的人类家庭与亲属图式等。[②] 这些理论成果的出现，使人类学研究出现新的特征，并带动人类学进入一个新的阶段。

下面简要介绍西方马克思主义人类学和结构人类学的主要成就。

---

① 参见白振声:《马克思主义民族学》，载宋蜀华、白振声:《民族学理论与方法》，中央民族大学出版社1998年版，第79—127页。

② 夏建中:《文化人类学理论学派》，中国人民大学出版社1996年版，第186—249页。

二、西方马克思主义人类学的成就

二战结束后，尤其到20世纪60年代，外部冷战对垒和内部激烈动荡的社会局势，使西方世界频频出现大规模的社会运动。从反文化运动到反战运动，再到妇女运动，学界批判的矛头很快就指向人类社会理论框架的本质等深层问题。在反省和品评以往理论体系的同时，人们变得更加现实，并积极寻求新的精神依托和理论资源。在这样的背景下，马克思主义理论成为“新批评”的工具和替代“旧模式”的理论选择。这时，西方社会掀起了研究马克思主义的热潮。在这一热潮中间，人类学界许多学者不仅不反对马克思主义，还主动对其深入研究，因之出现了各种形式的“马克思主义”人类学学派，并逐渐整合为西方马克思主义人类学的理论体系。

西方马克思主义人类学，是以历史唯物论观点进行人类学研究的知识系统。它又分为政治经济人类学和结构马克思主义人类学两个重要部分。

政治经济人类学形成于20世纪70年代，主要代表人物有沃勒斯坦(Immanuel Wallerstein)、弗兰克(Gunder Frank)、沃尔夫(Eric Wolf)、哈特(Keith Hart)等，重要著作有：沃勒斯坦的《现代世界体系》(1974)和沃尔夫的《欧洲没有历史的人民》(1982)等。[①] 政治经济人类学侧重于宏观的区域性政治经济体系研究。学者们认为，发现新大陆以来，随着殖民主义的人口、经济、文化扩张，人类学的对象已不是过去那些独立而封闭的社会，更不是原来那些天然原始的部族和村落。这些所有被研究的对象和社会，都不同程度地受到外来力量的各种干扰和渗透，包括军事的、经济的和文化的等等。因此，人类学研究不能排除这些因素的存在，而埋头于传统文化模式的调查和探索，必须深入全面地考察原有文化传统在与外部力量的碰撞中，被冲击、渗透、改造，甚至毁灭的全过程。因此，政治经济人类学开始研究1500年以来的经济全球化过程，强调全球经济发展对各地各民族的影响，特别是核心化与边缘化的冲突和不平衡，并将人类学与全球化进程以及世界历史联系起来，证明人类学不仅能研究小社区，也能解释和引导全球人类社会的发展过程。

结构马克思主义人类学发端于法国，英、美等国人类学界也受到影响。法国学者戈德利亚(Maurice Godelier, 1934—)最初将结构主义人类学思想

---

① 参见庄孔韶等：《人类学通论》，山西教育出版社2003年版，第58页。

和马克思主义的辩证唯物主义与历史唯物主义思想结合起来，作为自己的学术体系的基本观念和方法论。戈德利亚认为，马克思的理论思维逻辑是运用了结构主义思想方法，他根据深层结构的逻辑来解释“资本”，并用薪酬与利润间的结构形式，来揭示在显见的表面机制后面隐藏着的不可见机制，即资方剥削劳动剩余价值的不可见事实，进而从可见结构关系剖析中阐释出不可见的结构关系。戈德利亚运用马克思主义“经济基础决定论”原理，提出人类学研究应侧重于生产方式和意识形态的功能分析，认为这样有利于形成普遍适用的人类学研究理念；因而，他着重研究生产方式的结构、不同生产方式间的相互关系、思想和观念在社会关系产生中的作用等，还对经济基础和上层建筑的关系深入研究，提出许多重要见解。法国著名的结构马克思主义理论家阿尔都塞（Louis Althusser，1918—1990）用结构主义的方法将见于文字的马克思主义视为表层结构，认为在这些可见文字的里面能够找出它们的深层结构。他在马克思主义辩证法和社会发展学说中寻觅深层结构的时候，虽然理解出其间有“多元决定论”的思想，使后人说他有将社会主要矛盾与次要矛盾混淆并列之嫌，但他所认识的在社会发展过程中，社会总体的性质虽然归根结底要由经济因素决定，而起主导作用的因素是政治的观点却没有问题。阿尔都塞认为，一种生产方式是由无数关系结构组成的一个总的结构系统，因为概念体系与技术一样，自身也是一个结构组织。社会内部相互“连接”的各种结构彼此发生作用，但种种关系系统全部服务于一个关键要素，即生产关系的结构。[①] 这些观点对人类学产生了很大的影响。

结构马克思主义人类学的观点与古典马克思主义有所不同，它不赞成将经济基础与上层建筑分离，提倡将物质关系和意识形态的相互维持、协调和结合。这为人类学中主张“唯物”和主张“唯心”的敌对阵营提供了妥协的依据。结构马克思主义人类学者认为，英国人所称的“社会结构”的社会关系，只不过是社会现象的表层形式和社会组织的本土模式，或者说它仅仅是驱动生产关系运行的面具，而马克思主义的生产方式理论才是实质性的社会分析概念，它能够用以解构不同社会的组织方式。由于这一理论深受马克思主义“两种生产方式理论”的影响，结构马克思主义人类学除了强调经

---

① 参见黄淑娉、龚佩华：《文化人类学理论方法研究》，广东高等教育出版社 2004 年版，第 358 页。

济生产在人类社会中的重要意义外，更强调从社会再生产关系角度来研究人类的社会结构和文化结构。学者们坚信，结构主义的“深层结构”可以运用到不同的类型社会群体研究中，并形成带有普遍意义的社会文化逻辑，但“深层结构”不仅仅是一种象征或认知，也不是异文化的社会组织，而是经济基础、社会结构和意识形态的集合体。结构马克思主义人类学理论的明显不足是常将文化概念的定义域局限在“意识形态”范围，这虽然便于与“深层结构”关联，但却使“意识形态”与广义的文化观念难以对接。

三、列维—斯特劳斯的结构人类学

列维—斯特劳斯的结构主义人类学，是战后西方人类学中影响最大的学派。它不仅震动了人类学界，也影响到了哲学、社会学、心理学、历史学和艺术等领域，许多学科在它的影响下，先后运用结构主义理论方法进行学科建设与科学研究；结构人类学自身理念也不断出新，不断升华，并形成一种广泛而强大的思潮，回荡在西方。20 世纪 60 年代，结构主义在法国思想界占据着绝对优势，它取代了存在主义，成为风靡一时的哲学浪潮，甚至将欧美学术界统统吸引到这一浪潮中来。而“结构主义人类学之父”，法国人类学家克劳德·古斯塔夫·列维—斯特劳斯（Claude Gustave levi-Strauss，1908—）则无愧为这一浪潮的舵手。用法国著名人类学家布尔迪厄的话说：列维—斯特劳斯代表的结构人类学作为“一门社会科学第一次为自己赢得了尊敬，实际上是成了占统治地位的学科”①。

在列维—斯特劳斯所创立的结构人类学或结构主义人类学（structural anthropology）理论体系中，最核心的概念是“结构”（structure）。但这里所言的结构与先前“结构功能论”的解释差别很大，它指的不是“社会关系的总和”，不是“经验实体”或“社会现实”，也不是物质基础的结构，而是指一种在经验实体中隐藏着的深层模式，指一种先天就存在的意识结构或说是指人类的思维结构。用埃德蒙·利奇（Edmund Leach，1910—1989）的话说，列维—斯特劳斯是想揭示“人类心理”的结构，寻觅“人类心理”的普遍真理，进而探索对全人类的心理都普遍有效的思维构成原则。② 在列维—斯特劳斯看来，进行结构研究的目的，是为了构造一种“模式”，用以帮助理解社会

---

① 〔英〕布尔迪厄：《文化资本与社会炼金术》，包亚明译，上海人民出版社 1997 年版，第 5 页。

② 参见〔英〕埃德蒙·利奇：《列维—斯特劳斯》，王庆仁译，三联书店 1985 年版。

关系，并使之能考虑到一切既定的事实。这是一种无意识的模式，它潜藏在人类心理的结构里面，而不是公开的具有实际意义的文化模式。进而，他将社会结构分为四种模式，即：有意识模式、无意识模式、机械学模式和统计学模式。他认为，结构与模式是两个概念，它们在不同层次上，但具同一性；结构一定是模式，但非一般模式；模式却不一定是结构，只有最简单、最抽象、最真实的模式才是结构，这些能称得上结构的模式存在于心理之中，是其他模式的基础。[①] 而文化现象，则是心理结构的表现，但它却不能代表心理结构，只有寻找到潜在的结构模式，才能用其探索、分析和解释各种文化的通则。列维—斯特劳斯又把社会现象的结构分为表层结构和深层结构，表层结构是现象的外部联系，可以通过人们的感觉器官来认识它；深层结构是现象的内部联系，不能通过经验的概念获得，只有通过理论模式才能认识它。人类学家的任务就是通过有意识层深入到无意识层，发现深层结构。

列维—斯特劳斯认为，文化是潜在精神结构的外在表现，精神结构则受群体的物质和社会环境及其历史的影响。因此，文化与文化之间可能存在很大的差异，即使造成这些差异的人类思维过程的结构对于任何地方的人来说都是相同的。他认为人类思维过程的结构都是以“二元对立”规则出现的，譬如：光明与黑暗、善与恶、生与熟、美与丑、硬与软、苦与甜、自然与文化等等。而最根本的“二元对子”是：“自我”与“他人”，因为这个对子的存在，不仅仅是真正符号交流的需要，也是文化的基础。关于交流，他认为交流是互惠的交换，它包括商品与婚姻伴侣。其中女人的交换是某种原初的东西和交换的最基本形式，一个社会的问题就是要保证女人的流通和交换，并通过这种交往，用社会关系来代替血缘关系，使社会得以发展，而女人由于是交往的手段，因而就产生了价值。但是，女人的交流都要遵循一定的规则，不遵循或违反某些规则就被称为乱伦。因此，乱伦禁忌根源于“自我”与“他人”这个基本对子。民族学家描述的许多不同的婚姻规则，正是根据这一普遍禁忌形成的。

多数人认为列维—斯特劳斯的理论讲究“二元对立”，实际上列维—斯特劳斯更强调三元结构。他认为二元和三元是辩证的，二元是三元的特殊形式，三元的“内核”比包裹它的二元“外壳”更古老。[②] 社会结构既有三元

---

① 参见黄淑娉、龚佩华：《文化人类学理论方法研究》，广东高等教育出版社 2004 年版，第 254 页。

② 〔法〕莱维—斯特劳斯：《结构人类学》第二卷，谢维扬译，上海译文出版社 1995 年版，第 82 页。

性也有二元性,三元结构可以是天、水、地,二元结构可以是上与下。最初,列维—斯特劳斯在试图探索人类行为的无意识结构问题时,就是从“三元”结构开始的。他从雅各布逊(Roman Jacobson, 1896—1982)的音位区别特征和音位三角模式中得到启发,创立了著名的“烹饪三角”图式,揭示出自然与文化间的结构关系,成为结构主义思想的核心内容。他的著作《忧郁的热带》也被埃德蒙·利奇看作是由他所有著作围成的一个“三角形”的中心,这个三角形的三条边分别是他最重要的三方面理论成果,即:亲属结构研究、神话逻辑原理和原始分类理论。但是,在他理论内部映射出的却是浓郁的二元对立思想。他的亲属结构研究,以妇女交流为线索,抽象出八元四组关键亲属(夫妻、兄妹、父子、舅甥)间的两元对立关系,厘清了亲属的基本结构;其神话逻辑原理,来自对528个美洲神话故事的结构研究,他通过细致的排列比较,提炼出“彼此相似”、“共同情节”或相反的对立面等,形成一种道理简明的整体逻辑认知,最终揭示出神话的结构法则;他的原始分类理论,则从考察土著居民丰富的动植物知识开始,联系到图腾制度和依据“对立统一”法则确定出动植物名称系统的特殊表达方式,得出图腾制度是从给动物分类变成给社会分类的手段的认识,以至最后推演出人类心理都具有“倾向于分类”的基本共性,并升华出人类先天就有心智和能力去整理和分类经验世界的观点。此外,列维—斯特劳斯的结构主义方法论主要建立在符号意义的关系上,他认为“在形象与概念之间还存在着一个中介物,就是‘符号’”,“符号作为形象是一种具体的实体,但由于它具有的指示能力而与概念相像,无论概念还是符号都不仅与本身有关,而且每一个都能用其他东西替换”①。他对符号及其对应的事实内容进行研究,观察符号体系所表现的人的关系,得出的观点是,人类的社会行为具有符号意义,文化传统本身就是一种符号系统等。这些认识为结构主义方法论的完善提供了营养。

张海洋将列维—斯特劳斯的结构理论归纳为五个要点:第一,人无序不立,人类皆有分类的天性,原始人和现代人都是分类的动物;第二,分类就是创造秩序,就是按二元对立规则来探求事物间的区别性特征;第三,分类结果形成的秩序要以符号表达,因此文化是象征符号体系;第四,符号体系反映人类的意识结构,意识结构可以抽象成结构模型;第五,结构模型有深浅两个层次,与经验现象同构的浅层结构模型是机械模型;真正的深层结构模

① 〔法〕列维—斯特劳斯:《野性的思维》,李幼蒸译,商务印书馆1987年版,第24页。

型不为意识所及，也不同于或少于经验现象，并且与价值无关，所以，深层结构的模型最能反映人类的普同心性。①

列维—斯特劳斯也深入研究了法国社会学派的理论，确认了迪尔凯姆提出的“文化就是交换”的经典命题，认为：人类社会文化的本质就是交换，并枚举出：语言是信息交换，政治是权力交换，学术是知识交换，经济是物品交换，婚姻是男女性别交换等案例，认为通过交换，人性得以展现，需求得以满足，社会得以有序。使这一命题产生了更广泛的影响。

以列维—斯特劳斯为代表的结构人类学理论与方法，包括他的科学理念、理想等，都在学科发展史上绽放出夺目的光彩，成为后来学者们继续探索的坚实基础。

经过人类文明以来数千年的认知积累和科学思辨与推新，现代人类学的知识主体、认同基础、理论经典以及学科的基本框架等均日臻完善，人类学已成为一门从学科结构上、理论和实践方法上，都具有现代意义的学科体系，并面向未来，翘首企盼着人类学新时期的到来。

第五节　人类学的新时期

自 20 世纪中期开始，人类学逐渐迈入一个新的时期。新时期是一个经济与社会全面高速发展的时代，其特征是生产力迅猛发展、知识爆炸、科教普及、信息革命，以及世界多极化与经济全球化等等，它们推动着人类社会向更高的层次进发。在此过程中，知识经济和“后现代”进程，悄然改变着人类社会生产生活的结构和方式，人类学的学科触角亦随之伸向人类社会更深的部位和层次。同时，社会发展的步伐对人类学的研究提出更新更紧迫的需求；人类学的学科发展和研究成果，也对人类社会进步产生着巨大的推动作用。

新时期社会特征大体可归纳为五个方面：一是民族矛盾日益激烈。随社会发展，人类对资源的依赖和需求极度膨胀，围绕着资源垄断、掠夺和反垄断、反掠夺这个核心问题，发生的局部战争连绵不断，流血不止；社会主义和资本主义两大国际阵营的结构动荡、发展中国家的迅速发展及其国际地位日益突出等，都使原来世界政治格局的平衡发生着变化，也引起霸权主义和政治多极化的矛盾日益深化；同时，科技进步使不同民族不同信仰的人群

① 参见庄孔韶：《人类学通论》，山西教育出版社 2003 年版，第 59—60 页。

往来频度快速增加，人群间的摩擦强度加剧，在思想、文化、宗教、经济和政治等方面不断交流融合的背后，隐藏在人们头脑深处的却是激烈碰撞、对峙和对抗，这导致人类社会不断出现尖锐而复杂并难以协调的社会问题。二是，人们的生存观念发生变化。随生产力发展和社会进步，越来越多的国家或地区逐步进入“社会均富”和“大众消费”的时代；人们的生命理念或人生哲学观念都在发生变化，过去人们主要的追求是生存和安全，现在则转向追求生存的意义和价值。三是，世界呈现出空前的现代特征。始于 20 世纪 60 年代的信息、交通和技术革命，推动着人类社会的信息、图形、人员和观念等，在全球范围内高速流动，地球的坐标在缩短，不同文化人群的交往半径被拉近，跨民族、跨文化的接触与交流成为常态；人们生活的基本性质变得复杂多样，而时空概念却被强化；不论是城市还是乡村，人们的生活节奏明显加快，精神状态日趋紧张，现代化的“权威”概念和“单向话语”受到置疑，自由、民主、对话渐成主流。四是，在全社会领域，知识爆炸，教育普及，读过大学就可步入社会精英阶层的时代已成为过去，相反，不光是大学生就业越来越成问题，研究生的就业形势亦愈发紧张，这使得那些受过高等教育的人群地位失重，产生强烈的革命意识，加重了社会安定的负担。五是，以工业化为特征的现代社会，明显开始向信息化社会转型，有人称：“后现代”社会已经来临。在民权、反战、自由、人性平等和妇女解放等口号下，学者们对人类社会的现状和前景进行强烈的反思和批判，“后现代”理念成为汹涌澎湃的社会思潮。

在这样一个社会背景下，新时代的人类学将人类的精神需求和“人文关怀”提到重要位置；学科研究注重文化反思，以冷静的头脑审时度势，观察世界；也特别注重弱势民族、弱势人群和弱势性别，积极地以平等视角从事弱势民族与群体（性别）的研究；同时，人类学更加注重对“理性至上论”的研究与批判，并以超脱的目光审视和研究象征符号，避免其产生不良的后果；在民族文化研究中，也更加关注本民族的研究成果，并以客观公正的态度认识他民族的各种特征，使人类学研究中的殖民主义倾向越来越少。从而形成了以理解和相对论为思想基础的新人类学。下面分别概述新时期人类学的几方面突出特征。

一、象征人类学——将人类文化与行为的关系研究引向深入

象征人类学（symbolic anthropology）引导人们通过考察人的认知、符号和行为的关系，来理解人类文化。它认为，文化是由人规定意义进而操作的

符号体系，这个体系具有人类及其社会的分类、仪式和象征功能，对社会的整体产生作用。

道格拉斯（Mary Douglas）阐释说，分类逻辑对人们的行为有极重要意义——人无序不立。特纳（Victor Turner）则提出象征符号不仅是意义载体，更是直接参与或促成社会的行动。美国人类学家施奈德（David Schneider）深入系统地探索分析了“象征”的结构组织和核心符号等问题。学者们注重社会行动者对“象征符号”的操作，并认为“象征符号”是人类社会整合的意识形态工具。[①]

格尔兹（Clifford Geertz，1926—）对象征人类学进一步概括指出，文化的作用和传承机制不在内心，而在外界的“象征符号”和“风范”（ethos）。[②]文化，就是社会行为者利用象征符号为自己制造的意义和组织的逻辑，象征符号规定人们如何理解和看待世界；符号是表层的，而深层的是灵魂，灵魂是符号所代表的意义。符号的意义只为行为的人所知，而行为中的人又随时随地赋予旧符号以新意义。所以，人类学家对文化符号只能尽力去理解，并作深度解释和描绘。可以看出，象征人类学者对“文化符号”的研究和解释，总是落在不断变化的文化符号意义的后面，这就迫使人类学的研究必须时时跟上时代的步伐。[③] 象征人类学，注重研究不同文化的分类方法和特点，包括认知图示和细微事务的区别性特征，加强了对研究对象的认识深度，提高了人类学的实践水平。其不仅有助于在跨文化研究中，寻找人类文化的普同现象，也有助于验证文化相对论概念，在实践领域中深化了人类学理论。

二、解释人类学——强化了对人类文化的深层认识

自20世纪60年代开始，人类学研究的前沿探索明显地从社会研究转向文化研究，从直观现实研究转向非直观的深层现象研究。以美国人克里弗德·格尔兹为代表学者的“解释人类学”，将人类文化的深层研究推向了新的高度。

在格尔兹的解释人类学（interpretative anthropology）中，一个重要概念

---

① 参见庄孔韶等：《人类学通论》，山西教育出版社2003年版，第66页。

② 同上。

③ 参见〔美〕克利福德·格尔兹：《文化的解释》，纳日碧力戈等译，上海人民出版社1999年版，第5页。

就是“理解”，这里的理解是“在解释之上的理解”（understanding over explanation）。格尔兹认为，文化并非封存于头脑里，也存在于公共符号中，通过这些符号，人们彼此交流思想、观念、文化精神、价值取向和其他意愿，并向下一代传承。他认为“人是一种悬挂在自己编织的意义网中的动物，……文化就是这些网，因此关于文化的分析并不是一种寻找规律的实验科学，而是一种寻找意义的解释科学”[①]。因之，他主张人类学的研究方向，不是行为而是意义，不是“因果规律”而是“理解”；研究方式，不是机械说明而是解释说明。进而，他提出对传统观念进行重新评价，带动了人类学研究从侧重于对行为和结构研究，逐渐开始转向对意义、符号和语言的研究，推动人类学走出了“关于社会的自然科学”的阶段，摆脱了单纯的“实证”观念的束缚，也将之研究方法在过去侧重于对行为测量评估基础上，更加侧重于对社会行为所隐含的文化意义研究。解释人类学的理论，使人类学对于人类文化的认识又前进了一步。

三、反思人类学——体现了后现代思潮的时代精神

反思人类学（reflective anthropology），是一种对人类学学科功能和性质等本体理论加以质疑的人类学思潮。它在后现代思潮的强烈影响下蓬勃问世。

反思人类学的代表学者是马尔库斯（G. E. Marcus）和费策尔（M. M. Fischer）。他们在1986年发表的《作为文化批评的人类学》中认为，当代社会人文学的表述危机受到了挑战，格尔兹的解释人类学只作了部分修正，现在应在此基础上，用民族志描写的角度来研究如何表述急速剧变中的世界现实，并探寻在以西方为中心的世界体系中，东方学和传统人类学的出路在何方。通过回顾人类学各种理论和方法论的形成与应用过程，学者们感悟到“所有学科都共同地感到缺乏宏观的、具有包容性的理论框架等。现在大家关心的问题是场域、生活者眼中的社会生活的‘意义’、例外情况、不确定性等等，而不再费力地对所观察现象中的规律性进行解释”[②]，因此，20世纪新的整体观不会再提出放之四海而皆准的大理论，而只能是通过细致观察，

---

① 参见〔美〕克利福德·格尔兹：《文化的解释》，纳日碧力戈等译，上海人民出版社1999年版，第5页。

② 参见〔美〕乔治·E.马尔库斯、〔美〕米开尔·M.J.费策尔：《作为文化批评的人类学》，王铭铭、蓝达居译，三联书店1998年版，第23—25页。

提供有关某一生活方式的全景图景，以反映文化变迁的真实面貌。

反思人类学所批评的对象不是人类学的某种理论，而是自马林诺斯基以来，整个人类学的理论基础。他们参照后殖民主义文学批评的做法，反思人类学的理论和实践，评价文化和民族研究中的过失，尝试以主位和多元的手法来矫正人类学家难以避免的文化偏见。例如，批评马林诺斯基及其追随者做的"民族志"是"科学的参与观察者模式"，是一种"科学研究"和现实主义作品；认为传统民族志的局限性，明显地表现在用所谓的"科学性"和"客观性"而掩盖了作者的臆断，用将社会文化作为整体研究对象而偏重共性掩盖个性，用过度交代"田野工作经验"的方式而凸显权威性等等。反思人类学认为，"文化批评就是借助其他文化的现实来嘲讽与暴露我们自身文化的本质，其目的在于获得对文化整体的充分认识"，因此，人类学的迫切任务是对传统写作方式进行反思。反思人类学的最基本假设是，所有真理都是文化构建，因此都是相对的。每一种人类学描述都不可能不受描述者的文化价值、个人偏好，甚至民族和阶级偏见的影响。因此，人类学在作描述和作比较分析时必须要进行反思，在阅读研究资料时更要注意剥离作者的性别、阶级和其他内在偏见。

然而，反思人类学不仅仅在于对以往理论和实践活动的反思与评论，也致力于创建自己的新主张。除对于人类学与殖民主义关系新思路和对于异文化研究、人类学解释性的重新思考外，马尔库斯和费策尔特别关注政治经济学对人类学的影响，并将沃勒斯坦 1974 年提出的资本主义世界体系理论，与政治经济学中的民族志和历史性研究结合起来，具有创新性和启发意义；它在解释人类学的基础上，进一步探索人类学的路向，提出了人类学回归于文化批评这一重要问题，有效地纠正了人类学研究中的偏见，使之在一条近乎客观科学的道路上向前发展；反思人类学虽然将那些被批评的"人类学"都贴上了"现代人类学"的标签，却召唤着新的"后现代人类学"的出现；反思人类学主张新人类学在经济全球化过程中，必须保持关注和肯定人类的差异性和不同族群的研究，尊重和保护文化的多样性，积极把握文化多样性的实践意义和社会价值等等。反思人类学的这些具有前瞻性的理论和观点，在西方人类学的研究中产生了广泛而深远的影响。

四、新进化论、文化生态学和文化唯物主义——使人类学紧扣时代脉搏

在以摩尔根、泰勒为代表的古典进化论受到怀疑之后，进化论思想经过几十年的低调运行，于 20 世纪中叶再发新枝，并被称为“新进化论”。美国人类学家莱斯利·怀特(Leslie A. White)是“新进化论”的代表学者。

怀特的《文化的进化》描述了自类人猿社会到人类社会，再到铁器时代，人类文化发展的全过程，被誉为摩尔根《古代社会》的现代版。怀特的指导思想虽然在总体逻辑上延续了摩尔根“社会进化”的基本原则和思路，但与之不同的是怀特具有坚实的唯物主义观念，他既否定人的自由意志，也否认神的意志。

怀特的新进化论具有两大理论创新，一个是将“文化”辟为一门专门的学问：文化学；另者是将“进化”与“利用能量”结合起来，称为能量学说。

怀特的“文化学”在西方有较大影响。他认为：“人类行为并不因机体的变化而变化；它随超有机体的文化因素而变。人类行为是文化的函数：$B=f(c)$。当文化变化时，行为也会变化。……在人类种系中，群体自身也是为文化传统所决定的。……对天文学、医学以及文化学的理解的增长，将使人类种系对地球与宇宙作出更现实、更有效的适应。”[①]怀特将人类社会的结构和过程都归于文化的功能，因之认为有必要使文化成为科学研究的对象，而“文化学”能够揭示出人类有机体和超有机体的传统，即文化两个方面之间的关系。

怀特的“进化”与“利用能量”概念，则是借用物理学和热力学的有关能量定律，来解释人类社会文化发展的。他认为，文化是一个动态系统，需要提供能量，以使之运动和进化。他将文化三分为：技术系统、社会系统、思想意识系统，认为三者相互影响，彼此相关，但技术系统起主导作用。因为人要在自然界中生存，必须要有技术手段；社会系统则由技术系统所决定，是技术的功能；思想意识系统反映社会制度，其中有对人类经验的解释，而经验及其解释也受到技术的制约。因此，技术是文化成长发展的钥匙。同时，文化又是延续人类生命过程的手段，而能量是满足人类需要所不可或缺的。

---

①　参见〔美〕莱斯利·怀特：《文化的科学——人类与文明研究》，沈原等译，山东人民出版社 1988 年版，第 382—383 页。

所以怀特认为，利用和控制能量，使之服务于人类社会，是文化的首要功能。[①]

基于上述，为衡量不同文化的进化程度，怀特拟出一个标准，即用生产力能量指标作为文化进化标尺的衡量办法。他提出了一个简洁实用的计算公式：$P=T\times E$，用以评价某文化进化的客观尺度，公式中的 T 代表技术水平，E 代表可利用的资源量，两者乘积 P 等于资源开发生产力。怀特认为，一个文化的进化程度应具体体现在这个文化开发资源的技术能力上，一种文化利用资源的能力（P 值）越大，其进化程度也就越高。这就为人类文化比较研究，找到一个可供量化且具有操作性的科学依据。

怀特还将"共时"的文化分为四个不同的类别，即工艺的、社会的、意识形态的和行为的；将"历时"的文化按"能级"分为四个阶段：第一个阶段，是仅仅依靠身体能源的阶段；第二个阶段，是栽培农作物和驯养家畜，利用光合作用把太阳能变成粮食并贮存备食的阶段；第三个阶段，是通过动力革命，将煤炭、石油、天然气等地下资源作为新能源加以利用的阶段；第四个阶段，是不久将来，不是把"核能"作为战争的工具，而是使它为人类的日常生活提供方便的阶段。怀特推论，"现代燃料技术也促进了更大的政治集团的形成，以及政治权利更加集中"，并会形成一个将涉及整个地球和全部人种在内的单一政治组织。我们强大的动力技术正在推动我们迅速实现这样一个结局。但核技术却有毁灭文明本身的危险，……未来的希望，对于人类和文明的拯救似乎在于，在下一次战争中出现一个胜利者，而不仅仅是幸存者，它拥有足够的力量和资源，以将整个地球和全部人类组成为一个单一的社会系统。这时，怀特所说的"文化"应被理解为全人类汇合经验的"普遍文化"，而不是特定区域或民族的文化。[②] 怀特的新进化论理论虽然表现出明显的机械唯物论倾向，但它却将人类学研究推向了与现代科学相结合的前沿，对学科建设和现代及后现代人类社会发展研究，具有极其深远的意义和影响。

斯图尔德（Julian H. Steward, 1902—1972）的文化生态学，却将研究生物有机体与其环境之间的相互关系的生态学理论引进人类学，提出文化—生态适应的理论。他认为，文化变迁是适应环境的结果，生态学的范围从生

---

① 参见〔美〕莱斯利·怀特：《文化的科学——人类与文明研究》，沈原等译，山东人民出版社 1988 年版，第 354 页。

② 同上书，第 345—380 页。

物群落延伸到包括人类在内的整个生命网;人类在"生命网"中,不仅相关其他有机体,也萌发了"文化"这种超有机体因素;人又是驯化了的动物,体质受文化活动的影响,例如人科的进化与文化相关,智人的出现更多是文化的原因。① 因此,研究人类与自然、人文环境的适应是文化生态学的任务。斯图尔德的文化生态学理论提出了文化核心、文化类型、社会文化整合水平等重要概念。所谓文化核心,指的是任何文化中都有一部分文化特征受环境因素直接影响大于另外的文化特征,那部分受影响大的文化特征称为该环境因素影响区域的文化核心,它具有跨文化意义。文化类型由文化核心组成,是核心特征相同的文化归类,它不仅体现社会文化整合的相似水平,也受文化生态适应条件和跨文化规律所规定。社会文化整合水平,则是从整体上评估一种文化与相应生态环境整合成熟程度的操作概念。从而,斯图尔德不赞成摩尔根和泰勒等人提出的文化"单线进化"理论,也不赞同怀特等提出的所谓"普遍进化"观点,认为这些观点都流于广泛和一般化,不能解释分布在各个地理区域平行发展的"文化类型";他提出用"多线进化"的方法来解释文化间的相似和差异,并以文化生态学的原理作为解释的理论基础。文化生态学揭示出的人类社会文化发展与生态环境适应的关系,以及地域环境影响产生文化核心和文化类型、社会文化整合水平等理论,都对人类学学科建设有所裨益。

文化唯物主义的主要倡导学者是怀特和斯图尔德的学生马文·哈里斯(Marvin Harris, 1927—)。他的文化唯物主义,采用了马克思主义的一些观点,提出基础结构对结构、上层建筑起决定作用和客观行为对主位思想起决定作用的观点;他的文化唯物主义认识论核心,是要区分人类思想和行为的客位观点和主位观点;而他的文化唯物主义理论原则,实际上是指社会文化系统,包括其主要组成部分,各部分之间的关系,以及社会文化系统、部分和关系的演化。

1979 年,哈里斯的大作《文化唯物主义》一经出版,便在美国人类学界产生了很大的影响;1984 年,他又在《文化人类学》著作中,将其理论阐述得更加周密和详尽。

这里根据哈里斯的理论,将人类社会文化系统进行了归纳(见表 2-2):

---

① 参见黄淑娉、龚佩华:《文化人类学理论方法研究》,广东高等教育出版社 2004 年版,第 304—305 页。

表 2-2 文化结构的分析模型

<table>
<tr><th colspan="4">客位</th><th colspan="3">主位</th></tr>
<tr><td rowspan="5">外显的结构</td><td>上层建筑</td><td colspan="2">艺术、音乐、舞蹈、文学、广告、仪式、游戏、科学等</td><td>象征神话、审美标准、哲学、认识论、思想体系、巫术、宗教、禁忌等</td><td rowspan="5">思想与认知
是一套与客位行为大体平行的思想;是参与者得到或推断出的,关于行为的有意识和无意识的认识,包括认识的目标、范围、规划、计划、价值观、人生观和信仰等</td><td rowspan="5">内在的意识
认知符号与意义</td></tr>
<tr><td rowspan="2">结构</td><td>政治经济</td><td>在群队、村落、酋邦、国家内或相互之间组织生产、交换、消费和再生产,包括政治组织、宗派、会社、联盟社团、分工、征税、进贡,政治社会化、濡化、教育、阶级、等级、城乡等级、纪律、警察与军队组织控制、战争等</td><td rowspan="2">亲属关系、政治思想、种族思想、民族思想等</td></tr>
<tr><td>家庭经济</td><td>在住地组织生产、交换、消费和再生产,含家庭结构、分工、社会化、濡化、教育、年龄与性角色、纪律、等级与制裁等</td></tr>
<tr><td rowspan="2">基础结构</td><td>再生产方式</td><td>人口再生产、统计、配偶方式、生育等</td><td rowspan="2">民族植物学、民族动物学、环境生态学、基本生计知识等</td></tr>
<tr><td>生产方式</td><td>生计技能、技术与环境、生态系统、工作模式等</td></tr>
</table>

哈里斯的文化唯物主义,在理论上主张基础结构决定结构,结构又决定上层建筑。他自己称之为"基础结构决定论",并认为基础结构、结构和上层结构构成社会文化的整体。在研究内容上,其理论又重视人口、技术、经济和环境因素的研究,并充分考虑这些因素在社会文化发展中的作用。哈里斯直言他的理论原则的核心是马克思的:"物质生活的生产方式制约着整个社会生活、政治生活和精神生活的过程。不是人们的意识决定人们的存在,相反,是人们的社会存在决定人们的意识"①。因之,有学者称文化唯物主义是文化生态学与马克思历史唯物主义的结合体,也有学者称之为:人口—技术—经济—环境决定论。哈里斯的理论思想体系不仅在美国产生影响,也对人类学的研究具有积极的意义。

五、弱势群体研究——引导着社会公正和人权思想的普及

弱势群体研究推动了社会公正、平等和人权思想的普及,审视了人类社

---

① 《马克思恩格斯选集》第 2 卷,人民出版社 1972 年版,第 82 页。

会文化在社会不同阶层、群体、性别以及主流文化与草根文化、大民族文化与小民族文化的表现、趋势、定位和人类学态度。其中，比较重要的研究领域是社会性别研究。它与妇女解放运动和女权主义人类学(feminism anthropology)的研究密切相关。最初，这项研究以批判长期以来在人类文化中形成的"男本位主义"偏见开始，探索两性生理和文化的差异，进而研究和分析她(他)们的社会历史模式和成因，讨论女性在人类历史中应有的地位和权利，揭示女性受压抑的历史根源和社会现实，提出男女平等和让女性回归社会文化主体的主张，其研究内容与范畴，跨越男女自然性别差异的界限，成为一项包括男性在内的"社会性别"研究。

在世界上绝大多数社会里，对于男女社会劳动都有大致相似的分工，即男人从事生产，女人操持家务。从历史过程看，性别分工的内容还伴随生产力的进步而有所变化，比如，前农业时代，男女分工是男渔猎女采集；农业时代，是男耕女织；工业社会则流行"男主外女主内"等。在过去漫长的社会岁月中，男女分工并没有引起人们质疑，因为它与人类生理条件相适应，譬如男性身体强壮，适合奔跑、械斗、狩猎、农耕等户外重体力劳动；而女性身体柔弱，适合管理家务、照看子女；若让女性去械斗、狩猎或其他重体力劳动，不仅危险，也不利于繁衍后代，因此一般繁重而危险的劳动项目由男子承担，对于人类繁衍有重要意义。有些社会甚至鼓励男人多娶，这样在男人因危险死亡而数量减少时，后代仍可繁衍下来。显然，这些认识的着眼点偏向于人类的生物属性，是社会进步程度和生产力水平的反映。正是由于这种认识而形成的劳动分工差别，久而久之，使男女性别在社会地位、社会分配和社会尊重等方面产生明显差别，以致社会公正发生倾斜。

实际上，这种社会公正的倾斜有其深刻的历史发展背景。它是劳动分工不同的直接结果，而劳动分工又是长期以来人类性别体力条件差别与生产力水平相结合的产物。在当时，社会发展需要这样的劳动分工，也只有这样的劳动分工才能既保证人类繁衍又推动社会的发展。从某种意义上讲，在过去漫长的生产力发展历史中，人类社会是以牺牲女性利益为代价，换来了生产力进步、社会发展和自身繁衍保障。因此，在很长的时间里，人们对于数千年来形成的这个"两性不平等社会"并没有过多的责怪。

随社会进步和生产力发展，人类生理和性别对于生计劳动影响的差别日趋弱化，传统的劳动分工方式面临严峻挑战，社会大部分工作领域的生产经营活动，男性与女性都能胜任，况且，现代社会的科学、技术和管理理念等，越来越有利于女性在所有领域与男性平等竞争，这是现代社会向后现代社会过渡时期不难理解的趋势与事实。因此，在漫长的历史中被传统观念长期认同的“两性不平等社会”所面对的危机不断显现。

社会性别研究认为，“人”是两性双态动物，任何社会对于生理上的男人和女人都有不同的社会期待，这属于社会文化的范畴。过去，人们强调男女生理差别，这只是生物学事实，而更值得注意的是男女间的“社会性别”差异，即由社会文化因素造成的男性和女性间全方位的文化区别，特别是长期以来作为社会弱势群体的女性地位的重新确定，应引起全社会的关注。因而，社会性别研究，由男女人群的文化表现入手，逐步深入到历史和社会多元视角的分析，并试图从两性地位、生产方式、社会权力、阶级阶层、族群性，以及政治、经济、教育、就业等诸方面，重新评价和建构两性关系的结构与历史。从而，在社会性别研究中形成了若干理论学派，但其研究都注重外来因素对传统社会文化的渗透与影响，关注全球化对土著社会两性文化生活的冲击，更加注意经济不平等引导两性不平等的发展趋向，并将研究的触角延伸到社会深层的结构关系中进行思考和讨论，使社会性别研究透过男女双向视角，审视人类文化的作用和意义，籍以推动社会公正与稳定，推动人类社会的进步与发展。此外，社会性别研究引导着社会强势群体与弱势群体的定位与研究，促进了主流文化与少数民族文化的公正审视以及价值评价，带动了人权思想的普及，为人类学研究作出了积极贡献。

六、族群与族性研究——展现出全球化条件下人类学理论发展的新趋势

人类族群与族性研究的重要进展，是人类学与社会学、政治学紧密配合取得的成果。这项进展与近几十年来不断升温的民族文化冲突和全球化进程有密切关系。

族群(ethnic group)一词，过去较少在人类学中使用，但近几十年来它越来越被重视。虽然族群还没有一个明确的定义，但它一般应具有下列要素：共同的名称、共同的祖先与神话、共同的历史记忆、共同的文化要素、彼此间密切的历史家园联系、团结感等。基于这些要素，族群成员中形成并传承着共享的信仰、价值观、风俗习惯和行为规范等共享的文化特征；而共享这些文化特征，又使族群内部成员感觉到自己与族群外部人的文化区别。

族性(ethnicity)则是一个延伸的概念。它指族群内人们世代传承的共同文化特征和特质(如宗教、饮食、语言、性情、服饰、习俗、社会经历和祖先等)。

当某一成员共享这些文化特征时，就意味着他对这一族群的历史与文化具有认同感和意识上的归属感，也正是因为有这种归属感而排斥其他族群，从而将自己族群的成员界定为“我们”，而将其他人或人群界定为“他们”。

族群与民族(nationality)的不同点在于，后者更多地强调“政治自治”和“家园地域”。因而，民族被称为具有自治要求并已被政治疆界化或正在追求政治疆界化的族群，它与国家的出现有密切的联系。当国家出现，它作为一种政治组织类型，可以将具有不同族性的族群，连同他们不同特质的文化包容在一个政治结构中，而族群间族性的差异和摩擦，也就成为国家内部矛盾和政治竞争的根源与调适的基础。

由于国情不同，族群构成纷繁复杂，许多国家和地区因族群间的摩擦而引发出种种社会冲突与矛盾，给政府带来了无数难以解决的麻烦，特别是在当今世界政治、经济、文化、资源、环境等因素不断变化的形势下，族群问题已成为一个极其重要和亟待重新认识并予以正确解决的社会问题。

近几十年来，人类学领域对于族群族性的研究取得重要进展，其研究视野和方法突破长期以来只埋头族群现象和族性特质对比研究的藩篱，而将研究目标直接提升到对族群、族性、民族、种族等概念正确认知的理论层面，取得了令人震惊的理论成果。其成果重新审视族群族性的概念，破解了民族原生论、民族与文化重合论、民族同支同祖论等种种神话，认为“族群”和“民族”在本质上都是“缘起性空”的场景性东西，其明显具有政治操作上的工具性①；认为人类的“种族”只是以人群中那些显性生物学遗传特征为标志的外表辨别，其既不能作为评价智力和思维方式差异的分类依据，也不能作为区分人类社会文化差异的分类依据，因此，围绕“种族”这一特定族群，长期以来形成的种种社会歧视(social discrimination)，都是人类社会文化的主观判定和建构；从而，已经植根很深的那些源自于政治的、经济的、信仰的、文化和心理的主观认知，以及由此产生的极端思想和社会歧视行为，都应当受到抵制。

虽然这项大胆的理论及其成果目前只能解释世界，而不能改造世界；也有轻视文化，蔑视宗教之嫌，或者不时地遭到世界上频繁发生的民族文化冲突的嘲讽。但是，它能够在无形中为化解那些因族群族性差异而无端形成的种种社会冲突和矛盾带来希望，能够为避免那些因所谓族群族性差别而

① 参见庄孔韶等：《人类学通论》，山西教育出版社2003年版，第69页。

发生的争斗和流血带来光明，能够为人类社会的安宁营造出和谐的氛围。正因如此，这项理论成果所揭示的道理，逐渐征服着越来越多的学者，并有力地颠覆着在这一问题上的诸多成见，也为解决困扰人类社会的族群问题发挥着无法估量的作用。它的重要意义还在于揭示出族群族性现象的本质，在日益开放和全球化的社会背景中，有力地促进着人类不同文化间的理解和通融，并为人类社会的和平、进步与发展带来福祉。

上面我们粗略地回顾了人类学学科发展的基本历程。从中我们可以感悟到，在人类学学科的形成、完善和发展进程中，始终存在着不同学术观点间的争鸣和思辨，特别是在科学人类学产生后的百余年历史中，不同观点的争论更是日益热烈而多彩。正因如此，才使学者们不断领悟出人类学科学理论的真谛，才使人类学的理论和实践方法不断推陈出新，也才使人类学研究和实践活动不断产生新的动力，以致人类学的学科理论和学科建设以此为基础，不断上升到新的高度。

第六节　中国人类学的学科发展简况

在中国人类学学科发展的进程中，明显地钤记着华夏民族进入文明社会后的历史—环境—社会发展演变的印痕。其大体上走过了四个阶段，即本土人类学思想萌发并初步发展阶段，接受西方人类学思想并构建起现代人类学学科体系阶段，人类学进入曲折发展阶段，逐渐与本土文化相适应并得到全面发展阶段。

一、本土人类学思想的萌发与初步发展阶段

伴随生产力和智力水平的不断进步，从华夏民族步入文明社会开始，早期人类学思想便在中华大地上萌生。首先是出现了许多对于自然世界和人类自身认识的种种神话与传说。这些神话传说的源头，可以追溯到遥远的时代。至春秋战国或稍后，先民们的心智已达到一定的高度，人们的世界观开始形成，许多零散的认识经先贤们提炼梳理，不断升华和凝结为精辟而系统的早期哲学思想，并阐述在《山海经》、《易经》、《道德经》、《庄子》、《黄帝内经》等一批光辉的哲学典籍中。

从哲学角度，先民们最初对人类自身和外部世界的认识，是围绕着探索“（人类）自身起源”和对周围物质世界起源及运行规律的认知开始的。其认

知体系大体可归属于两个基本范畴：一是相当一部分人的头脑被“超自然”神灵（神话传说）思想束缚着，以致他们形成了以“唯心论”为基础的认识观，形成中国版的“神创论”；二是，先贤们通过实践经验积累和探索研究，使认识水平不断上升，进而产生和形成了较为完整的朴素唯物主义认识观，譬如“气化论”、“自然造物”、“道法自然”等理论，将国人的认知方向导入科学哲学的领域（参见本章第一节的内容，此不赘述）。

从中国本土人类学思想的萌发到逐渐发展，国人对于“自身”的探索经历了自文明以来，直至封建社会的几乎全部历程。在这个漫长的过程中，出现了许多有关人类学研究的成果，虽然还没有专门的人类学著作出现，但研究的内容已经涵盖了对人类的起源、体质、思维、文化、风俗、行为和社会等，其成果大多散见于有关典籍中。其中，比较重要的体质人类学研究成果有：《黄帝内经》对人体形态、骨骼、内脏、经络，以及人类“气、血、津、液”循环，地域环境、气候变化、生活习性与疾病关系等方面的理论研究成就，反映出先民对人类自身的认知理论和实践水平。至宋代，刘昉（1150）的《幼幼新书》对人体先天畸形的记述和宋慈（1247）《洗冤集录》对人体解剖结构的认识等都达到相当水平。明代，王昕、王恩义编写的《三才图会》更是包含了许多人体解剖学上的观察，特别是通过对人眼、耳、口、鼻的细微观察，将中国人的五官特征归纳为若干形态类型，其中详细地将“眼型”划分出 39 种类型，鼻型划分出 16 种类型，口型则划分出 18 种类型，有些类型的名称至今仍在沿用。虽然这些还不能算作真正意义上的人类学或体质人类学，但却可以说是植根于中华民族文化土壤中的人类学早期研究和中国近代体质人类学的先声。

二、接受西方人类学思想和构建起现代人类学学科体系阶段

虽然本土人类学思想很早就萌发于华夏大地并得以初步发展，但真正作为一门现代学科的人类学在中国形成，却与清末民初所谓的“西学东渐”浪潮有直接关系。我们知道，科学人类学的理论产生于西方，因为那里首先具备了科学人类学产生的社会条件。当 19 世纪中末达尔文、赫胥黎、斯宾塞、泰勒和摩尔根等一批科学家，把科学进化论思想连同他们的著作推向社会的时候，科学人类学便迅速发展起来，随后的几十年便是科学人类学蓬勃发展和成熟的时期。也正是在这个时期稍后，西方国家用坚船利炮叩开了封建中国的古老国门。随之，政治的、经济的、军事的、文化的侵略接踵而

至，中国沦为半封建半殖民地社会，西方人类学理论与思想也愈来愈多地传入中国。这些理论和思想首先与中国传统文化碰撞、交融，后来逐渐被中国学者接受、提炼，并译成中文在华人中传播，慢慢地植根于中国文化的土壤之中。从1895年严复译出赫胥黎的名著《天演论》，到1903年达尔文《物种起源》的中译本面世，以及林纾和魏易根据英国人鲁威(J. H. Loewe)的英译本，将德奥民族学家哈伯兰(Michael Haberland)的《民种学》译为中文，都在中国学界产生了巨大的反响。

这时有影响的人类学译著，还有严复译自英国著名人类学家斯宾塞的《群学肄言》，许德珩译自法国迪尔凯姆的《社会学方法论》，萨端译自日本有贺长雄的《族制进化论》，以及林揩青翻译鸟居龙藏的《人种志》和北平《晨报》连载一年之久的韦斯特马克(E. Westermarck)的《人类婚姻史》等等。这些译著的出现，犹如"一石激起千重浪"，为西方人类学在中国的传播起到了巨大的思想启蒙作用，使中国人不仅了解了人类学的进化理论，也促使一些知识分子自发地以"西学中用"的态度，将这些理论思想与中国传统的社会历史文化相结合，从更高层次更广博的视角来审视中国人类学的前景，并将其导入向现代科学人类学方向发展的新阶段。

起初，1903年刘师培著《中国民族志》、章太炎著《俱分进化论》的时候，人类学的名称还未出现。1916年，中国科学社《科学》杂志刊发了孙学悟的《人类学之概略》，使"人类学"一词开始正式使用。1918年，陈映璜出版《人类学》专著，内容包括人种的特征与分类、分布、人类起源、进化以及生物文化史等。1924年顾寿白出版《人类学大意》，内容有人类学概述、人类性质、人类由来、人种差别与人种分类法、古代居民研究等。他们的著述都试图以西方人类学的理论与方法为借鉴，在中国传统思想中寻求中华本土的概念，进而使国人消化理解西方人类学的理论与思想，以形成符合中国传统文化土壤的中国人类学理论体系。例如，严复把斯宾塞的《社会学研究》(*Study of Sociology*)翻译为《群学肄言》，就是基于荀子的思想。严复说："斯宾塞根据进化理论来解析人类社会和文明起源，我把这种科学称为社会群体科学，因为正如荀子所说的，人类优于动物之处就在于其形成社会群体的能力。"

中国人类学的学科建设几乎与思想理论建设同步发展。1906年，国学大师王国维提出，在文科大学中可设经学、理学、史学、国文学和外国文学，史学课程中包括人类学；1913年北洋政府教育部颁布的大学规程中规定，文科文学门、理科动物学门设人类学课程;蔡元培担任北京大学校长后,1917年在国学门通科一、二年级开设人类学课程,并把人类学研究的试点转向中国平民生活;1920年,北京协和医学院成立中国人类学与解剖学会并出版"博医会报";1922年,厦门大学开设社会学课程,不久又设立历史社会学系,培养了一批学人,出版了各种成果;1928年,蔡元培任中央研究院院长时,设立人类学组,添设人类学科目;稍后,燕京大学、复旦大学、沪江大学、金陵大学先后开设人类学、社会学相关专业。[①] 大学中人类学专业的设立和全国性、地域性专业机构的设立,为推进人类学在中国的研究,奠定了组织基础和人才准备,把中国科学人类学的发展,推向了与本土实践相结合的阶段。

经过几十年的调查研究和资料积累,中国本土人类学取得了一大批来自本土实践的理论成果。这些理论成果大体沿两条战线展开。其中,以文化人类学为主线的重要科学成果,有林惠祥的台湾高山族调查研究以及他的《文化人类学》、《民俗学》和《神话学》著作;蔡和森的调查研究和他的著作《社会进化史》;费孝通、王同惠的广西大瑶山调查和著名的江村调查;杨宙康的研究和他的《文化起源论》;林耀华的黄村和义序调查;凌纯声到东北松花江流域的赫哲族调查;凌纯声、芮逸夫等的湘西苗族、瑶族调查,罗香林对广东北江等地的客家文化调查等。以体质人类学为主线的成果,主要有李济的体质人类学调查;李济与董作宾主持的殷墟考古发掘;20世纪初开始裴文中主持的周口店北京猿人头盖骨的发现、发掘与研究和他的著作《周口店成年猿人头盖骨发现之经过》;1927年黄新民的《世界人种问题》;1931年吴金鼎的《山东人体质的研究》,以及仰韶文化的发现和汉简的发现等等。这些研究成果将中国人类学理论和本土实践密切结合,使人类学初步成为一门在理论上符合中国文化传统,在实践上有雄厚社会基础的科学学科。

在此基础上,1938—1939年教育部把人类学作为大学教育的必修课。1938年和1940年还正式出版人类学杂志。到1948年,清华大学、中山大学、浙江大学等都相继设立人类学系,全国人类学教育和学科建设与研究,初步形成了比较完整的科学体系。

---

① 参见周大鸣等:《中国人类学世纪回眸》,载周大鸣:《21世纪人类学》,民族出版社2003年版,第2—3页。

三、人类学进入曲折发展阶段

20世纪中期以后,中国的人类学教育进入曲折发展时期。在苏联科研教育思想影响下,全国科教研体系模仿苏联模式进行"苏维埃化"调整。按照苏联的学科定位,人类学是从生物角度研究"人类起源、进化和体质结构与特征"的学科,因此先前相对完整的人类学学科有机体系,人为地被一分为二,其中属于文化人类学的部分被划进社会学或民族学系,而属于体质人类学的部分则被划入生物学系。人类学的教科研学术机构及其人员也进行了相应调整,给学科建设和发展带来很多负面影响;加之接踵而来的政治运动、自然灾害和"文化大革命"等,使中国的人类学研究进入到一个曲折发展的时期。

这时期,我国台湾地区的人类学却有了相当的发展。那里的人类学者一方面重建和新建人类学研究机构,另一方面开始全面深入地对台湾少数民族进行科学人类学研究。1949年,台湾大学成立人类学系,1953年创办《考古人类学刊》;1965年后,台湾学者们更加关注人类现存文化结构的分析和对社会现实问题的讨论,研究对象也从重点关注台湾原住民转向对汉民族的研究。同时,由于中国的封闭政策,外国人不便来内地从事研究。西方汉学家便把我国台湾、香港和海外华人社区作为他们研究汉人的"实验场"[①],取得了丰硕成果。这些研究从客观上促进了我国台湾地区的人类学发展。但是,台湾岛毕竟偏隅一方,其人类学研究难以反映出中国人类学的整体特征,也难以提炼出完整的与中华民族传统文化密切结合的中国人类学理论。

四、逐渐与本土文化相适应并得到全面发展阶段[②]

20世纪70年代末,中国迎来了科学的春天,人类学也迎来了全面发展的时代。经过几年的呼吁酝酿,1980年北京成立了中国人类学学会筹委会。1981年1月,教育部正式批准中山大学建立人类学系。同年五月,首届全国人类学学术大会在厦门大学召开,会上正式成立了中国人类学会。

---

① 参见周大鸣等:《中国人类学世纪回眸》,载周大鸣:《21世纪人类学》,民族出版社2003年版,第6—7页。

② 本节资料主要摘引自周大鸣等:《中国人类学世纪回眸》,载周大鸣:《21世纪人类学》,民族出版社2003年版,第7—10页。

一时间，中国人类学出现了蓬勃发展的新局面，中国现代人类学的发展和学科重组也拉开了新的帷幕。

首先，学术教学科研机构不断增多。1984 年厦门大学成立人类学系和人类学研究所，1985 年中央民族学院成立民族系，中科院民族所、北师大、复旦大学、四川大学、云南大学、古脊椎动物与古人类研究所等教学科研机构先后开设人类学课程，培养人类学硕士和博士研究生，并开始整合和培养各层次的学术团队。其次，先后出现了一批人类学著作，如林耀华和杨堃分别著出的《民族学概论》，梁钊韬的《中国民族学概论》，庄孔韶的《教育人类学》，周大鸣和乔晓勤的《现代人类学》，黄淑聘、龚佩华的《文化人类学理论方法研究》等；还有中国人类学会编的《人类学研究》、中山大学的《人类学论文选集》、商务印书馆出版的《马克思人类学笔记研究论文集》，以及李安民的《漂泊的大地》、厦门大学人类学系编的《崇武研究》、格勒的《论藏族文化的起源形成与周围民族的关系》等等先后面世。再者，是国内外学术交流活动频繁，这里可以分为四个主要方面：一是伴随中国改革开放的形势，世界各国来华学术访问和学术交流的人类学者逐渐增多，著名人类学家许烺光、高斯明、张光直、宾福德、中根千枝等先后来访；二是有组织的学术团体往来交流活跃，比如美国人类学社会学代表团、温纳·格伦人类学基金代表团、澳大利亚博物馆代表团等来华访问和讲学；三是中国参与国际人类学学术交流增多，中国学者不仅有机会利用各种形式和渠道频频出访进行学术交流，也有机会参与在国内外召开的各种人类学国际会议和国际性人类学合作研究考察活动；四是一批国外人类学研究的新成果能够较快地在国内翻译出版，以不同方式在开放的中国传播，如基辛的《文化与社会》、拉德克力夫一布朗的《社会人类学方法》、马文·哈里斯的《文化唯物主义》、莫里斯·布洛克的《马克思主义与人类学》等等。这些都极大地丰富和营造了中国人类学研究的良好学术氛围，并为之发展注入了生机和活力。

20 世纪 90 年代以来，中国人类学发展逐步成熟，其特点表现在几个方面：一是研究机构基本完善，研究队伍结构趋向合理，老一辈学者成果恢弘，成为学术研究的导向和理论基础，中青年学者开始成熟，一批出国学子学成回国，给中国人类学带来了新空气，也使本土人类学研究与现代西方人类学接轨成为现实。二是学科建设稳健发展，在人类学本身的学科整合和领域拓宽的同时，与相关学科的相互借鉴、影响、渗透不断增强，科技与方法进步等，都促进了人类学自身的发展。例如云南大学人类学系中标的“早期人类环境与生态”等一批多学科参与的国际性前沿课题研究，标志着中国人类学已跨入一个新的时代。三是人类学学术交流活动更加活跃。据不完全统计，90年代以来，全国召开的与人类学相关学术研讨会近百次，北京大学社会人类学高级研讨班已办三届，这些学术会议和研讨班，扩大了人类学在中国人文社会学界的影响。四是人类学的知识与应用，开始影响我国社会经济和人们的日常生活。人类学家在区域人文策划、社会评估、民族文化的自我传习和保护等方面，发挥了不可替代的先锋作用。五是中国人类学研究开始步入世界，从20世纪90年代开始，一批人类学者参与相关国际机构在华的发展项目评估(如联合国、世界银行、福特基金会等)。许多项目引起国内外各界的广泛关注，如云南大学参与进行的“中国农村社会发展评估计划”，即PRA(参与式乡村评估)，中山大学对江西、新疆等地农村社会现代化发展的评估等，使人们认识到人类学研究对于社会发展的指导作用和实用价值，因此有人认为中国的“人类学在行动”。

中国人类学学科建设与研究还存在一些薄弱环节，总体水平与发达国家相比还存在不小差距，人类学教育和人类学知识普及还有很多工作要做。但是，中国人类学新的发展机遇已经到来，科研机构和人才队伍在不断充实完善，学科建设在稳健中进行，学科结构趋向合理发展，学科特色日益符合国情，学科理论越来越注重以本民族传统文化为根基，并注意在现代化、本土化的基础上，向全球化迈进。正如弗雷德曼(Maurice Freedman)所预言的，“人类学的中国时代”①一定能够到来。

① 周大鸣:《中国人类学世纪回眸》，载周大鸣:《21世纪人类学》，民族出版社2003年版，第12页。

第三章

人类学的知识体系和学科关系

第一节　人类学的学科划分和基本领域

由于文化传统和历史背景不同，人类学的定义、对象和内容以及人类学知识体系的划分，都受到不同国度或不同时期学术风格和学派的影响。最初，学科史上以法国人类学家托皮那（Topinard）为代表的人类学学派被称为旧派，以美国的韦士勒（Clark Wissler）、英国的马林诺夫斯基和泰勒为代表的学派被称为新派。19 世纪中至 20 世纪初，人类学开始形成两大“阵营”：一个是以英美等西方国家为代表的广义人类学派阵营；另一个是欧洲大陆以苏俄德法为代表的狭义人类学派阵营。在学科范围上，广义人类学不仅包括人类的生物属性研究，也包括人类的社会文化属性研究，而狭义人类学仅仅侧重于人类的生物属性及相关内容研究，不研究人类文化。20 世纪中末，随现代人类学的发展和学术交流的广泛进行，世界大部分学者开始趋向认同广义人类学的观点，并在此基础上不断对它的学科领域加以充实完善，并逐步构建起现代人类学的学科框架。

然而，广义人类学是一个庞大的知识范围，如何将其知识划分为若干部分，并用科学逻辑将它们组织起来，形成一个层次分明的科学体系，却是一个比较复杂的问题。多年来许多学者对人类学分科进行了研究和探索，不同学者提出的分科方案有三四十种，包括的分科名称主要有：人体学、体质人类学、民族学、文化人类学、社会人类学、考古学、史前学、史前考古学、民族志、工艺学、语言学、宗教学、社会学、心理学、民俗学、神话学等等。但是，这样纷杂多样的分科很难让学人掌握。因此，欧美学者首先将人类学归分为四个骨干部分:即文化人类学、体质人类学、考古学和民族志,甚至北美一些国家干脆把文化人类学去掉,将人类学骨干内容分成:体质人类学、语言学、考古学和民族学四个分科。

随后,研究工作不断深入,大多学者又体会到这样的分科存在明显的逻辑问题,比如文化人类学是沿着人类文化属性的基本线索纵向展开,体质人类学则是沿着人类生物属性的基本线索纵向展开;而考古学和民族志则不同,它们既存在文化线索,又存在生物线索,逻辑主线是横向展开的。同时,在这些方案中,内容相互重叠的部分较多。比如,体质人类学中包括了各民族的体质特征的差别和对比研究;民族学又不可能只谈民族文化而不涉及体质特征;考古学中既包括人类体质进化,也包括考古学文化的研究;语言学中的发音与人喉的结构有关,但总体上又可归类到文化现象中去研究;而就一般深度上说,考古学、民族学和语言学又皆可归类到文化人类学的研究范畴等等。因此,用体质人类学和文化人类学两个骨干分科,完全可以涵盖四分科的学科内容,而且在学科逻辑上更加合理。这样就形成了目前被多数学者逐渐赞成的将人类学知识划分为 1＋2＋1 的基本分科体系,即:总论＋体质人类学和文化人类学＋应用人类学的方案。其总论,是学科的理论内核,即学科的基本理论、学科史和方法论等;体质人类学和文化人类学,是人类学的主体部分;应用人类学,则是在理论指导下的社会应用和实践的分科,也是人类学与社会生活紧密衔接的重要部分。下面我们先看看各分科之间的关系。

一、人类学研究对象的两重属性

每个学科都有它的研究对象和学科内涵。人类学的研究对象是“人”,简单地说,人类学就是“研究人的科学”。

人类是有生命的,人是自然界中生物的一种,确切地说是动物界哺乳纲灵长目中的一员。因此,“人”具有生物属性。然而,从一定意义上说,人又不是动物,或者说不是那种一般意义上的动物,因为人类具有“文化”现象,这是人类与一般动物最突出的区别。人的各种行为大都受人脑中“文化”的支配,具有明显的文化特征和明确的文化意义,人的生存与竞争依靠文化,人类的体质进化依靠文化,人类种种社会现象的出现,甚至人类社会的发展,无一不是人类文化的产物。因此,人类的另一个重要属性是“文化属性”。这样,人类就具有双重属性,动物则只有生物属性(或自然属性)而没有文化属性。

人类学界很早就趋向于将人类学的基础研究，按照“人”所具有的两重属性划分为相应的两个骨干部分，即把涉及生物属性的部分称为——体质人类学，把涉及文化属性的部分称为——文化人类学。在此基础上，再将人类学的理论与方法和人类学的社会应用分支——应用人类学等共同整合，形成一个完整的人类学学科体系。本书即采用这种分科方法。

体质人类学，是研究人类起源、分布、演化与发展，人类的种族及其形成，人类个体、群体、整体的体质特征和分类，以及人类体质进化与文化进步的关系等的人类学基本分科。

文化人类学，是研究人类文化属性的人类学基本分科。它不仅从整体上研究人类的文化与社会的形成、变化和发展，更注意研究包括个体在内的人群的文化特征、分类、形成、历史演变，背景条件和发展脉络，研究诸文化间的相互关系、差异及其各自的进步程度；在内容上，重点研究人类在摆脱动物状态后，所创造的物质文化成果和精神文化成果，包括人类语言的产生与发展、人类社会制度的演进、社会组织的变化、婚姻形态以及生产力、生产关系、科学技术、社会经济形态与政治形态的演化、文化发展与体质进化的关系等等。文化人类学的研究随人类社会的进步不断增添新的内容。

二、体质人类学与文化人类学的密切关系

体质人类学与文化人类学是人类学研究中最基本的两个方面，二者有着密切的依赖性和互动性。人类源于动物，具有与动物相同的生物属性，但人类又超越动物，与动物有本质区别。其本质区别，就在于人类自出现便具有活跃的文化心智，文化心智使人逐渐从事越来越高级的劳动，运用越来越复杂的语言，进行越来越缜密的思维；文化心智导致人类具有“文化”，文化使人类制造工具，提高生产力水平，推进人类社会的进步，也推进着人类体质的进化和人类文化本身的进步。实际上人类从起源到进化，始终与其自身所创造的文化相伴发展。没有文化就没有人类，也不可能有人类体质的进化。恩格斯在《自然辩证法》中提出了“劳动创造人”的精辟论述，认为只有人才能创造文化：“任何一只猿手都不曾制造哪怕是一把最粗笨的石刀。……由于手、说话器官和脑不仅在每个人身上，而且在社会中发生共同作

用，人才有能力完成愈来愈复杂的动作，提出并达到越来越高的目的”①。可见，人类的全面进步，是以人类体质为基础，以文化为导向而逐步演进的。在这一过程中，文化进步促进了体质进化，体质进化又促使文化质量和水平不断提高，是文化与体质相互依赖、相互促进、相互配合、共同作用，方使人类从整体上成功发展。因此，我们不宜人为地将体质人类学研究和文化人类学研究割裂开来。

三、应用人类学的特征

伴随着体质人类学和文化人类学两个基础学科的发展，人类学的理论研究触角迅速地延伸到现代生活的各个层面，并与相关学科有机结合，逐渐成为人类学的一个重要分支——应用人类学。

应用人类学，不是单一的人类学分科，而是一个学科群。它将人类学的研究范围扩大到社会的各个部门，不仅有效地指导社会实践，而且与相关学科相互渗透，进行跨学科联合、协作和研究，使之不断吸收和借鉴其他学科中的新理论、新方法和新成果，并与人类学传统理论与方法进行有机整合，推进人类学应用领域的研究，拓展人类学的学科视野和应用范围，成为人类学中极富生命力的研究领域。

应用人类学着重研究当代社会的结构和人们的社会生活规律，特别是当代社会发展中出现的重大问题和解决这些问题的对策方案，以及人类社会的前景评估和预测；也积极进入当代社会，进行城乡各阶层人群的社会心理与生产活动、生活规律的深入研究，并将认识提升到理论层面，提出解决问题的合理方案。应用人类学正在冲破自然科学和社会科学的界限，渗透到各学科、各生产领域，甚至社会的每一个角落，其社会应用覆盖范围越来越广泛。

在应用人类学的学科群中，新的门类不断出现，例如，城市人类学、乡村人类学、政治人类学、信息人类学、影视人类学、经济人类学、营养人类学、遗传人类学、人体人类学、工效人类学、人口人类学、语言人类学、符号人类学、哲学人类学、医药人类学、空间人类学、结构人类学等等。随着社会的进步与发展，应用人类学的研究空间还会进一步拓展，它从社会应用的角度对人类学的理论创新提出了更切合实际的要求，为人类学理论发

---

① 《马克思恩格斯选集》第九卷，人民出版社 2009 年版，第 551—557 页。

展开辟更为广阔的学术前景。

四、人类学的分科体系

下面用图表方式说明人类学的分科体系和相互关系。

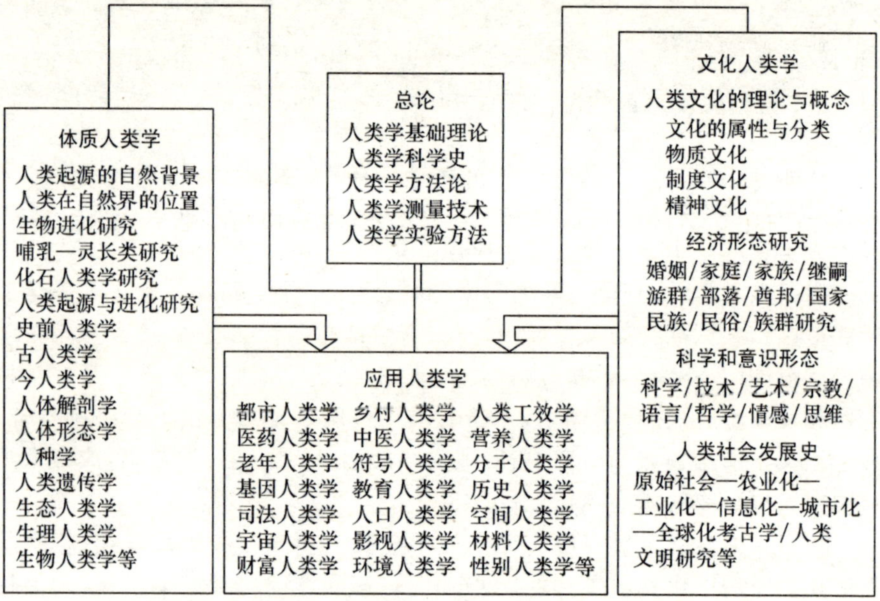

第二节　人类学与相关学科的关系

一、人类学与动物学之关系

科学发展至今日，人们已不再怀疑人类是从动物演化而来。从生物学角度，人类是生物界中的一员，是动物的一种。在体质人类学研究中，尤其在人类体质形态进化过程的研究中，生物遗传定律、生物演化规律等理论都适用于人。生物学与动物学的学科发展，直接推动着人类学的学科建设和科学研究的进展。

然而，人类学不仅仅把人类当作动物去研究，更研究人类所创造的物质文化和精神文化。正是因为在动物界中唯独人类所具有的文化属性，使人类的行为大大超越动物所能达到的范围，并在行为的本质上与动物截然不同。也正因为人类具备文化因素，人类的体质演化比一般动物更加复杂，更加富有特色。人类学研究中的这些内容,特别是人类文化与社会的研究等,都是动物学研究中所不涉及的。因此,不能简单地将人类学划归动物学或生物学的范畴。将其学科作为动物或生物学科中的一个分科的做法,也一直没有得到学界的认同。

二、人类学与地质学之关系

研究人类的起源与进化,是人类学的要务。我们知道,人类有几百万年历史,人类进入文明社会仅仅几千年,至多不超过一万年。在文明之前的漫长"史前时期",人类活动没有文字可考,对当时人类的体质和社会文化,以及对他们生存方式的探索,只能依靠埋藏在地下或山洞中地层堆积物里的人类文化遗存来进行分析、判断和研究。这些文化遗存包括人类的遗骨化石,人类使用过的工具、用具、居址、食物、遗弃物,以及人类活动的遗迹和迹象等,这些遗存中间蕴藏着大量与人类活动相关的信息,是我们考证史前人类发展阶段和生活状态的重要依据。因此,人类学要借鉴地质学、地层学、古生物学和地质年代学等理论与方法,建立人类起源和进化的时空坐标,界定时代先后,讨论经纬海拔空间,寻求人类生存的环境和分布特征,探索其规律性。同时,人类学研究理论和成果也为地质学研究提供了珍贵资料。比如,地质学上把人类的出现作为新生代第四纪地质时期的重要标志,将人类使用工具的进步程度作为第四纪地质时期内分期的重要参照条件,如把旧石器作为确定更新世的标志之一,把新石器确定为全新世的标志之一等等。在研究内容和方法上,地质学以生物进化理论和地层古生物标志来确定时间坐标,进而研究地球形成和演化的历史,研究地球结构尤其地球表层物质的特征和时空变化。人类学则借助于地质学的理论与方法,研究人类在地球环境中的进化和文化的发展,两者的研究内容和对象各有侧重,互相借鉴。

三、人类学与生态学的关系

世界上存在着成千上万种生物,人类只是自然界生物中的一个物种。生物的生存要与其周围环境发生关系。研究生物与环境关系的科学即是生态学。

生态学与人类学关系密切。在人类学研究中,不论是人类起源研究,还是人类进化发展研究,或者是人类社会与文化研究等等,都要结合环境背景，脱离了环境背景，人类学研究无从谈起。生态环境对人类的影响，蕴涵在人类学研究的方方面面，人类在生态环境中生存，是大自然的一部分，人类只有适应环境，才能逐步改造环境，才能生存和发展。同时，人类学更需要科学地面对和思考未来，今天的生态环境恶化直接威胁到人类的生存，如何探索人类与生态环境和谐相处的方式，预防和减轻生态环境对人类的危害，已成为人类社会亟待解决的问题和人类学研究的重要课题。因此，加强人类学与生态学的密切协作，是当前人类学研究的重要任务；现代生态学的理论成果也能更加有力地为人类学提供支持，比如在漫长的人类历史长河中，不同时期的古地理、古气候、古植被、古环境的相关定量定性信息，不同地域生态环境的演变过程和特点，人类周围生物群落的更替演化，生态景观的时空构成与演变等等，都将支持和推动人类学研究向纵深发展。

四、人类学与考古学之关系

考古学是通过人类遗物和遗迹来研究人类过去历史与文化的方法。这些人类遗物和遗迹统称为人类文化遗存。文化遗存是人类活动历史研究的重要对象。理论上，考古学与人类学有相同或相似的研究方法和传统。在北美，考古学的发展与印第安人史前文化的重建有密切关系。印第安社会是一个无文字记载的社会，恢复这一民族的历史，考古学发挥了重要作用。因而，欧美的一些国家将考古学划入人类学的范畴，称之为考古人类学。

考古学与人类学的关系十分密切。可以说，人类学的丰富内容和许多成果都是由考古学提供的。在人类学的全部研究内容中，考古学是重要的组成部分，而且是不可缺少的一部分。考古学通过考古调查和发掘获得人类文化遗存，并用这些人类遗存来研究探索历史和史前人类的物质文化和精神文化，进而恢复人类的历史。人类文化遗存包括各历史时期的人骨化石、共生动物群化石、石器、陶器、铜器工具和用具、骨角器、居住遗址、雕刻、岩画、艺术品等遗物和遗迹等。考古学与人类学在研究方法和学科范围等方面有很多相同之处。可以这样说，考古学对古人类化石的研究，属体质人类学的范畴；对人类遗物的研究，如历史上人类使用的生产生活用具、宗教用品、艺术品，甚至居所与岩画等，属于文化人类学的范畴，但这些研究材料和信息都来自考古调查与发掘。考古学是人类学研究的重要内容。

五、人类学与民族学、社会学之关系

民族学和社会学，都是偏重于文化的学科。它们与文化人类学的研究视角和内容有很大的相似性。曾有学者认为，社会学、民族学和文化人类学是相同的学科不同的名称。

实际上，人类学与民族学、社会学的学科内容大多是重叠的，前者研究范围更加宽泛，而后者则更加专一。民族学是专事研究民族的学科，所研究的民族是一个广义的概念，包括氏族、部落、部族和民族等，但却很少涉及人类早期的原始群；人类学也研究民族、氏族、部落和部族等，但更注意人类群体的研究。民族学研究的重点是民族文化，即那些构成民族特征的文化，或不同于他民族的文化，其研究以民族为单位展开；人类学的民族文化研究则更注意文化的差异和文化的互通性和共同性。在取材上，人类学的研究往往拓展多个族群的文化研究，或深入到很小的人群中去探索文化的共性和深层次问题。在方法上，民族学侧重于某时段某民族文化的深入研究，并展开同时段的横向比较；而人类学不仅注意某时期的文化特征和这些文化因素的横向联系，更注重这些文化因素产生的历史源流和对人类社会发展产生的影响。因此，民族学是以民族为基本单位来研究民族文化及其发展规律的专门学科，而人类学则是以不同尺度的人类群体为单位，以整个人类的文化为背景的综合性人类群体研究。

社会学是专事研究社会现象的学科，与人类学中人类社会研究的基本内容相重叠。“社会学”这个学科名词是法国社会学家孔德1836年创立。林惠祥教授曾认为，“社会学讨论人类社会的根本原则”，其与人类学的主要差异有三：第一，“人类学的性质是历史的，社会学则是理论的。人类学是实地研究各种制度的原始状况，并试图寻出相对的原理；社会学则取用这种原理，并广取别种社会科学所得的原理合并一处，而统论人类社会的全局”。第二，“社会学详究人类的‘结合’即社会的生活；人类学则对此问题不做考究，而研究其原始状况，此外人类的物质生活、心灵生活都要顾到，至于人类的发生和种族的区分，权属于体质方面的，更和社会学无关”。第三，“社会学常就文明社会，特别是现代社会而论，人类学虽也涉及文明社会，然其研究多关于史前时代即野蛮社会”[①]。在我国，大多学者认同社会学是一门研

---

① 林惠祥：《文化人类学》，商务印书馆2000年版，第16页。

究社会生活、社会关系、社会变迁发展和社会问题的科学。美国斯坦福大学人类学系阿瑟·澳尔夫教授认为,人类学和社会学的区别之一是人类学是研究其他人的文化,而社会学只研究本民族的东西;区别之二是方法论,社会学要与大量的人谈话,而人类学则要到一个民族社会那里去住一段时间,来从事他们的研究。澳大利亚国立大学人类学系主任福克斯教授在介绍澳大利亚人类学发展时说,在澳大利亚国立大学不仅有人类学系,也有社会学系。人类学范围较广泛,着重实地考察研究,是个综合性学科;社会学范围较窄,着重当前社会问题和统计;在研究领域上,人类学系着重太平洋和东南亚地区,社会学重点放在澳大利亚现代社会。

从上可知,民族学、社会学与人类学的研究内容和方法虽有许多相同之处,但研究的视角有所差别。民族学和社会学无疑属于社会科学的范畴,而人类学既包含自然科学的研究,也包含社会科学的研究,或者说人类学是介于自然科学和社会科学间的综合性学科。从总体上说,人类学主要涉及人类的起源进化、人类体质特征,以及人类文化的全面研究;民族学则以民族或民族共同体为基本单元,以现代民族为主体,开展民族识别、某民族或诸民族社会历史的研究等;社会学则侧重于当前社会的研究,也研究历史上的人类社会问题。从而可以看出,人类学的领域较广博而宽泛,而民族学和社会学比较专向和深入;三学科内容与侧重较显见,学科发展方向各有特点,易于区分和把握。

六、人类学与其他相关学科的关系

人类学是一门介于自然科学和社会科学之间的学科,所以它与许多学科有交叉关系或密切联系,但在研究范围、视角和方法上又与这些学科存在明显不同。如,人类学与人体解剖学、生理学、病理学等有很密切的交叉关系。人体解剖学、生理学和病理学,是以正常人体的解剖结构和外部形态、生理功能、病理变化等为研究重点,以维系人类健康为目的的学科;人类学也研究人体的内部结构和外部形态,研究生理功能和人类疾病,但是前者的研究对象一般着眼于人类的个体,注重于人体某一方面或某一部分,而人类学中的人类体质研究,不仅注意个体,更着重于人类群体和人类整体的解剖结构与外部形态,尤其是人类与动物特别是与灵长目动物的区别与联系。更重要的区别在于,当代医学中的解剖学、生理学和病理学的研究是三维空间的研究,即研究对象只是当代人类。当代人类在全部人类体质进化的历史长河中只是最后的一个瞬间，其在时间坐标上，进化演变的过程值近乎一个常量；而人类学的人类体质研究是一种四维时空的研究，它不仅研究当代人类、中古人类，更重视古代和远古人类，是一种从人类起源的前后，到现代人类，甚至未来人类体质演化全过程的研究，在这个过程中间，人类所有体质特征的变化都是时间的函数，因此人类学中人类体质的演化研究，不仅有三维空间的变化，也有时间坐标的量度。人类学还与人口学、心理学、政治学、历史学等学科有所交叉和关联，这里不一一枚举。

第二篇　体质人类学

第一章

体质人类学及其研究领域

第一节　什么是体质人类学

体质人类学是研究人类体质特征时空演变及其规律性的科学。具体地说，它研究人类起源与进化及相关问题，研究人类的生物性和与生物性相关的文化性，研究人体内部结构/生理功能和外部形态特征与类型，研究人类种族和族群的形成与鉴别，探索古今人类各种行为的产生发展过程、规律性和历史；也研究人类体质与自然界的关系以及人类体质演化的趋势等。

体质人类学是人类学与自然科学连接的纽带，是应用自然科学手段，以生物学的视角，结合人类文化来重建人类进化史，探研人类自身各种体质特征及其与别种生物异同等问题的人类学重要分科。

对文化人类学而言，体质人类学是研究人类文化的生物学基础。虽然在人类学的知识体系中，体质人类学与文化人类学属于两个分科，但人类的体质与文化密切相关，两者互为依存，相辅相成，共同发展。倘若人类的体质发展程度没有进化到双足直立行走，没有进化到单胎生育，没有进化到如此长的婴幼期和衰老期，人类的社会组织和文化行为就不会是今天的样子。同样，倘若在人类体质进化与发展中，没有文化进步、生计智慧、社会组织、互惠愿望和语言交流等文化机制的支撑，也难以想象人类是怎样进化发展出今天的体质特征。美国斯坦福大学的威廉·德兰（William H. Durham,

1991)说:“人类的基因与文化是并行进化的。”①人类创造了文化,文化也创造了人。

就人类学的概念而言,体质人类学主要从生物属性的视角来研究人类,文化人类学则主要从文化属性的视角来研究人类,两个分科的研究对象是相同的。在一般层次上,它们相互依托,互为支撑,各有侧重;但深入研究时,两者又是统一的,紧密联系的,不可分割的,犹如人的灵魂与肉体密不可分。

第二节 体质人类学的基本领域

人类是生物的一种,但它是特殊的生物。人类既具生物属性又具文化属性。若抛开文化属性,只谈生物属性就不能解释人类进化的历程,也不能正确理解和阐释人类起源、发展、变化的内在规律。因此,在体质人类学的研究中,虽然需要生物学基本理论、原理和方法作为研究基础,但又不能简单机械地将这些理论、原理和方法像研究一般动物那样用于人类体质研究,而必须考虑人类与一般动物的本质区别,结合人类的文化因素进行分析和研究。这是体质人类学研究不同于一般生物学研究的重要方面,也是体质人类学研究方法的重要特征。

在国际上,目前体质人类学的学科内涵和研究范围还不统一。归纳起来,其学科基本范围包括如下几个方面:

一、人类起源与背景研究

人类起源与进化是一个极其复杂的过程。体质人类学对人类起源和进化的研究,大体从三个方面入手。一是沿生命发展史线索,应用地史古生物和考古发掘与研究等手段,考证研究生命起源以来,动物界从两栖动物—爬行动物—哺乳动物—灵长动物,再到人类起源过程中,人类体质形成与进化,直至现代人出现的全部进程。二是从现代人类体质特征的研究,追溯到古人类的体质对比研究,再追溯到灵长类动物的体质特征与差别,并借助现生灵长类动物种属特征、生存环境、行为、习性、能力和潜力等直观场景,来反演推拟人类早期的各种性状,模拟分析人类起源时期的环境和条件,从而

① 转引自庄孔韶:《人类学通论》,山西教育出版社2003年版,第76页。

进行人类起源与进化规律的探索和背景研究。三是依托现代分子生物学研究理论，应用现代生物学技术和遗传学方法，结合前两种方式所提供的材料，进行基因学、遗传学和分子生物学层面的分析、追溯、对比和研究，探索人类起源的时间、地域、直接祖先和进化过程等相关问题。

在人类起源研究中，自然环境背景研究十分重要。这项研究大到宇宙星际、太阳地球，自然环境中的海陆山川、雷电磁场、昼夜光阴、气候水文、动植物群落；小到有机物和无机物，分子、原子，以及大气温度、湿度的细微变化等等。体质人类学就是在这样一个广阔的研究视野中，来研究人类在自然界中的位置，研究人类起源过程中的各种问题，从而揭示人猿分野的时空坐标，以及人类起源前后的体质进化机制和规律性。

对于人类起源的研究，目前学界存在不同观点，许多问题还不能得出满意的解释和最确切合理的答案，甚至在人类起源的研究领域，学者们的认识和观点分歧较大。随科学技术的发展和科学证据的不断出现与积累，相信人类起源的时空性问题和与之相关的一系列前沿性问题，将一步步得到深入的研究和越来越趋近真实的答案。

二、人体形态学与体质进化研究

人体形态学不仅是通过人体测量手段，对人体外部的形态特征进行研究，也包括应用解剖学和生理学方法，对人类身体内部的生理特征和生物化学特征进行研究；不仅研究不同群体的体质差别和类型特征，也研究群体内个体的体质特征差别。同时，人体形态学注重通过古人类遗骨化石，来对比研究不同时期人类体质与形态的变化和进化的过程；并重视人类与其他动物在体质结构、形态特征和生理功能方面的差别，进而探索社会因素、地理环境、生活条件、风俗习惯、生产生活行为等诸多因素对人类体质结构和形态的影响。

人类体质进化是多种因素作用的结果。体质人类学以生物进化论为理论基础，运用地质学、生物学、古生物学和遗传学等方法，结合人类文化研究，通过考察人类在自然界的位置，客观科学地研究人类进化和变异的条件和机制，恢复和再现人类进化的历史与过程，研究人类体质发展和演化的趋势。

三、人类种族研究

人类种族研究，也就是我们常说的人种学研究。这项研究主要从人类种族的遗传特点、体质形态特征、各种族间的体质差别、生活条件和习惯、时空位置等方面入手,研究世界上各人种的体质类型、分布、相互关系、环境背景、迁徙规律等,进而研究各人种的起源、演化条件、体质特征的成因、历史发展过程及发展趋势。

人类种族研究,也是一项比较复杂的研究。不同的历史时期、不同的地域、不同的自然环境与条件、不同的社会背景,都对人类种族体质的遗传和演化产生影响。随生产力水平的不断提高,人群流动错综复杂,不同种族的基因交往日益频繁,血缘交流和基因重组不可避免;从而导致许多混血种族类型不断涌现,也导致所谓"纯正种族"的概念渐渐淡化。然而,当今世界人类种族的体质差别是客观存在的事实。种族体质差别,不只是体质形态上某些遗传特征的不同,更包含着地域环境、种群文化和社会背景等诸方面的明显差异。人类种族研究的意义在于,通过对不同人种体质形态特征的研究,来追溯各种族的历史,正确分析和认识世界种族的现况,探索和讨论种族体质与文化的未来趋势,促进各种族间的相互理解和交流,减少种族间的歧视与对抗,批判各种形式的种族主义偏见,进而为创造各种族间和谐相处的人类社会而付出努力。

四、体质人类学的应用研究

近年来,随着科学技术和经济社会的发展,体质人类学的研究领域不断拓展,出现了诸多应用分支,其中工程人类学、法医人类学、医药人类学、优生学、生态人类学和生理人类学等都取得了丰硕成果。这些基于体质人类学基本理论的应用分支和文化人类学派生的分支都统辖在应用人类学分科中。

工程人类学,也称为工业人类学,是二战后发展起来的实用性很强的分支学科。工程人类学为工业产品设计提供各种适应群体的人体测量参数,使工业产品与适应人群建立起协调适应的"人—机"环境系统,以便工业产品的性能得到充分发挥。工程人类学的研究成果在轻工、机器、汽车、航空、建筑和军事等行业受到特别重视。[①]

法医人类学则运用人体测量学、人种学、皮纹学、血型学,以及容貌复原技术和DNA鉴定等方法,为公安司法机关提供更多的重要信息和科学证

---

① 参见朱泓等:《体质人类学》,高等教育出版社 2004 年版,第 4 页。

据，成为各类案件刑侦、破案和审判过程中的重要方法。[1]

其他若干应用分科，如医药人类学、优生学、生态人类学和生理人类学等等，都为提高人类的健康水平，改善人类的身体素质，促进人类社会的发展作出了积极的贡献。

随理论的成熟与发展，体质人类学的研究范围越来越多地向人类社会的各个领域延伸和拓展，社会需求也使其应用分支不断衍生。同时，应用分支的进展，应用领域研究成果的不断出现，又促进了体质人类学的基础研究。

第三节　对人类体质的观察与认识

体质人类学观察和认识人类体质，主要有四个基本层面。一是以人类整体为对象，研究人类整体的体质特征及其与别种动物的区别和联系；研究人类这个物种的起源、进化、在自然界的位置、与环境的关系，进而探索和恢复人类发展史。二是以人群（种群、族群、男性、女性、老年、青少年、不同生计人群、不同时代的人群、不同文化的人群等）为对象，研究人群的形成与发展、人群体质特征和体质进化历程，研究人类群体的体质类型、分布和迁徙。三是以人类的正常个体为对象，研究人体的结构特征、形态特征和生理功能，以及这些功能与特征的形成演化历史。四是以人类体质与文化为对象，研究人类体质与文化的关系，不同时期文化因素对人类行为和体质进化的相互作用与结果。体质研究往往偏重于物质层面，而文化研究多具“非物质性”，因此，体质人类学必须与文化人类学相结合，才能把握人类有目的的文化行为导致体质进化的道理，而对体质进化成果背后文化因素的解析，也要结合文化人类学的深入研究才能得到相对正确的解释。

下面且将涉及文化人类学的内容放在后面，先以人类的个体（机体）—群体—整体的顺序，看看体质人类学各个观察层面的具体内容。

一、人类机体体质

人类机体，是体质人类学观察人类体质的基本层面。它以正常人的个体为对象，由外部形态到内部结构，由微观特征到整体功能，逐次科学观察

---

① 参见朱泓等：《体质人类学》，高等教育出版社2004年版，第4页。

和认识人体特征，是人类学认识人类体质最重要、最基本的环节。

在整体上，中医学认为，人体犹如一个庞大的自然世界，是一个错综复杂而又相互联系着的综合体。因而，中医在治疗人体疾病时，注意整体调理和辨证论治。在微观上，人体中包含着数不清的各种细节，这些细节并非杂乱无章地随意排列，而是按一定规律有机组合而成的，包括相互联系着的各种结构、组织、器官—系统和功能体等。

在传统研究中，尤其在对人类起源的探索中，由于考古研究的对象大都是早已逝去的古人。他们的软组织不容易保存下来，唯有骨骼和牙齿等坚硬部分有更多机会成为化石而保留下来。因而，那些坚硬或被石化的人类遗骨和牙齿就成为体质人类学研究人类起源和进化过程的珍贵材料，并始终受到人类学家的重视。

但人类体质研究涉及诸多方面内容，仅依靠古人类遗骨遗齿研究是不够的，还必须搞清楚人类体质基本形态、结构和基本生理功能等各种细部环节。因此，人类学家很早就开始对人体的内外部结构、形态和生理功能等进行深入研究。特别是 20 世纪以来，随科学技术进步，体质人类学的研究不断吸收现代科技理论与方法，并在以往研究基础上不断突破传统观念，向着全面系统和越来越精细深入的方向发展。

我们知道，人的机体是由不同的系统组成，如消化系统、呼吸系统、泌尿系统等。系统是由不同的器官和组织组成，如人的五脏、六腑、皮肤、指甲等。而人体的各种器官和组织又都是由不同的细胞组成。细胞可以继续细分，一直分解到物质的分子、原子，甚至更微观的粒子。现代体质人类学的观察，正是在原来以遗骨和遗齿为重点的传统研究基础上，借助现代生物科技理论与方法，沿着人体—机体—系统—器官—组织—细胞，再到细胞内的结构和物质，层层深入地认识人体的。下面我们从细胞开始简单概括地分别叙述。

1. 细胞及细胞内的基本结构①

(1) 细胞的发现与研究。

"细胞"一词来自拉丁语"cellula"，意为"小房间"。由英国著名显微镜学

---

① 参见方宗熙等：《生物学基础知识》，中国青年出版社 1981 年版；汪子春等：《世界生物学史》，吉林教育出版社 1997 年版；庄孔韶等：《人类学通论》，山西教育出版社 2003 年版；严振国：《正常人体解剖学》，上海科技出版社 2007 年版。

家罗伯特·胡克(Robert Hooke, 1653—1703)首先发现并命名。1665 年，胡克在《显微镜论》中描述了他用显微镜在一段木栓上观察到一些大大小小的小盒子一样的具有生命或无生命的蜂窝状结构，并依状绘制出它们的结构，将这些蜂窝状组织形容为“cellula”，即“细胞”。当时他并没有揣想到细胞的真正含义。19 世纪后，随显微镜的改进，细胞才真正被科学家认识，细胞学说也随之形成，并成为一个新兴的学科。正如莫里斯·考勒里(Caullery Maurice)所言，19 世纪，人们看到生物学开始了一个最重要的阶段，即细胞学说的创立。在这个世纪中，人们得出了“细胞”的概念，通过它，人们终于获得了所有动物和植物机体的结构单位，终于对生命有了最初的了解。

经过百余年的探索与研究，生物学逐渐形成共识：细胞是表现生命现象的基本结构，也是人体构成的基本单位，细胞的特殊性决定了个体的特殊性。对细胞进行深入研究，不仅是探索和揭开生命奥秘的必经之路，也是改造生命和征服疾病的关键。这些科学论断推动生物学发生了翻天覆地的革命，它打开了通向“胚胎学”、“遗传学”和“进化论”等现代概念的通道。今天，现代细胞学已经从显微水平、超微水平，进入到分子水平的研究。在超微和分子水平甚至更微观的领域内，研究细胞的结构、功能及生命活动，是当代生物学中发展最快的一门前沿学科。

(2) 细胞分类。

有学者估算，一个新生儿的体内大约有细胞几千亿个($n\times10^{12}$)，而一个正常成年人的体内约有细胞几万亿到几十万亿个($10^{0-1}n\times10^{13}$)。对于细胞的分类有多种方法，比如按细胞的进化程度，将细胞分为原核细胞(procaryotic cell)和真核细胞(eucaryotic cell)；按细胞的功能，可将其分为听觉细胞、嗅觉细胞、神经细胞等。体质人类学经常将人体细胞视为两大类：一类称为体质细胞(somatic)，另一类称种质细胞(sex gametes)。

体质细胞，是人体上始终存在的最基本细胞类型，它以“有丝分裂”的方式进行繁殖，不断依样复制自身。在每个体质细胞内，都贮存着细胞主体的整套遗传信息。现代克隆(clone)技术，就是在生物体上选取一个体质细胞，将细胞内贮存有遗传信息的细胞核取出，再植入到一个去了核的受精卵内。这个细胞便按照提供体质细胞核内所设定的遗传密码不断进行复制发育，发育出的生物体与原来体质细胞主体的体质性状完全一样。

种质细胞，是人体一种专门用来两性生殖的细胞，它要到人体性成熟时才能生成，并在生殖系统中以单体形式单独或成批排放，具有很长的潜伏期。这种被称为种质细胞的物质，就是我们所说的人体“精子”和“卵子”。种质细胞的繁殖方式是“减数分裂”，当两者结合时，精母和卵母细胞首先将各自原来含有遗传信息的23对染色体，对半拆减成23条染色体，再与另一方拆减后的23条染色体重新配对结合，构成新的23对受精卵染色体。这个新构成的受精卵染色体中的遗传密码，成为新生命体体质构建和身体特质形成的依据，但它不影响亲代的体质。

(3) 细胞内的结构。

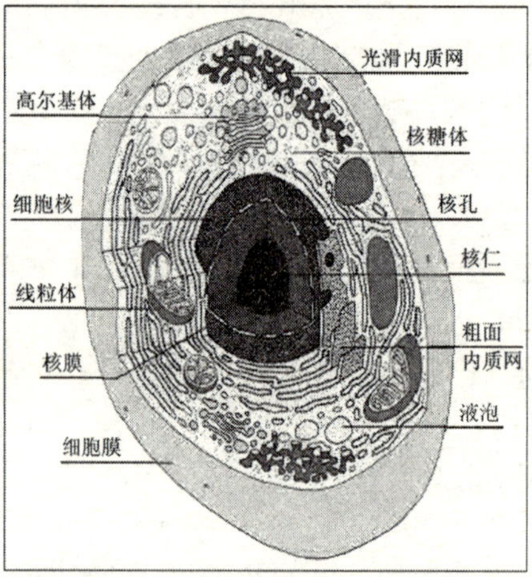

图1-1　细胞及其内部结构示意图

细胞一般由细胞膜、细胞质和细胞核组成(参见图1-1)。

细胞膜位于细胞的表面，是由脂类和蛋白质组成的膜状结构物，具有半透性。细胞膜的出现，是原核生物向真核生物进化的重要形态特征之一。细胞膜是一个复杂的系统，它包裹着细胞内部的全部物质。

细胞膜内细胞核以外的物质称为细胞质，由细胞骨架，细胞质基质和细胞器等组成。细胞质基质，是无色均匀的透明胶体状物质，也称细胞液，它占据细胞内各细胞器外的区域。细胞器是细胞质内具有一定结构和功能的小器官，如中心体、高尔基体、溶酶体、线粒体、核糖体等。

细胞核是细胞的控制中心，在细胞代谢、生长、分化中起重要作用，也是遗传物质的主要存在部位。细胞核主要由核膜、染色质、核仁和核骨架构成。

(4) 染色体与基因上的遗传物质。

人类繁衍进化的最重要指令信息，来源于细胞核内染色质的一些结构。染色质，是细胞核内易被碱性染料染色的物质。有些易染色物质在细胞分裂过程中，发生缩聚，形成“棒状”结构小体，被称为染色体(chromosome)。染色质的主要成分为脱氧核糖核酸(DNA)、蛋白质和少量核糖核酸(RNA)。在细胞核内，染色体成对出现，称为同源染色体，它们分别来自父方和母方。所不同的是，体质细胞核内的染色体有两组共46对，是双倍体，而种质细胞核内的染色体只有一组共23对，是单倍体。染色体通常又被理解为是储存遗传信息的DNA（脱氧核糖核酸）长链，它犹如盘旋的梯子，因此被称为双螺旋链（double helix）。

在每条DNA长链上，都有许多带遗传指令信息的片断，这些片断称为"基因"（gene），人类体内基因的总数在两万个以上。基因能够自行复制并合成核糖核酸，是生物遗传密码的载体。这些遗传密码通过一定方式指令体内营养物质（各种氨基酸）合成各种蛋白质，生成身体物质，控制身体特质的形成。

由于细胞核内来自父母双方的染色体成对出现，因此基因也成对存在。这种同源染色体上成对出现的基因，称为"等位基因"（allele）。等位基因的存在，说明每个人身上的遗传信息不是一套而是两套。但是，人体所有特质的形成，只能由一套来完成，这套基因称"显性"基因，它构成"人"的表现型；另一套没参与特质形成的等位基因称"隐性"基因，但它并未消失或减退功能，而仍然存在于细胞中，且与显性等位基因一起，构成人体的遗传型，并以同等效力参与遗传。从一定意义上说，每个物种的生存和繁衍，都是基因不停地遗传和复制自己的结果。

再进行深入剖析，我们知道，染色体所构成的DNA长链，实际上就是一个脱氧核糖核酸（DNA）的大分子。它的主要物质成分是四种碱基（base），即腺嘌呤（adenine）、鸟嘌呤（guanine）、胸腺嘧啶（thymine）和细胞核嘧啶（cytosine）。这些碱基与磷酸盐和五碳糖结成核苷酸（nucleotides）分子，并按规则结成DNA长链，成为供核糖核酸（DNA）抄录和复印遗传密码，并构建人体各种特质的可靠模板。

（5）细胞繁殖。

前面讲过，细胞繁殖有两种情况：一种是体质细胞繁殖，它是以有丝分裂的形式进行繁殖；另一种是种质细胞繁殖，它是以减数的形式进行繁殖。当种质细胞"减数分裂"后又重新配对形成新的细胞时，这个新细胞的性质并不是原来的种质细胞，而是新生命体的体质细胞了。体质细胞再繁殖时，一般先是氢键打开，双螺旋长链对半分成两条单束，使每个单束上的碱基序列暴露，然后，游离的核苷酸分子便按照一定的规则填补单束上碱基对面的空位，重新形成双螺旋链。如此，先前的一条双螺旋链即变成完整的两条，一个细胞也就变成了同样的两个细胞，两个再变成四个，人体就这样不断发育、更新和繁衍。

2. 细胞外的人体结构

正常人体最基本的结构单位是细胞，成人全身约有几十万亿个细胞。这些细胞最初都是由一个受精卵增殖分化而来。许多形态和功能相似的细胞与细胞间质，共同构成人体四种最基本的组织，它们是构成人体各器官和系统的基础。基本组织又有序联合构成具一定形态和功能的人体器官。结构和功能密切相关的若干器官再联合构成人体的各个生理系统，以共同承担某种生理活动。各系统又在神经系统的支配和调节下，相互配合，分工协作，来完成各种复杂的生命活动，使人体成为一个完整统一的有机体。简单地说，人体结构可分为四个基本层次，即：组织（tissue）、器官（organ）、系统（system）和机体（organism）。

人体组织，由细胞按不同结合方式集合形成，主要有四种类型：即结缔组织、上皮组织、肌组织、神经组织。结缔组织，是以多种细胞和液体、胶状体、固体基质和纤维等细胞间质构成，形成疏松的/致密的、软骨、骨、脂肪、血液等多种类型，在生命活动中起到支持、保护、营养、修复和物质运输等多种功能。上皮组织，主要由一些呈膜状密集排列的细胞和少量细胞间质组成，它覆盖在体表和体内各种器官、管道、囊、腔的内外表面，一面朝外，另一面借着基膜（basement membrane）与深部结缔组织连接，对包着主体起到保护、吸收、排泄、分泌、呼吸等作用。神经组织是由神经细胞或称神经元（neuron）和神经胶质细胞（neuroglia cell）组成，它遍布全身，具有高度发达的感受刺激和传导兴奋的能力，负责各种生命活动信息和指令的传导。肌组织，主要由收缩性强的肌细胞构成，肌细胞多呈细长纤维状，也称肌纤维，主要机能是将化学能转变为机械能，使肌纤维收缩和伸张以致机体进行各种运动。按肌细胞的形态结构，肌组织又分为横纹肌、心肌、斜纹肌和平滑肌四种类型。

人体器官，是由多种组织构成的能行使一定功能的结构单位，比如：眼、耳、鼻、舌、心、肝、脾、肺、肾、胃、大肠、小肠等，甚至每块骨骼肌和皮肤等都是人体器官。人体器官大小不等，结构不一，形状复杂，数量繁多。

人体的系统，由不同器官联合在一起，组成一个完整的功能组合体。人体一般分为运动、消化、呼吸、泌尿、生殖、内分泌、循环、感觉器和神经等九个系统。

最后就是人的机体。它是由各个系统有机组合构成的完整的人身有机整体。人机体中的各个系统，由神经系统统筹调节，既分工协作，又相互配合、相互联系、相互依赖，共同完成各种复杂的生命活动。

当人的身体由各种鲜活的细胞—组织—器官—系统整合成为一个有机整体—机体时，这个机体就成为有知觉，有欲望，能运动的生命人体。人体不仅是看得见、摸得着的，具有各种生物结构和生命活动力的载体；也是那些看不见、摸不着的人的思维、欲望、意识等文化现象和文化行为的载体。

二、人类群体体质

人类群体体质的观察与研究，是一项较为复杂的问题。因为人类的群体有不同的划分标准。人群中的个体，既可以是几个人，也可以是几百人，甚至千百万人。最大的人群是男性人群和女性人群，它占到全球人口的一半。人群所处的自然环境、居住条件、食物谱系、生计方式、生活习俗、文化传统和文明程度，以及社会、经济、政治、宗教制度等，都成为人群体质形成与发展的影响因素。

某种因素长期作用于某个群体，就在人群体质上留下烙印，并慢慢形成遗传信息。这些遗传信息在相关人群的后代中代代积累，就形成这些人群体质上的共同特征。这里说的"长期作用"不是一代两代或十几代，有可能是几十代、上百代或更长的时间。人群共同体质特征一旦形成，就不易在短期内消失，比如欧罗巴人种的面部特征、肤色、发色、眼色等，明显地成为种群的体质形态标志，这些标志在种群繁衍时被代代遗传而继承下来，虽经漫长岁月，但总体上一直没有减弱和消失。

人类种群的体质研究，是体质人类学对人类群体体质研究的重要方面。所谓种群，是指具有相同生物遗传体质特征的人群。确切地说，它是一个经常在内部交换遗传物质，形成相对封闭基因库(gene pool)的人类群体。在某种意义上，种群也可以理解为一个内婚的群体。种群的形成，与人群间时空条件的阻隔或文化观念阻隔有一定关系，也与社会等级、宗教限制等因素有关。随人类社会的发展，时空阻隔不再是人群交流的障碍，政治、文化、宗教甚至国别也阻隔不了人群间的交往，世界各种群间的融合会不断拓展，种群的概念亦将逐渐淡化，但这又不是一朝一夕的事情，可能是一个漫长的过程。

三、人类物种体质

物种(species)，是一个生物学的概念。在无限的宇宙时空中，人类只是地球上一个有限的物种。从物种角度来观察认识人类体质，实际上是将全人类视为一个整体，来认识全人类共同具有的总体体质特征及其形成、演化和发展的规律性，认识人类与其他生物物种在体质上的异同。

人类物种体质的研究，主要包括人类作为一个物种，为什么能够起源，怎么起源，在哪里起源；人类在自然界中的位置、与其他动植物的关系、与生物界/自然环境的关系；人类体质进化，为什么进化，进化的阶段和过程；人类的分布与迁徙的时空性研究；现代人的体质特征和体质发展的趋势研究等等。

综上所述，体质人类学对人类体质的观察认识，主要从个体（机体）、群体和整体三个基本层面切入。在机体层面，体质人类学的大部分研究内容都属于人类体质的生物属性研究，但是，人机体的各部分一旦构成一个整体，它就有了欲望，有了精神，就能在神经系统的协调下进行复杂的生命活动，就会出现文化行为。这时，便不宜用“机体”这种既僵硬又机械的名字来称呼它，而应称之为“人体”或人类“个体”。人类个体、群体和整体的体质研究，都不是单纯生物属性的研究，因为在每项人类体质结构研究的深层，都深深地蕴含着人类文化作用的烙印。因而，人类体质特征应是人类生物属性和文化属性相结合的产物。简单地讲，人体既是生物结构的载体，也是文化的载体。

第四节 体质人类学的基本理念与方法

长期以来，体质人类学研究形成了以唯物主义哲学思想为基本理念，以辨证思维为逻辑基础，以科学测量和科学实验为基本途径的研究模式与方法。传统的研究方法主要由人体测量技术与方法、人体形态观察方法和统计学分析方法等三个部分组成。

近年来，科学技术迅猛发展，体质人类学研究越来越多地吸收了相关学科的现代科技成果，出现了一系列建立在高新科技基础上的新理念和新方法。特别是生物遗传学方法和分子生物学方法等新技术、新方法的出现，不仅受到体质人类学界的普遍关注，也为体质人类学的发展带来巨大的推动力，为体质人类学前沿课题的解决带来光明前景。

下面以传统研究方法为主，简述几种常用的体质人类学方法。

一、人体测量技术与方法

测量技术与方法，是体质人类学研究中最常用和最基本的方法之一。测量技术一般分为活体测量和骨骼测量两大类。活体测量，顾名思义，就是对活人体进行的体质形态指标测量；而骨骼测量，主要指对死去人的骨骼和对人类遗骨化石进行的解剖学形态指标测量。

人体测量包括技术方法、测量仪器、测量标准、测量项目等内容。因为人体测量是一项跨民族、跨国界的体质人类学研究基础科目，它的实施需要有一个国际认可的、统一的技术标准，这样得出的人体形态指标数据，才便于进行全人类、全时空的人类学对比研究。比如，在人类起源的研究中，人类早期遗骨的分布与现代国界和民族没有联系，而不同阶段的古人类遗骨又在不同的地域和国度被发现，如果没有一个统一的测量方法和标准，就难于进行早期人类的比较和进化过程研究。为此，1906 年国际史前人类学与考古学会议在摩纳哥召开第 13 届大会，通过了《统一颅骨和头面部测量的国际协定》，规定了 32 项颅骨测量和 19 项活体头面部测量方法。1912 年国际史前人类学与考古学会议在日内瓦召开第 14 届大会，进一步修改完善和通过了这些测量方法、测量项目与测量标准，并建议研究者使用国际上通用规格的人体测量工具与仪器进行工作和研究。这些国际统一的方法、标准和要求一直沿用到今天。[1] 近百年来，世界各国按国际统一标准取获到的测量数据，在世界范围内进行着各项人类学研究和对比，为探索人类进化发展发挥了巨大作用。

从 20 世纪 70 年代开始，国际上又研发出一种新的人体光电测量方法，即莫尔拓扑测量法(Moire topography)。这种技术运用光电学技术进行非接触性测量，不仅方便、迅速、准确，也可将测量结果以图像形式记录下来，便于信息储存和再测复核与校正。更重要的是，光电测量技术和测量结果，能够很便捷地与计算机连接，更方便进行后期数据和图形的整理与判读。这项技术推动人体测量精度和水平快速提高，也使人体测量的技术方法发生根本性革命。

---

① 参见邵象清：《人体测量手册》，上海辞书出版社 1985 年版，第 2 页。

二、人体形态观察的方法

人体形态的各种特征，有许多项目不能用尺寸大小或角度钝锐的具体数据来定量测量。因而，对这些不能定量测量的形态特征的研究，还脱离不了肉眼观察、描述、描绘和记录等手段。例如，一个人的颅形是圆形还是楔形，下颌骨上是否存在下颌圆枕等，都需要用形态观察描述的方法进行区分和比较。体质人类学称这些形态特征为非测量性状。人体非测量性状的研究，常采用形态观察的方法进行描绘记录和对比研究。

在非测量性状的观察上，也要按照国际统一的标准和方法来进行。这样才能使观察的方法、内容、项目、工具和结果，与世界各地学者的观察结果相统一；也才能使获得的测量资料得到国际认可，并在全球对比研究中相互借鉴和使用。

人体非测量性状的观察方法，目前还比较原始落后，虽然它是体质人类学研究中的一种重要测量方法，但随着科学的进步，特别是计算机模拟技术的发展，人体形态观察仪器将不断推陈出新，形态观察的精度会不断提高；观察的方法和项目也将在传统方法基础上更加规范，更加科学，更加现代化。

三、统计学分析方法

统计学分析的方法，也是体质人类学中比较常用的研究方法。因为人类学不仅研究人类的个体，也研究人类的群体和整体；研究对象不仅是人类化石和相关的古动物化石，更多的是现存人类和灵长类动物等的研究。在许多情况下，体质人类学研究需要采集和处理大量各类样本的数据和信息。这就需要应用统计学的方法对所获得的数据、资料、信息进行处理，统计学中的概率分析法、多元统计分析法和因子分析等，都是目前国内外人类学测量数据处理中经常使用的方法。随学科的发展，更多的数理分析统计理论与科学方法，运用到体质人类学各项研究中，成为体质人类学进行分析研究时不可缺少的基本手段和基本方法。

四、分子生物学方法

目前生物化学、分子生物学方法发展迅猛。一种被称为“聚合酶链反应”（即 DNA 的体外扩增反应）的技术和完全自动化的 DNA 测序技术等，把现代科学家们的研究触角直接带领到生物分子的层面来认识和比较生物体的进化程度。这些新技术在体质人类学中应用，使该学科研究的理论与方法，出现了焕然一新的巨大变革。人类学家可以利用现代各人种的遗传信息（如细胞线粒体 DNA），结合"分子钟理论"来讨论现代人的进化和起源等问题；也可以通过提取地下出土的古人遗骨和干尸的 DNA 残段，通过"扩增"、"测序"技术，来研究各时期古代人类群体之间和群体内部不同个体之间的遗传关系。[①] 分子生物学的进展，推动着体质人类学研究进入一个新的时代。

① 参见朱泓等：《体质人类学》，高等教育出版社 2004 年版，第 5 页。

第二章

人类在自然界中的位置

任何生物都是环境的产物。人类之所以能够形成、繁衍、进化，更与外部自然环境有着极为密切的关系。体质人类学研究，需要探索人类起源的自然历史条件和背景，需要研究各种相关的外部因素对人类体质形成与演化的影响，以便在此基础上讨论人类起源与体质进化发展的若干问题。下面我们简述宇宙/太阳/地球营造的生物学背景。

第一节　宇宙中太阳与地球营造的生物学背景

一、何谓宇宙

中华民族是一个聪慧的民族。早在公元前四世纪，先民就对宇宙有了丰富的认识。战国时代，一个叫“尸佼”的晋国人（公元前 390—前 330 年）曾说：

> 天地四方曰宇，往古来今曰宙。[①]

汉代张衡（公元 78—139 年）言及宇宙时说，“宇之表无极，宙之端无穷”[②]。意思是，宇宙在空间上无边无际，在时间上无穷无尽。

这些都是华夏民族对自然界和万物形成的基本认识，其中对宇宙是“时

---

① 参见[清]汪继培:《历代子家选刊・尸子》，黄曙辉点校，华东师范大学出版社 2009 年版，第 37 页。

② 转引自陈美东:《中国古代天文学思想》，中国科学技术出版社 2007 年版，第 273 页。

空”四维坐标的认识，已与现代科学观对宇宙的宏观认识没有多大差别。

> 在佛经中，大的空间叫佛刹、虚空，小的叫微尘。佛教主张，宇宙是由无数个世界所构成。因此，集一千个小世界被称为“小千世界”，集一千个小千世界被称为“中千世界”，集一千个中千世界被称为“大千世界”，进而合小千世界、中千世界和大千世界，总称为“三千大千世界”。

从现代科学的观点看，宇宙是由空间、时间、物质和能量所构成的统一体，是万物的总称，是时间和空间的统一。宇宙是物质世界，不依赖于人的意志而客观存在，并处于不断运动和发展中。宇宙既具有多样性又具有统一性，多样性表现于宇宙的物质状态多种多样；统一性表现于宇宙的构成皆具物质性。一般理解的宇宙，指我们所存在的一个时空连续系统，是指普遍的、运动着的整个物质世界，它包括物质的存在、分布、变化及其发展过程的全部，也包括其间的所有能量和事件。所谓物质世界，是独立于精神世界之外的客观实体，其表现形式是大小不等、性状各异、等级有别、质量悬殊的各种天体及其他附属的全部物质。20世纪以来，根据现代物理学和天文学建立起的关于宇宙的科学理论，称为宇宙学。对于宇宙这一体系的整体解释和认识，称为宇宙论。

二、宇宙的基本结构

宇宙是一个浩瀚无际的物质世界。宇宙间最基本的结构单位是各种星体，这些星体通称为天体。天体的物理化学性质差别极大，一般分为恒星、行星、卫星、彗星、流星、陨星和星际物质等。不同天体，按一定物理规律组合成不同级次的天文系统。

恒星系统是最重要的天文系统。它一般是以一颗恒星为核心，包括围绕它旋转的行星和围绕这些行星旋转的卫星以及相关星际物质等，构成的一个物理关联的天文系统。恒星是最重要的天体，它由炽热的等离子体组成，自身能发光。在广阔无际的宇宙中，恒星的数量无以计数，夜空中我们能见到的所有亮晶晶的星星，几乎全是恒星。

离我们最近的太阳，就是宇宙中极普通的恒星。在太阳周围，有八个行星围绕其旋转，行星也自转，但它们本身不发光。人类生活的地球，就是太阳的八大行星之一。[①] 在行星的周围，又多有环绕其运转的天体——卫星。卫星自身也不发光。在太阳系的行星中，只有水星和金星没有卫星，其他行星都有卫星，已知太阳系中行星的卫星至少有 60 多个。

除恒星、行星、卫星外，宇宙中还有彗星、流星、陨星及星际物质。所谓星际物质，是星体间气体和尘埃状稀薄弥漫物质的总称。在星际物质的成分中，有 99%是气体，主要为氢气，1%是尘埃。

比恒星系统更大的天文单位是星系，它是由上千亿颗恒星和星云组成的更庞大的天文系统。太阳所在的银河系，是宇宙中一个普通的星系，仅银河系中就有恒星约 1 400 亿颗。星系还不是最大的天文单位，其上还有由若干星系聚集而成的星系群和比星系群更大的天文单位——星系团，以及若干星系团组成的超星系团等等，可见宇宙之无际。

三、太阳与地球营造的生物学背景

在浩浩宇宙中，不用说地球和太阳系，就是银河系也仅是宇宙间极其渺小的一部分。关于地球和太阳系的起源和形成，又是一个很复杂的问题，这里不去研究。下面重点讨论太阳系——地球和人类生存与发展的关系。

在太阳系中，八大行星以一定轨道围绕太阳旋转。按与太阳的距离，由近而远的是水星、金星、地球、火星、木星、土星、天王星、海王星。地球排列在第三位，它不仅在太阳引力下围绕黄道面旋转，也围绕自转轴自转，而且自转轴又与黄道面形成一定夹角。

地球大约在 46 亿年前形成，它是太阳系八大行星中唯一有大气层包围着的星球。大气层中的氧气，占到了大气质量的五分之一。在地球形成的早期，大气层中氧气较少，但有了氧气，生命体才有可能产生和维持。氧气也不可再多，因为氧气过多，植物会自己燃烧起来。地球还是一个被水覆盖了大部分地表的星球，水不但可以调节温度，还可把水蒸气释放到大气中，实现水的循环。地球的质量、体积以及地球的重力和旋转速度等都很适度。地球还具有强大的磁场，对地球起到保护作用。

地球与太阳保持着下列关系：

(1) 太阳是地球上光和热的主要供给者。地球上的原始有机物和生命

---

① 2006 年 8 月 24 日[布拉格]第 26 界国际天文联会通过第 5 号决议，将冥王星划为矮行星，并命名为小行星 134340 号，从太阳系九大行星中除名，此后太阳系只有八颗行星。

的形成，离不开太阳能，动物和植物的生存繁衍，更离不开阳光的普照。

(2) 在太阳辐射作用下，大气中的氧分子被分解为氧原子；氧原子与氧原子碰撞结合为臭氧，并在距地面25—30公里上空形成臭氧层。臭氧层吸收太阳紫外辐射，对地球生命的形成和生物的机体起保护作用。

(3) 太阳辐射中的紫外线和X射线，使某些大气层的氧和氮分子电离，在地球大气50—500公里的高空形成电离层，构成电离屏障，并在太阳微粒辐射作用下，影响大气温度、磁场和大气环流，从而影响地球天气和气候的变化。

(4) 太阳辐射能量的变化，影响地球有机质和无机质的运动与组合，或改变物质的结构，并可能出现新的物质种类等等。

地球与太阳这些条件关系的存在，为地球生命的产生和发展，营造出良好的生物学背景。

除此，地球本身的各种环境性质和因素，有力地配合了这种生物学的背景，为生命的出现和发展奠定了基础。其中有四个基本环境条件特别适宜生命的存在：

(1) 地球与太阳的距离，使地球能接受适宜的能源和温度。

地球与太阳的距离，决定了地球能够接受到来自太阳适量的太阳能。这一能量是地球上生命的主要能源。太阳给地球的适量能源，使地球产生适宜的温度，地球生物体内的各种酶才能有效地调节复杂的代谢系统以维持生命活动。假如地球与太阳间的距离不是如此，而是过近，如水星或金星，则地球太热，生物就无法生存；倘若距离过远，则地球太冷，生命的生化反应也不能正常进行。

(2) 地球上大气层的存在和它的性质，维系着地球气温的稳定与交流。

大气层的存在可以帮助调节地球的气温，维系大气圈的稳定和正常的大气流动，为温度的变化和物质成分的散布与交流提供重要的基础环境，也为地球上生物的生长创造了极适宜的条件。这是其他星球所不具备的，比如金星也有含CO_2的大气层，但由于旋转速度不同，使之在极地以冰帽形式凝存，不能起到流动调节作用，有些地方温度高达450℃，显然生物不适合生存。

(3) 地球上碳和其他元素的存在，为生命的出现和发展提供了物质基础。

地球上碳元素的存在，使地球有机化合物的形成，具备了关键物质。碳与氢、氧、磷、硫、氮的结合，能产生复杂多样的天然聚合物，如多糖（包括纤维素类）、蛋白质和几十种天然氨基酸等，这些物质大都是碳水化合物。碳水化合物是地球上动植物构成的基本物质。据估计，地球植物中所含的化合状态的碳，相当于10亿吨二氧化碳，其中大多数以纤维素和淀粉两种多糖的形式存在。蛋白质也是生命过程中的一类重要物质，它以各种各样的形式存在于自然界，水解蛋白质的分子式是：

$$—(—HN—\overset{\displaystyle R}{\overset{|}{C}}H—\overset{\displaystyle O}{\overset{\|}{C}}—)_n— \frac{nH_2O}{H}\ nH_2N\overset{\displaystyle R}{\overset{|}{C}}H\overset{\displaystyle O}{\overset{\|}{C}}—OH$$

这些充分说明生命的构成及其生命过程都离不开碳。

(4) 地球上有大量的水，这是生命产生和存在的必要条件。

地球上的水是生命介质中的最重要物质，也是生命起源的基本条件。生命起源于水域环境，水是生物和有机体的重要组成成分。在生命体的体重中，有60%—80%是水分；水是生命活动的必要条件，还在于生物细胞内的所有生化过程都必须在有水的条件下进行。动物的食物消化，营养物质在体内的吸收循环，代谢物的排出等，也都要在水溶液的状态或参与下才能进行。任何生物都离不开水，没有水就没有生命。

从而，我们可以理解，生命的出现和繁衍发展，都要以太阳与地球营造出的各种适度的生物学条件和环境背景为基础，才能得以实现。倘若地球和太阳的关系不是如此，或者不是这样适度，或有此缺彼而条件不全，抑或相互搭配不合理等，生命现象就不可能发生，更谈不上发展。

第二节　生命的起源与发展简史

一、生命起源的假说——达尔文的观点和奥巴林的假说

生物从何而来？最初的生命是如何起源的？这个谜团一直是人们关心和学界热烈讨论的问题。

最初，人们相信一切生物都是神创造的，生命起源被划入神学领域。

此后，当原始唯物主义逐渐被人们接受的时候，一种新的理论开始萌发，并广泛流传。这就是所谓的“自然发生说”(spontaneous generation)，它认为生命是由无生命物质直接自然发生而来的。比如，中国古代人相信“萤

火虫”是从腐草堆中产生的，蛆是从腐肉中产生的；古埃及人认为，尼罗河谷的蛙和鳝鱼是淤泥经日光照射产生的。亚里士多德甚至还编制出一个从无生命物质自然发生的物种名录，认为腐烂的尸体和排泄物能产生涤虫，黏液能产生蟹、鱼、蛙和蝾螈等。17世纪，一个叫海默特(J. van Helmont)的荷兰学者竟然用实验来证明：将谷粒和破旧衬衫一起塞入瓶子里面置于暗处，21天后就会产生老鼠，而令他惊讶不已的是，在他的瓶子中“自然发生出来”的老鼠，竟然和日常见到的老鼠完全相同。显然，这种所谓的“自然发生说”有些荒唐。

稍后，还有一种理论赢得了许多人认同，即被称为“宇生说”(Cosmozoa theory)的生命起源理论。简单地说，“宇生说”认为地球上的生命来自宇宙间的其他星球，某些微生物孢子可以附着在星际尘埃颗粒上而落入地球，也可能由彗星带到地球。在地球形成早期，彗星尾部有可能携带大量有机分子散落到地球表面，从而使地球出现初始生命。这一理论虽然曾盛行一时，但后来却慢慢冷了下来。

此外，还有人主张生命和物质、能量一样，都是永恒的，没有发生和起源，只有传播和变迁。但持这种观点的学者只占极少数。

无可非议的是，当达尔文(Charles Darwin，1809—1882)的《物种起源》(*The Origin of Species*)于1859年出版，人们对生命起源的认识产生了飞跃，并渐渐发展成为人们对这一问题的主流认识。

达尔文用自然选择理论和大量证据，揭示出生命起源和变化都是通过自然过程而产生和发展的。他认为：“最初产生生物的全部条件现在也存在，这种条件可能永远存在。可是，如果我们能想象在某些温暖的小池中，有一切种类的氨盐和磷酸盐、光、热、电等等存在，那么，通过化学方式形成的蛋白质化合物，也易于发生更复杂的变化；而今天，这样的物质会立即被吞食掉或吸收掉，但在生物形成之前，情况可能不是这样……”①达尔文的提示，为生命起源的研究指明了方向。

随后，20世纪初，一个由英美科学家组成的国际科研小组通过大量实验，提出了“异养假说”。这个科研小组的成员包括英国科学家霍尔登(Haldane)、皮利(Pirie)、贝尔纳(Bernal)，以及美国科学家霍鲁维支(Horowitz)和尤里(Uery)等。

---

① 转引自丁登山：《自然地理学基础》，高等教育出版社1987年版，第266页。

与此同时，前苏联著名科学家奥巴林（A. I. Oparin）在研究生物学、化学、地球化学和宇宙学大量资料基础上，著出《生命的起源》，更加系统地阐述了生命起源的假说（即团聚体学说），并首次从整体上建立起生命在地球上发生的科学理论框架，因此，他被学界誉为研究生命起源的先驱。多年来，奥巴林的团聚体理论得到众多学者的支持，成为世界上研究生命起源的最重要理论。直至今日，他的学说仍然在全球科学界产生着广泛而深远的影响。

通过大量实验，奥巴林认为，生命是经过一系列漫长阶段逐渐进化而来，原始大气层中尚缺少氧和氮，而最轻的元素氢在早期地球上比现在丰富得多。自然界中含有氢和各种氢的还原气体，如甲烷（CH_4）、氨（NH_3）和水蒸气。这些气体溶于雨中，之后又流入逐渐形成的海洋里。大自然中雷鸣闪电，宇宙射线、紫外线、X 射线以及地热等提供能量，使化学反应缓慢地进行，从而产生了许多简单的有机化合物，如氨基酸和简单的糖类等，这些有机小分子溶于海水中，被形象地称为“薄层热汤”。这时阵发性的火山高温和湿黏土物质起触媒作用，将有机小分子连接在一起形成大分子，进而形成分子团或大颗粒。假如这些大分子有一种膜来包围它们，这时就会出现某些病毒或具极简单细胞的原始生物（参见图 2-1）。

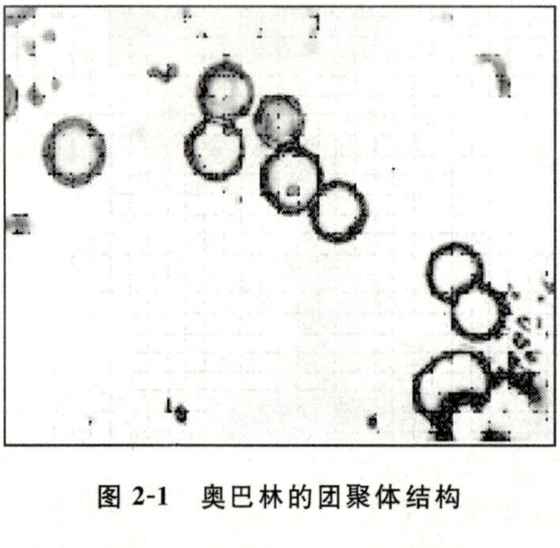

图 2-1 奥巴林的团聚体结构

最初阶段，生物以薄层热汤中尚能利用的有机小分子为养料，称为异养生物。当时大气中含氧量极少，所以它们是厌氧型的。以后，某些关键性的分子，如核酸等有了自我复制的能力，这就产生了繁殖和遗传信息的可能性。

随着时间的推移，一方面供原始异养生物食用的原始游离有机分子愈来愈少，生物只有慢慢适应以自身合成所需食物才能向前发展；另一方面，大气中的含氧量在逐渐增多。这样行光合作用的生物就发展起来，它们吸收光能转化为化学能，开始产生不依赖外源物质为食物的生物。这种生物可以 30 亿年前地层中发现的紫硫细菌为代表，还有原始植物化石植物烷（Phytane）和姥鲛烷（Pristane）等，它们都是叶绿素分子断裂时产生的有机质。绿色植物在光合作用时，光化反应将水裂解，释放出氧气，成为这场生物革命的基础。

光合作用又使得可用食物大量供应，还使生物进化，如异养动物和真菌的产生和发展成为可能。另一方面，大气中可利用的氧逐渐增多，生物的呼吸作用取代了低效率的酵解过程。

奥巴林的假说并非毫无根据。其假说中的若干部分，已被现代科学家用模拟大自然的原始条件和自然过程来合成有机物质的实验而证实。如模拟大气层中的氢、甲烷、氨及水蒸气置于密闭的装置中循环，并施加常温、大雨和闪电，一周后用色谱法分析装置中的物质，发现的确有氨基酸生成，也有有机酸和尿素溶于溶液中。同时，地层中的古生物也提供了大量证据。

概括起来，奥巴林假说的基本观点是，原始地球是无机物的世界，无机物通过自然过程，形成有机物和生物化合物，再通过结合形成愈来愈复杂的结构，逐渐进化为原始细胞和原生动物；并由自身不能制造食物，依靠自然过程形成和积累起来的有机物生活的异养生物，进一步进化为各种自养生物。

当然，奥巴林的假说，还不是原始生命起源的真实情况，它不过是根据地球环境，对地球生命起源的一种推理。这个推理的许多环节虽然已被现代科学的实验所证明，但是至今仍然没有获得直接的证据来证实生命起源的真实过程。所以，奥巴林的团聚体理论，依然只能说是一种假说。

尽管如此，学界以奥巴林假说为基础，对生命起源过程形成了基本共识，即生命起源可能分三个阶段：第一阶段是由无机物分子产生出简单有机物小分子；第二阶段是由简单有机物小分子产生出复杂有机物大分子，以及形成多分子体系——团聚体；第三阶段是产生出具有新陈代谢能力并能生长繁殖的生命物体，即出现了生命（参见图 2-2）。

在现代科学领域，生命起源研究已不只是生物学的问题，它涉及天文、地质、物理、化学、航天等许多学科，它既是一个古老的问题，也是当代科学家应用现代高新技术进行综合研究与探索的前沿课题和热点问题。

近年来，分子生物学研究进展很快，一些重要科研成果接踵面世，地球生命起源研究也硕果累累。最近，上海交通大学颜德岳教授的研究小组，在世界上率先报道了他们进行宏观自组装现象研究的新成果。这项研究基于蛋白质、细胞，乃至生命形成都是通过“自组装”来实现的原理，对生物体自组装现象进行深入研究，取得可喜进展。其成果是由一类新型的不规则大分子通过“自组装”得到厘米长度、毫米直径的多壁螺旋管，将分子自组装研究领域拓展到了宏观尺度。这项成果揭示了不规则大分子直接“自组装”得

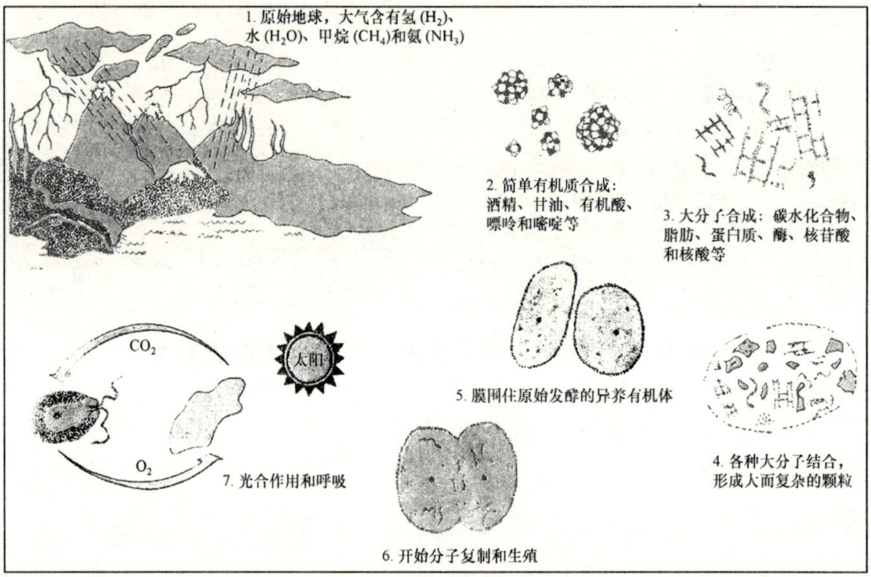

图 2-2 地球生命早期进化假说图

到宏观物体的全过程，以及生命形成的原理和过程，为生命起源研究提供了新的重要启示。同时，研究证实了宏观超分子自组装机理，使人们能直接观察到“自组装”的全过程，因而为其他不规则大分子的自组装研究探明了方向，也为诸多自然现象，如血管、腔肠和植物茎秆形成中有机分子宏观自组装过程研究，提供了科学依据。相信随着人类科技事业的发展，最终人类定能研究探索出生命起源的真谛。

二、地球生物发展简史

这里，我们先概括介绍生物发展的简史，然后在下一章节专门讨论生物的演化与分类。这样便于我们先宏观再微观，由总体向细部，从外部现象和一般规律，到内在机理和科学内涵，步步深入地学习和掌握生物发展的规律性及生物现象的本质。

（一）地球生物发展的总体特征

生物发展史是地球历史的重要部分。当地球表面分化出岩石圈、水圈和大气圈的时候，地球生命物质就具备了孕育产生的基本条件，地球的历史也进入到一个新的时期。一般认为，地球形成的年代与太阳系中各天体形成的年代大体相当，国际上大多数学者将这个年代界定在距今 46 亿年前。也有学者认为地球的生成年代可能在距今 50 亿—60 亿年前。

地球历史又以生物学特征为标志，划分为三个大的时期，每个时期以“宙”为量纲，分别称为冥古宙（46 亿—38 亿年前）、隐生宙（38 亿—6 亿年前），显生宙（6 亿年前至今）。顾名思义，冥古宙是地球上还没有生命的时期；隐生宙，地球上已出现生命，但稀少而隐约；显生宙，则是地球上生物大显现的时期。地质学根据地层古生物等标志，将地球历史中每个“宙”的时段又详细地划分出若干次级单位，即宙内分“代”，代内分“纪”，纪内分“期”，期又分为早期、中期和晚期等，形成一个自地球形成至今，完整的时间坐标体系（参见表 2-1）。

表 2-1　地质年代简表

宙	代	纪	距今年代
显生宙	新生代	第四纪	3×10^{6} yr.
		第三纪	6.5×10^{7} yr.
	中生代	白垩纪	1.35×10^{8} yr.
		侏罗纪	1.8×10^{8} yr.
		三叠纪	2.25×10^{8} yr.
	古生代	二叠纪	2.75×10^{8} yr.
		石炭纪	3.50×10^{8} yr.
		泥盆纪	4.10×10^{8} yr.
		志留纪	4.30×10^{8} yr.
		奥陶纪	5.0×10^{8} yr.
		寒武纪	6 亿年前
隐生宙	元古代	震旦纪	1.0×10^{9} yr.
		……	25 亿年前
	太古代	……	3.8×10^{9} yr.
冥古宙	冥古代	……	46 亿—38 亿年前

目前所知，地球上最古老的生命形态是一种生活在 35 亿年前的蓝绿

藻，它被发现于澳大利亚的一种叫叠层岩的隐生宙岩层里。此后，又在非洲南部大约32亿年前的地层中发现了一种叫单独曙细菌(Eobacterium isolatum)的痕迹化石。由此，生命便开始缓慢发展。大约在10亿年前后，地球上已经初步完成了由原核生物向真核生物的进化过程。

至6亿年前的显生宙，地球上的生物开始快速发展起来。不仅生物的数目迅猛增加，生物的门类也急骤滋生并日趋完备，生物的进化也明显加快了速度。在显生宙近6亿年的时间里，生物界完成了由低等向高等的生物演化，并逐渐形成了现代生物圈的格局，最后，进化出人类这样的顶级生物。

下面我们看看地球生命出现之后，各地质时期生物发展的基本特点。

(二) 地球各时期生物发展的基本特点

地质学研究表明，地球真正进入有生命时代的确切时间，是从隐生宙的某一时期开始的。

1. 隐生宙生物出现与发展的基本特点

隐生宙的年龄，在距今38亿—6亿年前。它又划分为两个“代”，即太古代和元古代。

太古代(Archaeozoic)，又称“始生代”，其下限年代存不同观点。少数人认为，太古代下限自地球诞生始，包括冥古宙全部。大多数学者认为，太古代开始于38亿年前左右，并以地球上出现生命物质为标志进行时代和地层划分。这条界限，也作为地球冥古宙和隐生宙的宙际界限。对于太古代上限的时间，目前意见比较统一，即在距今25亿年前左右，并将地球原始地理圈层基本形成作为划分标志。

在太古代，地球最重要的事件是在距今35亿年前左右，生命物质开始出现，随之生物圈开始发育。地球上最早的生物：裂殖菌、蓝藻以及单独曙细菌、蓝绿藻等典型生物体都是在这一时期出现的。这时的生物都是原核生物，它们非但没有坚硬的甲壳，生物结构也非常简单、原始和细小，极不易生成化石而保存下来，又因年代久远，因此，在地层中发现这些生物的可靠化石，还是极其珍贵和极其困难的。

太古代之后的元古代，自距今25亿年前开始，至距今6亿年前结束，是地球隐生宙时期的最后一个地质阶段。元古代(Proterozoic)的生物学特点是水域中出现了菌藻植物，特别是后期，出现了著名的伊迪卡拉动物群，其中有腔肠动物、环节动物、节肢动物和介壳动物等。加拿大冈弗林特组(Gunflint Formation)的微古植物群中，不仅存在着细菌和丝状蓝藻，还存在着一些具有细胞核的生物。从一定意义上讲，元古代地球上已经明显地出现或开始了原核生物向真核生物进化的过程。

2. 显生宙生物发展的基本特点

显生宙是生物大爆发、大发展的时期。它包括三个地史阶段，即古生代、中生代和新生代。在这个时期，生物种类和数量突然增多，生物结构由简单向复杂，生物进化速度步步加快，生物圈结构不断完善，最终形成了我们现代所看到的地球生物圈面貌。

(1) 古生代(Paleozoic)。

古生代距今约 6 亿年至 2.3 亿年，期间又分为早古生代和晚古生代两个时期。早古生代，又分为寒武纪、奥陶纪和志留纪三个纪。这时期是在元古代末期真核生物进化发展的基础上，地球上动物界的第一个大发展时期。在这时期的地层中，古生物种类大量出现和增多，节肢动物大发展，其中最多的种类是三叶虫；腕足类动物也很繁多；此外，笔石、珊瑚、鹦鹉螺等十分繁盛；半陆生高等植物——裸蕨类，首次在志留纪出现；同时，在奥陶纪中期，海域中首次出现了脊椎动物——无颌鱼类，并在志留纪得到进一步发展；志留纪末，陆生生物开始出现。从整体上可以认为，整个早古生代时期，是一个海生无脊椎动物大发展的时代。

晚古生代也分为三个纪，即泥盆纪、石炭纪和二叠纪。这一时期地壳活动异常强烈，山脉隆起，板块碰撞，导致地理环境急剧变化，海退与海侵交替发生。晚古生代开始时，陆地大都是不毛之地，由于加里东运动的结果，陆地面积扩大，为动物和植物向陆地迁移提供了有利的环境。在陆地上，植物首先迅速地繁盛起来，其中有蕨类植物、木贼和松柏；在水中，一方面是水生生物进一步发展，更重要的是水生动物中的脊椎动物鱼类开始登陆，并逐渐演化出两栖类动物，进而演化为爬行类动物。这时的地球生物界已不是海生无脊椎动物为主体的格局，而是形成了陆生植物、脊椎动物和无脊椎动物三足鼎立的生物世界。

(2) 中生代(Mesozoic)。

中生代，在距今 2.3 亿至 6500 万年之间，它包括三叠纪、侏罗纪和白垩纪。中生代地球的最重要地理事件，是古老的泛大陆开始缓慢地解体，并逐渐形成相互隔离的几个大陆块。

中生代的生物界与古生代显著不同，其特点是生物的进化发展到更高的阶段。在植物界，裸子植物占据了主导地位；中生代中期，被子植物开始出现，之后便逐渐发展，最终形成了中生代中末期被子植物占主导地位的局面。

在动物界，中生代最显著的特征是爬行动物的种类和数量快速递增，它们的活动空间也逐渐扩大，直至分布到地球表面的一切领域（包括陆地、海洋和天空）。特别是恐龙的种群极其繁盛，其物种进化极为成功，使之跃然成为当时地球上动物界的统治者。因而，中生代也被称为"爬行动物的时代"或"恐龙的时代"。在中生代白垩纪的末期，鸟类和哺乳动物开始出现。

中生代生物界的一个重要事件是，中生代末期或近末期发生的"动物大量灭绝"大灾难。在这场大灾难中，许多处在繁盛时期的动物突然遭到灭顶之灾，如恐龙、翼龙、蛇颈龙、鱼龙、中龙、菊石、箭石等全部灭绝。爬行动物中只剩下蜥蜴、蛇和鳄鱼等几个种属幸存下来。海洋中的双壳动物：如有孔虫、珊瑚、腕足动物等纲目中的一些属也都遭到绝灭。陆生植物中的本内苏铁等种属绝灭，裸子植物种类也大量衰减。

对发生这些现象的原因，学者们曾提出过许多假说，如疾病说、灾害说、种群竞争说、海退说、特化说等等。但是无论哪一种解释，都不能单一地造成白垩纪末生物大量灭绝这一严重的后果。因此一些科学家认为，生物大量灭绝可能是综合因素共同作用造成的，其中最主要的因素有陨星的撞击、大陆的升起、陆缘浅海的撤退、气候降温、大陆解体、生物生存竞争和特化等。这些因素如何造成生物的大灭绝，目前还没有更直接的证据。

（3）新生代（Cenozoic）。

新生代是地球发展史中最近的一个时期，也是延续时间最短的一个时期。它开始于距今6500万年前，一直到今天。新生代划分为第三纪和第四纪。

新生代以现代生物界的出现和形成为标志。第三纪开始时，哺乳动物在个体大小、数量种类上都迅速发展变化。由于爬行动物灭绝退场，哺乳类动物逐渐占领了地球上各种可栖居的生活环境。同时，出现了高度发展的哺乳动物——灵长类。一般认为，第三纪中新世时期出现的森林古猿和拉玛古猿可能是现代人类的祖先。在植物界，现代植物的许多科从第三纪就已经出现。

第四纪是地球史中最新的一个时期。这时全球的自然地理环境已接近现代状况，其最重要的地史特征是生物界大繁荣，现代生物圈基本形成，特别是人类出现并逐渐完成体质进化，成为地球上最高级的生物。

人类活动对自然界也产生着重要的影响，并在某种程度上越来越明显地改变着生物圈的结构，使现代生物群落和生物圈布局逐渐在人类活动的影响下，向着一定的方向发展。人类在不断有意无意地增强对自然生态产生影响的同时，逐渐认识到保护自然环境、保护生物多样性的重要性；期望着能够有效地保护各种生物与生态，努力谋求与自然界和谐相处，不断探索人类与各种生物及其自然生态平衡发展的途径。

第三节 生物体质演化与分类

一、何谓生物体质演化

从生物发展史角度，生物种群或个体在体质结构整体或局部发生形态与功能的明显变化，称为生物体质演化。

生物体质演化具有方向性，它取决于自然选择和生存竞争等因素。从哲学意义上讲，生物体质形态与功能的变化是绝对的，而不变化是相对的。一般讲，生物物种在每一时段内，都会沿着一定方向发生体质形态与功能演化。体质演化的方向性，规定着生物一段时间内的演化趋势。生物体质演化的趋势主要有：进化、退化、分化和特化。

(1) 进化。

生物的进化，也是通常所说的全面进化，是指生物体的体质结构和生理机能的复杂化、高级化，是生物体质结构由低等级向高等级演化的一种方式。例如，爬行动物进化成哺乳动物，它们的心脏由一心室演化到二心室，体温由变温演化为恒温，生殖方式由卵生演化为胎生，四肢也发育得更为灵活有力；从整体上看，它们的体质结构和机能都在向着更高级的方向演化，可以说它们体质的各个系统、各种器官及其功能都在全面进化。

(2) 退化。

与进化相反，退化是指生物体的体质结构和生理机能的简单化，是生物体由相对高等级向相对低等级方向演化的一种方式。通常将生物体总体体质结构和代谢水平的简单化称为一般退化。例如，寄生虫类中的绦虫，适应于肠内寄生，它既无运动器官和感觉器官，又无消化器官，它通过体壁吸收寄主已消化好了的营养物质以生存；虽然，这种营养形式对于它们的生存适应非常有利，但是从体质结构演化来讲，它们的体质结构、形态和生理功能等却全都退化了。

（3）分化。

分化，是指生物体在演化的时候，体质结构和功能形态既没有向更高级的方向进化，也没有向更低级的方向退化，而是由于对不同环境的适应，出现了一种向平行或横向变化的演化趋向。这种现象也称为“特异适应”。

生物的分化，与生物进化和退化的最突出差别，是生物体的体质结构和生理机能并没有向高级或低级方向演化，而是相同等级的平行变化或异样化，一般表现为生物种属由少到多的演化。分化的现象又包括趋异、趋同、辐射适应、平行演化和重复演化等形式。

（4）特化。

特化，是生物对某种生活条件特殊适应的结果。这种特殊适应使它们的体质形态或生理机能在某些局部发生明显的变异，但从整个身体的组织结构和代谢水平看，并无大的变化，这类现象被称为特化。例如，哺乳动物的前肢，在特定的生活方式影响下，有的变为鳍状，适于游泳；有的变为翼状，适于飞翔；有的变为蹄状，适于奔驰。这些发育在某些哺乳动物前肢部位的演化，都使其前肢演化为不同于普通意义上的前肢，成为生物特化类型。特化也可以说是分化的特殊类型，因为它与分化的本质类同，都没有使生物体的体质结构和生理机能产生向高级或低级方向的演化结果。

特化和退化都是适应和选择的结果，是演化的一种形式，但属于少数情况。一般认为全面进化的类型，各部分器官发育均匀，能够适应多种环境变化；而高度特化的类型往往因为不能很好地适应变化而容易导致灭亡。中生代末期爬行动物大量灭亡的原因之一就是单方面的极度特化，使之不能很好地适应生活条件的变化。

二、生物进化的机制

人类真正从科学的视角认识生物的进化机制，是从 18 世纪启蒙运动开始的。此前 200 年文艺复兴时代的科学理念和科学思想，不仅为启蒙运动的理性思考和进步理念的形成作了坚实的铺垫，也为人们对生物进化机制的认识奠定了基础。马尔萨斯（Thomas Malthus）的生存竞争理念，更为探索和认识生物进化机制引领了方向。自 18 世纪中叶开始，人类对生物和自身进化机制的认识加快了步伐。最突出的成就有二：一是达尔文用科学的方法证实了生物进化过程中自然选择的作用和机制；二是孟德尔(Gregor Mendel)用实验的方法弄清了遗传和变异的关系。这两方面的有机结合，构成了今天解释生物进化机制的综合理论。

1. 达尔文的基本认识

达尔文 1859 年在《物种起源》一书中，表述了他根据大量调查研究得出的对于生物进化机制的六条基本认识：

第一，所有物种生育子代的能力都大于食物增长速度，即生育能力大于养育能力；第二，所有物种的个体都有变异，同一物种中没有完全相同的个体，即同种个体独特；第三，由于要生存的个体多于能生存的个体，所以会有生存竞争；第四，竞争中，有适应性变异特质的个体，能得到更多的生存机会，即最适应者生存；第五，适者有更多机会通过生殖把特质传给子代，即受到自然选择；第六，在漫长的年代中，成功的变异，世代积累，导致新物种产生并实现进化。①

这一简洁有力的理论，科学地提示了生物进化中自然选择的基本原理。但是，达尔文的认识却缺少一个重要环节，即生物变异的由来不能得到满意解释，只能将变异由来的解释停留在拉马克(Lamarck)"获得性"遗传的层次上。

2. 拉马克的著名观点

拉马克 1809 年就在《动物哲学》一书中阐明了他的著名观点。他认为，生物普遍具有增加结构复杂的倾向；生物机体中经常使用的部分逐步向发达的方向变化，而不经常使用的部分则会逐步向退化的方向变化，这些变化能够通过遗传而延续下来。这就是著名的"用进废退"理论，亦即"需求产生器官"的理论。

后来，科学家们为了证明这个理论的正确性，曾用多种方法进行实验研究，比如，用剪刀切去老鼠的尾巴，观察其后代是否秃尾；用犹太男人环切包皮的方法，观察其子代是否无包皮；还调查旧中国妇女裹脚对后代的遗传影响等。通过大量试验和观察研究，证明生物种质具有连结性，获得性状不遗传。② 这就使得人们对拉马克的理论产生怀疑，并期待着用更加科学的理论来解释生物体质结构变异和生物遗传现象及其规律等问题。

---

① 参见庄孔韶等：《人类学通论》，山西教育出版社 2003 年版，第 81 页。

② 参见汪子春等：《世界生物学史》，吉林教育出版社 1997 年版，第 289—291 页。

3. 孟德尔的实验成果

稍后,孟德尔的实验取得突破性进展。他著名的"豌豆杂交"实验,揭示出生物的变异来自遗传。孟德尔研究证明,遗传中控制个体性状的基因不破不碎,各行其道。

他经过十年的科学实验和统计观察,得出三个重要结论:

第一,遗传因子的显性与隐性的比例关系有一定规律,杂种的子一代产生亲代性状的比例为 3∶1;而其基因型的杂合与纯合间的比例则是 1∶2∶1。据此,孟德尔得出了控制特质与基因分离与重组的分离律和独立分配律。

第二,控制一个特质的基因分布(等位基因),可用分离律(principle of segregation)来表述。产生配子时,每个基因独立复制自身,并分别参与遗传重组。这一规律适用于单基因控制的特质(目前已知人类机体有 4 000 多个特质受单基因控制)。

第三,控制一个特质的等位基因在分离或重组时不影响控制其他特质的等位基因的分离和重组,这一现象称为"独立分配律"(principle of independent assortment),它适用于不同单基因特质的对比研究。

孟德尔的实验表明,生物的变异来自遗传。他通过大量统计和观察研究所得到的这项成果,被誉为现代遗传学的基石。20 世纪开始,学者们将进化论和遗传学整合成一体,称为综合进化论。

综合进化论认为,生物进化包括两个基本阶段或过程:一是变异,即不同个体得到不同的遗传材料,形成不同的表现型;二是选择,即不同个体在繁育时表现出差别。

变异,是一种发生在同种个体之间的体质差异。例如,子女像父母是普遍现象,但只是"像",而绝不会和父母完全相同;他们之间的不像之处即所谓"变异"。变异,是一切生物普遍具有的共同特性。在演化过程中,只有能够遗传的变异才对新种形成有意义。这是一种以遗传为基础的变异,即基因和染色体的变异。这种变异只有产生在繁殖细胞中,才能遗传给下一代。

4. 遗传变异的多样性

遗传、变异形成和产生的原因呈现出多样性,主要有以下几种情况:

(1) 基因重组(Recombination)。

基因重组,主要有两种情形。一种是"种质细胞"生成时,遗传物质发生的重新组合；另一种是两性基因通过“减数分裂”后又重新构建成受精卵细胞时的重新组合。其特点是物种没有增加新基因而出现了变异。基因重组，常见于有性生殖的生物。在由亲代产生配子以及由雌雄配子合成子代的过程中，遗传基因是自由组合的，假如两个亲体提供的繁殖细胞都是包括20对不同基因的生物体，那么子代的基型数可能为4^{20}，即4的20次方，是一个19位的天文数字。倘若把这个巨大的数字形象地比作一副扑克牌，那么基因重组的过程，就如同洗牌的过程，虽然洗牌前后的扑克牌总张数没有变化，但人们每次抓到的牌型都有所不同。科学家估算人类遗传物质这付牌有10万多张，它的可能组合就近乎于无限多，因而遗传物质重组后产生的人的个体(除同卵双生子外)很难是相同的。

(2) 基因突变(Gene mutation)。

遗传的最基本单位是基因，它能够按照特有的遗传密码进行自我复制。在基因自我复制过程中，常常发生意外错误，如基因内核苷酸缺失、嵌入、置换或倒位等情况，这就可能使遗传信息发生改变，并引起生物基因型及生物整体或部分性状发生变化，这种情况称为基因突变。在生物界中，发生基因突变是很普遍的现象。导致基因突变的原因主要有两种，一种是内在的自发因素引起的基因突变；另一种是由于某些外部条件刺激而诱发引起的基因突变，如物理的或化学的：颜料、食品添加剂中的某些物质、X射线、紫外线或其他放射性辐射等，也可能是外部条件或环境如温度、干湿度、日照、阴暗、饥饿等因素对遗传信息储存和复制的干扰等。基因突变，能增加生物种群基因库中的遗传物质。

(3) 基因迁移(Gene migration)。

基因迁移，是指共同基因库人群的成员发生部分转移或迁入，引起该群体中遗传物质的增加或减少，并改变该群体基因库组成的现象。比如，当一些新的个体迁入新群体或原群体中部分个体转离出去的时候，群体的遗传物质有时会因此产生相应的变化，使基因库构成也随之改变。基因迁移给生物的进化与选择提供了机会。携带特殊遗传物质的个体进入新群体时，常常面临几种选择。一种可能是，这些个体所携带的与新群体不同的某些特征，在适应新环境的同时，通过选择的作用而遗传下去；另一种可能是，新迁入个体中一些有利于新群体的基因在选择作用下，成为新基因库的有效遗传物质，并在新群体中遗传到后代中去，而不利于新群体的基因则在选择中被淘汰掉。还有一种可能是，当迁入的个体数量较大时，不只是有利基因被保留下来,一些不是非常有害或者是中性的基因,也能被群体所接受并长期保留下去。

(4) 基因漂变(Genetic drift)。

基因漂变,实际上是基因迁移的一种特殊情况。它指种群基因库中的遗传物质,由于一些偶然事件或小幅度的往复变化而引起的基因库内容的小变动,导致了种群基因库结构的变化。产生基因漂变的原因多样,一种原因是种群规模较小,偶然事件产生的遗传物质小变动可以影响整个种群基因库的内容组成;如,黑眼种群中,少有的蓝眼个体偶然从种群中消失,该种群就失去了该种基因;再如,一些新种群的许多成员携带特定基因加入到另一个种群,可以造成该种群基因库结构发生明显变化。另一种原因是,种群交配的流动范围经常在一定区域内变化,相邻种群间经常交流往来,使原来的种群基因库内容经常发生小幅度"漂浮"变化,但基因库主体结构却不发生根本改变。

遗传变异的多样性,为自然选择提供了无限空间和物质基础。变异发生在代际,选择的单位是个体,而进化的单位是物种。变异没有方向性,选择和进化则是按环境条件适应所规定和要求的方向有序进行。有时环境所规定的方向经常变化,使生物进化的方向不断改变,甚至使一些种群走上了绝路(如恐龙这样称霸一时的生物群也没有逃脱厄运)。英国学者长期观察曼彻斯特附近桦树林中的黑白两色胡椒蛾的比例,发现它们的种群变化与环境变化有密切的关系。

但是,我们应该认识到,生物群体中的基因库改变是一个长期的过程,每一代中的变化通常是极其微弱的,变化的速度也是极其缓慢的。然而,如果在一段较长的时间里,环境条件所规定的适应要求和变化方向,有节奏地按一定速度沿着一个相对稳定的方向递变;那么,生物群落中的遗传物质,就便于沿着同一个方向积累,生物物种的变异、选择和进化,都会随时间的推移形成越来越显著的结果。

5. 自然选择

达尔文最先明确地在生物学领域提出和使用"自然选择"的概念。达尔文所说的"自然选择",是指生物在其生活环境中能够适应者被保留,不能适应者被淘汰的过程,其采用"自然选择"这个名词的用意是为了区别于人工选择。实际上,自然界不可能有意识地直接进行"选择",但它的确能通过各种环境因素的作用,来制约和改变生物体的某些结构,起着适者生存的"选择”的作用。

达尔文在解释自然选择时，将沃拉斯顿(Wollaston)在马德拉群岛上研究甲虫的资料作为例证：沃拉斯顿先生发现栖居在马德拉群岛的550种甲虫，有200种因无翅而不能飞翔。……(它们)在海风暴起时能够很好地隐蔽，直到风平浪静时才出来，必须飞翔的大群甲虫，在马德拉几乎未见踪影，而在其他地方却数量很多。[①] 沃拉斯顿认为这就是自然选择的结果。他推测，原来这个群岛上的甲虫都是会飞的，后来有些甲虫由于翅膀发育稍差或习性怠惰很少飞翔，经若干世代翅膀便发生退化，以致慢慢丧失了飞翔能力；恰在这一过程中，马德拉群岛频频遭受强烈的海风侵袭，每当海风暴起，不能飞翔的甲虫能够很好地隐蔽，直到风过了后才出来，而在空中飞翔的甲虫则常常被风吹到海里葬身碧波。这样一来，前者获得了最好的生存机会而保留下来，并不断繁衍后代，后者则不断地被海风暴所淘汰；只有那些翅膀非常强壮，能够抵抗风暴的类型，才能保留下来。这生动地体现出自然选择的力量。

这个实例可以说明三点：

第一，自然选择是一种使那些能适应环境条件的生物得以繁衍，不能适应者被淘汰的过程。如不会飞的甲虫善于躲避风暴，而具强大翅膀的甲虫却能够抵御风暴，能适应群岛上的自然环境，故能获得生存和发展；另一些能够飞翔的甲虫由于不能适应风暴的袭击而被淘汰。

第二，自然选择是通过生物与其生活环境的适应而实现的。生活环境包括生活场所中各种影响生物生存的因素，如物理因素(气温、光照、温度、雨量、风力等)，化学因素(水体中的含盐度、酸碱度、营养物质的化学成分等)，还有生物因素(如同一环境中各种生物相互依存、敌对、竞争等)，这些因素还可能诱发基因突变。自然选择往往通过生物与多种环境因子的抗争来实现，达尔文称这种抗争为“生存斗争”。

第三，自然选择的特点主要是保留一切对生物生存有利的性状，使有利于生存的变异得以积累而巩固下来。马德拉群岛上甲虫的实例进一步说明，自然选择不仅表现为单纯地选择或淘汰有利或不利于生物生存的变异，而且能够加强和积累有利的变异，使之朝着一定的方向发展。

自然选择是一个长期缓慢的连续过程，通过它的长期作用，使有利的

① 〔英〕查尔斯·达尔文：《物种起源》，舒德干等译，北京大学出版社2005年版，第82—83页。

性状持续保留，并形成生物多样化和适应现象。所谓适应现象，是指生物在形态构造和生理机能各方面与其生活环境相适合的现象。例如，鱼类一般形如梭状，具鳍，用鳃呼吸，有鳔等等，都是对于水中游泳生活的适应；鸟类前肢变成翼，骨骼中空，体披羽毛等等，都是对于空中飞翔生活的适应。因此，适应是一种普遍存在的现象。但是，适应又是相对的和暂时的，因为当外部环境发生改变的时候，原来的适应就失去了意义，而需要产生新的适应。

近年来，群体遗传学的研究，对自然选择的含义有所修正。

首先，自然选择不是对个体而是对居群发挥作用。生活在同一场所的同一物种的许多个体被统称为居群。在一个居群里，具有不同变异的个体，有不同的生存能力和适应能力。在生存斗争中，有的个体适应能力强、生殖率高，传留后代的机会就多；有的个体适应能力弱，生殖率较低，数目逐渐减少，以致消失。常此已久，导致居群的结构发生改变，并逐渐形成适应新环境的新居群。因此，自然选择是居群一级的选择，其居群内的生存竞争主要是繁殖竞争。

其次，自然选择有多种作用，除了淘汰不利变异，积累有利变异外，它还保留和积累中性变异甚至不利基因的表现型个体，使之在居群中处于某种平衡的状态。因此，自然选择的结果，并不是只留下有利变异的个体，而往往是保留了居群中的多态现象。

三、地球上生物的数量和分类

人是地球生物界的一员。地球上究竟有多少种生物，人类还不能完全讲清楚。为了研究人类在自然界中的位置，我们还需要有一些生物分类知识。下面先简单叙述地球生物数量和分类等相关内容。

（一）生物分类

认识生物，进行生物的鉴别、研究、交流，首先要对生物进行命名和描述，归纳各种生物的特征，将它们划分为一定的类别，这就是生物分类。

人类很早就开始对身边的生物进行分类。古人们为了生存而努力辨别哪些植物或动物可食，哪些不可食。最早将生物分类作为一门学问来研究的人，是古希腊学者柏拉图（公元前 427—前 347），他以两种对立或明显不同的特征为依据，用“两分法”分类生物，如水生—陆生、有翅—无翅，有毒—无毒等。后来，古希腊科学家亚里士多德提出了按生物特征综合分类的主张，并最先提出生物分类的两个基本等级：属(genus)和种(species)的概念，即“种”代表的生物类型，关系相近的若干“种”组成一个“属”。

在中国，春秋战国时期成书的《考工记》将动物概括为大兽和小虫两大类，大兽分脂、膏、臝、羽、鳞五类，后来演化成羽、毛、鳞、介、臝的“五虫”。其中羽虫指长羽毛的鸟类，毛虫指长毛走兽，鳞虫指鱼，介虫指龟鳖类，臝虫指无羽无毛的人类。秦汉时期，《尔雅》出现，编撰者用草、木、虫、鱼、鸟、兽、畜等七个门类来概括整个动植物界。三国时期，陆机注释《诗经》时直接用《毛诗草木鸟兽虫鱼疏》作为书名。明代，李时珍把动物药品分为虫、鳞、介、禽、兽、人等，基本上承袭了《考工记》的模式，但在动物排列次序上，却表现出由低级到高级的发展顺序。

16世纪地理大发现之后，西方世界的生物分类学开始进入新的发展阶段，出现了“人为分类法”和“自然分类法”两种分类原则；前者认为物种是不连续的，可用人为标准来分类；后者认为物种是连续性的，应依据物种亲缘关系进行分类。进入十八世纪后，瑞典科学家林耐(Carl Linnaeus，1709—1778)成为18世纪生物分类学的集大成者。他的《自然系统》(*System Nature*)1735年出版，随即成为世界公认的生物分类学经典，它奠定了现代生物分类学的基本体系，林耐也因之被称为现代生物分类学的创始人。

林耐把大自然分为矿物界、植物界和动物界三界。并将相似的植物或动物归并成种，相似的种归并成属，相似的属归并成目，相似的目归并成纲，于是形成界→门→纲→目→属→种……的分类系统。这一系统既考虑到生物基本属性的差别，也考虑到彼此的亲缘关系，还注意到层次关系，被认为是最精确、严谨、方便、实用的动植物分类系统。按照林奈生物分类的基本原理，地球上任何一种已知动、植物都可以毫无例外地在这个系统中找到固定的位置。

表2-2可以清楚地看出雉鸡和家犬两种动物在生物分类体系中的位置，以及它们之间的异同关系，在亚门以上家犬与雉鸡的隶属关系是相同的，而在纲以下的分类位置就完全不同了，雉鸡是鸟类动物，家犬是哺乳类动物，它们分属于两个纲，其彼此间的生物学基本特征有很大差别。

表 2-2 雉鸡和家犬在生物分类系统中的位置

	雉鸡的位置	家犬的位置
界	动物界(Animalia)	
门	脊索动物门(Chordata)	
亚门	脊椎动物亚门(Vertebrata)	
纲	鸟纲(Aves)	哺乳纲(Mammalia)
目	鸡形目(Galliformes)	食肉目(Carnivora)
科	雉科(Phasianidae)	犬科(Canidae)
属	雉属(Phasianus)	犬属(Canis)
种	雉(Colchicus)	家犬(Canis familiaris)

尽管如此,这种分类方法在确定生物间的亲缘关系上,仍然存在很大的局限性。近年来,随分子生物学的发展,生物分类学提高到了一个新的水平。人类可以从DNA的层面认识物种间的关系,也可以根据不同生物的某些大分子结构上的分异程度,来确定它们的亲缘关系。例如,在生物细胞色素C的化学结构上,人与猴子只有一处差别,人和鸡的差别却有11处,而人和酵母菌的差别要有44处。这些现代的、基因的、分子生物学的技术广泛地应用到生物分类领域,推动生物分类体系越来越细化,越来越科学,越来越深刻、明确、合理,也必将引领生物分类学走向新的时代。

(二) 地球上生物物种的数量

地球上的生物物种究竟有多少,我们目前还难以知道确切数目。生物学家保守地估计,地球上的生物物种至少在500万种以上。有的学者甚至认为地球上的物种要多达3000万种。

然而,直至今日,被人类认识和定名的生物物种仅仅有150万种左右。其中动物约100万种,植物约50余万种。换句话说,人类目前所认识的生物物种只是地球上全部生物物种的小部分,或说是很小一部分。未被人类所认识的物种占据着大部分,它们大多生存于热带雨林中,这些未知物种亟待人类去认识、研究和保护。但是由于人类活动造成的水土流失和自然环境破坏,使原来天然完好的热带雨林,正以大约每年800万公顷的速度逐年减少,相当于每年损毁掉现有热带雨林面积的百分之一。这样,在热带雨林中,每年不知有多少生物物种还来不及被人类所认识和研究,就因环境破坏而面临灭顶之灾了。这不仅对那些生物物种是不幸的灾难,对人类生活环境也产生极大的冲击,对生物资源和自然环境的平衡更形成巨大的威胁,人类对此应予高度重视。

第四节 人类在自然界中的位置

在浩瀚的宇宙中，银河系和太阳系是很小的部分，地球作为太阳系中一颗普通的行星无疑是更渺小的一部分。人类就起源和生存在这样一个普通的小星球—地球上。对于人类而言，地球和它所构成的自然环境是一个庞大的体系。地球上周而复始、瞬息万变的地质循环、大气循环、水分循环和生物循环以及光热循环等，致使地球整体和各个局部每时每刻都在发生着或强烈而迅速或微秒而缓慢的物质与能量的交换，人类生存其间，无法摆脱地球自然界的束缚。这里我们从地球的生物和时空两个系统来讨论人类在地球自然界中的位置。

一、人类在地球生物系统中的位置

林耐把地球自然界分为植物界、动物界和矿物界三个部分。实际上，植物和动物都归属于地球的生物系统。人类与其他生命一样，都是地球生物系统中的一个物种。地球生物系统，又是一个庞大的系统，其间有几百万甚至几千万个物种。在人类已认知的约 150 万个物种中，人类在生物自然分类体系中的位置已十分清楚。下表可以清楚地反映出现代人在生物系统中的具体位置和逻辑关系(参见表 2-3)。

表 2-3 现代人在地球生物系统中的位置

	生物系统		
界	动物界	植物界	
门	脊索动物门		
亚门	脊椎动物亚门		
纲	哺乳纲		
目	灵长目		
亚目	人形亚目		
超科	类人超科		
科	人科		
属	人属		
种	智人种		
	现代智人种		

现代人，即生物学上的现代智人种。它是地球生物系统中进化最成功的顶级物种。虽然人类从一般低等动物进化而来，但却不同于一般动物。因为人类不仅具有一般动物所具有的基本生物属性，还具有一般动物所不具有的文化属性，如音节语言和制造工具等文化行为。在起源上，人类与高等灵长类动物是近亲。在体质结构上，人类与禽兽没有本质上的区别，唯有程度上的差别。人类身体上的特质，动物身上多少都有，尤其哺乳类动物更是如此。科学研究证明，猿类动物与现代人类的体质差别最小，黑猩猩和大猩猩的蛋白质结构以及DNA顺序甚至有98%—99%与人类相同。人类也不是唯一双足行走动物，鸟类中的企鹅等也是双足行走的动物。在能力上，人类能做的动作其他动物多少也能做，包括人类的卫生行为，居住行为和简单的社会组织行为及其他生活行为等都如此。

但人类在体质结构上、行为能力上，以及手脚分工配合上所达到的完善程度，却是地球上任何动物所望尘莫及的。目前所知，人类是哺乳动物中唯一能直立行走的动物。直立行走不仅要拥有适应直立行走骨架系统，还要有与之相匹配的神经结构。现代人类的双手极其灵活，能够创造性地完成复杂的劳动和高难度的技术或艺术动作，一般动物难以做到。人类，不仅有严密的社会组织，还有丰富的文化，这些高智商的活动其他动物难以效仿。人类的建筑和食物行为，也早已超越一般动物仅为生存而进行的低层次的简单筑巢和果腹，而是围绕这些行为，创造出多种多样、丰富多彩、更适于人类发展的居住文化和饮食文化。在社会方面，人类的婚姻，居住方式，亲属关系，长幼态度及两性行为规范等，都上升到由大脑意念所支配的理性层面，是其他任何动物所不及的。人类的语言能力更堪称独到。虽然，许多动物都有用声音符号进行交流的能力。黑猩猩甚至在使用信号语言能力上让人惊叹，但与人类相比，它们使用语言和驾驭语言的能力大为逊色。人类所创造的语言符号和用语言交流的能力，达到了至高的境地。

这一切使人类这一物种在动物界崛然突起，成为地球上的顶级生物。人类对生物界的发展产生着越来越重要的影响。人类的活动在某种程度上规定和影响着地球生态系统的发展方向。人类应该对地球的生态环境和自然界平衡负有不可推脱的重要责任。

图 2-3 按系统发生学原理，自下而上揭示出动物进化等级由低向高，生物结构属性由简单向复杂，生物的综合生存能力和体质功能越来越强的生物区位对比；人类不仅在生物属性方面囊括了地球动物界所有动物的基本

功能和基本特征，还表现出明显的文化功能和特征；同时，从图表的静态位置关系上，可以看出人类所处的生物顶级地位及其与其他动物在起源、形态和机能等方面的存在的差别和联系。

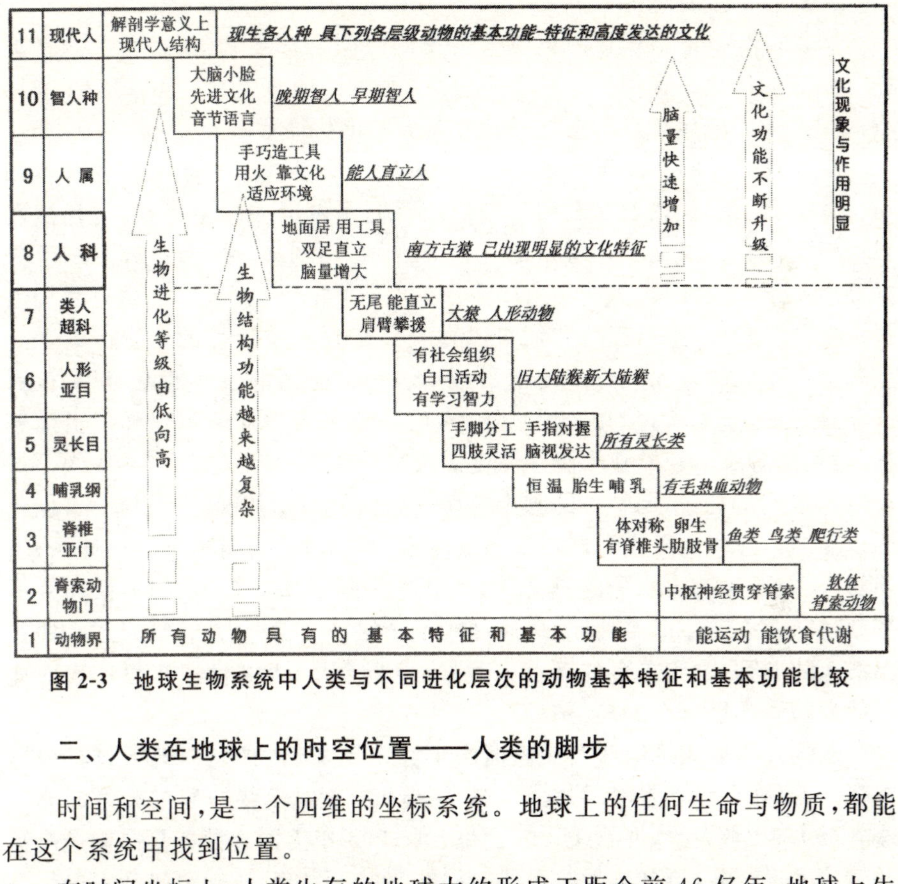

图 2-3　地球生物系统中人类与不同进化层次的动物基本特征和基本功能比较

二、人类在地球上的时空位置——人类的脚步

时间和空间，是一个四维的坐标系统。地球上的任何生命与物质，都能在这个系统中找到位置。

在时间坐标上，人类生存的地球大约形成于距今前 46 亿年，地球上生命约在距今前 38 亿年出现，此后便开始了生命演化—进化的漫长历史。

然而，在地球生命史中，最为壮观，最为精彩的生物发展时期是从距今前大约 6 亿年开始的。这时，确切的多细胞动物出现在地球上，并正式拉开了地球生物—动物“大爆发”演进的帷幕。在这短短的几亿年里，生物体结构由简单到复杂，生物种类由少到多，生命形式由低等到高等不断演进。动物界经历了低等软体动物—无脊椎类—鱼类—两栖类—爬行类—哺乳类等不同的发展时期后，终于在距今前 7000 万年前后，灵长类进化出现，并在距今前3000万—4000万年的时候进一步进化为高等灵长类动物，为人类的出现奠下了物种基础。此后，直至距今前1000万年前后，进入人类起源的重要时期，并在距今500万—600万年之际，确切而真实的“人科”进化出现，迎来人类史的曙光。

如果以“人科”出现作为地球人类史的时间坐标发端，那么真正意义上的“能人”大约出现在距今300万年前后，而后面的直立人、早期智人、晚期智人和今天的现代智人都在续写着人类史的不朽篇章。

在地理空间的三维坐标系里，地球陆地表面是人类栖居生存的基本场所。人类自出现就在地球表面广阔而相互联系着的大陆上生存，并伴随着自身体质进化不停地变化着自己生存的区域。我们知道，当一部分高等灵长类经过艰辛跋涉，进入非洲大陆东部的时候，东部非洲就成了孕育早期人类的摇篮。根据考古资料，我们可以在人类生存地域迁徙的历史图卷上大体勾勒出不同阶段人类分布的范围：能人，一直生活的东非的原野中，没有离开过非洲；直立人，除在非洲生活外，已经分批开始向非洲以外的大陆迁徙，他们的脚步已在欧亚大陆中纬度的大部分地域、南亚地区和某些太平洋岛屿等留下足迹；早期智人的脚步则比直立人的活动范围进一步扩大，但仍然以非洲大陆和欧亚大陆区域及周围岛屿为主，基本没有离开这些区域；晚期智人，由于生产力水平的提高，人类分布范围更加扩大，他们不仅克服严寒到达欧亚大陆高纬度地区，也通过白令海峡登上美洲大陆，更跨越重洋在澳洲大陆、新西兰和更多的岛屿上落根；直至今日，人类已遍布地球表面所有的大陆和几乎所有的岛屿。

现代人并不满足地球大陆表面的生存范围，正在计划向地下，向海洋，向高空，向外空和外空星球进发。从1783年，法国孟特格菲尔兄弟的热气球升至1830米高空，并飘飞1.6公里，到1903年美国的莱特兄弟制造出第一架动力飞行器，再到各种航空器的相继问世，人类的活动空间已不仅仅是大陆表面，而是可以离开陆地表面，在地球表面的高空飞来飞去。但这样的飞行还没有摆脱地球的物质世界—大气圈层。人类时时梦想着跨越地球的物质世界，向更高更远的宇宙太空进军。20世纪初，俄国科学家康斯坦丁·奇奥尔科夫斯基就预言：地球是人类的摇篮，但人类不可能永远被束缚在摇篮里。

为此，苏联和美国争相斥巨资研发。1957年10月4日，前苏联第一颗人造卫星上天，拉开了人类航天时代的序幕。1961年4月12日，前苏联宇航员加加林乘“东方号”飞船环绕地球飞行一圈，历时近两小时，成为跨出地球进入太空的第一个地球人。

月球，是距离地球最近的天体（约 38 万公里），人类登月的梦想由来已久。1969 年 7 月 20 日，当美国宇航员尼尔·阿姆斯特朗踏上月球表面的时候，人类的足迹第一次留在了地球“摇篮”外的另一个星球上（参见图 2-4）。正如阿姆斯特朗所言：这一步，对于一个人来讲只是一小步，但对整个人类却是一次飞跃。

图 2-4 人类登上月球图

1971 年 4 月，苏联又将人类第一个宇宙空间站——“礼炮 1 号”发射到距地表 200 公里的太空轨道。随之，“和平号”、美国的“自由号”和欧洲的“哥伦布号”等更先进的空间站相继发射成功，将人类停留太空活动的时间延长到数周，数月，甚至数年。这些壮举昭示出，人类完全有能力实现从一个星球向另一个星球的迁移。人类所做的一切都是为了人类能够在太空中找到长期居留的场所（参见图 2-5）。

图 2-5 美国登月计划中 2050 年后——月球上采矿基地幻想图

然而,人类的脚步并没有走出多远,或者说还没有离开地球这颗行星的范围。但值得骄傲的是,地球生灵的创造物和他们的科技文明触角却伸向了太阳—恒星系的边缘或太空更远的地方。

1967年6月和1970年8月,苏联两次将人类研制的探测器成功着陆金星,使人类第一次知道金星表面温度是447摄氏度,气压是900个大气压,并清楚得知金星是一个高温—高压—高毒性的可怕的地方。然而,地球生灵的"产品"却籍此永久地留在了这颗遥远的星球上。

随即,探索火星成为人类的新希望。1971年5月28日苏联的"火星"3号率先着陆火星。1975年8—9月美国的"海盗"1、2号也成功相继着陆。此后,"火星全球勘探者"、"火星探路者""2001火星奥德赛"、"火星漫游者"和"火星勘测轨道飞行器"等都先后光顾火星。但是,对人类认知火星贡献最大的是美国1996年11月成功发射的"火星全球勘探者"探测器,它显示出火星两极存在大量的冰,甚至可能有液态水,这预示着火星生命的存在,其与1984年地球人在地球南极火星陨石(ALH84001)中发现微生物化石遥相印证。目前,仍在火星上工作的有美国的三个火星探测器,两辆火星车和正在飞往火星的"凤凰"号着陆器。美国宇航局计划2014年前取回火星岩石和土壤标本,2020年为载人登陆火星做准备,2030年实现载人登陆火星。火星对于地球人类而言,实在是太远了,从地球到火星,一去一回至少需要两年。

除此,人类对整个太阳系的探索也留下了清晰的物证。最令人瞩目的是1972年3月3日美国发射的先驱者10号宇宙探测器。它11个小时便飞过了月球,3个月后飞过了火星;1973年12月5日,这颗质量为270千克的探测器飞行了21个月,行程10亿公里,风尘仆仆地来到木星上空;之后,被木星的巨大引力而加速,更快地向太阳系外缘飞驰;1979年它第一个飞临土星后,又于1983年飞越冥王星轨道,并继续向深邃的宇宙飞奔。先驱者10号还携带了一块专门制作的特殊金属板,金属板上刻有太阳和行星的分布,地球的位置和地球人类—男人和女人的裸体图像。这是为飞船一旦离开太阳系后,万一遇上外星生物而特意准备的,表明人类企盼着与星外高等生物联系。据研究,"先驱者"10号将以每小时4万公里的速度驶向另一个恒星系统—金牛座的恒星"毕宿五"。"毕宿五"距地球68光年,要到达那里,先驱者10号还需要飞行200万年。

让人类兴奋的宇宙探测器还有"旅行者"1号。这颗太空探测器重815

千克，于 1977 年 9 月 5 日升空。它携带了一个 12 英寸厚，表面镀金的铜质磁碟，里面录有 55 种人类语言的问候语和各类音乐。其用意是让外星生命偶然发现这个人造工艺时，能收到来自地球人的问候。这些语言包括古代美索不达米亚人使用的阿卡得语等非常冷僻的语言。其中英语翻译成汉语是："行星地球的孩子（向你们）问好"。前任联合国秘书长瓦尔德海姆的声音也录在了磁盘上面。磁盘上美国前总统卡特的书面问候内容是："这是一份来自一个遥远的小小世界的礼物。上面记载着我们的声音、我们的科学、我们的影像、我们的音乐、我们的思想和感情。我们正努力生活过我们的时代，进入你们的时代"。磁盘上录制的 90 分钟音频包括雷声、海浪撞击声、鸟鸣等地球自然界的各种声音，以及地球人类的 27 首世界名曲，其中有中国京剧和古曲《高山流水》，有莫扎特的《魔笛》和日本的尺八（一种 5 孔竹笛）曲等。磁盘上还有 115 幅影像，包括太阳系各行星的图片，人类的性器官图像及说明等。至 2007 年 3 月 9 日"旅行者"1 号已距太阳 101 个天文单位（1 天文单位等于 1 个日地距离）并超过了所有其他宇宙探测器，进入到太阳系最外层边界。目前，它已在茫茫太空中飞行了 34 年并仍定时向地球人类发回微弱的信息，如果不出现意外的话，它最终将克服太阳引力场，成为第一艘逃离太阳系的宇宙飞船。随之不久，它的同伴"旅行者"2 号，"先驱者"10 号、11 号，"新视野"号等也将逐次飞越太阳系，奔向另外的星系，构成一幅壮观的地球人类科技文明漫游宇宙太空的宏伟图景，地球生灵所创造的文明伟业将永志寰宇，永存太空。

第三章

人类的起源与发展

人类是如何起源，又是怎样发展进化成今天的样子的，这是一个非常复杂，又是学界长期争论和分歧很大的科学问题。近代以来，在科学家的不懈努力下，人类基本上摆脱了神教思想的束缚，并在证明生物进化论同时，相对清晰而完整地认识了自身起源、发展的基本过程。

然而，认识理解和学习讨论人类起源、发展的基本过程，我们首先要把视线向前推移，到人类这一物种还没有出现的遥远时代。

下面先简要回顾一下地球和地球生物界的发展历史。

我们知道，地球约有46亿年历史。大约在太古代初期（约35亿—38亿年前），最早的生命体——原核细胞出现。之后，原核细胞经过漫长的进化演进历程，在元古代中—晚期（约6亿—15亿年前），原始藻类、菌类和软体动物（腕足类）及无脊椎动物竞相出现并步入繁荣。在古生代约4亿年的时间里（2.25亿—6亿年前），软体动物及无脊椎动物逐步渡过鼎盛阶段，开始慢慢走向衰落，而昆虫类和爬行动物则进化生成并渐渐兴起；至中生代约1.6亿年时间里（6500万—2.25亿年前），爬行动物的体质进化日趋成熟，不同种群频频面世，成为这一时期地球生物界的霸主，并与始祖鸟、裸子植物等一道逐渐步入繁盛期后，亦然走向衰退。与此同时，哺乳类动物悄然出现，其中灵长类物种开始进化出现，大约在新生代之初（6500万年前开始），灵长动物得以较快发展和进化，地球生物界也开始进入到人类起源的时期。

在新生代第三纪时期（大约在700万—6500万年前）里，灵长类动物完成了由低级向高级的进化，高级灵长类的一种开始向真正的人类进化。据目前掌握的资料，地球上真正意义上的“人”，就出现在距今350万—700万年前这段时间里。此后，伴随体质进化的脚步，人类在地球上演出了由物种起源、生息繁衍、迁徙扩散、进化演进、争斗和发展，直至成为地球主人和地球生物界顶级动物等，一幕幕精彩的剧目。在物种的繁衍进化中，人类的发展不仅仅是体质或物质层面的进化，更包含着人类独有的精神、文化、社会发展的丰富内涵。

在地球史和地球生命发展史的宏观场景中，审视人类的起源和演进历史，我们不难体会出人类历史的时间跨度极其短暂，短暂得几乎就是一个瞬间。吴汝康先生曾作过这样一个有趣的比喻，他将全部地球史比作一天，那么1分钟就近乎300万年，1秒钟即近乎5万年；如果午夜0:00时是地球形成，那么凌晨5:45时是生命起源；接下来：在晚上21:02时脊椎动物的起源，22:45时哺乳动物起源，午夜23:37时灵长类动物起源，大约午夜23:56时人科动物起源，23:58时南方古猿起源，23:59′20″时能人起源，23:59′24″时直立人起源，在临近全天结束的前5秒，即午夜23:59′55″时，早期智人出现，而在这一天的最后1秒钟，现代智人，也就是解剖学意义上和我们一样的“人”才匆匆来到这个世界。可见，我们人类的历史在地球史上只是如此短暂的一瞬间。

但是，就在这短暂的一瞬间，由于人类的出现和发展，地球进入到一个辉煌的时代；也是在这短暂的一瞬间，由于人类的存在和发展，地球的生物界和自然界开始发生着意想不到的时代变迁。那么，人类是如何产生的，人类的身体为什么是这种样子……我们要从灵长类的出现谈起。

第一节　灵长类的起源、分类与体质进化

一、灵长类动物的起源

灵长类动物，是哺乳类动物的成员。学术界认为，灵长类动物的某些特征在中生代就已开始形成。最早的灵长类动物出现于中生代白垩纪之末。当时某些在灌木丛中以捕食昆虫为生的小型哺乳动物，可能由于食性的改变，使之不仅捕食昆虫，也在昆虫不足，或冬季，或因某种缘故不便以昆虫为食时，开始更多地采摘野果和其他植物性食物充饥，这就使它们的生态和生理结构发生变化，并逐渐演化为原始的灵长类动物。后来，它们对这种生态环境和生存方式不断适应，使之前肢的抓握功能、双眼的视觉、前肢和眼睛

的协调动作能力等体质特征逐渐形成，并向真正意义上的灵长类动物进化。

地球上已知最早的灵长类动物发现在美洲。1965年，在美国蒙大拿州中生代白垩纪晚期地层中，发现了一颗具有某些灵长类特征的右下颌臼齿化石，被命名为“珀加托里猴”，时代大约在距今7000万—7500万年前。

2002年在美国怀俄明州的拉克斯·福克盆地内，距今约5600万年前的地层里又发现了一具与“珀加托里猴”相似的小型哺乳类动物化石。研究者将这具化石命名为“卡普莱斯茨”。它的体重大约在100克，长约35厘米，下身长着一条粗长的尾巴，其牙齿形态与后来的灵长类动物牙齿非常相似。但“卡普莱斯茨”的两只眼睛位于头的两侧，其骨骼结构显示出它并不具备后来灵长类动物的那种跳跃能力，因而有学者推测它可能是一种过渡时期的灵长类动物。[①]

从出土化石看，原始灵长类动物最初仅生活在今天的北美洲和欧洲。当时，虽然联合古陆已经开始分裂成几大陆块，但北美大陆和欧洲大陆的一些部分仍然连在一起，或保持者陆桥联系。在这个区域的地层中发现了最早的和大量的早期灵长类骨骼化石。它们不仅数量可观，而且种类繁多。这些化石大体可分为四个科，即：更猴科、腕猴科、平猴科和苦齿猴科等。

化石研究表明，早期灵长类动物体型通常很小，体质特征与后来演化成熟的灵长类动物差异显著。例如，更猴体小如猫，其形态更像啮齿类，具有很大的中门齿，缺少犬齿，而前臼齿略多；它们的吻部也偏长，脑量极小，眼眶朝向两侧，趾端有爪，仅在臼齿的细部特征，以及肢骨所反映出来的树栖适应性等方面，表现出它们可能是灵长类动物。

大约到距今6000万年前，体态演化成熟的低等灵长类动物开始在地球上出现。它们仍然主要分布在美洲和欧洲。但此时由于地壳板块运动张力加剧，欧洲和北美两大陆块逐渐分离。这些原来可以自由往返于两个大陆间的低等灵长类动物群落，也开始被分离的大陆隔离开来，并开始沿着不同方向进化和呈现出分化的趋势。

在距今大约5000万年（始新世中晚期）前后，地壳板块（漂移）运动，推动欧洲大陆的南端不断向非洲大陆的北端靠拢，并逐渐可以依托一些岛屿

---

① 参见朱泓：《体质人类学》，高等教育出版社2004年版，第190页。

和山脉狭地等与之连接起来。这样一来，原来生活在欧洲大陆的低等灵长类动物中的一部分，便开始自然不自然地向非洲那些森林茂密和瓜果充盈的神秘领域迁徙。这是灵长类动物第一次走进非洲，它们发现了非洲大陆这片充满生机的热土，并在这里开始了新的进化路程。

二、灵长类动物的分类及其体质特征

灵长动物，是哺乳动物中最高等动物。在哺乳纲灵长目下，有原猴亚目和猿猴亚目。原猴亚目，属于低等灵长类；猿猴亚目，属于高等灵长类（参见表 3-1）。

表 3-1　灵长类动物简化分类一览表

<table>
<tr><td rowspan="13">灵长目</td><td rowspan="4">原猴亚目（低等）</td><td colspan="2">树鼩次目</td><td colspan="2">北美洲起源，现生在东南亚和中国，杂食，物种分类归属存在争议。</td></tr>
<tr><td colspan="2">狐猴次目</td><td colspan="2">分三科：狐猴 大狐猴 指猴，现生马达加斯加，嗅觉好、杂食、有触毛。</td></tr>
<tr><td colspan="2">瘦猴次目</td><td colspan="2">分瘦猴、丛婴猴二科，现生在非洲和东南亚森林地区，杂食、夜行。</td></tr>
<tr><td colspan="2">眼睛猴次目</td><td colspan="2">体质高度特化，眼睛极大，彼此靠拢，直视前方，尾长、树栖，夜行、肉食，与猿体质最接近。</td></tr>
<tr><td rowspan="9">猿猴亚目（高等灵长类）</td><td rowspan="7">狭鼻猴次目（旧大陆猴）</td><td rowspan="4">猕猴超科</td><td>疣猴科</td><td>现生于东南亚地区，有颊囊，多叶胃，植食和杂食，长尾巴。</td></tr>
<tr><td rowspan="3">猕猴科</td><td>小种：主要有长尾猴、赤猴和白眉猴等种属，体型较小。</td></tr>
<tr><td>共同特征：有颊囊，杂食，分布广，适温带，有地面生活。</td></tr>
<tr><td>大种：猕猴、狒狒、狮尾猴、山魈等种属，体型较大。</td></tr>
<tr><td rowspan="3">人猿超科</td><td>山猿科</td><td>山猿 Oreopithecus，脑容量大 300—500 毫升，髋骨较宽。</td></tr>
<tr><td>猿科</td><td>分化石猿和现生猿两种。现生猿主要有：非洲的大猩猩与黑猩猩、亚洲的长臂猿与猩猩。</td></tr>
<tr><td>人科</td><td>分为南方古猿属和人属。人属，又分为能人、直立人、智人（早、晚期智人）、现代人。</td></tr>
<tr><td colspan="2" rowspan="2">阔鼻猴次目（新大陆猴）</td><td>绢毛猴科</td><td>现生在中美洲森林沼泽地带，体型较小，树栖，鼻扁平，鼻孔外露，爪状趾甲，杂食。</td></tr>
<tr><td>卷尾猴科</td><td>现生在中美洲森林沼泽地带，体型较大，树栖，鼻扁平，鼻孔外露，无湿润外鼻，双眼靠拢朝前，有立体视野，尾巴长而弯曲，爪完全消失，大脑结构复杂，植食和杂食，进食时身体躯干近乎直立。</td></tr>
</table>

（一）原猴亚目

起源于美洲，现生种群主要生活在非洲、马达加斯加岛和东南亚地区的热带丛林中。包括树鼩、狐猴、瘦猴和眼镜猴等四个主要种类。从外观上看，原猴很像小型啮齿类和食虫类动物，它们通常拖着一条长长的尾巴。但是，它们的“手”却都具有灵长类动物的独特性状。不过这时它们还不能单独使用某一只“手”，而只能用双“手”同时动作以完成某一任务。行走时四肢着地，前肢掌心向下，能够抓握树枝。一般认为，原猴在生物进化谱系中所处的地位介于猴类与食虫类动物之间。

（二）猿猴亚目

猿猴亚目，属于高等灵长类，由低等灵长动物进化而来，包括猴类、猿类和人类。这里先介绍猴类和猿类，人类将在后面专题讨论。

猴类，又分为阔鼻猴和狭鼻猴两大种属。阔鼻猴，主要生活在美洲大陆，故称“新大陆猴”。狭鼻猴，主要生活在欧亚大陆，也称“旧大陆猴”。

阔鼻猴类，主要树栖在美洲中部和南部的森林—沼泽地带。它们的共同特征是鼻子扁平，外观宽阔，两鼻孔外露且间隔较远，又分为绢毛猴和卷尾猴两科。绢毛猴，体形很小，除第一趾外脚趾都有爪状趾甲，外部特征形似原猴，但体质已进化到高等灵长类水平。卷尾猴，形体较大，尾巴长而弯曲，常仅凭尾巴就能把自己悬挂树枝上，它们多夜间活动。有的以果实为食，有的以树叶和昆虫为食，其眼眶朝前，有立体视野，爪全部丧失，外鼻不湿润，大脑结构比较复杂。虽四足行走，但仅采野果时悬挂在树枝上移动，进食时躯干也多呈直立姿势，因而并未进化出长臂。

狭鼻猴类，成员比较复杂。它包括猕猴超科和人猿超科两部分。

猕猴超科又分为疣猴科和猕猴科。疣猴，主要分布于东南亚地区，在非洲也发现有现生属，其发源地可能在东南亚；疣猴没有颊囊，却有一很大且多叶的胃，能很好地消化所吞食的植物性食物；它们面短而尾长，机敏而灵活，常年在热带—亚热带阔叶林中群栖。猕猴则是进化最成功的猴类，它们的两面颊生有可储存食物的颊囊，臂部皮肤裸露且生胼胝；猕猴的许多种类已适应地面生活，却仍四足行走，并能适应温带环境，因之分布亦较广。猕猴科有体形较小的白眉猴，长尾猴和赤猴，也有体形较大的猕猴、狒狒、狮尾猴和山魈等。

狭鼻猴类中的另一个超科是人猿超科。它又分为山猿科、猿科和人科。这里主要介绍猿科，后面的章节专门讨论人科。

猿科，分为化石猿和现生猿两类。化石猿是指历史上存在而现今已灭绝的猿类，种类比较复杂，我们放在后面专门讨论。现生猿类即猿科现生种，主要有长臂猿、猩猩、黑猩猩和大猩猩四种，长臂猿和猩猩生活在亚洲，黑猩猩和大猩猩生活在非洲。

现生猿与人类在体质特征上极为相似，它们也有结构复杂的大脑，扁平的胸骨，宽阔的胸廓和退化了的盲肠与阑尾，其生化指标，解剖结构，甚至所患疾病都与人类极其相似。猿类与猴类的突出区别是没有尾巴和颊囊，除长臂猿外也多无臀疣。从总体上看，猿类的体质特征明显区别于猴而更多地接近于人。

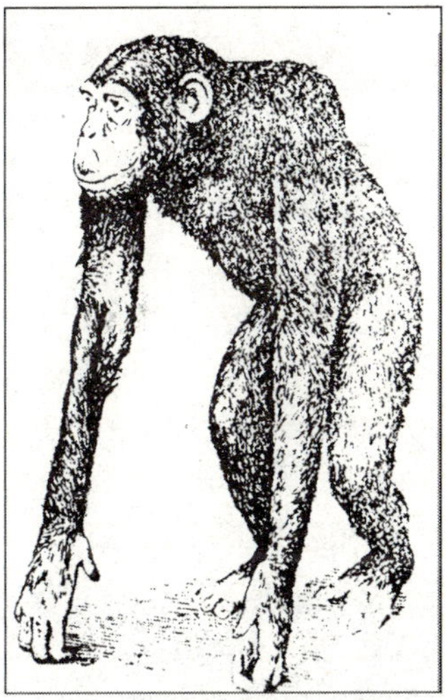
图 3-1　猿类的体质形态图

猿类能在地面半直立行走，但仍过着树栖生活。多数猿类的身躯庞大，不便长期在树上活动，因而也经常在地面上觅食营生，只有小巧灵活的长臂猿可自由地在林中攀缘。长期树栖，猿类的前肢明显比后肢长，这与人类恰好相反。因为树栖经常需要依靠臂行在林中“行走”，臂行时臂越长摆动行走的距离越远，所消耗体力也越少。因此，猿类的前臂在“选择—适应”中不断进化增长。前肢增长，又促进了直立行走，因为前肢加长，不利于四足行走，反而造成身体重心向后肢转移，使身躯的平衡向着半直立的姿势发展。因此当猿类由树上臂行转到地面活动时，身体即自然地处于一种半直立的前倾状态，只要它们的长臂前缘及指关节稍适触地便能维持身体平衡，进而顺躯体前倾之势向前而两足行走(参见图 3-1)。尽管如此，猿类的两足行走，与人类的完全直立的两足行走尚存本质区别，因为猿类的脊柱弯曲形态、骨盆结构、髋关节和股骨形态及躯体重心等都还没有达到完全直立行走的解剖学结构要求。下面我们看看几种猿的基本特征。

1. 长臂猿

长臂猿，现生种主要有普通长臂猿和合趾猿二类。前者生存于印度尼西亚、马来半岛、缅甸和中国云南，后者仅见于苏门答腊和马来半岛。它们在现生猿中体型较小，但前臂高度特化，因而在林中树栖和臂行十分敏捷。长臂猿主要以昆虫和野果为食，营群居生活，一个群体通常由一对雄雌个体及其子女组成。长臂猿体质上最突出的特征是超长特化的长臂，而躯干与后肢相对较短。长臂猿大多数时间在树上活动，有时也下到地面。灵敏的长臂猿能够在地面上站立起来，并以双手抱头或伸展双臂的姿势，来保持两足地面行走时的躯体平衡。

图 3-2 长臂猿的体质特征

2. 猩猩

图 3-3 现生在亚洲的大猿——猩猩

猩猩，生活在亚洲，体形较大。如今仅见于加里曼丹和苏门答腊等热带密林中，物种面临绝灭的威胁。猩猩体重近人，脑量不足 500 毫升，体毛红褐，耳小面凸，面多纹皱，表情微苦。猩猩雌雄个体差别明显。雄性身高可达 1.5 米，身躯多比雌性大一倍余。猩猩也善臂行，它们树栖林中，很少到地面活动，虽其前肢也很长很强而后肢相对弱小，但因体重偏大，林中臂行较缓慢。猩猩的“脚”与“手”形态相似，足跟不明显，“脚”趾长而弯，不适地面直立行走，因此它们偶然落地行走时，脚底板并没有完全踏实在地面上，而只是用弯曲的脚掌外缘支撑地面，行走时还需前指关节触地以帮助身体保持平衡才能笨拙地前行(参见图 3-3)。

3. 大猩猩

大猩猩，包括“低地大猩猩”和“山地大猩猩”两个现生亚种，它们都生存在非洲赤道附近，是体型最大的现生猿类。前者在西非热带雨林生存，后者主要生存在中部非洲三千米海拔以上的山区。两者体质结构存在差异。

大猩猩的雄雌差别也较明显。成年雄性大猩猩体重可达200公斤，身高2米上下，双臂展开长度近3米；而雌性则远远不及。大猩猩体毛浓密光滑，暗黑色为主，年长雄性背部体毛常呈灰色，被称之"银背"，它们在群中地位很高，往往是群中的"首领"。大猩猩体量较大，绝对脑量也相对略大，一般在400—600毫升之间。体大而身重使大猩猩不便在树上生活，因而它们经常在地面活动，但为了安全却仍会在树上筑巢度夜。大猩猩主要以植物茎叶果实为食，地上行走时也要借助前指关节拄地而半直立姿势缓慢行走。大猩猩的表情看似可怕，却性情温顺，它们很少主动袭击其他动物。也因为大猩猩体大而健壮，遭到食肉动物侵袭的可能性亦较小(参见图3-4)。

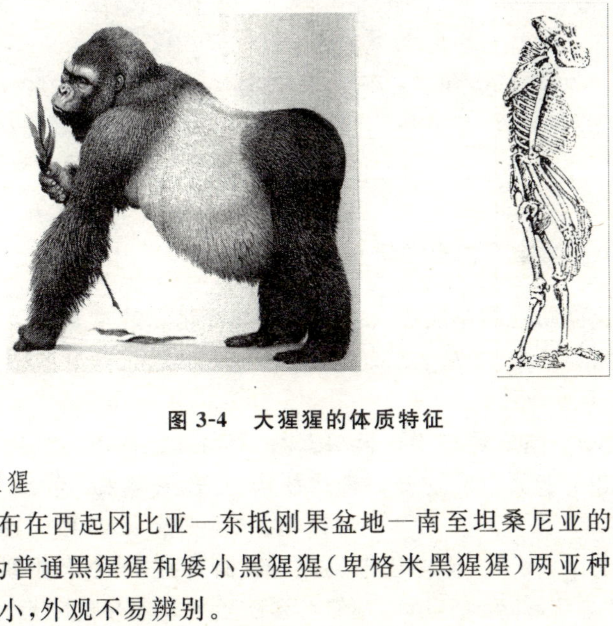

图3-4 大猩猩的体质特征

4. 黑猩猩

主要分布在西起冈比亚—东抵刚果盆地—南至坦桑尼亚的非洲热带雨林中，又分为普通黑猩猩和矮小黑猩猩(卑格米黑猩猩)两亚种。它们的雄雌差别都很小，外观不易辨别。

普通黑猩猩毛发皆黑(参见图3-5)，成年身高约1.5米，体重40—50公斤，平均脑量400毫升；矮小黑猩猩则体形略小，体重多25—48公斤，平均脑量约350毫升。黑猩猩是群居杂食动物，野果、昆虫和一些小动物包括蜥蜴、雏鸟、南非幼羚和非洲野猪，甚至同类的蓝猴、红尾猴和小狒狒等都是它们的食物。它们常由一只或数只成年雄性去完成狩猎，捕获的猎物一般在群体中分食。黑猩猩主要在地面上活动，其地面行走能力比其他猿类进步,它们可以比较平稳地用两足在地面短距离行走,但仍需凭借指关节支撑地面以帮助维持躯体移动时的动态平衡,因而其行走时的姿势还是半直立的。黑猩猩仍筑巢树上,以避免熟睡时遭受其他食肉类动物的偷袭。

图 3-5 黑猩猩的面部表情和手的形态

三、灵长类动物的体质进化

讨论灵长类动物的体质进化,是研究人类起源的重要环节。下面从几个方面来观察灵长类动物——猴与猿的体质进化特征及其原因。

(一) 牙齿的进化

牙齿,是动物适应环境变化最敏感的器官,牙齿的形态直接反映出动物的生理功能和可能具有的食性。动物牙齿研究,对动物分类及进化研究具重要意义。

哺乳动物出现后,牙齿便逐渐发生分化。原来普通脊椎动物牙齿多为"多出齿",即牙齿在磨蚀磨掉后它们可多次更换长出新的牙齿;后来哺乳动物逐渐分化成"二出齿",即除臼齿外,多先出乳齿,再出恒齿将乳齿替换掉。在齿形上,哺乳类则逐渐分化为门齿(incisor)、犬齿(canine)、前臼齿(premolar)和臼齿(molar)等相对稳定的四种基本齿类(参见图 3-6),并分别担负切割、撕裂、捣碎和研磨食物的功能。但哺乳类习性多样,食性相去较大,齿类与形态又存在较大差别,如食草者犬齿缺如或弱化而臼齿发达,食肉者则犬齿锋利粗壮而臼齿弱化或减少。在齿数上,早期哺乳类齿数较多,后来高等哺乳类的齿数有逐渐减少的趋势(参见表 3-2)。现代人类的齿数仍逐渐较少,其表现是第三臼齿(智齿)缺失率越来越高,缺失智齿的齿式为[2+1+2+2/2+1+2+2]×2=28 枚(参见表 3-2)。牙齿数目趋少,牙齿体积趋小,使吻部缩短,为大脑增量进化创造了条件。

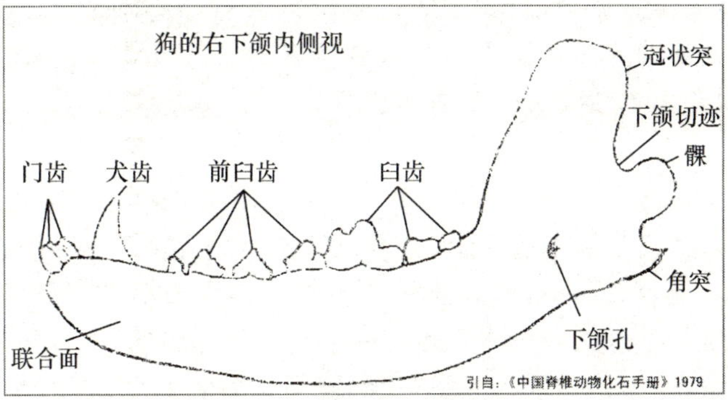

图 3-6　哺乳动物的齿型特征

资料来源:《中国脊椎动物化石手册》1979。

表 3-2　哺乳动物齿式组合比较表

种类	齿式				总数	
	切齿	犬齿	前臼齿	臼齿		
早期哺乳类	3	1	4	3	44	齿数逐渐减↓
低等灵长类	2	1	3	3	36	
高等灵长类	2	1	2	3	32	
人类	2	1	2	2—3	28—32	

然而,在牙齿数目减少和牙齿体积变小的同时,灵长类却始终继承和保留着典型哺乳动物的四种基本齿类而没有缺失。因为灵长类的生活习性和食物结构决定了它们存留这些基本齿类的必要。如有些灵长类雄性的犬齿长而锐利,在遇到敌害动物或群体中争雄时,它们会亮出这些可怕的牙齿以吓退对方,甚而用之进行肉搏;而锐利的犬齿,又能咬碎坚硬的果壳和撕裂硬韧的食物以满足杂食的需要;但伴随灵长类进化,争斗和咬碎食物依赖犬齿的程度逐渐减弱,因而犬齿逐渐退化并趋向门齿化了,所以它们原来突出于齿列的犬齿慢慢向齿列回归。虽然灵长类犬齿的形态发生了很大变化,但直至人类它仍是全口牙齿中最坚固的牙齿,尤其上颌犬齿的齿根比其他

任何牙齿的齿根都长，是两性间区别最明显的牙齿。

灵长类臼齿的进化也较明显。臼齿进化的方向主要是臼齿数目减少和齿尖逐渐增多。进化中灵长类第一、二前臼齿越来越小并慢慢消失，而第三、四前臼齿却越来越大且逐渐由单齿尖萌出双齿尖并趋臼齿化。它们臼齿的齿尖最初多三齿尖，后来渐渐向四齿尖、五齿尖演化，臼齿体积也渐渐增大，因为臼齿越大齿尖越多研磨食物越有功效。因而以植食为主的灵长类臼齿在进化中不断加大体积增多齿尖，并以此来适应和满足它们咀嚼食物量的增加。

（二）躯干的进化

脊柱，是灵长类躯干的中轴，也是其最重要的器官。脊柱由颈椎、胸椎、腰椎、骶骨和尾骨等组成，各部分具有不同的生理功能。在长期树栖的生存适应中，灵长类椎骨各段形态和数目的进化特征非常明显，特别是腰椎段的变化尤为突出。为适应臂行方式生存，灵长动物的腰椎必须向缩短长度和减少数目方向进化，以使腰部活动度变小和躯干变短，这样才能实现身体重心上移并有利于臂行运动，也能缩短躯干以便由双腿来控制，进而有效增强摆动能力。在树栖环境中，灵长动物躯干还需要经常处于一种垂直体位，长此以往，身体结构便逐渐发生若干与躯体垂直相关的形态变化，如内脏位置重新排列——使各器官逐渐向脊柱靠拢，胸腔"膈"强度提高和功能加强——使之能在躯体垂直时更有效地承托住胸腔内的脏器。垂直体位，也使枕骨大孔位置逐渐向颅底中央前移。枕骨大孔的开口也逐渐转向下方，这不仅便于头骨在躯体垂直条件下保持平衡，也为灵长类两足行走时头颅的稳定创造了条件。

（三）四肢的进化

灵长类树栖活动及捕捉昆虫和小动物的生存方式，使得它们早期笨蠢而功能简单的四肢不断演化，表现出较好的抓握—对握能力，锐利的爪也逐步向渐薄的指甲进化。实现"抓握"以至"对握"，需要拇指形态相应变化，是一个漫长的进化过程，只有当拇指运动轴与其他指的运动轴形成一定角度的时候，"对握"才可能发生。早期灵长动物拇指的转动和对握能力极其有限，只有高等灵长动物和人猿超科成员才逐渐具备了比较充分的转动和对握能力。"对握"不限于前肢，许多灵长动物后肢的拇趾也能对握，但人类和山地大猩猩等的拇趾却完全丧失了对握能力，这是地面生存使上肢与下肢功能进一步分工的进化结果。

灵长类的进化，不仅具有方向性，也具有选择性。比如早期哺乳动物的分离肢骨大部分被灵长类有效保留下来。尤其锁骨，许多哺乳动物都进化掉了，而灵长类却保留下来。保留下的锁骨，成为灵长动物前肢的支撑轴和运动的支点，使前肢能够向各个方向自由地旋转运动，极大拓展了前臂的活动范围和负荷能力，更加适应了树栖条件下瞬息万变的体态要求和臂行的需要。除此，灵长类前臂的尺骨桡骨也保留着相对分离状态，连结时，桡骨仅与腕骨构成关节，尺骨仅与肱骨构成关节，这样能支持腕部自由扭转，极大增强了腕部的灵活性。这些变化都为后来人类制造利用工具及从事更复杂劳动，奠定了必要的体质结构基础。

（四）感觉器官的进化

长期树栖生活，使灵长动物感觉器官的形态与功能都发生适应性改变。最主要的特征是，它们的听觉与嗅觉明显退化，而视觉与触觉不断增强。

就嗅觉而言，灵长类长期在林中树栖生存，逐渐改变了先前主要用鼻子贴近地面来嗅闻、寻觅和辨别气味的觅食方式，嗅觉便渐渐走向退化，外鼻尺寸和鼻部结构也随之简约而变小。鼻部结构简化又引起吻部变小，进而腾出脑空间，为立体视觉形成提供了物质条件。

在触觉上，复杂的生存环境使灵长动物身体各部位的触觉功能都得到不断加强。它们能够直接利用接触、摸压或抓握时产生的触觉，来替代嗅觉以检验和体验各种物体的不同性质。尤其他们的爪已被指（趾）甲所取代，指（趾）甲下面出现宽展而扁平的指端表面，构成较大而敏感的触觉区域，据研究，在高等灵长类动物的指端表面不足一平方厘米的皮肤中就含有约1000多个触觉感受器和近50厘米长的神经纤维，还有极为丰富的微血管等结构，使指端的躯体感觉神经的功能越来越强大，有效提高了灵长类的触觉能力。

在听觉上，树栖环境并没有给灵长动物带来进化，而将它的作用排在了次要的位置。因为在地面生活，听觉才最为重要，如鼠、兔、鹿、犬等草原动物都有良好的听觉，它们的耳廓大而灵活，便于收集声波和捕捉各种声音信号，以判断威胁和机会来自何方。声音信号具有方向性，远处的声音信号多近于平面传播，除非向高空或向地面垂直放送，声音才垂直传播；而树栖生存大多是上下便捷，水平方向障碍重重，声音传导阻力大。因而在上下便捷的树栖环境里，听觉远不如视觉重要，灵长类的听觉便慢慢向退化的方向演变。

视觉与听觉完全不同。树栖生活需要灵长类在林中跳跃—臂行，跳跃—臂行时需要准确地判断悬在空中的树枝、藤蔓和物体等对象的高度、深度、方向和距离以及它们之间的位置关系。这不仅需要良好的二维平面视觉，更需要有精确的三维立体视觉，甚至具有对空中运动着的物体进行四维动态变化的视觉判断能力。立体视觉，是用高低—宽窄—远近三个维度信号的视频组合观察而形成的感觉，它不仅需要两眼视线落在同一平面上，也需要双眼视野有一定部分垂叠，这样才会感受出三维空间的立体图像。恰好灵长类嗅觉弱化引起鼻部结构缩小为两眼位置前移和靠拢腾出了空间，使两眼视野重叠和立体视觉的产生成为可能。立体视觉的出现，又为灵长动物的进一步进化创造出极其重要和有利的条件。因为，立体视觉便于接受更多的外部信息，使大脑在不断接受和分析、判断、处理这些复杂信息的过程中，不断促进脑量增加、神经结构的复杂化和智力水平的提高。为适应树栖生存对精确视力的需求，高级灵长类动物的视网膜后部还发育出一个叫“视网膜中央凹”的特殊区域。该区域呈浅黄色椭圆形，也称为“黄斑”，这部位视觉最强，它不仅有精细辨别对象的能力，也有极强大的色彩识别能力。

（五）脑的进化

脑量增大，是灵长类进化的最重要特征。一般认为，最初引起灵长动物脑量增大的原因，可能与它们的视觉进化有关。研究表明，爬行动物的视觉信息只在视网膜里处理，而哺乳动物的视觉信息需要在大脑中处理，因而哺乳动物需要更多的脑量来承担这些复杂的功能。在此基础上，灵长动物长期树栖生活，其抓握和触觉等各项功能的发展也都促进了脑量的增大。大脑进化除脑量增加外，大脑不同部位的形态与结构变化也十分重要，如视觉功能逐渐增强，灵长类大脑皮质中与之相关部分不断增大；而听觉和嗅觉功能逐渐弱化，大脑相关部分则相应缩小。同时，伴随灵长动物的脑量增加，它们的大脑半球也显著扩大，大脑皮质沟回日趋复杂，脑细胞相互间的联络也不断加强。灵长类大脑的进化，为其在复杂环境中进行生存竞争提供了强有力的支持，也为人类思维能力的出现和发展奠定了物质基础。

（六）与体质进化相应的行为进步

伴随上述五方面的体质进化过程，灵长类动物在行为上的进步，也非常值得注意。最突出的行为进步是它们表现出很强的“社会性”。

由于大脑的发达，灵长动物的行为方式，特别是高等灵长动物的行为方式，比它们的母类中其他哺乳动物要复杂得多。对现生灵长类的长期考察调研得知，灵长动物特别是高等灵长动物有很稳定的社会组织，它们不仅以群体形成自己的社会，还有类似“家庭”的组织形式。在个体间关系上，结伴的同类不单单是简单的生存伙伴，也有深层次的感情沟通、长幼照应和等级远近等社会行为。在它们的社会中每个成员都按自己的社会地位来修饰自己的行为，处理彼此关系，包括“家庭”成员间的关系和母子关系等。它们的疆域观念，信息交流，观察和学习能力等都为探讨人类远祖时的生存环境和行为提供了重要的依据。

归纳起来，原始灵长类最初起源于某些小型哺乳类动物，它们于距今7500—7000万年左右在地球上出现，起源区域主要在北美洲和欧洲。其进化原因主要是环境变化引起食性改变，以致体质发生适应性演化。距今前6000万年左右，物种基本发育成熟。之后，一部分灵长类在距今前5000万年后，伴随地壳板块运动开始从欧洲走进非洲，并加速向高等灵长类进化。经历了漫长的环境适应—自然选择的过程，灵长类的体质结构在原来普通哺乳类动物的基础上发生了重要的进化演变，它们牙齿的进化，躯干的进化，四肢的进化，感觉器官的进化，脑的进化和行为的进步等都为“人科”的起源奠定了基础。

第二节　人科的起源与“人”的特征

一、“人类”与“人科”的区别

人科与人类(human)是两个不同的概念。

“人类”是一个通俗的广义名词。它的内容和对象虽然有时也包含古代人类，但一般情况下，它泛指区别于其他动物种群的所有具现代解剖意义上“人”的整体，或者说是对所有现生“人”的统称。

“人科”则不同，它是生物分类学中的专用名词。其词意不仅包括所有解剖学意义上的现代人，也包括向现代人进化途中的能人、直立人和智人，还包括符合基本的“人”的标准的“南方古猿(或猿人)”。

从分类学角度，人科有两个属，即南方古猿属和人属(Genus homo)。南方古猿属，是人科的早期成员，今已绝灭。根据化石材料，目前可识别出五个种，即阿法种（A. afarensis）、非洲种（A. africanus）、埃塞种（A. aethiopicus）、鲍氏种（A. boisei）和粗壮种（A. robustus）。

人属分为三个种，即能人（A. habilis）、直立人（H. erectus）和智人（H. sapiens）。

二、人科的起源

人科的起源，是一个极为复杂的问题。对这一进化过程的讨论，不仅要追溯到高等灵长类——猿类动物进一步进化的生物学背景，也要讨论"人"的基本标准。

（一）对现生猿类的生物学观察

通过人与现生猿的科学对比可知，两者在身体结构、骨骼形态、器官排列方式及脑和胎盘等体质特征上都极其相近。现生猿的血型、血浆蛋白、染色体以及它们的某些动作和表情也都极其似人。但人与现生猿也存在许多体质差别。分子生物学研究表明，在现生的四种猿类中，非洲猿类在遗传上与人的差别略小，而亚洲猿类与人的差别稍大。从进化的角度，亚洲长臂猿是高度特化的一种，它们的双臂特别长，善于在树上攀缘，偶尔才勉强到地面上半直立行走。亚洲猩猩的体重近人，但腿的比例比人短，躯干的比例相对较长，手指和脚趾骨弯曲，以便于悬挂于树上；其拇指（趾）比长臂猿更为退化变短，直立时不是用脚底板踏在地面，而是用弯曲的脚掌外侧缘笨拙地行走。非洲黑猩猩和大猩猩则常在地面上活动，它们的手指弯曲不明显，拇指较长能对握，脚板可以平展地踩踏地面，拇趾同其余各趾较并拢，有明显的脚跟，它们的臂仍然长于腿，仍然不能像人那样直立行走。

这些与人形成差别的体质特征，都是现生猿从古猿分化出来后，常年栖息于热带森林里已充分特化的结果。然而，就整体而言，现生猿与人有共同祖先，人和猿之间存在密切的亲缘关系已被现代生物学所证明。

（二）人科起源的原因和背景

猿类，作为地球上的高等灵长类动物，出现于距今 3000 万年前后。一般认为，在约 2300 万年前，一种叫类人猿（Hominoid）的古猿类出现，它们大多演化到距今约 700 万年前便灭绝了。现地层中保留的化石猿主要有三种：一种是首见于非洲的原康修尔猿（Proconsul africanus，1400 万—2300 万年前）；一种是首见于欧洲的森林古猿（Dryopithecus，1100 万—1300 万年前）；另一是亚洲著名的腊玛古猿（Ramapithecus），包括西瓦古猿（Sivapithecus，700 万—1600 万年前）。类人猿化石分布于亚、非、欧洲的广阔地域，数量众多，体形比猴类略大，体质结构明显出现了与现代猿类和人的相似特征，许多种类在演化方向上更明确地趋向于“人”的性状，它们是“人科”的祖先没有疑问。然而，在类人猿向“人”的性状进化的道路上，仅有一个种持续进化最终获得成功，并繁衍下来，成为“人科”的直接祖先。

学界比较认同的观点认为，当初约在距今 1500 万年前后，这种较大的古猿（类人猿）生活在热带森林里的森林下层，它们在树上活动时用前肢摘果和筑巢，用“臂行”方式移动身体，因而前后肢逐渐分异，体质结构也随之改变；它们还经常下到地面在前肢帮助下半直立行走，这种生存需求所产生的体质结构变化需求，为后来因环境变化而完全营地面生活创造了条件。与此同时，地壳运动和气候变迁使某些地区趋向干旱（如非洲“东边的故事”）[①]，森林大面积减少或消失，一部分猿类便从林中转向地面生活。在地面，它们需使用木棒或石块采集果实、挖掘植物根块、捕捉小动物为食，并进行自卫。这些活动促使其频繁使用前肢，并经长年累月地功能分化，以致前后肢的差别越来越大，前肢逐步从原来支撑和臂行等功能中解放出来，行走功能则逐渐转移到只依靠后肢承担。“由此就迈出了从猿转变到人的具有决定意义的一步。”[②]又经岁月，它们中的智者模仿自然力用一块石头打碎另一块石头，并有目的选择有尖棱的石块来使用。这便是“制造工具”的开始，也是“人”出现的重要标志之一。此后渐渐，它们的拇指在生存活动中变得长而有力，另四指相对缩短，从而可灵巧地相互配合；由于地面生存更需群体援助，随群体协作场合增多，互相呼应—彼此传递的信息也不断增加，使之形体表达和声讯符号越来越多，这又促进了猿脑向人脑的转变，导致它们思维快速进步与发达，思维进步又促进信息交流和体质进化及生存能力的进一步提高。如此往复，相互促进，最终演化形成自然界最为复杂，最为完善，最为高级的顶级动物——“人科”动物的出现。

然而，从类人猿进化为“人科”是一个渐进的过程，那么达到什么标准才能算作“人”？用什么标准来衡量？人最早出现在哪里？何时出现？

关于这些问题，始终存在不同的学术观点。下面先看看达尔文的基本

---

① 法国人类学家伊夫·柯盘（Yves Coppens）将此称作“东边的故事”。参见〔英〕理查德·利基：《人类的起源》，吴汝康、吴新智、林圣龙译，上海科技出版社 1997 年版，第 13 页。

② 参见《马克思恩格斯选集》第四卷，人民出版社 1995 年版，第 374 页。

观点。

（三）达尔文提出“人”的四个基本特征

早在19世纪，达尔文就注意到“人”与“猿”的相似性，首先提出了“人”区别于“猿”的四个基本特征，即两足直立行走；高超的智力；减小了的犬齿；使用工具。

达尔文进一步认为，非洲大猿与人类的关系最为密切，因此推断，最早的人类起源于非洲；并认为人类起源是从树栖生活转变为地面狩猎生活开始的。他推想，人类远古的祖先由于能够在地面上两足行走，使双手解脱出来，以便携带狩猎用的武器；同时，增长了的智力又可以指导武器的使用。这样，猿类长而突出的犬齿功能越来越少地发挥作用，便逐渐退化为人类的小犬齿。[①]

长期以来，达尔文的观点一直博得众多学者的广泛赞同，并成为衡量“人”的基本准则的主导思想。但是，达尔文的这些认识只是些很原则的观点，因为当时的条件不可能有更多的机会让他进行更详细的论证。而就是他的这些观点给后来的学者指明了方向，使他们能够沿着这条似乎清晰的科学逻辑，为人类起源与进化的研究不断寻找和填补越来越多的证据。

（四）“人科”的发现与研究

最先为达尔文“准则”提供真实实物证据的是生于澳大利亚的南非古生物学家雷蒙德·达特（Raymond Dart）。1924年，达特在南非阿扎尼亚附近的一个叫“汤恩”的石灰石采石场发现了真正的人科化石，并最先提出“南方古猿”的命名。

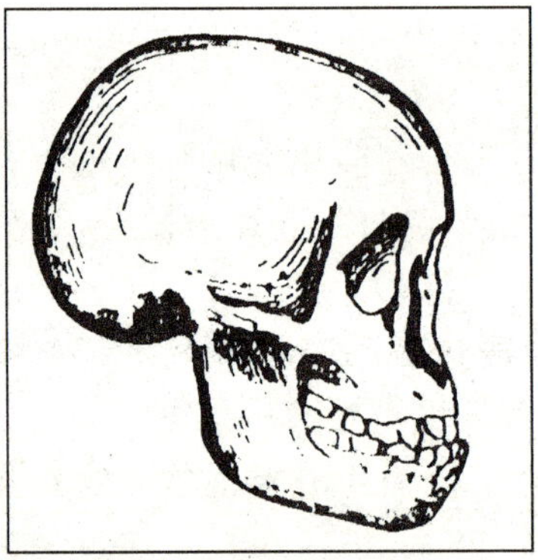

图 3-7 “汤恩小孩”颅骨

达特根据该头骨化石枕骨大孔位置、颅内膜形态和很小的犬齿等特征，断定它是最早的“人”的化石，因为它已具备了达尔文所推论的三种性状，即两足直立行走、脑的改变和犬齿的减小。不过，达特还是谨慎地将他命名为“南方古猿非洲种”。由于这具颅骨上保存着主人全套的乳齿和正在萌出的第一恒齿，其年龄当在6岁上下，因此达特称之为“汤恩小孩”（参

① 参见朱泓：《体质人类学》，高等教育出版社2004年版，第208页。

见图 3-7)。根据地层判断,“汤恩小孩”生活的年代为距今 200 万年前。

后来,达特和他的同事们陆续在南非发现了五个地点大约 70 多个南方古猿化石,并伴生出土了大量古动物骨骼碎片等。这些古猿化石被学术界归为两个种,即南方古猿非洲种和南方古猿粗壮种。

达特认为,南方古猿是使用动物骨骼制造工具和武器的人科成员,并将那些留有使用加工痕迹的破碎骨骼、牙齿和角等作为一种文化的代表,称为“骨齿角文化”。但遗憾的是,“汤恩小孩”这一重要发现和他属于“人科”的研究成果,一直到 20 世纪 40 年代才得到学术界的普遍认可。

然而,“汤恩小孩”是不是人类最早的祖先?若不是,那么人科最早祖先在哪里?人科是在什么时间,以什么方式出现的?这些问题,又成为人类学界争论的热点。

随后,一系列重要发现相继问世。1959 年 7 月,肯尼亚内罗毕博物馆的路易斯·利基夫妇,在东非坦桑尼亚的奥杜韦峡谷(Olduvai Gorge)发现了一具近乎完整的颅骨化石和一根胫骨。他们将这些化石归入南方古猿类,定名为南方古猿“鲍氏种”,年代为距今 180 万年前。

70 年代中期,路易斯·利基的妻子玛丽·利基(Mart Leakey)领导的考察组,在奥杜韦峡谷南面 50 公里处的莱托里(Laetoli)盆地发现了至少代表 12 个人科成员的化石材料,主要有颌骨和牙齿,年代测定在距今 375 万—350 万年前。考察组把这些化石划归人属。更重要的是,他们在莱托里地区发现了这一时期凝结在火山灰沉积表面的一组保存完好的人类足迹。这些足迹被认为是直立行走的人科成员留下的一些足印,足印宽而短,其中包括成人和小孩。仔细观察这些足印的形状、足弓形态和分布特点等发现,它们的足尖向内倾斜,前后脚印交替地踩在中轴线上,这种情况与现代人的足尖向前,左右足分别平稳地落在中轴线两侧的步态有所区别,说明当时的人科成员在直立行走时,还不能像现代人那样轻松自如。这组足迹的年代测定数据也相当可靠,为距今 370 万年前,是人类两足直立行走最早的足印证据。

1973 年 10 月,美国俄亥俄州克利夫兰博物馆的约翰森(Donald Johanson)在埃塞俄比亚中部的阿法(Afar)地区,发现了一块人类膝关节化石,包括形成膝关节的股骨下端和胫骨上端。这两段骨头比已知所有的人类骨骼都要小,但其形态和连接方式证明它们是人科成员。化石的年代为距今约 350 万年前,被认为是人类两足行走年代最早的化石。

图 3-8 莱托里人类足迹

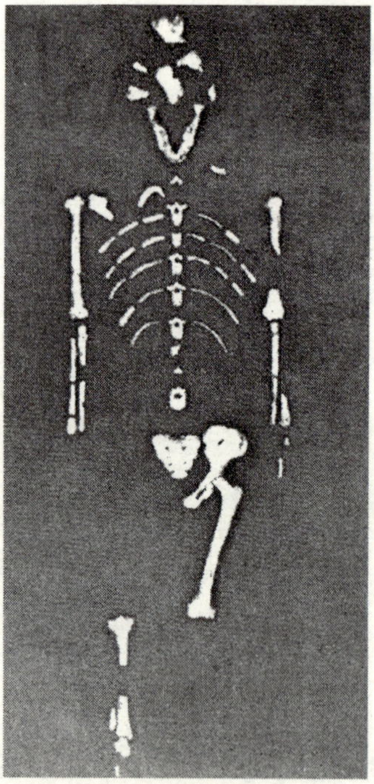

图 3-9 著名的露西骨架

1974 年，约翰森和法国地质学家泰伊伯(Maurice Taieb)领导的美、法联合考察队，再次来到阿法地区，并在一段小冲沟中采集到 100 多件人科化石。这些化石同属于一个 20 岁左右的女性个体，化石材料占人体全部骨骼的 40%(参见图 3-9)。这一重大发现震惊了全世界的人类学界，使发掘队员们沉浸在无比惊喜的气氛中。夜晚，狂欢的发掘营地里，一遍又一遍地播放着欢快的"甲壳虫乐队"的歌曲《宝石星空中的露西》。后来，发掘队索性就称这具化石的主人为"露西"。①

露西生活在大约 350 万年前的时代，身高约 107—122 厘米，头骨直径仅有 10 厘米。根据对她的骨盆、脊柱和膝盖骨的研究，可以肯定她是两足直立行走的人科成员，因此被归入南方古猿非洲种，年代测定为 340 万年前。这具相对完整的人科化

① 参见朱泓：《体质人类学》，高等教育出版社 2004 年版，第 226 页。

石——“露西”的发现，成为世界人类学史上的重要事件。

后来，约翰森等又陆续在这一地区发现了至少13个个体的化石材料。对比研究之后，他认为这些人类化石标本，都具有相对较小的脑量和相对大的犬齿，都能完全地运用两足直立行走。它们与南方古猿非洲种相似，但却比之原始很多，因此另立一新种，即南方古猿阿法种。阿法种的时代范围在距今300万年至390万年前，它们的体质性状明显介于人与猿之间，而其似猿的性状却正在明显向“人”的方向转变，因之有学者将阿法种视作非洲种的祖先。

迄今为止，南方古猿化石材料已被大量发现。据粗略统计，已发现化石所代表的南猿个体数目至少在350个以上。南方古猿化石的出土地点则主要集中在南非和东非两大区域。目前，国际人类学界对于南方古猿的人科成员地位已不存任何疑义。

（五）“人科”起源时间的研究

20世纪70年代，分子生物学研究取得很大进展。对于不同物种蛋白质的研究表明，亲缘关系越近的物种，其蛋白质越相似。在定量研究中，从一个共同祖先演化出的两个物种，它们分开的时间越短，其蛋白质相似程度越大。美国遗传学家萨里奇（V. M. Sarich）和克罗宁（J. Gronin）等，根据这一原理，对人类和现生大猿的蛋白质结构和演化速率进行分析，认为人类和黑猩猩的最近共同祖先生活在距今500万—600万年前。在此之后，它们分别向后来的人类和现生大猿方向演化。近年来，DNA序列研究也显示，人与猿的分别时间可能在距今600万—700万年前。

然而，迄今发现的最早的人科成员——南方古猿化石，也不超过400万年。就是说，在分子人类学提供的人猿分离时间与已发现的最早人科化石所代表的年代之间，还存在着大约200多万年的时间差距或缺环。循着这条线索，20世纪90年代中后期以来，这方面的研究陆续取得了新的进展（参见图3-10）。

首先是美国学者怀特（Timothy White）1994年率领一个国际小组，在埃塞俄比亚阿法盆地上发现了距今440万年的“南方古猿始祖种”。2001年7月英国《自然》杂志报道了在阿法盆地（中阿瓦什地区阿拉米斯地点）新发现至少代表5个个体的早期人类化石，其年代为距今520万—580万年前。研究发现，这些新化石与先前发现的“南方古猿始祖种”非常相似，两者间可能仅存亚种水平的差别。研究者将其命名为“地猿始祖种‘家族祖先亚

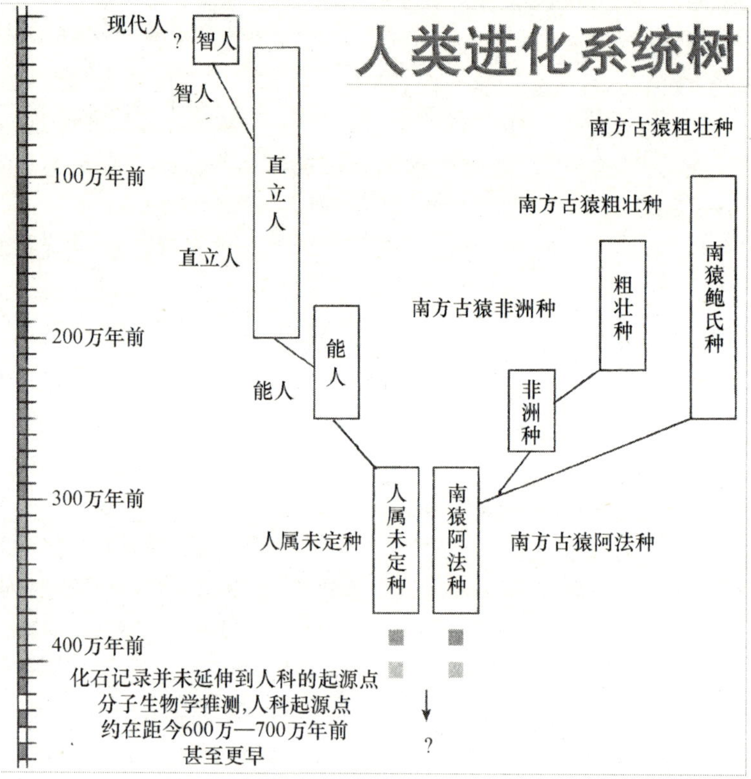

图 3-10　人类进化系统树

种'",又将前面发现的距今 440 万年前的化石,重新命名为地猿始祖种"始祖亚种"。这样,就把人类祖先实物化石的证据范围上推到了距今 580 万年前。

2000 年底,法国国家自然历史博物馆的皮克福德(Picford)等,在肯尼亚中部的图根山区发现了距今 600 万年前的人类化石。这些化石包括两件下颌残段、三件股骨、一件肱骨干、一件近端指骨、六枚单个牙齿等,它们也代表着至少五个个体。综合化石的种种特征,皮克福德等将它们归入人科系统,命名为"原初人图根种"。由于这化石出土于世纪之交,学者们称之为"千禧人"(Millennium Man)。皮克福德等认为,人猿分别的时间应早于 600 万年前,很可能在距今 700 万—900 万年前,而"原初人图根种"是最接近人猿分别时的人科成员。

稍后，一个由法国科学家领导的国际小组在中非乍得北部的沙漠地区也发现了一具距今 600 万—700 万年前、与人类相似的头骨化石，两枚下颌骨和 3 枚牙齿化石。据《自然》杂志 2003 年 7 月的报道，这具遗骨的脑容量在 320—380 毫升之间，体质特征只具有猿类水平，但又具有类似人类短平脸颊的特点。因其展示了完整的原始起源特征，研究者认为这些化石很可能代表着人猿分别后最早的人科成员，并命名为"撒海尔人乍得种"，当地语言称之为"托麦人"，意为"生命希望"。尽管部分学者对其是否应归入最早的人类持有怀疑态度，但学术界仍然普遍认为，这一新发现对于人类起源研究具有重要意义，尤其是它在如此早的年代就具有的人猿混合特征。在年代上，它又是迄今发现年代最古老的可能位于人猿分叉位置的人科化石。这一发现也使人类学界意识到，人猿实际分别时间可能要比分子生物学研究所推论的时间更早。

除此，目前在亚非欧许多地点都发现了与人类起源关系密切的古猿化石。但在诸多化石中，究竟哪一种古猿最终走上了向人类演化的道路，确切地说，这个问题还没有完全被解开。即便如此，近年来越来越多的化石发现和研究信息表明，人猿分野的时间坐标在变动，原来认为人类起源于 300 万—400 万年前的上限可能大幅前移；而非洲作为人科起源地的证据在不断增加，越来越多的科学家推断人猿最近的祖先很可能就生活在非洲。

第三节　人类的进化与发展

在分类学上，人科分为两个属，即南猿属和人属。南猿属虽已进入"人"的行列，但其体质特征仍保留着许多人猿过渡的性状。许多南猿属成员最终没有进化成为真正意义上"人"——即"人属"就先后匆匆绝灭了，唯有一种南猿在自然选择和生存竞争中快速向更高级的体质结构进化，进而终于迈入了"人属"的门槛，成为完全意义上的"人"。人属又分三个种[①]，即能人、直立人和智人。由于它们进化程度和出现时间既有联系又有区别，人类学从总体上将人属出现后"人"的体质进化历程分作三个阶段：即能人阶段、

① 这里是古生物学意义上的"种"，它与生物学所言"种"有所不同。生物学的"种"是指实际上可以杂交或有可能杂交并能繁殖有生育能力后代的一系列自然居群(population)。古生物学上的"种"，是一个"时间序列种"，常表示系统进化中某个时段的某种生物类型，前后"种"间界限亦人为划定。

直立人阶段和智人阶段。智人阶段中又包括早期智人和晚期智人，晚期智人中包括了现代人。下面分述各阶段人属成员的进化与发展。

一、能人阶段的进化与发展

能人化石，最初由乔纳森·利基1960年发现于坦桑尼亚的奥杜威峡谷，后来陆续在东非的坦桑尼亚、肯尼亚和埃塞俄比亚等地被发现。乔纳森和他的父亲(Louis Leakey)在达特(Raymond Dart)的建议下用“能人”(Homo habilis)作其种名，意思是“手巧，能制造工具的人”[①]。

能人是人属中的早期成员。最早的能人生存在距今250万年前，大约在距今170万年前后，能人种消失。能人的体质出现了许多“质”的飞跃。主要有：① 脑容量明显增大，能人的平均脑量达600—700毫升，几乎是南猿脑量的一倍；② 后部牙齿比南猿小，并有继续减小的趋势；③ 在体力上非常活跃，能人是最早能够用两足有效奔跑的人科物种；④ 根据化石记录，能人已确证能制造使用石器，这是人类发展史上的一个重大事件的开始。

此外，从能人的骨骼化石上可以看出，它们的身体结构比南猿的身体要轻巧得多，其上下颌骨明显缩小，吻部明显萎缩，牙齿明显变小。能人的手虽仍粗壮，拇指也较长，但其形态已清楚地表现出与现代人相似的性状。能人的下肢也表现出人属特征，它们的足底不仅发育有明显的“纵弓”，也发育有明显的“横弓”；其拇趾明显长大且明显内敛。从股骨结构上完全可以断定能人是直立行走的。依化石测算，能人的身长大约为120—130厘米。

有趣的是，凡能人化石出土的地点附近大都伴有文化遗物出土。奥杜威峡谷能人化石地点出土的文化遗存包括生活面遗迹、屠兽场遗迹和石制品工具等，石制品主要有石核、石片和石器；其中除典型的器物——砍砸器外，还有盘状器、原型手斧、石球、刮削器和雕刻器等。这些遗存代表着地球上最早的“人属”成员——能人所创造的物质文化，被称为“奥杜威文化”，它说明能人的智力水平已达到一定的高度。

能人通过制造石器工具，有效提高了狩猎水平，能猎获到更多的肉食，以致它们的食物结构发生改变，尤其提高了食品结构中肉类比重，使之获得更优质的营养，进而引起脑量激增，并逐渐变成了真正的人脑。据美国波多

---

① 参见〔英〕理查德·利基：《人类的起源》，吴汝康、吴新智、林圣龙译，上海科技出版社1997年版，第21页。

黎各大学的福尔科(D. Falk)研究,能人脑已具备与人相似的性状和沟回,说明它们可能已具有简单的语言能力。从化石材料看,南方古猿和“能人”都仅生存在非洲。据理查德·利基研究,当时至少有南方古猿的四个种和人属的2—3个种紧挨着生活在一起。

二、直立人阶段的进化与发展

直立人是在能人的基础上直接进化而来。虽然它们的头盖骨还具有许多猿的性状,但下肢形态已完全接近两足行走的现代人,因而被称为“直立人”。

直立人生活在约距今20万年至200万年前。它们的身材比南猿增高约20厘米,体重增加约20公斤,直立人的脑量在能人基础上再一次明显增大,从早期约800毫升,增加至晚期的1200毫升上下,其体质结构更接近现代人。

但是,直立人的颅骨形态仍保留着许多原始性状,表现出四肢进化快而颅骨进化慢的不协调性。如北京猿人的四肢进化已很接近现代人,但头骨低平,骨壁仍有10毫米左右厚度,是现代人平均厚度的两倍。直立人枕骨厚度又明显厚于顶骨,它们眉嵴粗壮,突出于眼眶上方且向两侧扩展,并经额骨下缘的颧突而与硕实的颧骨、颧弓连接。可以想象,在当时的生活环境下,赤裸身体的直立人在与大自然和猛兽的争斗中,颅骨上的这些坚实结构,可充分发挥保护颅内组织的作用。因而直立人颅骨进化相对滞后有利于大脑和身体的整体进化。

另一方面,伴随脑量增大的节奏,直立人的颅骨也逐渐扩大。晚期直立人的脑顶联合区明显扩展,枕骨平面扩大。由于大脑额叶增大,额骨也扩大并出现额隆突,使直立人颅骨高度和直径都显著增加。伴随额骨扩大,两侧颞凹逐渐外移,直立人头骨表现出宽阔的梨状孔和较大的眶间距,这意味着它们的面部明显加宽。与此相反,直立人面部矢状面占比却在明显缩小,这与它们牙齿逐渐弱化有直接关系,其最主要原因可能是颊齿的弱化。在直立人的前臼齿和臼齿中,越后萌出的臼齿,变小的幅度就越大;晚期直立人第三臼齿甚至明显小于第二、一臼齿。这种情况恰与南猿相反,因此颊齿变小又成为直立人区别于南猿的最突出特征之一。一般认为,颊齿变小与直立人食物中肉食增加和用火熟食有关,因为肉食和熟食减轻了颊齿研磨的强度,因之原来硕大的颊齿即逐渐变小了。颊齿变小,齿根和颌骨相应缩小，不仅使吻部缩短，面部变小，也在有限的颅中为直立人脑量增加腾出了空间。除此，直立人门齿出现加大加宽现象，这与直立人经常用之叼夹、撕切和咬拽物品或与双手配合进行劳作等活动方式有直接关系。

在脑量增加的同时，直立人大脑的结构日益复杂。从颅骨上额骨和枕骨扩张特征看，直立人大脑增大的重要部分与大脑额叶和顶后区增大关系密切，这可能是人脑语言中枢进化成熟的表现。因此理论认为，在直立人后期人类已基本具备"有声语言"的脑形态学基础。

据理查德·利基等人的研究，脑量增加不只是促进智力发育，还会促进许多"生命历史因素"的变化。例如脑量大的物种，幼仔断奶来得迟，性成熟相对晚，妊娠期相对长，个体寿命或生命周期相对久，身高亦相应增加等。[①]据测算统计，直立人平均身高已达 160 厘米，估计体重约 60 公斤[②]；而南猿的平均身高仅约 140 厘米，估计体重平均仅约 40 公斤。

直立人的体质能够快速进化，还有一个重要原因就是"狩猎"活动对其产生的影响。因为狩猎对直立人的大脑发育、体质进化和行为进步均产生着巨大的推动作用。也可以说，狩猎活动是人类进化过程中一个重要的核心问题。

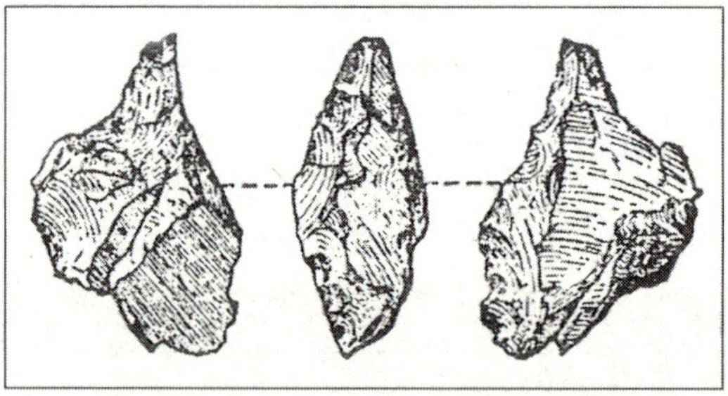

图 3-11 北京猿人制作的错向小尖状器

围绕着狩猎这项核心活动，直立人产生了很多复杂的行为，包括制造更复杂的工具，如标枪、手斧、尖状器、砍砸器等（参见图 3-11），使他们的脑承担起越来越复杂的活动，脑的活动又促使脑组织增大。于是，脑、手、工具相互促进，加倍提高了直立人的生存竞争能力。狩猎所获得的肉食，减少了食物的体积，却精化和提高了营养，促进直立人脑和手的进一步发展；手脑的发展，又促进了工具加工技术的改进和质量提高。狩猎水平的提高，有效减少了获取食物所必

① 参见〔英〕理查德·利基：《人类的起源》，吴汝康、吴新智、林圣龙译，上海科技出版社 1997 年版，第 35 页。

② 据化石计算：直立人特卡纳男孩的身长甚至高达 185 厘米。

需的时间，使之余下时间用来交往。在狩猎中，他们越来越注意计划性和合作性，这就使人群间增加相互配合和交往机会，交往交流多了，语言便丰富起来。狩猎后人们围拢一起分享食物，更利于发展语言。

直立人另一个重要行为，是发现“火”、认识“火”和使用“火”。并逐渐掌握了保存“火种”的技能。这又是一个伟大的转折，它为人类历史揭开了一个新的光辉篇章。

尽管在欧洲和非洲的一些地点曾报道过人类用火的遗迹，但多数不能十分肯定。而目前最可靠、最丰富、最早的直立人用火遗迹，在中国周口店北京猿人遗址。这里直立人用“火”留下的灰烬层厚达数十米。研究认为，当时“北京人”的主要燃料是草本植物，并辅以树枝和带油脂的兽骨等（参见图 3-12）。这时，它们还没有掌握人工取火技术，只能引天然火种来使用，但从厚厚的灰烬层和灰烬遗迹布局看，它们不仅已具备了较高的保存“火种”能力，也已掌握了控制“火”的技术。

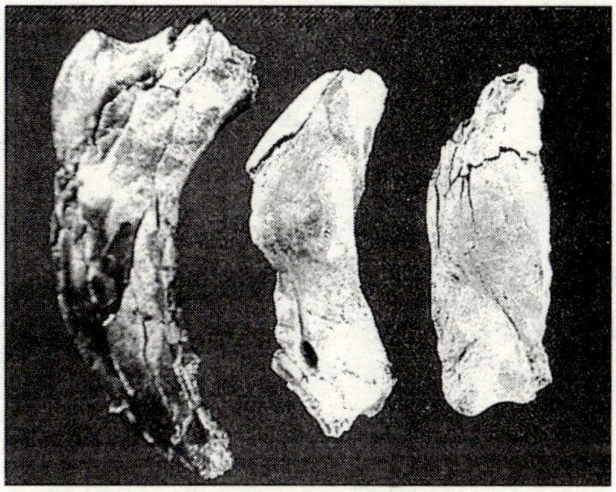

图 3-12 北京猿人遗址出土的火烧过的兽骨化石

随着直立人用火、控制火、保存火种技术的成熟，火成为它们征服大自然的法宝。有了火，直立人可烧制出易消化的熟食，极大促进了体质结构的进化和生理功能的改善；伴随火，直立人可以战胜严寒，使活动范围向中高纬度扩展；燃起火，直立人可以篝火照明，为黑暗、潮湿、阴冷的洞穴带来光明、干爽和温暖，不仅延长了活动的时间，更方便了生产生活和交流；利用火，在夜晚亮起的篝火守住藏身的洞穴口，能防野兽夜袭，使直立人们居住得更加安全。可以这样说，用火，有力促进了直立人体质进化的速度和文化上的进步，也加快了直立人向“智人”阶段迈进的脚步。

从化石分布看，直立人的足迹由非洲已扩散到亚洲和欧洲的大部分地区。在这些地区发现的直立人化石主要有亚洲的爪哇猿人，北京猿人、元谋猿人、蓝田猿人、洛南猿人、南京人和纳马达人等；非洲的主要有毛里坦猿人、OH-9 号人、OH-28 号人、恩杜图人、KNM-ER3733 号人和纳里奥科托姆人等；在欧洲，虽然海德堡人和维尔泰斯佐洛斯人及ATD6-69号人被鉴定为直立人的体质特征不很明确，但与之伴生的文化证据却表明它们应是直立人，有些地点甚至没有直立人化石出现，而文化遗存能说明这里曾是直立人的活动场所。

三、智人阶段的进化与发展

在直立人的基础上，距今25万年前智人演化出现。智人的主要特征是体质结构更加接近现代人，脑量也进一步增大至1300毫升左右。实际上，从直立人向智人进化是循序演进的，其间没有发生某种突然性“飞跃”。智人的体质结构仍保留着一些原来直立人就保留着的原始性状，如眉嵴发达，前额倾斜，脑部结构的原始特征和头骨枕部后凸，吻部前突等，但由于智人脑量再度增大，智力加速上升，以致它们在思想智慧和文化技术上突飞猛进并与直立人形成明显差别。按体质与文化特征不同，“智人”又分为早期智人和晚期智人两种类型。也有学者将晚期智人称为现代智人。

（一）早期智人

早期智人生活在4万—25万年前。最早的早期智人颅骨化石发现于1848年的西班牙直布罗陀海峡，被命名“直布罗陀人”，但因缺少科学记录而未引起注意。1856年，在德国莱茵河畔的杜塞尔多夫（Dusseldorf）附近一个叫“尼安德特”的河谷小洞穴中，发现了早期智人头盖骨和一批体骨等化石。该头盖骨眉嵴粗壮，前额低平、略后倾，中面部和枕骨明显突出，脑容量在1230毫升以上。1864年，谢夫豪森正式将它命名为“尼安德特人”。后来，德、法、意、比利时等许多地方也发现了“尼人”下颌、牙齿和头盖骨化石等。此后，“尼人”化石接续不断地在欧洲及邻近被发现，并成为欧洲早期智人的典型代表。“尼人”的范围自西欧东抵中亚，南及巴勒斯坦，北跨53度纬线。“尼人”的时代由距今13.5万年前，一直延续到距今3.4万年前。

在“尼人”不断被发现的同时，与之类似化石也不断被发现，如希腊的佩特拉洛纳（Petralona）人、法国的阿拉戈（Arago）人、德国的斯坦海姆（Steinheim）人，甚至还有中非赞比亚的布罗肯山（Broken Hill）人等。尽管这些化石与“尼人”略存解剖结构上的差别，但它们都具有比直立人进步（如较大脑量）又比晚期智人原始的共同特点。因此，人类学家统称它们为“早期智人”或“远古智人”。目前，在世界各地发现早期智人化石的地点有70余处。早期智人的足迹遍布于亚、欧、非三大洲。亚洲早期智人主要有梭罗智人、金牛山人、切舍克塔斯人、斯虎尔人、塔蓬人、丁村人、沙尼达尔人、大荔人、许家窑人、新洞人、马坝人、长阳人、巢县人等。欧洲主要有典型的尼安德特人、佩特拉洛纳人、托塔维尔人等。非洲主要有博多人、布罗肯山人等(参见图 3-13)。

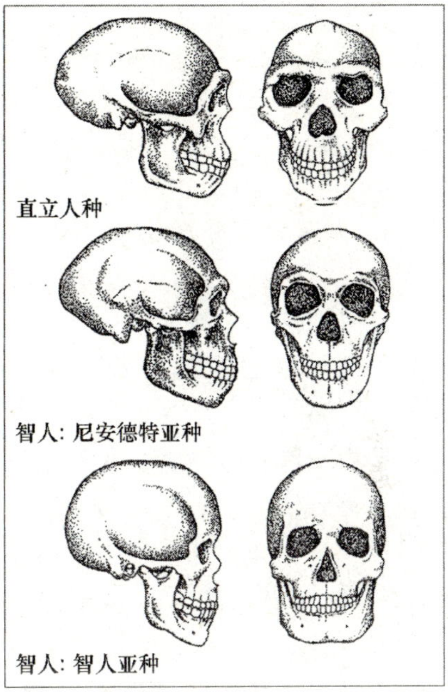

图 3-13 直立人与早期智人颅骨比较

早期智人阶段,是人类发展的一个承上启下的重要时期。在这一时期,人类加速了体质结构向更高级进化的步伐,智力增强、人口繁衍、社会实践丰富以及群体间交往频繁等,都使人类适应自然、认识自然和改造自然的能力大为提高。特别是在人类的智慧、文化和技术等方面早期智人展现出崭新的风貌并显现出无穷的潜力;在工具尤其是石器的制作和使用上,取得了前所未有的新进展。

由于智慧加速积累,早期智人不同文化的地域特征越来越明显起来。在西欧,以手斧为基本特征的阿舍利文化,逐渐被以细小尖状器为代表的莫斯特文化所取代。在西亚和中亚,除发现很多莫斯特文化石器外,还发现大量勒瓦娄哇类型石器。这种石器打制技术,是在燧石核上剥离石片前,先将石核修整,打下来的石片一边平整,一边凸起,锐利的刃缘很像一把石刀。在中国,目前已发现的早期智人遗存主要集中在华北地区。贾兰坡等认为,中国北方地区的早期智人文化大体分为两大系统,一是大石器系统,另一是小石器系统。前者以丁村文化为代表,后者以周口店 15 地点为代表,它们以华北地区为中心,用不同方式向外传播。

早期智人阶段,人类的足迹虽然尚未走出“旧大陆”,但它们居住的范围却进一步扩大。在欧亚大陆,人类谋生存的脚步已逐步向更高纬度的寒冷地区进发;在非洲,人类的足迹则沿河谷上游向盆地、山麓和一些相对干旱的地域,向广阔的草原、高原迈进。

同时，由于智慧与意识的进步，早期智人已出现许多有意识地以不同形式埋葬死者的习俗。在法国的费拉西洞穴中，发现了早期智人埋葬了一对莫斯特文化的成年男女和两个儿童的墓葬。墓葬中多具遗骸依次置于一个墓坑，墓坑深达30厘米，两儿童墓前还有一个35厘米深的土坑，坑内放着砂粒和大块牛骨，成年男性头部和肩部压着扁圆的砾石。圣沙拜尔人的墓葬中，人骨架被安放在长1.45米、宽1.3米、深约30厘米的墓坑内，身旁随葬有燧石石器、砂岩石砧、制作精致的尖状器和刮削器和各种颜色的石英水晶块。有的墓葬中甚至随葬着关节部位依然相连的牛腿骨、驯鹿的脊椎骨及肩胛骨等，这说明当时人们不仅用石器随葬，还用兽肉供奉死者。在伊拉克的沙尼达尔洞穴中还发现了用鲜花随葬的墓葬。①

这些现象表明早期智人的人际关系已经很亲密，群体成员间存在着责任感和情感依恋，也可看出，由于生产力发展，人们的生活已有相当的改善，起码在居食上有了基本保障。这样，他们才可能用生产工具、食品和花卉等来陪葬死者。莫斯特墓葬可以算作人类历史上最早的墓葬。

（二）晚期智人

在距今4万—5万年前，一种在解剖结构上明显与现代人相近的“新人”进化出现，人类学称之为“晚期智人”。

晚期智人，可以说是真正的“智人”，因为它们的脑容量更加增大，脑的结构基本进化成熟，牙齿和面部再度减小，头骨变得高而长，额部趋于垂直，眉嵴非常微弱。同时，晚期智人的鼻子变狭，眼眶低短，眶间距偏窄，而四肢骨的髓腔变大，骨嵴十分显著等。从所有体质结构的解剖特征看，它们与今天现代人的体质结构基本一致或非常接近。

由于体质进化日趋完善，智慧成倍增长，晚期智人的工具制作能力和生产力水平都大幅度提高。在智人的生计方式中，依靠采集为生的比例逐渐减少，而依靠“渔猎”为生的比重越来越多。尤其在晚期智人晚期，智人们逐步摸索出野生食用植物栽培和野生动物驯养技术，并开始向半定居→定居农业和游牧→畜牧业的时代迈进。在生存中，它们解决环境适应和生存困难的方式，也由过去简单被动的生物性适应—顺应形式，转变为主动的、主要是运用文化方式来解决生存和适应环境的问题，或者说，用改造自然的主观能动方式来求得生存质量的提高和自我发展。因此世界各地都出现了面

① 参见朱泓：《体质人类学》，高等教育出版社2004年版，第287页。

目全新、各具特色、丰富多彩的晚旧石器文化。

最典型最具震撼力的现象发生在欧洲。大约从距今 5 万年前开始，一场人类史上重大而明显的转变由东到西横扫欧洲。最先是东欧，在这个时间“尼安德特人”消失了，随之步步向西，最后在大约距今 3.3 万年前，“尼人”的踪迹完全消失在欧洲最西边的地方。伴随“尼人”消失的脚步，具有现代解剖结构的“晚期智人”却戏剧般地接踵而至，它们用的是一种用“石叶”制作的精锐工具。

晚期智人的工具有 100 种以上，其中包括制作粗糙衣物和用于雕刻的器物，兽骨、鹿角和贝壳等都成为制造工具的原料。他们制造的“石叶”是在石料上用间接压剥打击制成的具有锋利刃口的狭长石片，这些石片可用来制作各种尖状器、雕刻器、刮削器、钻头和石刀(参见图 3-14)。此外，它们用兽骨打磨成的骨器，也是非常有用的利器，这些骨器的制作水平高超，如渔叉、投矛器、骨锥、骨针等不仅尖锐锋利，而且精细、美观。骨针的出现，暗示着人们已掌握了缝纫技术，因此制衣御寒已是顺理成章的事(参见图 3-15)。

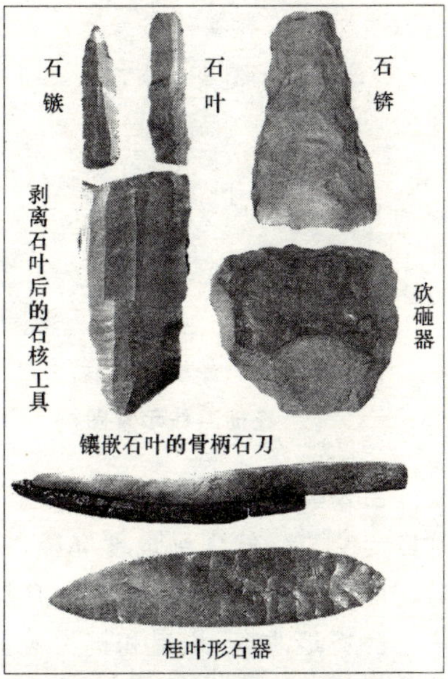

图 3-14　晚期智人制作的石质工具

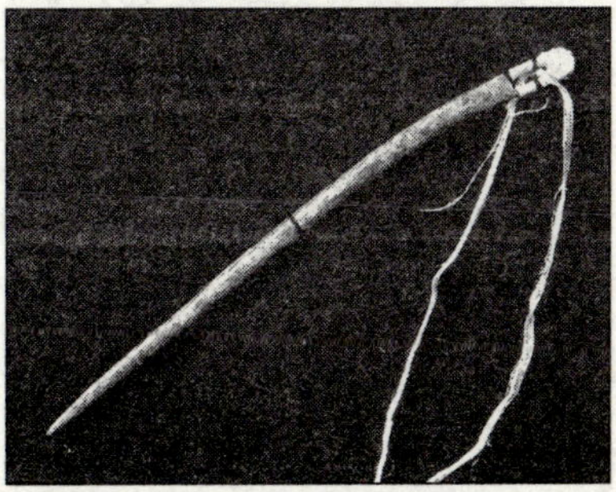

图 3-15　晚期智人制作的有孔骨针

在晚期智人的遗址中，还出现大量穿孔装饰品，如珠子和坠饰等，表明这时已不是“饥不果腹”的时代，因为在满足了基本生存需求之后，人们才有闲暇美饰自身，以追求物质之外的精神世界。同样，留在岩洞深壁上的绘画所表达的生动意境，以及遗存中的各种骨、角、石雕等原始艺术品等，都真实地映衬出晚期智人原始艺术和宗教意识的存在。除此，晚期智人在埋葬死者的习俗方面也更为成熟，更为普遍。这些都说明，晚期智人文化进步的步伐越走越快，而在这背后，“心智”的快速提升，是晚期智人快速文化进步的巨大源泉。

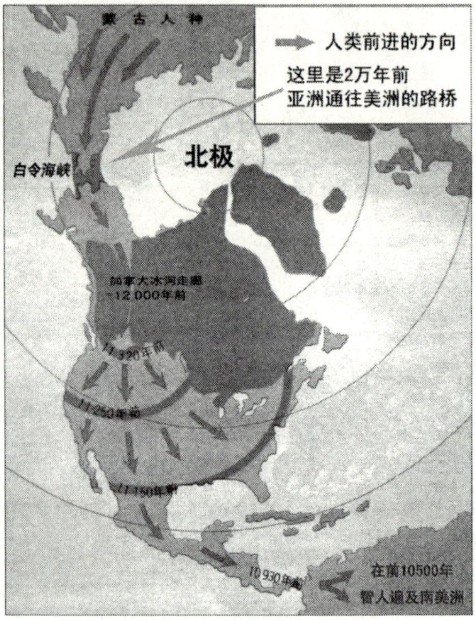

图 3-16　晚期智人向“新大陆”迁徙路线示意图

伴随各地文化此起彼伏、竞相发展，晚期智人的社会生产力水平迅速提高，人们的活动范围又一次明显扩大。这个时期，人类的脚步已经坚实地迈出了旧大陆。他们不仅由欧亚大陆向东北，通过白令海峡冰期出现的陆桥到达美洲“新大陆”，并顺势向“新大陆”腹地进发，直至踏遍美洲的各个角落（参见图 3-16）；而且借助于水上工具，通过印度支那、加里曼丹和新几内亚等附近岛屿、陆桥等，先后登上澳洲大陆、新西兰和南太平洋诸岛。最后，地球上几乎所有适合人类居住的地方都留下了“智人”的足迹。

在人类分布范围进一步拓展的同时，世界人口也较快增长。但人群间的广泛交流仍然受到地理屏障的阻隔，以致各大区域间人群的基因库长期封闭隔绝，相互阻隔的人群各自按照自己所处环境的需要，来“选择”与“适应”，缓慢地改变、积累和扩大着彼此间的体质差别，人群的“种族”特征开始分化形成，并在晚期智人中晚期越来越明显地表现出来。因为晚期智人的解剖结构与现代人基本一致或极为接近，因此，晚期智人也被称为“现代智人”，即解剖学意义上的现代人。

第四节　现代人的体质进化特征和现代人的起源

晚期智人自 4 万—5 万年前开始大量出现，至今仍生存在地球上。人类学也称之为“现代智人”或现代人。下面先看看晚期智人体质进化的主要特征，再讨论其起源问题。

一、现代人的体质进化特征

地球上所有高等动物所具有的体质特征，都是在漫长而复杂的演化进程中，不断适应环境变化，不断选择—变异—演化而形成的。人类的体质进化，除去环境和生物学因素外，还有文化进步对体质进化产生的重要影响。一般讲，环境压力使人类的体质向适应生存的方向进化，进化的体质又为文化的进步提供物质基础；文化进步如语言、思维、制造使用工具、社会行为等，再推动体质结构向更高层次进化。下面从不同侧面来认识现代人的体质进化特征。

（一）下肢与骨盆的进化特征

由于人类两足直立行走，导致骨骼结构与形态发生相应的变化，尤其是下肢和骨盆形成“人”所独具的解剖学结构和形态特征（参见图3-17）。

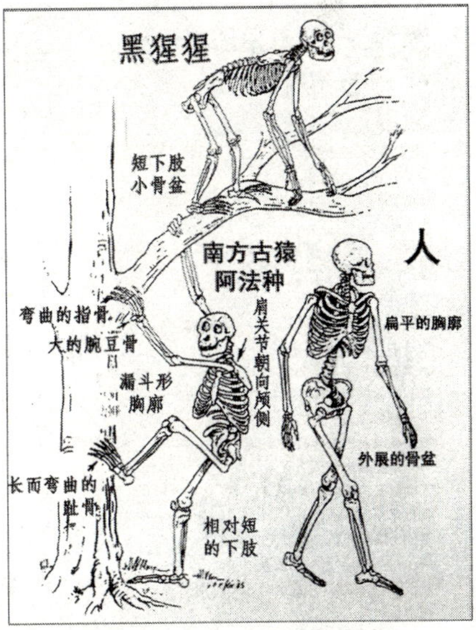

图 3-17 猿与人骨骼对比

1. 股骨的进化特征

两足直立行走，是一项复杂的运动。现代人行走时仅用下肢两足交替迈步于地面，而骨盆以上的身躯则保持直立而伸展的姿势，全身平稳地移动。从任何侧面观察，人体行走移动时重心的变化幅度都较小，运动能量消耗也最低。猿类不同，它们的身体重心随两足交替变化幅度很大，以致身躯忽左忽右，忽高忽低摆动，不仅能耗很大，不能持久，也极不平稳。

产生这种差异的原因，是两者体质结构和解剖学结构的不同。比如在股骨形态上，猿类股骨长轴与重心垂直轴近乎平行，股骨头重心垂直落点在内踝一侧，当猿类双足交替行走而单足落地时，由股骨头传递来的身体重力没有传导至立足重心点，而是明显偏向内侧，这就使猿类行走时不得不摇摇晃晃以克服身体移动时产生的重心失衡。人类却不同，其股骨长轴与重心垂直轴呈一定角度斜交，股骨头重心垂直落点偏向外踝侧，当双足交替行走而单足落地时，股骨头传递来的身体重力恰好直接传导至立足重心点，这就使得行走时重心非常平稳。与之相适应，现代人站立和行走时的体态都是两膝靠拢，而猿类则必须是两腿分开以稳定身体重心（参见图 3-18）。

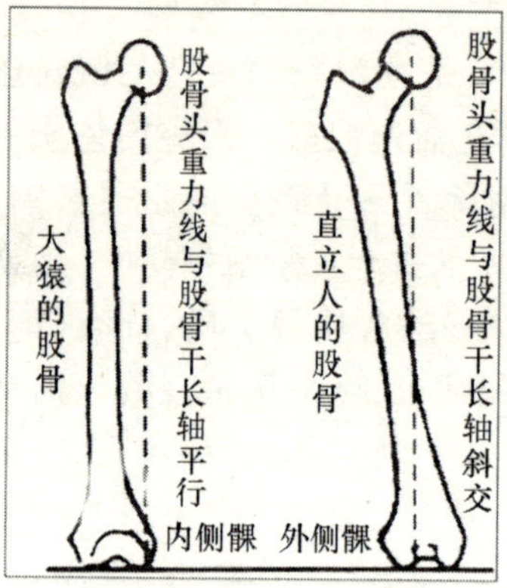

图 3-18 人与猿的股骨头重力落点比较

2. 脚部的进化特征

脚部出现的进化形态，是现代人能够完全直立和平稳两足行走的重要前提。人体直立和两足行走时，全身重量都要通过“脚”平稳而均匀地传至地面。因而，现代人脚进化出粗大的跗骨，以支撑体重，其结构比例约占足长的 49%，而猩猩仅占 35%。现代人脚又有很高的足弓，它犹如一副神奇的弹簧，能够有效缓冲运动时由上面身体传递来的压力，同时也支撑出空间让足底的血管和神经通过，使之在人体站立和运动时保持正常工作而不至于受到压迫；猿类则基本没有足弓，它们大多是平足，因而直立和行走都不能持久。人脚和猿“脚”的蹠横韧带位置、弹力和强度也存在明显不同，前者位置更偏前，而强度和弹性韧度都比后者好。由于现代人的手脚分工越来越固定，人脚不再去执行抓握等任务，人脚的拇趾也出现新的变化。直立行走时人体重量最终要传递到拇趾，这就需要拇趾相对稳定并具一定强度，因而人的拇趾进化得比较粗大而失去了过多的活动性，而猿类拇趾仍可自由运动，也能对握（参见图 3-19）。

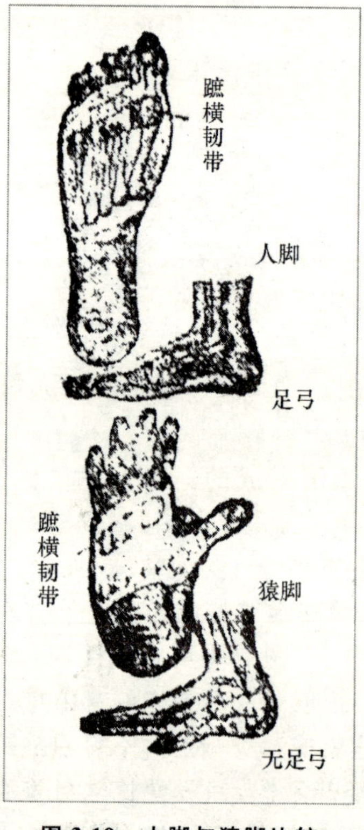

图 3-19 人脚与猿脚比较

3. 骨盆的进化特征

由于两足立直行走，人的骨盆进化也非常明显。普通哺乳动物多四足站立，体重分担到四条腿；而人是两足站立，其体重仅由两条腿承担。人体直立后，原来应该是前肢分担的躯体重量、前肢本身的重量与原来后肢分担的躯体重量都集中到骨盆，并以之为“托盘”，再传递到两腿，因而骨盆的负荷成倍增加。为承担这些重量，人类骨盆一方面不断增大面积以减轻单位压强；另一方面将髂骨翼不断向两侧展开，腰椎也配合向前弯曲，致骶骨岬突出；同时，骨盆上口向上方扭转近 90 度，相应部位的韧带装置也得到加强。这些变化，改善骨盆的负重能力，也满足了人体直立和行走时力学平衡的需要，但却严重地限制了骨盆的灵活性，给人类带来了不少麻烦。如女性骨性产道受到不合理安排，这不仅给妇女分娩带来痛苦；也给胎儿在母体内胚育时间带来“钢性”约束，导致胎儿在没有完全胚育成熟，就不得不在骨性产道限定的体量范围内提前离开母体。理查德·利基研究了婴儿脑量与骨性产道的限制关系。他发现四肢行走的动物，幼仔出生时的脑量都在成年个体平均脑量的一半以上，猿类大约在 200 毫升，恰好是成年个体平均脑量的一半，而现代人新生儿脑量却仅是成年人平均脑量的三分之一还不足。这说明现代人骨性产道的规格限制着胎儿脑量必须在允许限度内才能通过，也就是说，胎儿脑量在母体内发育到大约 385 毫升的时候，便达到了骨性产道的通过极限。因而，现代人胎儿出生时，还没有任何自助能力，他们需要有更长时间的体外发育期才能达到相应的大脑发育程度。有学者认为，骨盆进化还可能是导致人类社会早期劳动分工中两性差别的主要原因之一。因为骨盆形态变化的负面影响主要危及女性，这使成年女性在妊娠期就不适应从事繁重的田间劳动和紧张剧烈的狩猎活动，而只能从事较简单的家务和纺织等轻体力劳动。

（二）上肢的进化特征

现代人的手脚分工，是在长期生存竞争中逐渐完成的。当人类从树栖到地面生活时，上肢的臂行功能（即“足”的功能）大大减弱，并被逐渐赋予新的功用。最初，它们主要用上肢采摘挖掘植物性食物，如枝叶、果实、根块等，后来也用来握紧石头和木棍进行捕猎和御敌等。这些活动使人体上肢逐渐进化并形成独特的形态。首先，是人手与臂长的比例远比猿小，因为手大会加重上肢而有碍运动。其次，是人的拇指独具特征：在劳动中拇趾十分重要，现代人拇趾得到加长进化，从拇/中指长度比看，现代人是 61%—64%，猩猩是 39%，黑猩猩 40%，大猩猩 43%（参见图 3-20）；拇指的掌指关节也很独特，它呈鞍形能完成多种方向的动作；拇指对掌肌

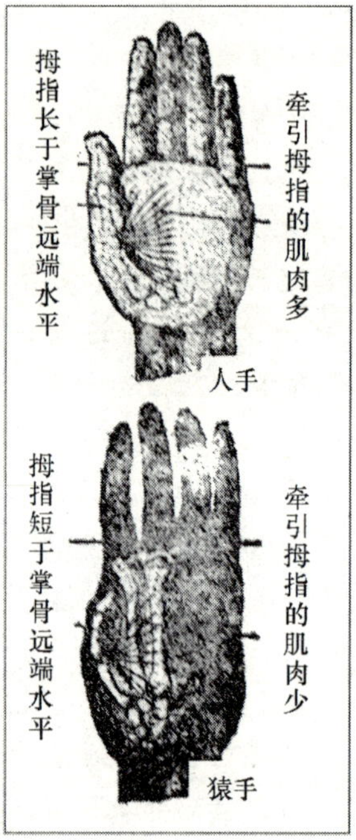

图 3-20 人手与猿手比较

特别强大，形成大鱼际使人手形态明显区别于猿；人的拇指还可灵活地与其他四指尖对碰，实现完善的抓握。此外，人类臂部旋后肌非常发达，它支持前臂进行前后回旋运动，为人类完成各种复杂的劳动提供了可能。

（三）大脑的进化特征

大脑是人体的重要器官，脑的进化是人类进化的重要方面。人脑的进化包括两个方面，一是脑的体积不断增大，二是内部结构日益复杂。表3-3 从绝对脑量和相对脑量（脑重与体重之比）两项指标，反映出现代人与现生猿脑量的差别。除体积和重量的差别外，人脑与猿脑的区别还在于内部结构的不同。人脑皮质丰满，联络区结构复杂，脑细胞更大，神经元间的联系更为多样化，还有脑顶叶扩张、外侧裂发达、脑岛深埋、大脑全遮盖小脑、皮质中语言功能区的存在等，都是猿脑所不具备和所不能与之相比的。因此，不能将人脑与猿脑进行等量比较。

表 3-3 现代人与类人猿脑量对比表

类别	绝对脑量（克）	相对脑量（脑重/体重）
现代人	1360	1/45
黑猩猩	345	1/61
大猩猩	420	1/220
猩猩	400	1/183
长臂猿	130	1/73

（四）头骨与牙齿的进化特征

现代人头骨的进化特征，除颅骨内部各种结构位置和形态多出现不同变化外，突出地表现在面颅的缩小和枕髁位置的前移两个重要方面。人类牙齿逐渐退化，使面颅不断缩小。从正中矢状面看，现代人面颅部分大约仅占脑颅部分的 45%，而黑猩猩约占 93%，这是人类脑量逐步增加和牙齿变小——吻部退缩引起面颅步步减小的进化结果。枕髁位置前移也十分明显。枕髁，是颅骨与脊柱衔接的地方，枕髁在颅底越向前靠近颅骨的重心垂线，头部在人体直立是平衡条件就越好。现代人的枕髁位置不仅仅相当靠前，而且基本与颅骨重心垂线重合，而猿类的枕髁位置不仅比较靠后，而且与颅骨重心垂线间存在一定的距离。

现代人牙齿的进化突出地表现在犬齿退化和臼齿的变化两个方面。人类犬齿退化，是一种积极的退化，其中含有进化的涵义。人类的犬齿很小，齿尖大多不超出齿列，而且在门齿—犬齿—前臼齿间不留齿隙，这与猿类存在很大区别(参见图 3-21)。猿类的犬齿很长，具极强的撕裂能力，它们的犬齿大多支出于齿列，在门齿—犬齿—前臼齿间往往留有齿隙。在臼齿的相对尺寸上，人类与猿类有明显差别。在人类的进化中，第一臼齿逐渐变大而第二臼齿逐渐变小，甚至现代人第三臼齿缺失的比例越来越高；而猿类则恰恰相反，它们第三臼齿变为最大而第一臼齿变为最小，齿数没有减少。这些都说明，现代人的牙齿在进化过程中，是朝退化方向演化的器官。

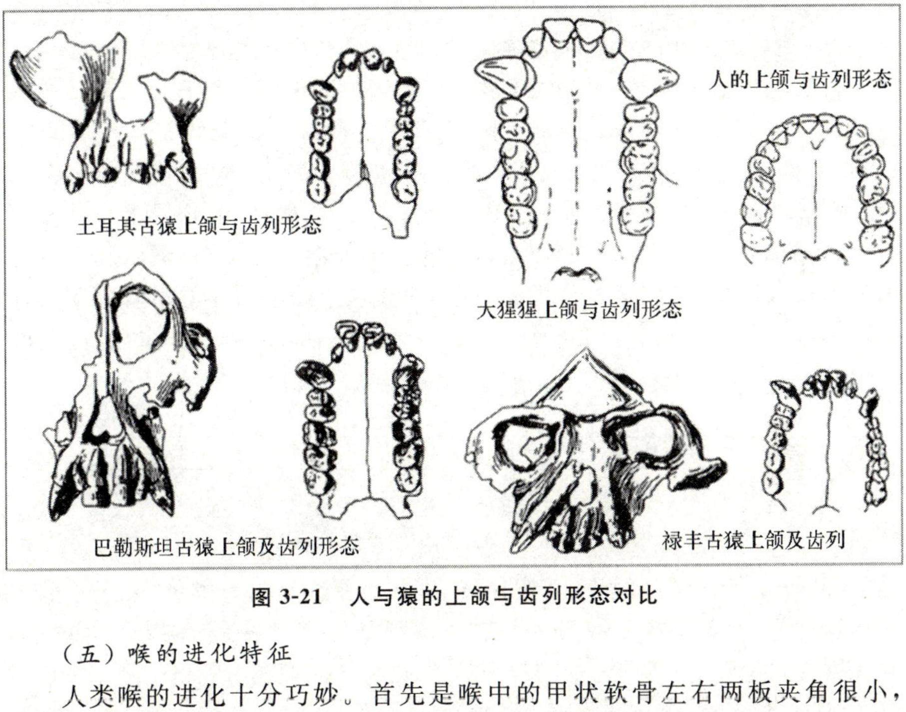

图 3-21 人与猿的上颌与齿列形态对比

(五) 喉的进化特征

人类喉的进化十分巧妙。首先是喉中的甲状软骨左右两板夹角很小，形成“人”所特有的喉结，其杓状软骨内侧缘平滑，可紧闭声门裂以消除嘶哑杂音；其次是喉肌能明显分开，声带较短且结实而粗状，其深陷喉腔呈水平位，声带边缘圆钝，能有效消除其他泛音；再者是人喉的位置低下，具有较大的喉腔，这样就优化了口腔的共鸣效果，有效扩展了人的音域范围，使人能够发出不同音节不同音质不同音高的各种声音。而猿类基本看不出喉结。猿类看不出喉结，会厌软骨较高，喉肌和声带都没有进化成熟，加之它们喉的位置较高，喉腔较小，因此不会发出像人一样的声音，其喉的进化程度不能与人相提并论。

（六）皮肤的进化特征

人类皮肤进化最重要的特征是看上去附着的体毛很少，皮肤表面光滑而润泽，这一特征任何其他灵长类或哺乳类都无法与之媲美。然而，人类也是多毛的动物，只是除头部、腋窝和阴部等少数部位外，大部分皮肤上体毛短细而微弱而已；人类皮肤上的汗腺也非常丰富，遍布全身各个角落，尤其在腋窝、手掌等部位更为集中。据统计，正常人体一块指甲大小的皮肤就包含 500 多万个细胞，其上有 100 多个汗腺及其排泄孔，有 100 多根毛发及其皮脂腺，还有约 100 厘米长的微血管和约 50 厘米长的神经纤维等。人类皮肤为何表现出这些特征，它们是如何进化形成的，现在还缺少古人类学的直接证据，因而对这些问题的认识仍停留在推想阶段。比较流行的一种观点认为，人类最初与猿类相似，皮肤上覆盖有厚厚的体毛，体毛减退与早期人类的狩猎活动有关，因为狩猎通常需要长时间持续地进行，这要求身体能够有效地控制体温，剧烈的狩猎活动常常使人们体温升高，要控制体温升高就需要通过大量排汗，以带走体内的热量，而皮肤上厚厚的体毛却阻碍了汗腺的正常排汗，人类便在自然选择的压力下，向生存需要的方向演化，以致厚厚的体毛逐渐退化掉，最后演化成今天的样子。

二、现代智人的起源问题讨论

“现代智人”的起源问题，一直是人类学界备受关注的论题。长期以来，围绕着“晚期智人”的起源问题，学界形成了截然不同的两种主要观点，一种是“多地域—各自进化起源论”简称“多地区起源论”，另一种是“单一地域—起源迁徙论”简称“单一地区起源论”。两种观点究竟孰是孰非还需要更多的证据加以论证。

（一）多地域—各自进化起源论

“多地区起源论”也称“直接演化论”或“系统论”。这种理论认为，一个大的地理单元内出现的“现代智人”都是由该地域内的直立人、早期智人直接演化而来。由于它们长期相对封闭地在各自的地理区域内适应和演化，各自种群的基因库也处于相对隔离和几乎封闭的状态中，使不同地理单元中的人群体质特征及其遗传性状，朝着与自己所处环境的适应方向平行分化，以致形成体质上具有遗传稳定性的“人种”差别。这种差别的演化历程，要追溯到直立人和早期智人。因此，现代智人的起源地区，在任何曾有“直立人”和“早期智人”出现的地方都会进化产生，它包括整个“旧大陆”的亚、非、欧三大洲(参见图 3-22)。

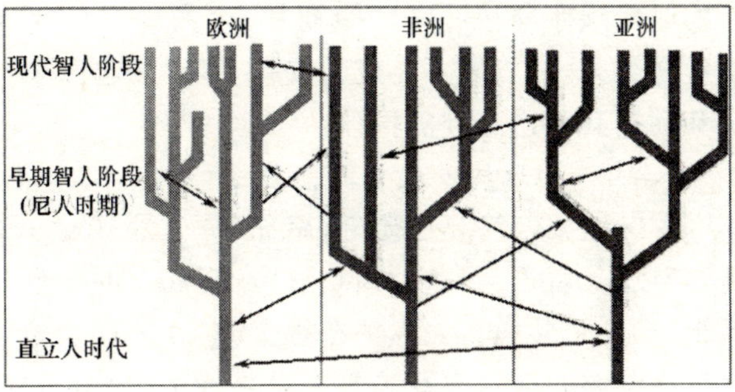

图 3-22 现代智人“多地域—各自进化起源”演化模式图

这个观点曾得到许多化石发掘材料的支持。尤其在亚洲这个地理单元内出现的“黄色人种”，其所具有的稳定的体质特征，如印加骨、矢状嵴、扁塌鼻骨，还有明显的“铲状门齿”等体质特征，自北京猿人(直立人)到丁村人、大荔人、许家窑人(早期智人)，再到河套人、山顶洞人和峙峪人等(晚期智人)，直至现代人都一脉相承，非常稳定。这就表明亚洲“黄色人种”是由本地理单元内的直立人、早期智人进化而来。

在南部非洲，人们也找到了尼格罗人种由本地域古老人种连续进化到现代人的线索，即从布罗肯山人(距今 13 万年前的早期智人)、沙尔达哈人(Saidanha Man)、弗罗里斯巴人(Florisbad Man，距今 4 万年前的晚期智人)，一直连续进化到现代尼格罗人。

在澳洲和南亚，自土著现代人上溯到晚期智人、早期智人，再到晚更新世更古老的人类化石，都存在某些体质特征的相似性状，说明澳洲和南亚土著现代人与这里的早期智人，甚至更古老的人类在体质特征上存在着明显的连续性。

然而，近年来“多地区起源论”也遇到很多麻烦。比如，在以色列一系列洞穴发掘出的重要化石标本中，本来尼安德特人(早期智人)化石从体质结构和时代都应早于那里出土的晚期智人化石，这一直是“多地区起源论”最强有力的证据之一；但最近用新方法测定的年龄数据结果却使原来顺理成章的时代顺序翻转过来,"晚期智人"的生存年代大多比尼安德特人早出 4 万年之久,这样不但不能成为支持"多地区起源论"的有力证据,反倒成为否定和动摇其理论基础的例证。

(二) 单一地域—起源迁徙论

单一地域—起源迁徙论,简称"单一地区起源论"。也称"入侵论"、"迁徙论"或"代替论"。这种观点认为,现代人的各色人种都拥有一个近期的共同祖先,这个共同祖先大约在距今 10 万—14 万年前首先出现在一个地方,然后逐渐向四面八方迁徙。在世界各地,仅有这一支最近的祖先人群或其中某些成员,最终成功地演化成为具有解剖学意义上的现代智人,即今天仍生存在地球上的现代人(参见图 3-23)。

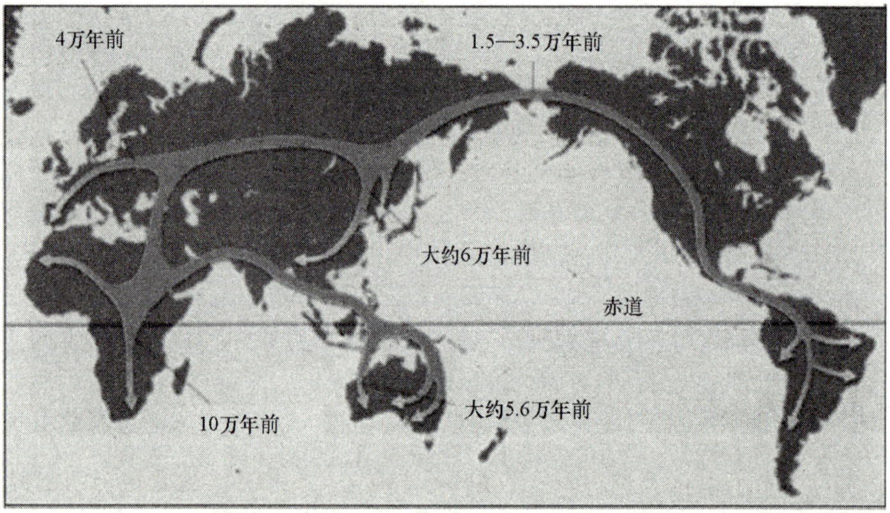

图 3-23 晚期智人向全球各大陆扩散示意图

然而,单一地区起源论所说的这个"首先出现的地方"或"单一地区"究竟在哪里?对此,又出现许多不同的观点。例如 20 世纪 20 年代,有学者认为它在欧洲;50 年代以来,有学者又倡导它在西亚;70 年代以后,范德迈斯(Vandermeersch)主张它在近东;马森托施(Macintosh)等主张它在中国;普罗兹(Protsh)则一直主张它在撒拉哈沙漠以南的非洲某地区等。[①] 几十年争论下来,因为没有充分的化石证据,多无实质性进展。

① 参见朱泓:《体质人类学》,高等教育出版社 2004 年版,第 289 页。

近20年来，生物化学和分子生物学研究快速发展，使得科学家们可以从分子层面来比较生物体的进化程度，为探索现代人类起源，提供了新的方法和手段。

20世纪80年代，一种令人震惊的观点被提了出来。这就是建立在分子遗传学理论基础上的新的现代人起源假说——“线粒体夏娃假说”。这个假说的理论基础出自于两个实验室的研究成果，一个是美国埃摩里大学的道格拉斯·华莱士(Douglas Wallace)及其同事的实验室，另一个是伯克利加州大学的阿伦·威尔逊(Allan Wilson)及其同事的实验室。

学者们仔细研究了现代人细胞内的“线粒体DNA”(也写作“mtDNA”)。因为线粒体是细胞核外唯一含有DNA的细胞器，其基因组也仅有一条DNA，它的部分遗传密码与细胞核内的遗传密码有所不同，特点是保留了原核细胞基因的某些特质。研究发现，当来自母亲的卵子和来自父亲的精子融合形成新胚胎时，新胚胎细胞的“线粒体”遗传密码只来自母亲的卵子，因此得出线粒体DNA只由母系遗传的结论。正是因为它只由母系遗传，就特别适合通过代际追踪的手段来一代代地向前追溯人类遗传进化的路线。因而“线粒体DNA”比较与研究随即成为追溯现代人遗传进化路线和“现代智人”起源研究的有效的生物技术方法。

1987年1月，美国遗传学家卡恩(Cann R. L.)和阿伦·威尔逊等在英国《自然》杂志上首次公布了他们的研究成果。据悉，他们对147名妇女的胎盘细胞“线粒体DNA”进行了仔细检查和分析，并以之类型的亲疏关系绘制出“系统树”。这些妇女的原籍分别选自非洲、亚洲和大洋洲。结果表明，这些妇女的共同祖先均来自非洲。根据恒定的DNA演变速率推算，现代人与非洲共同祖先的时间距离是15万年。由于线粒体DNA是通过母系遗传的，因而遗传追溯过程最后会趋向最初的一小群女性或最初的一位单一女性祖先。基此，卡恩等又“索骥”般地对所有胎盘“线粒体DNA”向前追踪，最后便追溯到大约15万年前生活在非洲的一个女人。这个女人所在的人群最初生活在非洲，大约在13万年前，她的一群后裔开始离开非洲，分散到世界各地，成为今天地球上所有现代人的祖先。布法罗纽约州立大学的人类学家埃兹拉·朱布罗研究证明，一个群体只要有2%的优势就能导致在1000年内消灭另一群体。①

---

① 参见〔英〕理查德·利基：《人类的起源》，吴汝康、吴新智、林圣龙译，上海科技出版社1997年版，第75页。

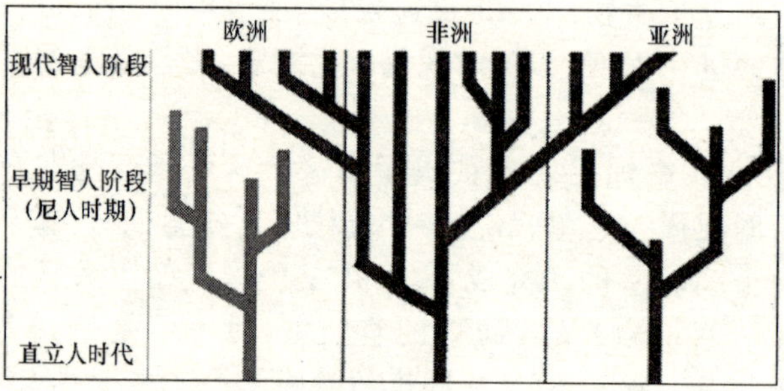

图 3-24 现代智人"单一地域一起源迁徙论"演化模式图

这项研究还表明,晚期智人或现代智人没有与先前的早期智人或其他任何"人"的古老种群有过杂交。因为如果它们与"早期智人"或更古老种群发生过杂交融合的话,它们的"线粒体 DNA"就会出现更古老的起源迹象,如今现代智人的"线粒体 DNA"特征也不会是现在的样子。况且,从采自世界各地 4000 多个现代人的测试结果看,还没有发现有这样古老的"线粒体 DNA"存在;而与之相反,凡接受过检验的现代人的线粒体 DNA 类型,其源头都指向较近的时代。这意味着"现代智人"作为"后来者",完全取代了原来那些古老的人群,而不是融汇于它们之中。晚期智人的"取代"进程,被认为于 13 万年前后始于非洲,然后在约十几万年的时间里,逐渐散布到欧亚大陆及全球各个地理单元,并逐渐替代当地土著,进而因地理环境差异而形成差别越来越显著的不同种族(参见图 3-24)。这就是著名的"线粒体夏娃理论"的核心内容。

(三)关于晚期智人起源的讨论

夏娃理论提出不到十年,1997 年德国莱茵汉斯博物馆和慕尼黑大学的人类学家合作,成功地从德国非尔德赫伏(Feldhofer)山洞遗址里出土的尼安德特人(早期智人)化石中提取出 DNA,并以之与现代人类基因进行对比研究。结果表明,欧洲典型的尼安德特人只是人类进化过程中一个已绝灭的旁支,而不是现代智人的祖先。其研究结论有力地支持了现代人起源于非洲的假说,也轰动了整个人类学界,被评为当年世界十大科技新闻。此后不久,奥夫琴尼科夫(Ovchinnikov)等于 2000 年又报道了第二例典型的"早期智人"——"尼安德特人"的 mtDNA 研究成果。这个样本采自北高加索地区距今 29000 年前的"尼人"个体,其 mtDNA 序列与 1997 年那个"尼人"的 DNA 序列相似,而与现代人类的 mtDNA 明显不同,进一步证明了"尼安德特人"消亡之前,并没有为晚期智人,即"现代智人"的线粒体基因库作出贡献，这更支持了现代智人“单一地区起源论”假说。[①]

稍后，中国基因多样性课题组，用现代生物技术对中国不同地域不同族群的遗传结构进行研究，结果表明现代中国人来源于非洲，并显示出最初的“中国人”是经由东南亚进入中国的。柯越海等用Y染色体标记技术，也证明东亚现代人起源于非洲，并估算出他们自南方进入中国的时间大体在1.8万—6万年前。[②] 与此同时，上海复旦大学金力等对现代中国人的Y染色体DNA进行多项研究，结论仍然支持现代中国人的祖先起源于非洲，但他们却认为“现代中国人”在3万—8万年前进入中国。

来自非洲的化石材料，同样支持了“线粒体夏娃学说”。例如，公认的世界上最早的“现代智人”化石出自南部非洲，主要有边界洞(Border Cave)和克莱西斯河口洞(Klasies River Mouth Cave)出土的“晚期智人”化石等。更有力的化石证据还有2003年6月《自然》杂志公布了在埃塞俄比亚发现的距今16万年前的3具“晚期智人”头骨化石，被称为“长者智人”，这是到目前为止年代最早的解剖意义上的“现代智人”化石。这些化石的发现和研究，为“现代智人”起源于非洲的理论又增添了关键性的化石证据。

尽管如此，单一地区起源论也遇到很多不同的见解。一方面是，许多西方国家的分子生物学成果与“线粒体夏娃理论”得出的结论差距较大，比如美国宾西法尼亚洲立大学的S.布莱尔·赫奇亚(S. Blair Hedgea)、加利福尼亚大学的弗朗西斯克·J.阿亚拉(Francisco J. Ayala)、亚利桑那大学的M.哈默(M. Hammer)，英国爱丁堡大学的菲利普·阿瓦达那(Philip Awadana)和苏塞克斯大学的亚当·艾尔-沃克(Adam Eyre-Walker)的研究等，都从不同的方面对“夏娃理论”提出了不同的见解或程度不同的质疑。[③]

另一方面，若干区域性古人类化石材料的对比研究，在某种程度上支持了“多地区起源论”的观点。例如在中国，从直立人、早期智人、晚期智人到现代蒙古人种，它们的铲形门齿、矢状嵴、印加骨、鼻梁和颧骨、上颌圆枕和下颌圆枕等特征的出现率比世界其他地区都高，表明了中国境内的直立人、早期智人、晚期智人与现代蒙古人种的体质性状之间具有进化继承性。在南亚至澳洲，从爪哇猿人(直立人)经昂栋人(早期智人)到瓦贾克人(晚期智

① 参见朱泓：《体质人类学》，高等教育出版社2004年版，第289页。

② 同上书，第290页。

③ 同上。

人)及现代土著人,其体质特征也存在着性状连续性和进化继承性。这些研究成果都对“单一地区起源论”假说提出疑义,也成为现代智人“多地域—各自进化起源论”的依据。尽管如此,由于受到化石材料的数量和连续性,以及测量工具与方法的精确性等多种因素的限制,“多地域—各自进化起源论”的观点还难以让学界完全信服。同样,要证明“单一地区起源论”的正确性,也还需要科学家们经历很长且很艰难的路程。

人类探索自身起源与进化发展的努力,走过了百余年的艰辛历程。不断发现与化石证据的积累,以及相伴始终的不断研究,使得学术界大体建立起一个人类进化发展过程的基本线索和大体轮廓。在这一过程中,由于新的化石、新的研究成果不断出现,使人们不断加深对人类起源与进化发展问题的认识,也不断根据这些新认识来修正各种理论和观点,使人类对自身起源与进化的认识,不断上升到更高的层次和更深入更具体的微观细节,也使这些认识一步步地越来越接近于人类起源与进化发展的真实情况。随着科学的进步和更多更系统的古人类化石材料的发现,以及研究理论与方法手段的提高,人类将更正确更细致更全面地认识自身起源与发展进化的过程。

第四章
人类的种族

人种问题一直是人类体质发展和人类体质变异研究中的重要领域。它不仅是人类学家关注和研究的领域,也是生物学家、地理学家和历史学家普遍关注的问题。这里主要讨论人种的概念、人种的划分、人种的形成,以及各人种分布和种族主义等方面内容。

第一节　人种的概念

人种(Race),是人类种族的简称,也称种族。它是指在长期的地理与历史环境中形成的,区别于其他人群的,具备某些共同遗传性状(包括肤色、眼色、发色和发型、身高、面型、头型、鼻型、血型、遗传性疾病等)的人群。

人种的概念包含三个因素,即历史、地域和共同遗传性状。各人种共同遗传性状的形成,与之长期生存的自然地理环境密切相关,因此,研究人种问题,不仅要涉及他们长期生存的自然环境特征和地理分布要素,还关系到人种形成、发展和变化的时间节点。由于环境变化和人群间的交流频度日益加快,特别是近五百年来各人种大规模迁徙和交流,使他们的"地域性"和"共同遗传性状"都产生很大变化,甚至有些要素日趋模糊。为研究方便,人种学通常以公元1600年以前的状态作为基本依据进行研究和对比。

在人种学研究中,特别要注意"人种"概念与生物学上"物种"概念所存在的本质区别。生物学上的物种,是指实际上可以杂交或有可能杂交,并能繁殖出有生育能力的健康后代的一系列自然居群。人种却不同,他们不仅仅是相同人种的个体可以交媾并生育出有生育能力的健康后代,而且,所有不同人种的正常雄雌个体间皆不存在生殖障碍,都能交媾生育出健康的有正常繁殖能力的后代。同时,不同人种间虽然存在许多体质特征的区别,但相互间并无明显的界限,他们彼此间的体质特征差别皆被一系列渐变的过渡类型相互联系着。这说明,世界上所有现生人种都属于生物学的一个物种,即智人种。确切地说,世界上各个人种都属于哺乳纲—灵长目—人科—人属—智人种。因此,在生物学中,人种只是近似于动物分类中的一个亚种。这个概念非常重要。

种族和民族,也是两个容易混淆的概念。

民族的划分侧重于人群的文化属性,种族的划分则侧重于人群的生物属性。民族,是指在历史上形成的具有共同语言、共同地域、共同经济生活,以及表现出共同文化和心理素质的稳定人群。种族,则是指"在长期的地理与历史环境中形成的,区别于其他人群的,具备某些共同遗传体质性状的人群"。两者的概念泾渭分明。在种族和民族的具体人群划分中,往往互不排斥。例如,一个种族中间常常包含着多个民族,或者一个民族中间常常包含多个种族等,这都是极其常见的情况。

第二节 人种的划分

最早用颜色区别人类种群的记载是3000多年前古埃及第十八王朝西替一世坟墓的壁画。它将人类分为四种:第一种是涂以赤色的埃及人;第二种是涂以黄色的亚洲人;第三种是涂以黑色的南方尼格罗人;第四种则是涂以白色的西方人及北方人。这个古老的人类划分方法,成为后来将人类分为白、黄、黑、棕四大人种的先声。

随生产力水平不断提高,人类相互交往不断扩大,至少在中世纪前后,哲人们普遍注意到人种的差别,并开始用科学的眼光讨论人类种群的类别。直至人类航海事业发展和全球探险活动高涨,学者们始终对人种问题保持着极大的兴趣。

18世纪中叶,瑞典博物学家林耐首先以生物分类学视角,将世界人种划分为:野蛮种——菲拉斯、怪物种——蒙斯托拉斯、理智种——塞比恩斯。进而,又按当时众知的大洲区域,把理智种分为欧洲白种人、亚洲黄种人、非洲黑种人和美洲红种人等四个大种族。

稍后,1775年德国哥廷根大学教授、著名生理学家和比较解剖学家布鲁门马赫(J. F. Blumenbach, 1752—1840)发表《人种的自然起源》,首次以人体的肤色、发色和发形、眼色、身高、头型等综合体质特征作为科学依据,将现生人类划为五大人种:即高加索人种(白种)、蒙古人种(黄种)、非洲人种(黑种)、美洲人种(红种)和马来人种(棕种)。

这些划分方案虽然注意到了发形、眼色等体质特征,但主要还是以肤色为标志来进行划分的,其中还包含着许多认识上的偏差。比如,所谓"美洲的红种人"实际上并不存在,其指的红色印第安人其实是黄色人种的一个分支,他们真正的肤色并非红色,而是印第安人崇尚红饰,常用红颜料涂抹脸部和裸露皮肤的文化习俗造成的假象。

18世纪以后,对世界人种进行研究并提出分类方案的学者有近百人,所提出的方案从最简单的两分法,到很繁杂的五、六十个人种的分类方案几十种,而且各方案都有其优点。但直至今天,现代人种的分类方案,仍然没有取得能够让世界普遍认同的一致意见。近年来,学者们发现不同的人种有不同的血液特征、遗传疾病和遗传基因等,甚至指纹和血型等指标也有所不同。这些发现使得人种的划分逐渐与现代科学结合起来,并逐步推进着人种划分标准的科学化进程。

尽管如此,目前国际上习惯接受和使用最广泛的分类方法仍然是传统的世界人种三分法和四分法。

三分法,是将世界上的现生人类种群划分为三个大的人种,即:蒙古大人种,也称"蒙古利亚人种"、"黄色人种"或"亚美人种";欧罗巴大人种,也称"白色人种"、"高加索人种"或"欧亚人种";澳—尼大人种,即澳大利亚—尼格罗人种,包括黑种和赤道人种。

每个大人种中又分为若干不同特征的小人种。每个人种间都有中间过渡的人种,形成彼此人种间的联系。

图4-1"世界人种圆桌图",如同久别的兄弟又回到人类大家庭的一个圆形餐桌上,将他们按"种群相似程度"安排到各自的座位上,意示出各人种间彼此过渡的相互关系(如图4-1所示)。

四分法的分类与三分法大体相同,只是将三分法中澳—尼大人种内,赤道人种中的澳大利亚人种单独划分出来,单列为澳大利亚人种,即棕色人种。形成欧罗巴大人种、蒙古大人种、尼格罗大人种和澳大利亚大人种并列的“四分法”划分方案（如表 4-1 所示）。

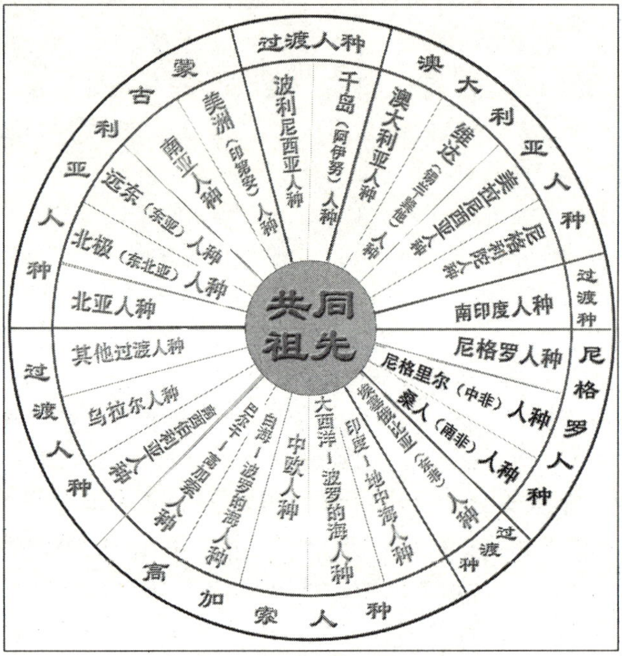

图 4-1 世界人种圆桌图

表 4-1 世界人种划分一览表

蒙古利亚人种					过渡人种		澳大利亚人种				过渡人种	尼格罗人种			过渡人种	高加索人种					过渡人种		
亚美人种或黄种							棕种					非洲人种或黑种				欧亚人种或白种							
北亚人种	北极人种（东北亚人种）	远东人种（东亚人种）	南亚人种	美洲人种（印第安人）	玻利尼西亚人种	千岛人种（阿伊努人种）	澳大利亚人种	维达人种（锡兰—巽他人种）	美拉尼西亚人种	尼格利陀人种	南印度人种（达罗维荼人种）	尼格罗人种	尼格里尔人种（中非人种）	桑人种（南非人种）	埃塞俄比亚人种（东非人种）	印度—地中海人种	大西洋—波罗的海人种	中欧人种	白海—波罗的海人种	巴尔干—高加索人种	南西伯利亚人种（土伦人种）	乌拉尔人种	其他人种

参考吴汝康：《今人类学》，安徽科技出版社 1991 年版，第 118 页图表修改。

此外，比较重要的是，1929年德国学者B.伦什首次提出，结合区域地理环境特征来划分人种的建议。1961年美国学者S.M.加恩将其科学定义并加以推广，称之为“地理人种划分方法”。该划分法认为：地理人种，是人群对自身所处的自然地理环境长期而连续地适应所产生的结果；所处的环境范围相当于各大洲的范围，由于洲际区域地理隔离，形成了在体质、血型系统、免疫系统和遗传基因上都具有一定共性的人群。虽然地理人种分布范围相当于洲，但与各洲的实际地域不完全重合，只是将其作为大体上包含地域人种和小人种的最大人种分类的基本单位。在同一地理人种内，不同人群仍有各种差异，但他们的共性要大于差异性。

在经过长达10年的酝酿和调查之后，美国科学家S.M.加恩认为世界应主要划分为9大地理人种(其中至少含32个地域人种)。即，

(1) 美洲印第安人种：指欧洲人、非洲人到来之前，北起阿拉斯加，南至南美洲南端，包括整个南北美洲的原有居民；

(2) 波利尼西亚人种：指分布于东太平洋广大地区，自夏威夷和波利尼西亚群岛，直至新西兰一带的人群；

(3) 美拉尼西亚—巴布亚人种：指分布在新几内亚岛、斐济群岛和西太平洋其他岛屿的人群；

(4) 澳大利亚人种：指欧洲人到来之前，分布在澳洲的原有人群；

(5) 亚洲地理人种：主要指分布在亚洲大陆、日本、菲律宾、苏门答腊、婆罗洲群岛等地的人群，又称为蒙古地理人种；

(6) 印度地理人种：指分布在南亚，自喜马拉雅山南麓到炎热的印度洋地区的人群；

(7) 欧洲人种：包括分布在欧洲的若干地域人群，以及部分散居于西亚、北非、西非等地的白皮肤人群，又名高加索地理人种；

(8) 非洲人种：指分布在撒哈拉沙漠以南整个非洲在内的若干地域的人群，又称尼格罗地理人种；

(9) 密克罗尼西亚人种：指分布在密克罗尼西亚群岛，以及西太平洋一些岛屿的人群；等。

地理人种分类方法的优点在于简便好记，比较符合客观实际，因而受到学术界的重视和基木认可。

尽管人种划分方案不完全相同，但是作为人种鉴别依据的体质特征，一般要符合下列三个基本条件：

（1）作为人种鉴别依据的体质特征必须具有遗传性；能够在其后代的体质中表现出来；在相当长时间内这些遗传性特征不会发生重大改变。

（2）这些体质特征受外界环境影响而变异的范围很小。

（3）这些体质特征在该人群中，不受性别、年龄和胖瘦等体质差异的明显影响。

第三节 各人种体质特征的主要差别

人类种族的体质特征差别主要表现在两个方面：一方面是人体表面可以直接观察到的性状，如肤色、毛发、眼色等；另一方面是不能直接观察到的体质形状和生理特征，如血型、基因、味/色反应等。目前，世界上鉴别人种的方法还是以直接观察到的体质性状和特征为主要依据。

下面重点介绍人种间体表性状特征的主要差别。

一、肤色

肤色，指人体皮肤的颜色。皮肤不仅仅是薄层的人体防水层，也是由多种特化细胞构成的复杂的器官。皮肤又是人体最大的器官，正常人皮肤的重量有3—4千克，表面积约2平方米。在人体不同部位，皮肤的厚度变化很大，眼睑最薄处仅有0.5毫米，而足底等部位可厚达5毫米以上。皮肤由表皮和真皮构成，表皮(epidermis)由深至浅又分为基底层（生发层）、棘细胞层、颗粒层和角化层。

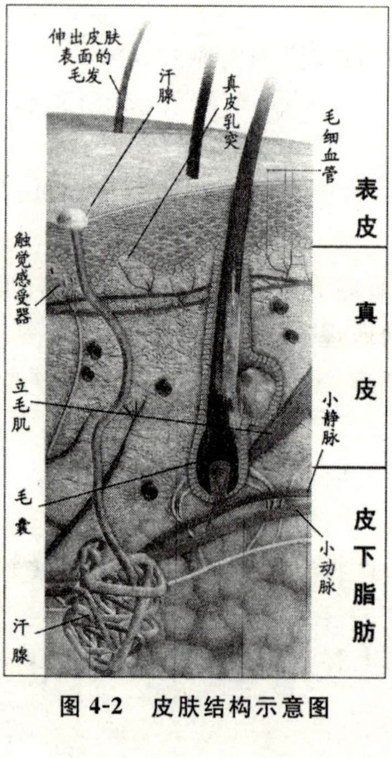

图 4-2 皮肤结构示意图

研究证明，人类皮肤的颜色，主要取决于表皮组织内黑色素(melanin)的含量和分布；也与表皮厚度，皮肤内其他色素含量如胡萝卜素(carotene)的含量，以及真皮血管床的血液充盈状况和皮肤粗糙程度、湿润程度等因素有关（如图4-2所示）。

黑色素是由表皮中的一种黑色素细胞(melanocyte)产生的。这种细胞起源于神经嵴，于胚胎12—14周的时候迁入表皮，主要分布在基底细胞间以及毛囊中，也有极少部分保留在真皮内，比如蒙古人种婴儿的骶部和臀部真皮内，常含有一些黑色素等，它们使皮肤呈现出灰蓝色的色素斑，因为这种色素斑在蒙古人种中出现率很高，约达90%—100%，人类学将之称为“蒙古斑”。

正常情况下，黑色素存在于表皮细胞中，使皮肤呈现黑色或深棕色；胡萝卜素存在于表皮角化层和皮下组织中，使皮肤显现黄色；真皮血管床内的血液充盈，使皮肤映出红色。黄棕红三种色的相互搭配比例，决定皮肤的整体肤色。就局部而言，人体不同部位的色素比例有所不同，黑色素通常存在于表皮基底层细胞内，而在肛门周围、乳晕、阴囊、阴蒂等皮肤中，往往上升并聚集于基底层上面的棘细胞中，打破正常的色素布局，以致这些部位的肤色变深。

在不同人种中，各自体内黑色素细胞的数量大体相同。人种间的肤色差别，主要是由于黑色素细胞合成黑色素的速率不同，进而移入并形成角质细胞的数量不同造成的。

黑色素有吸收紫外线的作用，它可以有效地保护深部组织免受阳光和紫外线伤害。黑色素的合成速率和移入量又与环境因素有密切关系。当人体在阳光下接受紫外线照射后，皮肤内首先发生反应，使原来就存在于表皮(基底层)细胞内的黑色素迅速加深，并快速地释放出来加入到形成角质的细胞中；随后，黑色素细胞中的黑色素合成速率加快，使黑色素量加倍增多，并越来越快速地向表层细胞运送，使皮肤逐渐变黑。

由于从赤道向两极，太阳的照射强度不同，因此世界上人群的肤色分布，存在明显的纬度地带性，即肤色与生存纬度明显相关。一般讲，生存在高纬度的人群常常具有较浅的肤色，而生存在低纬度的人群往往肤色较深。在现代人类中，北欧居民肤色最浅，而生活在大洋洲的美拉尼西亚人和赤道非洲的居民肤色最深；介于深浅之间的是生活在中纬度的蒙古人种的人群。但同样是蒙古利亚人种，肤色也有明显的由北向南逐渐变深的情况，比如西伯利亚居民肤色最浅，东北亚和中央亚细亚居民肤色略深，中国人更深些，最深的是生活在印支半岛和印度尼西亚的蒙古人种居民。

人种学对肤色进行描述和研究时，通常将其划分为12种不同的肤色，即：苍白、粉红白、黄白、浅黄、橄榄黄、浅褐、纯褐、红褐、红暗褐、纯暗褐、黑褐和暗黑色等。但是，肤色不是划分人种的唯一依据，因为每个人种中的肤色变化都存在较大范围，例如白种人中北印度人和埃及人的肤色并不白，反而较深；同样，黑色人种中，不仅有肤色极深的苏丹人，也有肤色很浅的布须曼人，肤色变化范围很大。因此，肤色只能是人种鉴别的重要参考依据，而不是唯一依据。

二、毛发的颜色与形态

毛发、皮脂腺、汗腺以及指(趾)甲，都是皮肤表皮衍生出的附属器。人体表面除手掌、足底、指(趾)屈面、阴蒂、龟头等处外，均有毛发分布。在头部、腋窝和阴部的毛发长而柔软，称长毛；眉弓、耳道、鼻孔处的毛发短而硬，称为短毛；脸面、躯干、四肢通常毛发纤细，俗称汗毛或“毫毛”。

毛发分为毛干和毛根两部分。毛干是露出皮肤的部分，毛根是埋在皮肤内的部分。毛根又由毛囊包裹，毛囊下端膨大成球状，称毛球，毛球底部凹陷中的结缔组织内，有毛细血管和神经突入其间，称毛乳头，以供给毛球营养；毛根是一簇增殖和分化能力很强的细胞，也是毛发的生长点，毛根细胞增殖，节节向外推送并渐渐角化，然后萌生出表皮，斜立于皮面就成为毛发。毛干则成圆棒状或扁柱状，横断面由内向外有髓质、皮质和毛小皮三层结构。

不同人种的毛发存在差别。在人种学上，通常将人的头发颜色和形状作为鉴别种族的重要标志。

现代人的发色能分出 20 多种色调。毛发髓质和皮质内所含黑色素的数量和分布状态决定毛发的色调，发毛皮质细胞中黑色素越多发色越深，反之越浅；有些黑发人群不仅毛发皮质内，甚至髓质内也分布着许多黑色素。发色的变化与肤色的变化一样，也与太阳的照射强度有关，存在着明显的纬度地带性。

一般来说，不同人种的发色呈现不同的颜色。白种人的发色多呈较浅的金黄色、银灰色、浅灰色；黄种人多为黑色、褐黑和黑褐色；黑种人多呈黑色和褐黑色；棕种人则多为棕黑色。

现代人的发形也存在明显差别。所谓“发形”，是指人体头发表现出的自然形态或形状。现代人主要表现出三种基本类型，即直发、波发和卷发。卷发中也可以将羊毛状卷发单独列出来作为一个类型(如图 4-3 所示)。

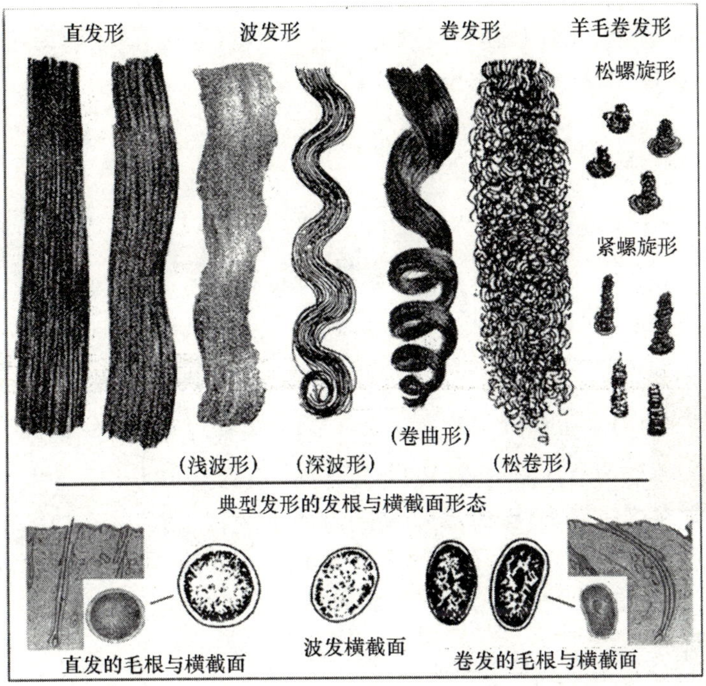

图 4-3　不同发形及其横截面示意图

决定发形的因素主要有发毛的弯曲程度和硬度。而发毛的弯曲程度和硬度都与毛发的横截面形状和直径相关。一般讲，直发的毛干比较粗硬，横截面呈圆形，且越直就越硬，横截面积也越大；波发硬度相对细软，横截面呈稍扁的椭圆形；卷发变化较大，但大多数卷发比波发更柔软些，也更纤细些，它们的横截面呈现出更扁的扁平状；羊毛卷除去卷发的一般特征外，其外观形成一个个单独的螺旋状结构。

发形的人种规律大体是，蒙古人种的发形多直而粗，高加索人种波形发较多，尼格罗人种和澳大利亚人种以卷发为主。

人种间毛发的差别，还表现在胡须上。胡须属于人的第三期体毛，是男子成熟后在面部生长出的再生性毛发，主要有唇上髭毛和唇下须毛等。胡须，按发育状况一般分为 5 个等级。胡须极少的人为Ⅰ级，其特点是颏部胡须稀疏，耳前几乎没有胡须发育；Ⅱ级，是胡须少的人，其耳前发育胡须，颏部下至前部胡须连片但不繁密，颌角多无；Ⅲ级，属胡须中等的人，其颏部与耳前胡须连接成片，但密度稀疏分布狭窄；Ⅳ级，则属胡须较多的人，其整个面颊和颏部皆发育有胡须，但两颊胡须还不浓密；Ⅴ级，属于胡须极多的人，其颧骨以下整个面颊胡须浓密（参见图 4-4）。

Ⅰ级：胡须极少　Ⅱ级：胡须少　Ⅲ级：胡须中等　Ⅳ级：胡须较多　Ⅴ级：胡须极多

图 4-4 人类胡须分级特征素描图

不同人种间胡须类型和等级存在差别。一般来讲，蒙古利亚人种胡须发育最弱，他们的胡须平均级数接近于Ⅰ级；高加索和澳洲土著人种的胡须较强，通常在Ⅲ级以上，有些地区（如外高加索地区）的男性平均级数可达到Ⅴ级或以上；尼格罗人种的胡须水平大多在Ⅲ—Ⅳ级，部分在Ⅳ级以上。我国西北地区少数民族的胡须比汉族和西南地区少数民族发达。

三、眼睛的颜色和眼部形态

眼睛的颜色（简称眼色），实际上是指眼球虹膜所反映出的色泽。虹膜是眼球前部、瞳孔周围一层环形薄膜，结构分为 5 层：内皮、前缘层、血管层、后缘层和色素上皮层等。

眼色不仅取决于虹膜中颗粒状黑色素的数量，更取决于色素在虹膜中的分布。正常人虹膜的后缘层和色素上皮层中均含一定量深层色素。若前缘层和血管层色素极少，深层色素就透过浅层组织映出蓝或天蓝等颜色；若前缘层和血管层中也分布有不同的色素，那么深层色素在透过浅层的时候便与浅层中的色素"混合"，并依据浅层色素的类别和数量分布映现出不同的颜色。

据人类学家调查统计，现代人的眼色能划分出近 20 种色别。眼色的分布与肤色、毛发色的分布也具有同步性。

眼部形态，也是人种鉴别的特征之一。不同人群眼部形态的差别，主要表现在三个特征上，即：上眼睑皱褶、内眦皱褶和眼裂高度及倾斜程度。

眼睑皱褶，一般发育在上眼睑外表的皮肤层。大多数人都发育有上眼睑皱褶，只是程度和部位有所差异。在各大人种中，欧罗巴人种和蒙古人种的上眼睑皱褶比较发达（参见图 4-5）。

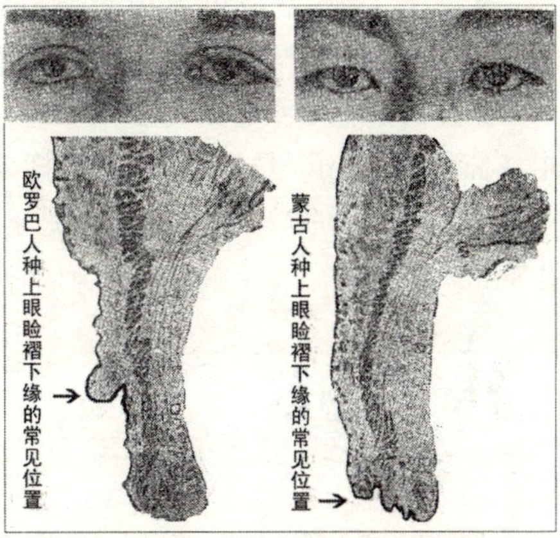

图 4-5　上眼睑皱褶平剖比较图

内眦皱褶，是上眼睑皱褶向眼内角延伸的一种皱褶类型。这种皱褶最常见于蒙古利亚人种中，亦称“蒙古褶”。

眼裂，一般指眼睛露出的宽窄程度。蒙古人种的眼裂通常较细窄，这与蒙古褶和上眼睑皱褶的发育相结合，成为蒙古人种的眼部特征。而尼格罗人种则通常发育有高而宽的眼裂。眼裂的倾斜度，指内外眼角连线与水平线的倾斜程度。一般来说，欧罗巴人种的眼外角比眼内角略高；而蒙古人种的眼外角更明显地高于眼内角。澳—尼格罗人种内外眼角的连线近似水平。可以说，大多数现代人的眼裂都不是水平的，只是我们没有仔细观察和测量比较。

四、鼻部形态

鼻部形态是人种鉴别的明显特征，主要表现在鼻梁的高度、鼻背的形状、鼻翼的宽度和鼻孔长轴的方向等方面。

欧罗巴人种的鼻根大且高，鼻梁整体突出；而蒙古人种、尼格罗人种和澳大利亚人种的鼻部整体突出程度都较低，多在中等或偏低的水平。

鼻梁侧面形状，大体分为四种类型，即凹形、直形、凸形和波形（如图 4-6 所示）。

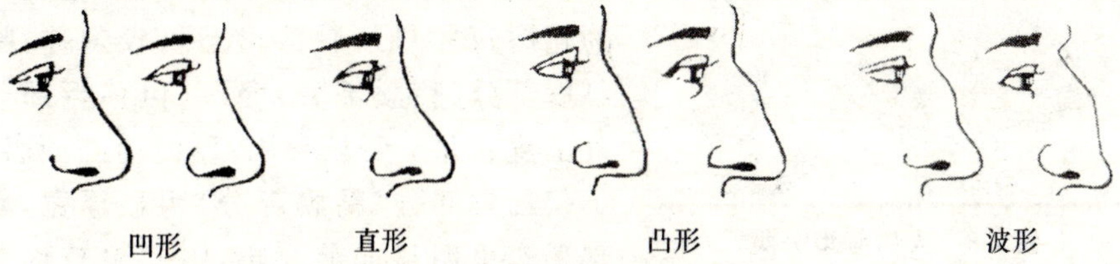

图 4-6　鼻梁侧面形状图

从整体上说，欧罗巴人种凸形鼻的比率较高，而尼格罗人种和澳大利亚人种的凹形鼻比率较大，蒙古人种的直形鼻为多。

鼻孔的形状，通常根据鼻孔最大直径的方向，分为三种类型。一般来讲，扁而宽的鼻子，鼻孔长轴多呈横向；而高而窄的鼻子，鼻孔长轴多接近纵向；两者之间的鼻孔长轴通常是斜向的，但接近圆形鼻孔，长轴方向不明显。

图 4-7 鼻孔的形状

五、唇部形态

人体唇部，由皮肤、皮肤与粘膜间的移行部分、粘膜部分组成。人类种族间唇部的差别，主要表现于唇部的薄厚程度和突出程度等方面。唇的薄厚程度，一般可以理解为，当人自然闭嘴时上下红唇部分的厚薄尺寸。人类学通常按唇部表现出的形态将其分为：薄型、适中型、厚型、厚而前凸型四种类型（参见图 4-8）。薄型唇，红唇部分（粘膜部分）较窄细，移行部分外围皮肤较平展或略后缩，也被称为缩唇；适中型唇，唇部形态较匀称，红唇部分（粘膜部分）薄厚适中，移行部分外围皮肤较平直，也被称为正唇；厚型唇，唇部形态仍较匀称，唯红唇部分（粘膜部分）略厚，但移行部分外围皮肤并不明显突出；厚而前凸型唇，不仅红唇部分（粘膜部分）明显厚宽，唇部形态也明显向前突出，因此也被称为凸唇。

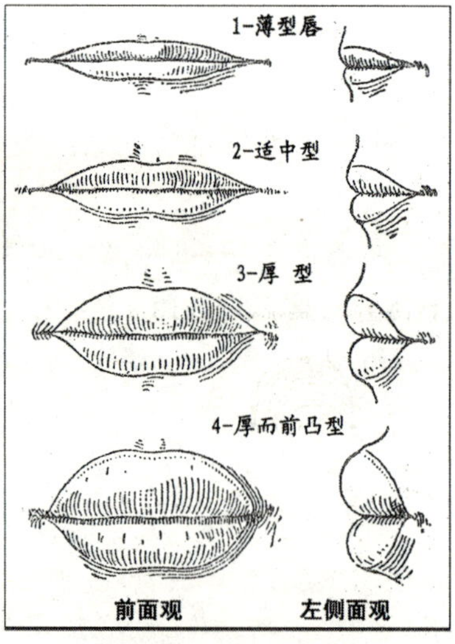

图 4-8 人体唇型分类及其特征比较

各人种中，澳大利亚人种和尼格罗人种厚而前凸型唇者居多；欧罗巴人种的唇部形态大多为适中型唇或正唇；蒙古人种的唇部形态变化较大，但大多表现出适中型唇和略厚型唇。

唇部形态还与鼻型宽窄相关，一般高而窄鼻型的人唇厚较薄，而宽而阔鼻型的人唇厚较厚。唇厚也存在纬向地带性，总体上看，高纬度地区的居民唇厚较薄，低纬度地区居民的唇厚较厚。这些唇部形态的变异与人们长期生存的地理环境密切相关，也是人类种族鉴定的标志之一。

六、肤纹与耵聍

肤纹(dermatoglyphics)，是皮肤真皮乳头突向表皮基底层而发育于手掌和足底皮肤表面的波浪状凹凸皱襞。手上的掌纹、指节纹和指纹统称手纹；趾纹和蹠纹统称足纹。

由于肤纹具有明显的个性差别，几乎不存在完全相同的肤纹；肤纹又具有终身不变的稳定性和采集的便捷性，因此，成为人种学研究的重要科目，也在医学、遗传学和刑侦领域广泛应用。

目前，人种学对肤纹的研究主要侧重于指纹的对比。研究中通常按照指纹纹路流向，将不同的指纹形状归类为弓形纹、箕形纹和斗形纹三种基本类型，每种类型又细分为若干小类(如图 4-9 所示)。

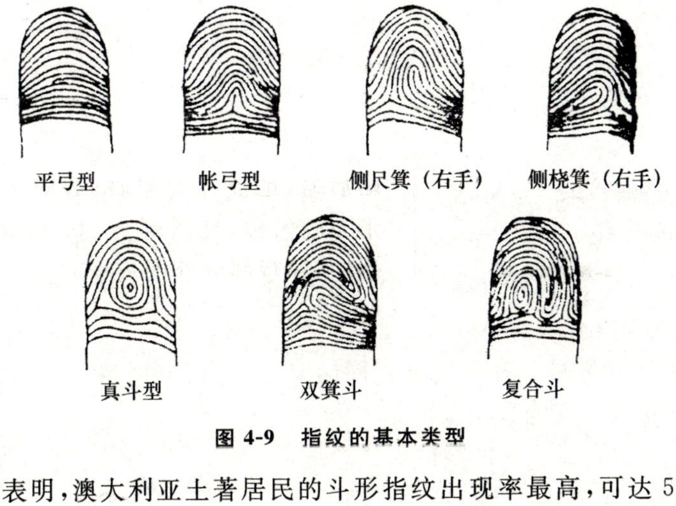

图 4-9 指纹的基本类型

研究表明，澳大利亚土著居民的斗形指纹出现率最高，可达 52.7%；亚洲蒙古利亚人种次之，达到 46.7%左右；美洲印第安黄种人的斗形指纹出现率接近亚洲蒙古人种，在 42.6%上下；欧罗巴人种的斗形指纹发生率仅为 35.4%；非洲黑色人种的斗形指纹更少，只有 27.4%。在弓形指纹的比率上却不一样，尼格罗人种出现率最高，可达 8.8%；欧罗巴人种次之，一般在 4.3%左右；而蒙古利亚人种和澳大利亚人种的弓形指纹出现率最低，通常分别仅有 1.8%和 1.4%上下。①

耵聍(cerumen)，是人外耳道的分泌物，俗称耳垢或耳屎。人类的耵聍有干、湿两种类型。

研究表明，人类的耵聍类型是常染色体单基因遗传性状，湿型耵聍为显性性状，干性耵聍为隐性性状。不同人种和民族的耵聍类型比率差别较大，是种族遗传特征的重要标志。调查资料显示，欧罗巴人种和尼格罗人种的湿型耵聍比率都接近 100%，而蒙古人种的湿型耵聍比率多数地区小于 50%，各地的变化幅度较大(参见表 4-2)。

表 4-2 蒙古利亚人种湿型耵聍比率分布一览表

北方蒙古人种湿型耵聍比率(%)						南方蒙古人种湿型耵聍比率(%)					新疆民族(%)	
华北汉族	鄂伦春族	达斡尔族	满族	蒙古族	鄂温克族	福建汉族	广东汉族	海南黎族	台湾高山族	马来人	维吾尔族	哈萨克族
4.17	5.43	10.05	12.8	13.08	13.77	21.17	35.10	44.57	71.41	73.08	88.21	88.29

注：其中湿型耵聍比率较高的民族都存在欧罗巴种族与之融血的因素。

七、人种的生理生化特征

人种的生理生化特征主要包括血型、PTC 尝味、乳糖酶含量(与吸收消化牛奶有关)、Ⅰ型乙醛脱氢酶含量(与酒的代谢有关)等指标。

随科学技术的发展，目前血型的概念早已突破原来仅用于区分红细胞表面抗原的简单内涵，成为一个十分复杂的庞大系统。现代血型研究中发现的各种红细胞血型表型数至少有 10 亿种以上。实际上，地球上除同卵双生子外，还找不到两个血型完全相同的个体。因此，血型特征已是人类个体、群体和种族研究的重要方面。

近年来，人种研究中涉及的血型分析，主要有七个血型系统，即 ABO 血

① 参见朱泓：《体质人类学》，高等教育出版社 2004 年版，第 332 页。

型、MNS_S 血型、Rh 血型、Kell 血型、Duffy 血型、Diego 血型和 HLA 系统等。表 4-3 大体反映了这些血型系统在不同人种中间的差别情况。

表 4-3 不同人种的血型特征

血型系统	主要指标	蒙古人种	欧罗巴人种	尼格罗人种	澳大利亚人种
ABO 系统	O/A/B/AB	B 基因比率高	O 基因比例高	—	—
MNS_S 系统	S 基因	0.1 以下	0.3 以上	0.2 左右	接近 0
Rh 系统	高频基因	CDe 最高	CDe 较高	CDe 较高	—
Kell 系统	K/k 抗原	kk	K 基因 0.95	K 基因 0.99	
Duffy 系统	Fy 基因	Fy^a	小于 0.1%	90%以上	—
Diego 系统	Di^a 抗原	8%—36%	极少	—	极少
HLA 系统	Aw/Bw 抗原	Bw46 Bw54	Bw41 B21	Aw36、43/Bw42	

生理生化特征除血型外，还有一些特征也表现出人种差别。

PTC(Phenyl-Thio-Carbamide，或称苯硫脲)尝味测定，欧罗巴人种的味盲率达 30%—42%；黄色人种大多在 6%—10%，美洲印第安人甚至仅有 1.2%。[①]

肠内乳糖酶含量也存在人种的差别。一般讲，人类的婴儿和少年个体肠内分泌的乳糖酶较多，以便消化奶汁中的乳糖，但成人较少甚至不分泌。欧洲白人比较特殊，他们在成年后，肠内仍分泌有相当量的乳糖酶。这与欧洲白人在长时间的环境压力下，生存选择和生活习俗导致其乳糖酶分泌基因继续保持下来有关。大部分黄色人种的成人情况却完全不一样，他们成年后的传统饮食结构中基本不喝奶，或者是少喝奶的，也没有欧洲那样的环境选择压力，因而大部分黄色人种成人的肠内缺乏乳糖酶。

据研究，人体内Ⅰ型乙醛脱氢酶的分泌量也存在人种差别。Ⅰ型乙醛脱氢酶参与入腹乙醇(酒液)的代谢，能迅速而充分地将乙醛酸化，并分解为水和二氧化碳。资料表明，黄色人种广泛缺少这种酶，而非洲黑人和欧洲白人不缺乏这种酶，各人种中不同地域和民族的人群中，Ⅰ型乙醛脱氢酶的分泌量也存在着差别。实验证明，体内Ⅰ型乙醛脱氢酶的含量多少，在很大程度上决定了人们对饮酒的承受能力。

---

① 参见朱泓:《体质人类学》，高等教育出版社 2004 年版，第 333 页。

除上述各项特征外，现代各人种的体质差别也表现在另外一些体质性状和生理生化特征上。

比较重要的体质性状有：颅骨的一些"非连续性形态特征"，如下颌圆枕、印加骨、铲形门齿；人体的各部比例，尤其是四肢的比例；头形和面形，如头部的相对长短，面部宽阔或狭窄及其突起扁平程度；汗腺和指甲的某些特征等。

下面将四大人种的基本特征归纳为表 4-4。

表 4-4 四大人种基本体质特征一览表

	蒙古人种（黄种）	高加索人种（白种）	尼格罗人种（黑种）	澳大利亚人种（棕种）
肤色	黄	浅	黝黑	棕或巧克力色
头发	黑直而粗	色浅波形	色黑卷曲	棕黑弯曲
眼色	黑深褐	浅	黑	棕黑
内眦皱褶	多见	无	无	无
胡须	Ⅰ级—极少	Ⅴ级或以上	Ⅲ—Ⅳ级	大多Ⅳ级以上
鼻	较低中宽圆孔	高而窄 鼻孔纵径较大	宽而扁 鼻孔横径较大	极宽 中高 鼻孔横径较大
唇厚	中—厚	薄—中	特厚而外翻	厚
口宽	中等	小	特大	大
铲形门齿和M3缺失	多见	少见	少见	少见
头形	中头—短圆头	中头—长头	长头	长头
面形	颧骨突出 面扁平 眉嵴不显	颧骨不突出 面前凸 眉稍显 正颌	凸颌显著 眉嵴薄	凸颌 眉嵴显著
身材	中等偏低	高大	极矮—极高 变异较大	中等
四肢比例	短	适中	长	长
血型	MNSs系统 S 基因值在 0.1 以下	MNSs系统 S 基因值在 0.3 以上	MNSs系统 S 基因值在 0.2 左右	MNSs系统 S 基因值接近 0

第四节 人种的形成和起源

人类起源和人种起源是两个不同的问题。人类起源，是研究人类作为一个物种，它的起源问题。人种的起源，则是研究现代人种族差别的形成及其原因和开始形成的时间。

最初，人们将人种起源与人类的起源联系在一起，出现两种不同观点。一种观点认为，各人种都是由一种古猿起源，人种的形成在远古的时代就已发生，这种观点曾被称为“一祖论”。另一种观点认为，各人种是从不同的古猿独立发展而来的，例如有学者认为白种人起源于黑猩猩，黑种人起源于大猩猩，黄种人起源于猩猩等，这种观点则被称为“多祖论”。随科学的发展和人们认识能力的不断提高，这些最初的观点都被后来的科学理论所否定。

现代科学证据不断证明，人类各种族都是生物学上的一个物种，即智人种。而且，越来越多的科学研究表明，人类种族的形成和体质特征的差异，是人类起源后，或者说是在人类发展到智人阶段以后才开始逐渐形成的。人种形成的原因，主要是由于人群间的地理隔绝和社会隔绝，使固定人群中的基因交流相对封闭，以致他们长期处在各自不同的环境适应和自然选择条件下，体质特征不断向着与自己所生存的地理社会环境相适应的方向演变，并通过稳定的代际遗传方式进行积累所形成的结果。

1946 年魏登瑞（Weidenreich Franz，1873—1948）提出，人类主干种族发生的主要地区有四个：① 小亚细亚——形成欧洲白种人；② 东非或南非——形成非洲黑种人；③ 中国华北平原——形成亚洲黄种人；④ 巽他群岛——形成澳大利亚棕种人。他又认为，这些“人种”是从直立人或更早的时期就已开始“本地直线进化”（orthogenesis）。魏登瑞的理论思路清晰、系统而完整，但由于缺乏化石证据的支持而显得很牵强。然而，这一理论的出现又引起学者们对“人种”究竟何时、何地形成、怎样形成等问题的更激烈争论。

目前，更多的证据趋向于将现代人种开始形成的时间指向更新世晚期的晚期智人阶段。因为现代各人种的体质特征，都以解剖学上现代智人（现代人）的体质特征为发育基础。晚期智人是现代人的母体类型。在晚期智人的时代，人类已分布于欧、亚、非三洲的主要地区，由于末次冰期后山川地理格局的调整和区域气候分带的日趋明显，智人不同人群各自所处的自然环境差别越来越大。

同时，晚期智人时期的各人群已积累了各自不同的文化，如语言、生活习俗、生殖理念和信仰体系等，这些社会文化因素也成为不同人群间交流的屏障，更加剧了彼此隔绝的程度，使不同地域人群的体质形态持续地向着各自所处环境规定的自然选择方向分化。

因此，一般认为末次冰期后，以晚期智人在各大陆出现为标志，大约在距今四五万年前的时候，人类开始或加快了种族分化的进程。

各自人群长期生存的自然地理环境差异，与种族间体质特征差异存在密切联系。比如，人类的体重一般随平均气温的下降而增大；人体四肢长短粗细，随自然环境适应的方向变化。生存在炎热沙漠里的黑人肢体细长，而生存在严寒北极的因纽特人(爱斯基摩人)肢体短粗。

人类种族“肤色”变化与自然地理环境变化的关系更为明显。前面讲过，肤色变化存在明显的“纬向地带性”规律。这是太阳照射中紫外线强度存在“纬向地带性”规律，在肤色上的反映。长期生存在低纬赤道带的黑人，需要在皮肤里分泌较多的黑色素来吸收强烈阳光中的紫外线，以避免肌体由于过多紫外线照射而受到伤害，因之形成黝黑的肤色。由低纬赤道向高纬极地，太阳光强度和紫外线强度依次减弱，人群肤色也依次变浅。表现为黄种、棕种人比黑种人肤色浅，西伯利亚人比东南亚人肤色浅；所有的北方人种都比偏南的大洋洲和美拉尼西亚人肤色浅，欧洲白种人比亚洲黄种人肤色浅；同是欧罗巴人种，北欧人又比南欧人肤色浅等等。但肤色适应和改变的速度是很缓慢的。几百年来，居住在热带的欧洲白人，现在肤色仍然保持着白色，几乎没有改变。但是，几千年甚至上万年生活在美洲热带的印第安人，却比生活在美洲温带和寒带的印第安人肤色要深一些。

同样，黑人卷曲的头发也是抵御强烈阳光的一种适应产物。在炙热的阳光下，卷发在头顶形成一个多孔隙的覆盖层，里面储存着一部分空气，相当于形成了一个不导热层，以减缓热量向头部传导，避免头部皮肤和血管受到伤害。黑种人的口裂比其他人种大，宽阔的口裂和很厚的嘴唇，均可加大水分散发面积，有助于加速吸入冷却的空气。

白种人的鼻子耸高而狭窄，鼻腔粘膜面积明显增大。这与其生活在比较寒冷的环境有关。因为，这样的鼻部结构有利于寒冷空气通过时，有更大的面积与鼻粘膜中丰富的毛细血管网接触，使之在吸入肺腔前就变得温和湿润而接近体温，以使肺腔得到有效保护。

黄色人种的“丹凤眼”、内眦皱褶以及眼裂较小等，也与长期适应亚洲中部风沙雪原地带的干旱—半干旱气候环境有关。这样的眼部结构能够在风沙飞雪的气候中有效地保护眼睛，以避免娇嫩的眼部器官受到风雪尘沙侵袭，还能有效地防止强烈的雪光反射对眼睛的危害。

然而，人类种族的分化和形成，比其他动物物种的亚种分化要复杂得多。不同人群所表现出的体质特征差异，虽然存在着总体上的规律性，但许多体质特征还不能简单地用自然环境和某种隔绝来全部解释。比如，尼格罗人种的黝黑肤色从理论上讲是与太阳照射有关，但实际上他们中的大部分，都常年居住在蔽荫的茂密深林里。世界上身体最高的人群——尼罗特人，居住在尼罗河上游，而身体最矮小的人群——俾格米人也居住在这个区域。非洲尼罗格人突颌的面部特征一般认为是适应炎热气候的选择，但北极人种阿留申人的突颌比非洲尼格罗人还明显。这些与自然环境宏观背景相悖的体质特征的形成过程，可能要比目前人类的认识复杂得多。

人类与动物的区别还在于，人类具有社会性，人类能够从事复杂的劳动和创造丰富的文化。这些因素对人类体质特征的形成和变化方向的影响至关重要，并越来越起着主导性的作用。

进入现代社会以来，人类的生产力高速发展，相对应的精神文化和物质文化越来越发达。信息革命、知识爆炸、文化融合和交通便捷等都极大地促进了人群间的交流，使过去人群间长期地理隔绝和文化隔绝的局面逐渐在瓦解，也使本来就不存在的各人种间的生殖障碍逐渐回归自然，不同人种间的基因交流日趋频繁。

随生产力的高速发展，人类的生存条件和适应环境的方式也发生着明显的变化，最突出的表现是，现代人类已不再主要以改造自身器官的方式来被动地适应环境；而是以主动的方式，主要用各种现代科技手段和方法使自然环境越来越适合于自己的需要。

因此，可以预言，随人类社会的进步，人种间的交往必然会日益频繁，人类种族间体质特征的差别会逐渐缩小，各人种间的界限也会逐渐模糊，人类种族的概念最后将越来越趋于消失。但是，这一过程仍然需要极其漫长的历史岁月。

第五节 种族主义

种族主义，是一种反科学的思想体系。它人为地将人种间的体质差别提升到“物种”甚至“属”的等级来认识和讨论，夸大人种分类的价值，过分强调人类体质特征差别，武断地认为种族是由不同祖先产生，具有多种多样的起源，彼此间毫无亲缘关系，并籍此蓄意煽动种族间的敌对情绪，为种族不平等制造依据。

即便有些种族主义者认为人类种族起源存在共同性，但他们仍然坚持认为种族的发展有快有慢，种族的品质有优有劣，种族的价值有高有低等。种族主义者进而断言，人类所有文化和文明，都是“高等”种族利用“低等”种族的奴隶劳动创造的，世界上的优秀文化更是“优等种族”的专利。高等种族的使命就是统治日益退化的“低等”种族，而低等种族理应受到高等种族的统治。

按照种族主义的观点，白色人种是高等种族，而有色人种（黑色人种、棕色人种和黄色人种等）都是低等种族。德国和美欧的部分学者甚至极力宣扬雅利安种族论①，认为地球上最高等种族是白色种族中生存在北欧的“金发雅利安”人种。在德国，种族主义者鼓吹最优等的雅利安人种的后裔是世袭的贵族。

有些德法学者更干脆提出“头部指标决定论”，鼓吹“头越长就越有天赋，社会地位也越高”，认为欧罗巴种族属长头人，日耳曼人是雅利安种族的优秀代表等等。为了得到理论依据，种族主义者还极力寻找黑色人种和印第安人等人种接近猿的证据。

法国哲学家戈比诺 1853 年竟然出版《人类种族不平等论》，对人种进行排序，认为白人最优，黄人次之，黑人最劣。甚至说，黑人不能包括在《圣经》上所说的“人”的范围之内。稍后，英国人张伯伦出版《十九世纪的基础》，更荒唐地指出英法白人的杂种已不可救药，唯有德国还是地地道道的白种“日耳曼纯种”的最后堡垒，因此他移居德国，呼吁德国人努力保持种族纯洁，将来必能控制欧洲与世界。②

另一本有影响的典型种族主义书籍——《伟大种族的消失》，是 20 世纪初由美国自然史学家格兰特撰写。书中的种族观点与戈比诺大同小异，如出同辙。其宣称地球上只有一个伟大种族，即白人中的北欧人，由此向南，越接近南部黑人的白人，种族质量就越差。因而，意大利人、西班牙人、斯拉夫人和希腊人都因为与非洲人通婚而品质变劣。

实质上，种族主义的所有理论都是一个目的，就是为统治和奴役有色人种编造借口。第二次世界大战，法西斯德国以种族主义理论为思想基础，发动了那场震惊世人的侵略战争就是极好的证明。这场战争使人类世界蒙受了巨大灾难，我们至今仍铭记在心。

种族主义的这些观点也是没有任何科学依据的。越来越多的现代科学研究证明，现有的一切种族都属于人类发展史上同一个阶段的相同“物种”。人种间无生殖障碍，虽然各人种间的体质特征存在差别，但这些差别并不能

---

① 参见〔苏〕M. Φ. 涅斯图尔赫：《人类种族》，邵象清译，商务印书馆 1963 年版，第 111—112 页。

② 参见吴汝康：《今人类学》，安徽科学技术出版社 1991 年版，第 126 页。

表明他们智力、才能和能力等级上的差别。

就人类进化程度而言，在各人种的各项体质特征中，大多表现出一些相对进步的特征和一些相对落后的特征共存于一个人种中的情况，但各人种的总体进化程度大体是相当的，不能够仅凭某人种中某项单一的体质特征的进步或落后，来评判一个人种的优劣高低。比如，在体毛上，人类的进化方向是体毛越来越少，而四大人种中，黄种人体毛最少，白种人体毛最多；在面部形态上，人类的进化方向是越进化，面部的突出度越小，而现在各人种中白种人面部突出度最大，黄种人最小；在唇厚上，人类的进化方向是越来越厚，而现在各人种中黑种人唇部最厚，白种人最薄等。人类文化进化上也存在类似的情况。这些特征都是各人种长期处于不同自然环境和社会环境中代代选择积累的结果，不能单一地抽出一两项特征来作为评价种族优劣高低的依据。

第六节　世界人种分布和中国居民的人种特征

一、世界人种分布

世界人种分布，是一个时空概念。这里主要以世界通用的四分法方案为基础，简要讨论人类种族形成后至公元16世纪(1600年)前后，世界各大人种及过渡类型人种的内部划分和分布状况。

(一) 欧罗巴人种的划分与分布

欧罗巴人种(Europoid)也称白色人种、亚欧人种或高加索人种，是世界上人口最多的人种，约占全球人口总数的54%。

白种人多生活在较为寒冷的地区。这个地区太阳斜射，光线和紫外线都较弱，所以白种人皮肤内黑色素含量低，呈现出白红色到深棕色；他们的毛发多而软，表现为波状金发或棕发；体毛稠密可防寒；眼色发蓝，鼻子高而窄，鼻孔通道较长；嘴唇较薄，口裂较小，适中型唇正颌型较多；并且具有眼眶凹陷，鼻根很高，颧骨不突和眉弓显著等体质特征。

白种人的分布以欧洲为中心。16世纪以前，他们主要分布于欧洲、西亚、北非和南亚次大陆北部等。美洲、澳大利亚和大洋洲等地域，在较晚的时候才有大批白种人居住。

欧罗巴人种又可分为大西洋—波罗的海人种、印度—地中海人种、中欧人种、白海—波罗的海人种和巴尔干—高加索人种等不同的小人种。各小人种的体质特征和分布地域，见表 4-5。

表 4-5 欧罗巴大人种的划分与分布一览表

大西洋—波罗的海人种（北欧人种）	印度—地中海人种	中欧人种（阿尔卑斯人种）	白海—波罗的海人种	巴尔干—高加索人种
主要分布在欧洲西北部的斯堪的纳维亚半岛、英国、荷兰和德国的北部	范围较广，主要分布在南欧、北非、美索不达米亚、阿拉伯半岛、伊朗高原南部和南亚次大陆北部等地域	主要分布于欧洲中部的德国、瑞士、奥地利、法国的中央平原，以及捷克和斯洛伐克等地区	主要分布在欧洲东北部，在俄罗斯、白俄罗斯、立陶宛、拉脱维亚、爱沙尼亚和芬兰等国家和地区广泛分布	主要分布于巴尔干半岛、小亚细亚、高加索和伊朗西北部等地域
体质特征： 身材高大，肤色极浅，皮肤呈粉红白色或苍白色，直发发形，金黄或亚麻色发色，天蓝色或灰色虹膜，鼻根很高，鼻梁很直，鼻型狭窄；长头狭面，颧骨不突，下颌略突	体质特征： 身材中等，肤色、眼色和发色都较深，颅型较长，面部较窄，鼻梁较高，鼻型狭窄，波发出现率较高该人种又可细分为若干地域性人种类型，如南欧类型、阿拉伯—地中海类型和印度—阿富汗类型等	体质特征： 身材较矮，肤色较浅，发色和眼色介于大西洋—波罗的海人种和印度—地中海人种之间，发形为直发或波发，颅型略短，面部略为低宽，鼻型稍阔，凹形鼻梁占一定比例，胡须和体毛由丰富至中等	体质特征： 身材中等，肤色、发色和眼色均较浅，胡须和体毛发育中等，直发发形居多，面形略低宽，鼻部较短，凹形鼻梁和鼻底上翘者占相当大比例	体质特征： 身材高大，肤色深浅不一，发色和眼色较深，颅型短宽，鼻部突出度极大，凸形鼻梁出现率较多，胡须和体毛十分发达

（二）蒙古利亚人种的划分与分布

蒙古利亚人种(Mongoloid)，也称黄色人种、亚美人种，是世界上第二大人种，约占全球人口总数的 37%，其中一半是中国人。主要分布于东亚、东南亚、中央亚细亚、西伯利亚和美洲等地域。

蒙古利亚人种的皮肤是淡黄到棕色；体毛少，胡须极少，毛发直而黑；面部扁平度大，颧骨明显突出，脸部宽大，眼裂较小，眼内角多低于眼外角，内眦皱褶和上眼睑皱褶出现率较高（北部尤甚），眼色多褐色、棕色或黑色，鼻部高度和宽度中等，鼻根比较低矮，唇厚中等，凸唇较多；颅骨特征是鼻颧骨很大，面部相当扁平，眶型偏高，鼻根点凹陷较浅；蒙古利亚人种颅骨的另一个重要特征是矢状嵴、下颌圆枕和铲形门齿出现率很高。①

① 参见朱泓等：《体质人类学》，高等教育出版社 2004 年版，第 337 页。

蒙古利亚大人种一般又细分为北亚人种、南亚人种、东亚人种、东北亚人种和美洲人种等若干小人种。各小人种的体质特征和分布地域，见表 4-6。

表 4-6 蒙古利亚大人种的划分与分布一览表①

北亚人种	南亚人种	东亚人种	北极人种	美洲人种
也称西伯利亚人种或大陆蒙古人种。主要分布在中央亚细亚和西伯利亚等亚洲大陆腹地	主要分布在东南亚：印支半岛、马来半岛、印尼、菲律宾、泰国、缅甸等地；中国南方也有分布	又称远东人种，主要分布于中国、日本和朝鲜等东亚地区	又称东北亚人种，主要分布在亚种大陆的东北角，美洲北部的阿拉斯加、格陵兰岛等极地附近地区	指印第安人的各个类型，主要分布于南、北美大陆
体质特征： 身材中等，肤色、发色和眼色都比较浅，再生毛发极不发达，唇薄直颌，面部宽大且非常扁平；鼻型略宽，鼻根低矮，眼眶较高；内眦皱褶和上眼睑皱褶等发育典型；颅骨大多低且宽，垂直颅面指数很大	体质特征： 身材比较矮小，肤色、眼色和发色都较深；波发出现率较高，蒙古人种的眼部特征发育较弱；鼻型较宽，鼻根低平，嘴唇较薄，突颌明显；颅型较高，面部低矮，垂直颅面指数较小	体质特征： 身材中等，肤色、发色和眼色介于北亚人种和南亚人种之间。大多为黑发直发，鼻宽适中，中颌型较多，嘴唇略厚；颅型多较高狭，面部明显比北亚人种狭窄	体质特征： 身材中等，肤色呈浅黄褐色，头发粗黑很硬，眼色暗褐，有内眦皱褶，但不发达，面形宽阔扁平，颧骨突出，鼻根略高，鼻梁平直，鼻型较窄，长颅型较多，颅型高低适中，额部明显向后方倾斜	体质特征： 身材略高，蒙古人种特征明显，肤色黄褐色，发色黑，发形直且硬，再生毛发不发达；眼色较深，面形宽大，颧骨突出，铲形门齿出现率很高。与蒙古人种差异的形状，有内眦皱褶很少，鼻根较高，鼻梁多呈凸形且明显前突等
其他： 是蒙古利亚人种中比较典型的代表。北亚人种又可以细分为中央亚细亚类型和贝加尔类型等地区变种	其他： 南亚人种属于太平洋蒙古人种，其中很可能混有某些赤道人种的成分	其他： 有人认为东亚人种是太平洋蒙古人种的一部分，其体质特征具有北亚人种和南亚人种的过渡性质	其他： 以爱斯基摩人和阿留申人为主要代表	其他：

① 参考朱泓等：《体质人类学》，高等教育出版社 2004 年版以及其他资料制作。

（三）尼格罗人种和澳大利亚人种的划分与分布

尼格罗人种和澳大利亚人种可以统称为黑色人种或赤道人种，也可以按四分法分别称为黑色人种和棕色人种，是世界上第三大人种。黑（棕）色人种主要分布于欧亚大陆回归线以南的热带赤道区域，包括撒哈拉以南的非洲地区、南亚次大陆南部、澳大利亚，以及大洋洲和东南亚等地一些岛屿。

这些地区太阳直射时间长，气温高，紫外线强，因而黑（棕）种人的皮肤内需要分泌大量黑色素，以吸收太阳光中的紫外线保护身体不受伤害。所以，他们的肤色很深，多为暗黑色、黑褐色、棕色和红褐色等色调。黑色人种的发色也呈黑色，毛发细而短，多表现为卷曲形或波形，头发空隙中充满空气，形成一个隔热层，起着保护头部的作用；他们的眼色也是黑褐色，眼裂很大，鼻部突出，鼻翼宽阔，鼻根低矮—中等，鼻孔长轴近横向，鼻孔通道较短以便于散热；他们的面部多狭窄而扁平，突颌明显，口裂较宽，红唇很厚且多凸唇。

黑（棕）种人，一般可细分为七个小人种；按四分法，黑色人种包括尼格罗人种、尼格利罗人种和布须曼人种等；棕色人种包括澳大利亚人种、维达人种、美拉尼西亚人种和尼格利陀人种等。各人种的体质特征和分布地域，详见表 4-7。

（四）过渡人种的划分与分布

虽然前述四大人种都具有各自鲜明而独特的体质特征，但这些特征只是相对的差异性状，没有本质界限。事实上，人种与人种间的体质差别是逐渐过渡的，四大人种之间都存在着一些混血性质的过渡种群，有的种群甚至同时表现出两个或两个以上的混血体质性状。这些由于混血而形成的“混合型”种群，类别较多，情况复杂，他们既难于归入某大人种中，也不能成为一个独立的大人种，因此，人种学将这些种群中体质形状明显而相对稳定的类别单独列出，称为过渡人种。属于这个类型的人种主要有千岛人种、波利尼西亚人种、南西伯利亚人种、乌拉尔人种、埃塞俄比亚人种和南印度人种等。各过渡人种的体质特征和分布地域，详见表 4-8。

表 4-7 尼格罗人种和澳大利亚人种的划分和分布一览表①

尼格罗(黑色)人种			澳大利亚(棕色)人种			
尼格罗人种	尼格利罗人种	布须曼人种	澳大利亚人种	维达人种	美拉尼西亚人种	尼格利陀人种
主要分布在撒哈拉以南非洲大陆	也称中非人种，主要分布于刚果河、奥戈韦河和伊图里河沿岸的热带雨林里	也称南非人种或桑人种，曾主要分布在南部非洲的许多地区，现居卡拉哈里沙漠之中	主要分布在澳洲大陆和附近岛屿，指当地的土著居民	主要分布在印度中东部、斯里兰卡、马来半岛、加里曼丹和苏门答腊等地	主要分布在美拉尼西亚群岛、新几内亚岛和塔斯马尼亚岛等地。又分为美拉尼西亚类型和巴布亚类型	主要分布在马来半岛、苏门答腊、菲律宾群岛、安达曼群岛和新几内亚西部山地等
体质特征： 身材纤细而高大，肤色较深，一般为深褐、黝黑或黑色；发色黑，发形强烈卷曲，再生毛发发育弱；黑色虹膜，眼裂较宽；鼻梁低平，鼻型宽阔；口裂很大，嘴唇厚而前突，且显著外翻，突颌明显；颅型狭长，眉弓不发达，前额较丰满，面部狭窄，扁平中等	体质特征： 身材矮小，成人平均身高仅为136—142厘米，被称为卑格米人；其肤色较浅，多浅褐色，体毛黄色且浓密而纤细，比较发达，胡须发育中等；头发呈深褐色，极短且强烈卷曲；鼻型宽阔，鼻根扁平；唇厚中等，前突但不明显外翻	体质特征： 身材矮小，成年男子平均身高仅152厘米；肤色较浅，呈黄褐色，皮肤表面自幼出现皱纹；发黑稀疏，常卷曲呈粒状，体毛发育弱；面形扁小，眼裂狭窄，内眦皱褶较多；嘴唇较厚，鼻部宽扁，颧骨突出；颅骨低平，中颅型多，突颌不明显；臀部脂肪丰富，妇女尤甚	体质特征： 身材中等，肤色多呈深棕色或巧克力色，发色和眼色都比较深；发形多波发，胡须和体毛相当发达；眉弓发育强烈，前额明显后倾；鼻型很宽阔，嘴唇很厚；通常为长颅型，面部突颌型明显	体质特征： 身材比较矮小，肤色深褐色，眼色也较深；发色为黑色，波状发形，通常长而硬挺；胡须和体毛较弱，嘴唇较厚，鼻型宽阔；颅型狭长，面部较平直宽阔，额部稍后倾，眉弓发育中等	体质特征： 身材多中等，肤色黑褐色或深棕色；发色和眼色也黑色；卷发为多，巴布亚类型体毛和胡须比较浓密，美拉尼西亚类型再生毛发较弱；鼻部一般较宽，但巴布亚类型的鼻梁较高，多呈突型，而美拉尼西亚类型的鼻部突出度相对较小。此外该人种眉弓多强烈突出，颅型狭长，突颌比较明显	体质特征： 身材矮小，成人身高在140—150厘米；肤色多黑褐色或浅褐色；发色和眼色都较深，发形为较短的卷发；唇厚中等，鼻型宽阔，鼻部短而扁平；中短颅型较多；马来半岛、苏门答腊和安达曼群岛居民胡须、体毛甚少，而菲律宾和新几内亚居民体毛胡须浓密

① 本表参考朱泓等:《体质人类学》，高等教育出版社2004年版以及其他资料制作。

表 4-8 主要过渡人种的体质特征和分布地域一览表①

千岛人种	波利尼西亚人种	南西伯利亚人种	乌拉尔人种	埃塞俄比亚人种	南印度人种
蒙古人种和澳—尼人种间的过渡类型Ⅰ	蒙古人种和澳—尼人种间的过渡类型Ⅱ	蒙古人种和欧罗巴人种间的过渡类型Ⅰ	蒙古人种和欧罗巴人种间的过渡类型Ⅱ	欧罗巴人种和尼格罗人种间的过渡类型	欧罗巴人种和澳大利亚人种间的过渡类型
又称阿伊努(Ainu)人种，中国古称"虾夷"。旧石器时代末即广布于日本列岛，后集居于堪察加半岛、库页岛南部、千岛群岛和日本本州北部列岛等，现主要居于日本北海道	新石器晚期前由东南亚经密克罗尼西亚或美拉尼西亚迁移到波利尼西亚群岛，大体分布在夏威夷群岛以南，新西兰以东以北，复活节岛以西太平洋广阔海域。包括毛利人、萨摩亚人、汤加人、图瓦卢人、夏威夷人、塔希提人、托克劳人、库克岛人、瓦利斯人、纽埃人和复活岛人等十多个支系	主要分布在中亚和南西伯利亚及邻近区域。约在公元前后，蒙古人种逐渐向这里渗透，古时月氏人、乌孙人、嚈哒人、突厥人、阿拉伯人和蒙古人等都对其人种形成产生过重要影响。今哈萨克人和吉尔吉斯人是典型代表	主要分布在叶尼塞河以西的西伯利亚和乌拉尔地区。可能是白海—波罗的海人种与北亚人种为主混合的一个人种类型，蒙古人种成分略少	主要分布在非洲大陆东北隅的埃塞俄比亚和索马里等地。北非在旧石器晚期就有欧罗巴人种居住，而在他们以南同时形成有尼格罗居住群，东北非的埃塞俄比亚高原和非洲之角，正是两大人种的接触地带之一	又称达罗毗荼人种，主要分布在南亚次大陆南部。这里早期属于维达人种居住区，大约5000年前南部欧罗巴人种的达罗毗荼人南迁至此，并与当地土著相遇，逐渐形成该人种。达罗毗荼人创造了印度河流域的早期文明
身材矮小，肤色浅褐色，体毛极发达，头发黑且粗，多呈波状；颅型适中，面部宽大，极为扁平，正颌较多；鼻型略宽，鼻梁凹形，犬齿窝较浅，内眦皱褶出现率很高	身材较高，皮肤黄色或浅褐色，头发为黑色波发，体毛中等；鼻型较宽，突出中等；头骨高而短，园颅型较多；面部宽大，颧骨突出，颏部厚重而突出，摇椅形下颌较多	身材偏高，皮肤色素水平中等，头发直而硬，发色不一，胡须较发达；鼻突出度较大，鼻根较高；眼部有内眦皱褶，但发育不典型；短颅型较多，面部高而宽，并且扁平度很高	身材多中等，肤色较浅，头发直而软，胡须较发达；内眦皱褶不多；鼻部突出不明显，鼻梁凹陷，嘴唇很薄，面部较垂直，宽窄中等，颧骨不突出	身材中高，肤色深褐色或浅褐色；发色和眼色为黑色；发形卷曲，但较蓬松，胡须少或中等；鼻子尖而狭窄，鼻突出度较大，唇厚中等；长颅型很多，面部很窄，突颌不明显	与埃塞俄比亚人种比较相近，但他们的身材稍矮，面部较短略宽，鼻型中等，头发略直且较浓密，胡须体毛较少，颅型较长等

① 本表参考朱泓等:《体质人类学》,高等教育出版社2004年版以及其他资料制作。

二、中国居民的人种特征

人种的形成与分布具有时空性。中国居民人种形成的时间坐标至少要追溯到旧石器时代末的晚期智人阶段。有学者认为，早在直立人阶段，北京猿人的体质性状就含有接近蒙古人种的特征；早期智人阶段的大荔人、蒙古人种的特征愈加明显。但是，北京周口店山顶洞人（年代为距今 18865±420 年）颅骨上的蒙古人种特征却不存在争议；比山顶洞人略早的晚期智人——广西柳江人，颅骨上也存在比较清楚的蒙古人种特征。因此，一般认为从晚期智人阶段开始，中国境内的人类已进入蒙古人种的形成阶段，并开始向蒙古人种东亚类型分化。但是，山顶洞人或柳江人等是否最后进化成为现代蒙古人种或现代中国居民，目前在实物化石证据的链条上，仍存在很多缺环。

尽管如此，就事实而言，现代中国居民体质特征的形成，至少经过上万年的地域适应和环境选择，并通过遗传积累、基因交流、组合变化等作用，才逐步分化形成了今天这样相对稳定的基本人种特征、布局和总体结构。

中国境内居民的主要特征是：人口众多，幅员辽阔，形成了一个由 56 个民族组成的，多元一体、相对稳定的中华民族。在各民族居民中，绝大多数居民的体质特征都属于亚洲蒙古利亚人种，并以东亚人种占绝对多数；同时，在有些民族居民的体质中含有北亚人种和南亚人种的因素；西北地区的一些少数民族还混有高加索人种的体质性状。

下面概略介绍中国最大的民族——汉族和南方、北方重要的一些少数民族的人种特征。

（一）汉族居民的人种特征

汉族总人数约占全国居民总数的 93.3%。

每个民族的形成都经历过复杂而漫长的历史过程。当亚洲蒙古人种还没有步入文明社会的时候，“大中华”地域上的“中国人”体质特征就已伴随着蒙古人种的继续成熟而孕育出现。至先秦时期，“华夏族”群体的出现，基本奠定了“华夏—汉民族”的体质基础；此后，随着族群的迁徙、战争、兼并、交流和频繁复杂的政治版图变化等，陆续融入了多种其他少数民族成分；继而，大约在“秦汉”大帝国的形成和“大中华”地域封建社会相对稳定的一段时间里，汉民族的基本体质特征逐渐成熟并稳定下来。从整体上讲，现代汉族的体质类型代表着蒙古利亚大人种中的东亚类型。

汉民族的基本体质特征，一般都具有黄种人中等水平的肤色色素特征，眼色和发色呈黑色，发形直而略挺，胡须较轻，头型适中，面部扁狭，鼻翼较窄，适中型唇，颧骨略凸，多发育有典型蒙古人种的内眦皱褶和上眼睑皱褶等眼部结构等。这些特征尤其在中原地区的汉族居民中发育明显。

由于汉族的居住区域比较大，各地域的地理气候环境差别亦大，因而，长期的环境适应，使汉民族内部的不同地域群体间体质特征出现比较明显的差别，其中最显著的差别是南方和北方汉民体质特征的不同。研究表明，北方汉族的体质特征更接近于东亚人种的典型性状，而南方汉族的色素水平会更高些，波形发增多，胡须略发达，典型蒙古人种眼部结构特征弱化，鼻翼变阔，唇部增厚，额部前凸，面部稍短，身材变小。通过血型基因频率研究，我们知道，中国现代汉族居民的南、北类型分型界线，大体在北纬30度纬线附近。体质人类学家一般按这条纬线，将中国汉族体质特征分为两种不同的类型，即北方类型和南方类型。然而，从南、北类型的体质特征形成看，其不仅仅是地域地理气候环境长期影响的结果，也包含着基因库成分发生变化的因素。譬如，北方汉族居民的基因库继承性很好，变化较小，因而他们的体质特征更接近典型性东亚人种；而南方汉族居民的基因库可能更多地融合了南方其他少数民族的成分，尤其华南地区的汉民，明显表现出混有南亚人种的成分，这就使汉民族中南方类型与北方类型的体质特征差别更加明显。但根本上讲，南方类型汉族和北方类型汉族的基因库总体成分背景是相同的，不同的仅仅是很小的局部。因此，南、北方汉族都属于东亚蒙古人种的范畴。

（二）北方主要少数民族的人种特征

中国北方少数民族的种族成分比较复杂。据现有资料，从总体上说，在各少数民族人口中，东亚人种类型的人口仍占绝对优势。但是，某些少数民族的体质特征，很清楚地混有北亚蒙古人种成分或基本属于北亚人种，西北的一些少数民族则明显地混有高加索人种成分及其明显的遗传性状（如表4-9所示）。

表 4-9 中国北方主要少数民族种族体质特征一览表

<table>
<tr><th>民族</th><th>主要体质特征</th><th>种族特征</th></tr>
<tr><td>蒙古族</td><td>面部宽阔,颅型短阔,颧骨突出,面部扁平,眼色黑褐,鼻梁较直,蒙古皱褶较多</td><td>北亚蒙古人种</td></tr>
<tr><td>朝鲜族</td><td>与中原汉族相似,但圆头型多,面略高宽,鼻也略宽等</td><td>东亚种,存北亚种因素</td></tr>
<tr><td>达斡尔族</td><td>与鲜族似但胡须稀,眼裂窄,蒙古褶发达,头短宽,面略窄</td><td>东亚种,北亚种因素明显</td></tr>
<tr><td>赫哲族</td><td>头型短宽,头部圆而高,面略阔,蒙古褶发达,直发</td><td>东亚种,北亚因素更明显</td></tr>
<tr><td>满族</td><td>头型宽圆,胡须少;鼻梁直,鼻翼弱,鼻根偏低;红唇较薄</td><td>东亚种,稍有北亚因素</td></tr>
<tr><td>鄂温克族</td><td>肤色浅褐,头发中褐,直发;眼色多中褐色,部分人为浅蓝色,蒙古褶很发达,圆头,面宽,低颅</td><td rowspan="2">属北亚蒙古人种,可能为古通古斯人后裔</td></tr>
<tr><td>鄂伦春族</td><td>与鄂温克族相似,但肤色略深,发色略浅,蒙古褶略少</td></tr>
<tr><td>锡伯族</td><td>头发直硬,胡须少,蒙古褶发达,头型短宽,颧部宽扁;似达斡尔</td><td rowspan="6">东亚蒙古人种</td></tr>
<tr><td>东乡族</td><td>狭窄的中头型和高头型,面型较狭长,鼻型偏窄</td></tr>
<tr><td>保安族</td><td>与东乡族相似</td></tr>
<tr><td>裕固族</td><td>身材较高,胡须中,鼻梁直,鼻根较高,头型短高,面型狭长</td></tr>
<tr><td>回族</td><td>蒙古褶多,眼裂较平,鼻翼微突,多圆头型,面部略宽</td></tr>
<tr><td>土族</td><td>中头型多,偏窄中面型为主,多有上眼睑皱褶,蒙古褶占半</td></tr>
<tr><td>柯尔克孜族</td><td>头型圆而高,鼻窄中高,多狭鼻型,面部中阔,多蒙古褶,鼻根较高,鼻翼较弱</td><td>混血明显,但总体上仍属蒙古利亚人种</td></tr>
<tr><td>哈萨克族</td><td>身材较高大,眼裂水平型开度较大;蒙古褶微弱但出现率过半;鼻型偏窄,鼻根较高;头型高阔偏短,面宽阔</td><td>蒙古人种成分较多的过渡人种,近南西伯利亚人种</td></tr>
<tr><td>维吾尔族</td><td>身材偏高,黑直发,眼裂中等,眼色黑褐,眉毛较浓,多上眼睑皱褶,鼻根偏高,直鼻形,鼻尖向前,鼻基部下垂;多有达尔文结节,湿型耵聍;属短—阔—高头型和狭鼻型</td><td>高加索人种和欧罗巴人种的混血人种类型</td></tr>
<tr><td>塔吉克族</td><td>身材中等,黑色波状发,胡须眉毛浓密,体毛发达;眼裂水平型,开度很大,上眼睑皱褶距睑缘大于 2 毫米;鼻根很高,鼻尖下垂,鼻型狭窄;中头型过半</td><td>属混血的高加索人种,接近白种人中印度—地中海人种</td></tr>
</table>

（三）南方主要少数民族的人种特征

中国南方，特别是西南地区，是中国少数民族较多的区域。这里的少数民族体质特征所反映出的种族类型，基本上都属于蒙古利亚人种的范畴。但是，由于地理环境和次级人种间的交流与迁徙活动比较复杂，在长期的自然选择和遗传积累中，形成了若干不同体貌特征和不同文化背景的民族人群。在种族特征上，主要表现出具有蒙古利亚大人种基本面貌前提下，两个次级人种因素相互交流并以一个次级人种为主的特点（如表4-10所示）。

表4-10 中国南方主要少数民族种族体质特征一览表

民族	主要体质特征	种族特征
藏族	身材中上，黑发硬直，眼多褐色，蒙古褶多，眼外角高于内角；鼻梁较直，鼻孔卵圆，多狭鼻型；面部宽扁，唇形稍突，颅型短阔，颧骨突出，面部扁平	东亚蒙古人种
白族	肤色浅，黑发平直，眼深褐，有蒙古褶；鼻梁平直，鼻根中高，多狭鼻型	
彝族	身材较矮，肤色较浅，眼褐色，黑发多直，但有波或卷发；有蒙古褶，中鼻型；面部稍阔，中等扁平	
拉祜族	体轻瘦，皮肤浅黄褐，发黑直，体毛胡须极少，多蒙古褶，凹型鼻梁，中高鼻根，鼻尖上翘，鼻翼略高，卵圆倾斜鼻孔；正唇，颧骨突出，面扁平，狭面型，狭鼻型，中短头型；（古羌族后裔）	
普米族	皮肤浅黄褐色，发黑直，胡须极少，少蒙古褶；鼻梁直，鼻根中高，卵圆倾斜鼻孔；正唇，颧骨突，面扁平，属中头型，狭面型和狭鼻型（古羌族后裔）	
壮族	黑色直发，眼色多褐色，眼裂较宽，蒙古褶发育微弱，约30%无蒙古褶，上眼睑皱褶与睑缘距离大于2毫米者占多数；鼻根略凹，鼻型较宽；面低略宽，阔面型多；唇较厚，明显前凸；头型略短，接近圆头型，长高比属高头型	明显含有南亚蒙古人种成分
苗族	肤色较深，呈灰黄色；眼色深褐，多无蒙古褶；黑发平直，体毛稀少；面扁平，卵圆面型多；眉嵴稍突；鼻根较高，鼻背直，鼻翼稍突，鼻尖向前，多卵圆形鼻孔且长径倾斜；正唇，唇薄；多无达尔文结节；短头型和狭鼻型为多	明显含有南亚蒙古人种成分
傣族	身材较低矮，肤色棕黄，眼色深褐，黑发平直；眼裂较大，蒙古褶微弱；鼻梁较平直，鼻底上翘者多，鼻型略宽，多中鼻型；面部较低，略阔面型；唇较厚且明显前凸；多为中头型	似南亚人种

（续表）

民族	主要体质特征	种族特征
黎族	身材较低矮，头发直黑但较细软；眼色黑褐，眼裂较大，上眼睑皱褶距睑缘多大于 2 毫米，蒙古褶欠发育；鼻根中等偏低，鼻底多上翘，鼻型较宽；唇部中偏厚，多凸唇；面低且偏宽，颧骨明显突出；头部宽短且高，头型较圆	含较多南亚人种成分
仡佬族	鼻根男中高女较低，鼻翼很突，蒙古褶较多；正唇，唇厚中等且男偏厚女偏薄；短头型且高而狭，狭面型居多	含较多南亚人种成分
水族	蒙古褶少见，鼻根中等或低平，鼻翼发育明显，头部圆高偏窄，面形中长而狭	含较多南亚人种成分
布朗族	体质特征与苗族、黎族等相近	似南亚人种
其他民族	南方少数民族中的哈尼族、景颇族、傈僳族等，体质上也表现出东亚人种成分为主的基本特征	

第三篇　文化人类学

文化人类学是一个庞大的知识系统，本篇主要用以下几个章节来讲述文化人类学的基本内容：第一章：文化的概念；第二章：文化及其基本形态；第三章：人类的物质文化及其基本形态；第四章：人类制度文化的形态与演进；第五章：人类精神文化的形态与特征；第六章：人类文明及其起源。

第一章
文化的概念

在日常生活中，尤其在现代社会的各个领域，“文化”一词越来越成为人们经常使用的时尚词语。在国民经济的各个行业里，“文化”更是一个蕴涵着行业特色的重要概念。例如，在中医药行业中，“中医、中药”本身就是一种特殊的文化载体，中医药学又是建立在中华传统文化基础上的一门学问；中医药行业的各种行为和活动，实质上都是围绕着为中华民族的健康，而预防祛除疾患，减轻病痛所展开的一种特殊的“文化”行为。

“文化”弥散在人们生活的各个角落，从草根文化—街巷文化、胡同文化、弄堂文化、民间文化，到地域文化、民族文化、官方文化；由主流文化与非主流文化，到高雅文化与世俗文化等等，充斥和包围在每个人的身边。同样，在人的一生中，由出生到去世也离不开文化，文化蕴涵在人的“生、吃、穿、住、行、便、性、亡”的各个方面，相对应有：生育文化、饮食文化、服饰文化、居文化、交通文化、侧文化、性文化和丧葬文化等。此外，还有酒文化、烟文化、茶文化、足球文化、排球文化、乒乓文化……

那么，“文化”究竟是什么？

这的确是一个不容易回答的问题。因为“文化”的概念具有很大的弹性，有时它难以揣摸，有时却实实在在。正如罗威勒(A. Lawrence Lowell)所言：“在这个世界上，没有别的东西比文化更难捉摸。我们不能分析它，因为它的成分无穷无尽，我们不能叙述它，因为它没有固定形状。……当着我们去寻找文化时，它除了不在我们手里以外，它无所不在。”①

我们经常说，文化影响人们的行为，但是，文化并不是行为本身；文化可以外化为制度、法规、民俗等外部形态，但它也不是这些“规定”本身；文化能物化为各种有形器物，它更不是这些器物本身。

据不完全统计，迄今为止，人类学家给“文化”下的定义已逾数百种。人们从物质层面、行为层面和认知层面来认识“文化”，每个层面皆有丰富内涵。长期以来，学者们对“文化”的内涵、外延做过大量探讨，但至今仍没有一个被普遍认可和接受的“文化”定义。

下面我们先从词源入手，来探究“文化”一词的形成和最初含义，借以帮助我们理解“文化”的内涵。

在上古汉语里，单音节词占绝大多数，双音节词极少。现代汉语中的“文化”一词，在古时是“文”和“化”两个单音节词的连用，它们各自都有自己的词义。

最初，甲骨文中的“文”写作“”②［甲三九四零］，其象形似如一人身上绘有“纹饰”图样。先秦文献中“文”也经常出现，其词义多为色彩交错的图形、纹理或花纹。如《周易·系辞下》曰：“物相杂，故曰文”。《礼记·乐记》曰：“五色成文则不乱”。《左传·隐公元年》有“仲子生而有文在其手”。许慎《说文解字》更明释：“文，错画也，象交文”等。

随“文”的不断应用，其本义逐渐生成许多引申义，词义变得越来越宽泛。譬如许多象征符号和文字及语言等都被纳入“文”的范畴。“文”又引申和归纳出某些带有规律性的现象或事物，进而表征一系列规范性行为、制度和文籍等。如《尚书·序》所言：伏羲画八卦，造书契，“由是文籍生焉”。古时“文”的内涵中，还包涵装饰、修养、道理等特别重要的含义。《尚书·舜典》有“经纬天地曰文”。《论语·雍也》则有“质胜文则野，文胜质则史，文质彬彬，然后君子”等。这里的“文”已明显与“质”“实”相对应。由此，“文”又引申出审美，道德修养等意义，并泛指人的美、善和道德教化。人们对花纹与纹理的关注和认知，导致象形符号、象形文字的产生，继而，“文章”“辞采”等便应运而生，与之对应的“野”和“武事”等行为属性也被清楚地区别出来。

---

① 参见 A. L. Kroeber and Clyde Kluckhohn, *Culture, a Critical Review of Concepts and Definitions*, 1952, p. 4。转引自殷海光：《中国文化的展望》，上海三联书店 2002 年版，第 26 页。

② 该文字在甲骨文中的编号为“甲三九四零”。

“化”的意思是“变”，本义指变易、生成、造化。《礼记·乐记》曰：“和，故百物皆化”。《周易·系辞下》言：“男女构精，万物化生。”

《黄帝内经·素问》对“化”有更深刻的阐述，《天元纪大论》言：“物生谓之化”，“夫变化之为用也，在天为玄，在人为道，在地为化；化生五味，道生智，玄生神”，“故在天为气，在地成形，形气相感而化生万物矣”。由见，这里的“化”是指自然界万物生成和物化的现象。

《礼记·中庸》中还有：“可以赞天地之化育”；《礼记·学记》有“就贤体远，足以动众，未足以化民”等关于“化”的语句。这些“化”的含义都是“变易”与“造化”的意思。

将“文”、“化”组合在一个句子里，初见《周易》，概为战国末年之事。《周易·贲卦·彖辞》曰：“贲亨，柔来而文刚，故亨。分刚上而文柔，故小利有悠往，天文也；文明以止，人文也。观乎天文，以察时变；观乎人文，以化成天下。”这里“文”与“化”的关系已十分清楚，它是反映“以文使化”或“用文以教化”的思想。

将“文”、“化”进一步紧密组合成一个词，则是西汉末或稍后的事。此后，“文化”的涵义越来越丰富起来。最初，西汉刘向在《说苑·指武》中所言：“凡武之兴，为不服也，文化不改，然后加诛”的“文化”词义仅限于同“武功”“武力”治服相对应的“文功”“文治”“教化”一类行为和做法；《昭明文选》载晋人束广微《补亡诗·由仪》的：“文化内揖，武功外悠”，则进一步阐述了“文化”与“武功”的相对性；南齐王融《曲水诗序》中：“设神理以景俗，敷文化以柔远”，《南齐书》载王俭《策命齐王》：“裁之以武风，绥之以文化”等又进一步强调了“文化”的“内揖”、“柔远”和“教化”之功用。①

在此基础上，“文化”的内涵继续丰富，涵指范围亦随认识深化而不断扩展，以致出现不断趋向复杂化的各种解释。比较而言，汉语中的“文化”一词，从整体上偏重于指精神活动和精神产品及其相关的领域。因此，长期以来在一般中国人的观念中，类似种田、做工、渔猎、吃饭、睡觉等并不算作“文化”。甚至国人将“文化”降格理解成人的受教育程度，比如，说某人“只有小学文化”或自嘲“大老粗，没文化”等，都缩小了“文化”的外延。

---

① 参见冯天瑜：《中国文化史断想》，华中理工大学出版社 1989 年版，第 1—8 页；田秉锷：《中国文化走向论》，四川人民出版社 1995 年版，第 8—10 页；庄孔韶等：《人类学通论》，山西教育出版社 2003 年版，第 16—18 页。

再看西方，英语中的“Culture”和德文“Kultur”，都源自于拉丁文Cultra。拉丁语Cultra的最初含义，是人们对土地的耕作，对神明的拜祭和对动植物的饲养。所以，英语中“农业”(agriculture)与“文化”(culture)是同源的。后来“culture”的词义逐渐引申为精神修养、心灵行动、技术操作、道德培养、心智、照料生活和关心朋友及家庭、敬仰神灵等含义，明显从自然本能状态的教化向精神层面拓展。但这时Cultra的使用，仍然以自然的、实质的、有形的及相对应的一些意念为主要方面。

中世纪以来，欧洲“文化”一词开始宽泛起来。其涵义逐渐向道德、善美、心智和艺术等方面拓展或偏重。18世纪中期，德国作家开始用“文化”一词来指人类社会和历史。这时的“文化”被认为是一种与体力劳动者(工人、农民)或野蛮人相区别的优雅心理和精神能力。同时，“文化”又是一种区分和认识不同人群的标志。例如，18—19世纪欧洲人提出了诸如“德意志文化”或“希腊古典文化”这样一些概念。这些概念不仅是对人群、种族和社会的划分，也暗示着认识论层面的区别。此后，“文化”一词愈来愈倾向于与社会施用和物质层面截然相对的、真实的、精神的、观念的领域。

19世纪下半叶，泰勒提出著名的文化定义。他认为“文化……是个复合的整体，它包括知识、信仰、艺术、道德、法律、习俗和个人作为社会成员所必需的其他能力和习惯”①，并认为“文化”是所有人类的一个明显的特质，它的存在是明确的，只是程度不同和表现方式有所差异而已。稍后，进化论的观点和传播论的观点等先后出现，人们对自身“文化”与不同“文化”的认识不断强化。

20世纪初，当人类学走向成熟的时候，“文化”一词便成为人类学术语中最核心的概念。“历史特殊论”、“文化功能论”、“技术决定论”和心理人类学派等对文化的解释，以及“认知人类学”、“文化相对论”、“结构主义人类学”、“象征人类学”等对文化的解释，都使人们对文化的认识不断深入。

百余年来，人类对“文化”的理解日益深化，大多数当代人能够理解：文化在时间上具有时代性，在空间上具有地域性，在生活中具有无隙性，在理论上具有指导性，在社会布局上具有阶级性；不同阶层或以不同视角看文化又具有明显的差异性等等。但是，人类对“文化”的认识，仍然只是“文化”深

---

① 参见E. B. Tylor, *The Origins of Culture*, Harper and Brothers, New York, 1958, p. 1；转引自黄淑娉、龚佩华：《文化人类学理论方法研究》，广东高等教育出版社2004年版，第24页。

邃内涵中的一部分而不是全部，实际上“文化”概念的范畴要比当今人类所认识的范围要宽得多。

正因如此，西方学者始终没有停止为“文化”寻求更合理的定义。据美国学者克娄伯(A. L. Kroeber)和克拉克洪(Clyde Kluckhohn)研究，自1870年泰勒提出“文化”的定义到1951年的80年间，不同学者对“文化”的定义至少有164条。这些定义各有长处，但又都不能令人满意。① 时至今日，关于“什么是文化”的争论仍在继续，对于文化的研究亦远未停止，一个完全被大家所接受的“文化”的定义还没有出现。

---

① 转引自殷海光:《中国文化的展望》，上海三联书店2002年版，第28页。

第二章

文化及其基本形态

自从19世纪下半叶，爱德华·泰勒提出文化的经典定义以来，学者对“文化”的研究就从未停止过，直至今天仍然没有一个能够让所有人类学家完全接受的关于文化的定义。讨论文化的形态更是一件困难的事，因为“文化”是无形的。美国人类学家威廉·A.哈维兰解释道：“现在的文化定义倾向于更明确地区分现实的行为和构成行为原因的抽象的价值、信念以及世界观。换一种说法，文化不是可观察的行为，而是共享的理想、价值和信念，人们用它们来解释经验，生成行为，而且文化也反映在人们的行为之中。”①

然而，对人类文化进行研究的时候，需要对它进行具体划分和分类。佛罗里达大学的马文·哈里斯（Marvin Harris）在他著名的《文化唯物主义》（1989）一书中，将普遍出现的文化现象按不同形态，分为两种基本类型：即行为的和思想的，又将它们每每对应划分出三个层次（参见表2-1），简单直观地揭示出“文化”的内外部结构关系。

---

① 参见〔美〕威廉·A.哈维兰：《文化人类学》第十版，瞿铁鹏、张钰译，上海社会科学院出版社2006年版，第36页。

表 2-1 哈里斯的文化形态划分[①]

层次与结构		行为[客位]	思想[主位]
基础结构	生产方式	生计技能、技术与环境的关系	民族动物学、植物学 生计知识 巫术 宗教 禁忌
		生态系统、工作模式等	
	再生产方式	人口及其统计与控制 配偶方式	
		生育力 育婴 出生率 死亡率 避孕 堕胎 杀婴	
结构	家庭经济	家庭结构与分工 社会化 濡化 教育	亲属关系 政治思想 种族和民族的思想 巫术 宗教 禁忌
		年龄角色 性角色 家庭纪律 等级 制裁	
	政治经济	群队 村落 酋邦 国家 国内组织	
		再生产 生产 交换 消费	
		政治组织 宗派 会社 联盟 社团 分工 征税 进贡	
		政治的社会化 濡化 教育 阶级 等级 城乡	
		纪律 警察 军队 社会控制 战争	
上层建筑		艺术 音乐 舞蹈 文学 广告 仪式	象征 神话 审美标准 哲学 认识论 思想体系 巫术 宗教 禁忌
		科学 户外活动 游戏 业余爱好	

哈里斯认为，行为是靠思想支配的，思想是主位的，是人们头脑里的东西，没有物质形态；行为是客位的，它虽然也大都没有物质形态，但很多行为能被研究者观察到，人们可以通过某种行为来认识和感知这个行为背后的，作为行为主体的思想。换言之，在行为背后支持和指令行为的是思想，是文化。哈里斯的突出贡献在于他更加明确地将文化划分成基础结构、结构和上层建筑三个层次，虽然各层次间并非严格分界，但每层次的内容却能各自归类而易于理解。比如，上层结构都是与精神和意识形态等相关的内容；中层结构大都是与社会组织、制度、行为方式等生产关系相关的内容；基础结构则是环境、技术、人口及三者之间的互动关系以及自然、文化、生态体系等人类生存过程中与物质生活直接发生关系的最基本方面的内容。这使得人们对文化外显的(行为)形态结构的认识更加符合科学逻辑。

自从哈里斯的模型出现以后，越来越多的学者趋向将“文化”分成三个层次，即物质的、制度的和精神的。

物质文化，相当于哈里斯的基础结构。它是一种能够被物质记录和表

① 参见〔美〕马文·哈里斯:《文化唯物主义》，张海洋、王曼萍译，华夏出版社 1989 年版，第 61—64 页。

现出来的文化形态。物质成为这种文化的载体，人们通过对物质载体的研究，揭示出它所代表的“文化”的涵义。物质文化内容丰富而形式多样，从衣食住行到现代科技，包括人类过去和现在生产、生活以及精神活动过程中所采用的一切物质手段和全部物质成果。物质文化可以通过物质载体而被人们直接体察到，比如，人类的居所：从洞穴半地窨到茅草戳罗，再到固定式现代房屋；生产工具：由石器木棒到玉兵青铜器，再到铁钢工具，以至现代高新设备；交通用具：从独木舟到机动船，从训驭野兽到兽拖车撬，再到蒸汽机、内燃机、汽车、飞机和宇宙飞船等，都属于能以物质为载体的文化形态。

制度文化，则相当于哈里斯的“结构”，它表现为人类社会的组织形式，如国家机器、法律与规范、分配制度、社会制裁与约束、婚姻、家庭等等。这些内容虽然许多不能以物质形式存在，但却无时无刻地规定和限制着物质文化的发展方向和进程。

精神文化，主要表现在意识形态领域，相当于哈里斯的“上层建筑”。主要有思想、道德、修养、信仰、风尚、宗教、神话、技艺、哲学、科学等。精神文化如同一只无形的手，时时指导着人们的行为方式，它不仅是制度文化的源泉，也是人们行为的指针。

一般讲，物质文化是基础，制度文化和精神文化的成果要通过物质文化的成果表现出来。制度文化是媒介，它将精神文化的无形理念整合固化为民众所认可的政治形态，包括习俗、政策、法规、管理等形式，来作用于物质文化，进而限定物质文化的方向。精神文化则是灵魂，是物质文化和制度文化的源泉和内核，它不仅指导制度文化的构建，也规定和限制着物质文化的方向。下面我们具体分述物质文化、制度文化和精神文化的基本特征。

第三章
人类的物质文化及其基本形态

第一节 物质文化的概念

前面已经讲过，物质文化是一种能够被物质记录和表现出来的文化形态，它的内容丰富而形式多样，包括人类过去和现在生产、生活以及精神活动过程中所采用的一切物质手段和全部物质成果。在人们的衣食住行和生产生活及各种生计方式中，物质文化大都能以一定的物质方式让人们直接体察到。

物质文化(material culture)，也是文化人类学研究中的重要概念。它具有连续累积和不断进步的特征，其研究有极强的“史学”特征。因为，物质文化所表现出的人类文化过程大都具有“过去时”特征。从一定意义上说，一种物质文化往往代表着一段“物化”了的历史。

物质文化的相关词语有器物(material artifact)、物品(object)、人工制品(artifact)、藏品(collection)等等。物质文化研究并不是研究物质本身，重要的是研究物质背后或者物质所映射出的人的文化行为和认知状况。

在考古学研究中，物质文化通常指相对于自然物而言的各种人工“制品”的总和。它不仅仅是文献、文物，还包括与人类活动有关的时空位置、环境条件、遗迹、现象，甚至是生物群落或组合特征等等。

人类步入文明以后，特别是“地理大发现”之后，为探索人类史和研究生物史，寻找、收藏和研究物质文化载体的学术活动，越来越成为学术时尚而经久不衰。科学家将物质文化研究作为人类文化研究的最基本手段，使物质文化研究的范围和内容日益宽展和深入。

1683年，牛津大学的阿西莫林博物馆作为世界上第一家自然史博物馆向公众开放，使得社会和科学界对博物馆的收藏、展示和研究人类物质文化的功能和氛围产生了极大的兴趣。随之，各类博物馆相继出现。这些博物馆的先后创办以及博物馆所收集的各类藏品，为人类文化特别是人类物质文化的研究提供了良好的条件，也为长久珍藏人类物质文化“制品”开辟了重要的场所。

在物质文化研究中，具有里程碑意义的是汤姆森(C. J. Thomson)的研究成果。这位丹麦皇家博物馆的馆长，于1819年对该馆所藏的史前人类遗物(武器与工具)进行仔细对比研究，发现这些遗物的文化性质、空间分布和时代顺序都与遗物的“质地”存在联系。经反复核对研究，他提出著名的人类文化发展的“三期说”，即把人类文化发展的历史，用其所创造的工具与武器的文化性质和质地的区别，划分出三个基本阶段，即：石器时代、青铜时代和铁器时代，成为博物馆研究人类物质文化的经典。至19世纪中叶(1849年)，随丹麦国家博物馆开放，汤姆森的“三期说”理论得到世界更多学者的认同，直至今天这项成果仍然对人类文化分期和物质文化研究产生着重大影响。

1952年，美国温特瑟博物馆(Winterthur Museum)建立。1964年，史密森研究院(Smithsonian Institution)在华盛顿特区创办国家历史与技术博物馆(National Museum of History and Technology)，后更名为美国国家历史博物馆(National Museum of American History)。它的建筑分为上下六层，总面积约4万平方米；收藏美国历史文物和工艺与技术发明等实物资料，包括农业、科学、交通、纺织、服饰、民俗、工艺、天文、货币、医药、文书、军事、音乐等等方面，人类物质文化遗存实物1 700余万件，成为美国名副其实的全国性物质文化研究中心，也成为世界物质文化研究的重要场所之一。

20世纪70年代后，人们对于物质文化研究的热点，已经从“汤姆森时代”以人工制品分类、使用及功用研究，转向深入探研物质文化载体表象后面所隐含的“人”的信息。利用物质文化载体来了解不同时代不同地域的人及其社会文化，已成为人类文化研究不可或缺的重要手段。学者们注意到，每件“人工制品”都与生产者或使用者的智慧存在着密切的联系；在物质文化载体上，几乎没有一件找不到“主人”意识的印记；艺术制品作为人类物质文化的载体，更包含丰富的审美享受、艺术灵感和想象与联想等无形的心理活动。因而，研究者常常把“人工制品”作为某个时代某个地域某种社会文化思想的物化定格，但许多人工制品所体现的特征，还不能生硬地定位于某个固定的时空位置，而应理解为是长时间或几代人共同的知识积累或是全社会的历史经验整合。人工制品的价值，不仅仅在于"物质"本身的价值，更重要的在于它已成为人类"文化"的载体，成为一种社会文化的符号，它身上附加和承载着人类的智慧、知识、技术和情感。

第二节　物质文化的研究内容

物质文化研究，通常包括五方面内容：一是对物质文化载体的辨别，确定它是不是人类文化的载体，这是一项专业性很强的研究，有些人工制品容易辨别，有些则不易辨别清楚；二是对物质文化载体的性质进行常规性研究，包括物品的时代、质地、制作工艺、功用、形状等；三是对物品进行深入分析和对比研究，研究它的特殊性质和与其他物品的差别；四是给出物品基本而准确的文化定位；五是解释它的文化价值和意义。这五项内容先后有序，相互衔接，前四项可以算作研究方法，第五项是研究目的。

苏珊·皮尔斯(Susan Pearce)将物质文化研究归纳为三个层次[①]：一是把物品看做物质器物(material artifacts)；二是把物品看做符号和象征物(signs and symbols)；三是对物品涵义进行分析。这种归纳方法受到很多学者认同。

把物品看做"物质器物"的研究，基于任何"人工制品"皆由自然物经人工而成的原理，首先要认识物品的自然属性，包括它的质地、形态、性质、存在状态等；再发掘人工因素，如技术、文化及功用等特征，这些特征能反映出人的行为细节和人利用自然的进步程度。

把物品看做"符号和象征物"的研究，重点在于认识物品作为文化载体所承载的文化内涵及其"符号性"和"象征性"。符号化，是人类文化的外部特征。比如中国古代的"玉钺"，虽然在形式上是一种工具或武器，但它更重要的象征涵义是权力和力量，是男性首领的象征，也可以说是男性的表征符号；而一件石纺锤或骨纺锤，它们既是工具和用具，又传递和象征着女性劳动的信息和文化意义。再如，印第安人的图腾，是表征氏族部落的象征符号，图腾又被奉为部落族人的保护神，富有很深刻的文化意义。在洗手间的

---

① 参见庄孔韶等：《人类学通论》，山西教育出版社2003年版，第155—158页。

门牌上，常常可以看到烟斗、螺栓、手杖和礼帽等标识，它们是男性的符号；而高跟鞋、螺母、裙子等自然是女性的符号，等等。然而，符号性和象征性并不都是如此简单明确，有许多人类文化的符号非常复杂，甚至难以破解或常被误解。

对物品的涵义进行研究时，首先肯定每件人工制品都存在文化意义。一般来说，每件真实物品的文化意义都是深刻的、完美的和真实的。有些文化意义容易被人类所认知、了解和认同，有些物品的文化意义却深深地蕴涵在物品的深处，不易被人们认知和发现，或者由于生产力水平和认识水平的限制，它们还没有被认识和发掘。因而，认识和发掘物品的文化意义是一项复杂而高端的劳动。考古学研究，正是用人类文化遗址中的人类物质遗存来认知和复原古代社会的历史，并探索和证实人类体质与文化发展的演进过程。

然而，人类活动的全部物质文化遗存无法尽数地保存下来。况且，人类的许多文化行为根本就没有物质形态，比如唱歌、跳舞、按摩动作、思维方式、工艺方法等，都不能用物质形态保存下来。因此，对于这些人类文化行为的研究，还要通过许多间接的手段加以考证，这些手段有些是物质文化研究手段，有则属非物质文化研究手段。

物质文化研究，包括了人类社会的方方面面。空间上，它涉及人类到达的一切领域；时间上，它涵盖了由人类产生直到现代社会的整个历史进程。在这样一个宏大的系统中研究物质文化，任务是相当艰巨的。当然，人类对物质文化的认识和解释程度也存在明显的时代性，但随人类社会进步和科技发展，人类对物质文化的认知水平也会不断提高。

第三节 物质文化的基本形态与特征

下面概要讲述文化人类学研究中几种主要的物质文化形态及其特征。

一、生计方式

大家知道，生计是指人们的谋生手段或谋生的办法。人类学对生计的研究侧重于关注前工业社会的人类生计方式与类型。

生计，是物质文化研究的重要方面。就整个人类而言，生计方式由低级向高级不断发展。当人类刚由“树栖”转为地面生活时，其主要生计方式仍是采集，后来随智力提高逐渐出现渔猎—畜牧—农业等生计形态。中国前工业社会出现的生计形态，基本涵盖了人类历史上主要的生计类型，主要有采集—渔猎型、畜牧型、农耕型等，每个类型中又划分出若干亚型。

生计形态，决定社会的经济类型，规定社会的物质文化方向。不同生计形态的社会，物质生产、流通与分配、交换，劳动分工，资源与技术等都不相同，社会物质文化的总体面貌差别明显。比如，渔猎经济社会，生产力的发展方向主要围绕渔猎经济的生计需要而发展，体现在社会的工具、用具、居址，甚至艺术方面都围绕着渔猎生计的主题，它的物质文化产品大多是：网、篓、矛、弓箭，罐、锥、舟、木筏等类；而农耕经济社会则不同，它们的生产力发展方向主要围绕农耕经济的生计需要，其工具、用具、居住和艺术大多围绕着农耕生计的主题，体现出的物质文化产品有固定的居所和聚落，以及刀、镰、锄、耙，仓、舍、车、马等类；同样，游牧、畜牧社会也都有与之生计方式相适应的物质文化类型。在物质文化研究中，从社会生计方式和经济形态可以分析其物质文化的类型；反之，通过对物质文化的类型和特征的研究，可以推演社会的生计方式和经济形态。

二、工具与技术文化

工具，是人类本能的延伸，是指人类为实现生产或生存目的而采用的各种物质手段。现代意义上的工具包含很广泛的内容，机械、通讯、语言、设备、电磁波等都是工具。但人类学对工具的研究，主要注重于对手工生产用具和武器的研究，也注重那些专门作为精神活动而创造的仪仗、仪式礼仪用品及相关的陈设和祭祀用具。比如，中国的“钺”最初是武器，后来“玉钺”和青铜“钺”等成为“王”权的象征，从实用武器转为象征意义和文化意义浓重的礼器。“鼎”最初本是一种饮器，后来成为铭记功绩的载体，成为礼器；再后来，它进一步代表一种文化、一种力量，更代表“权力”、“政治”和江山。《左传》记载，大禹划分天下为九州，令九州州牧贡献青铜，铸造九鼎，将全国九州的名山大川、奇异之物镌刻于九鼎之身，以一鼎象征一州而“镇鼎九州”，这样“九鼎”就成了王权至高无上和国家统治的象征；至春秋时，周王室衰微，楚庄王（公元前606年）率兵攻打陆浑之戎，直抵周天子都城洛邑附近，在周王室边境陈兵示威，并向周王使者问九鼎轻重，意欲武力夺取天下，从此“问鼎中原”又成为夺取政权的代称，此时的“鼎”已不是最初炊具的概念，成为立国之重器、政权的象征，其物质文化意义极其深邃。

生产工具的类型与组合，一般由生计方式决定，不同生计方式的社会或人群有不同的工具文化。渔猎生计方式中的工具类型和组合，与农耕、游牧、采集等等生计方式的工具文化有明显差别。此外，相同生计方式而不同族群所制造的工具，也常常存在有很多差异，比如同样是石器时代，欧洲的石镞和亚洲的石镞存在着明显区别。在人类文化研究中，以物质形态出现的不同“工具”组合，能真实地映射出制造和使用工具的人的不同技术及其生产力水平，能清楚地体现出他们不同的生计方式，也能详尽地折射出不同族群的技术文化传统和精神创造力，反映出社会发展和社会生产力的基本特征。因而，人类工具与技术的研究，也是物质文化研究的核心内容。

三、饮食文化

吃，是所有动物生存的最基本需求，但人类的“吃”称为饮食，它已不是简单的为了果腹，而是围绕着饮食的行为和习俗，产生了种种文化现象，即饮食文化。中国有句俗语叫“民以食为天”。但吃什么，不吃什么，为什么吃，又为什么不吃，怎样去吃等等，这些看起来非常平常，却很少有人去做深入探讨。实际上“吃”是一种物质文化，“吃”很有讲究，大有学问。

饮食文化的内容，主要表现在食品性质和享用方式两个方面（前者讲的是“吃什么”，后者则是“怎么吃”）。

食品性质包括食物类型、成分、营养、口味、质量、产地、传播、价值等。不同民族、地域、环境的人群，在食用食品的性质上差别很大。例如许多民族喜欢食猪肉，但犹太教和伊斯兰教徒不吃猪肉；而印度教的教徒不吃牛肉，美国人不吃山羊肉、马肉和狗肉，但法国人和比利时人却喜欢吃马肉。还有的民族有饮食癖好，如有的民族喜吃蛆虫和蚱蜢，有的民族喜吃一种甲壳虫、蚂蚁、蚯蚓或其他奇怪的野生动物，还有大约 42 个不同社会中的人们喜欢吃老鼠肉。在饮食口味上，因地域文化和环境差异而差别明显，在中国存在“南甜北咸，东辣西酸”的口味习惯；而“中餐”和“西餐”的各自风格，更是不同饮食文化特征的鲜明例证。

享用方式的内容更加广泛。如饮食的地点、季节、环境、仪式、器具、家具、信仰与禁忌、价值观念，甚至食品的交换、储藏、运输，以及食用方法、食用期限、食用意义、食用礼节、食用程序与规则习惯等，都是千差万别、丰富多彩的饮食文化内容。在中国的普通家庭，特别是较大的家庭或家族，吃饭时的位置大多是固定的，有些位置（尤其是长辈的位置）不可他人乱坐，旧时奴仆甚至女人都不能与主人同桌共食。在吃饭的方式、吃饭的时间、吃什么、怎么吃、谁参加，甚至怎样祝辞、怎样迎送落座、餐具款式等都有很多讲究，这就是饮食的文化，是民族和社会传统文化的重要部分。

现代人的饮食文化更是丰富多彩，其社会功用不可低估。它既有积极的一面，也有消极的一面。就积极方面而言，交换食品、聚餐会友、组织宴会都有一定的社会功用性，它起到交流思想，表达感情，沟通信息，化解矛盾，增长知识，礼仪往来等作用，是社会交往的重要方面。就消极方面而言，过度追求饮食文化，讲求排场，利用饮食文化来谋求功利，又是滋生腐败和挥霍浪费的利器。在当代中国，饮食文化的消极作用呈蔓延态势。普通百姓中大事小情请“吃”成风，婚宴喜宴越办越盛，生日、乔迁、生子、满月、参军、升学、出国、升迁、荣归等等，吃请摆席司空见惯；机关企业迎来送往更是应接不暇，工作餐、访问餐、典礼餐、节日餐、交谊餐……吃喝宴请的名堂繁多，档次比攀越比越高。据统计，20 世纪 90 年代初，全国公款吃喝年均耗资 800 多亿元，90 年代中期上升为 1 000 亿元，现已超过 2 000 多亿元。这个数目相当于每年吃掉一个三峡工程。当然，必要的公款宴请实不可免，但过分地追求饮食文化则不仅浪费资源，亦助长骄奢淫逸和贪图享受陋习，败坏了社会风尚。

饮食文化的进步程度，不仅是社会生产力水平和人们开发利用自然条件的反映，还是社会文明程度的标尺。正确认识和理解饮食文化，引导其向健康方向发展，是学习研究饮食文化的基本任务。

四、交换文化

交换是人类社会发展的产物，也是物质文化研究的重要内容。当人们的各自需求不能得到满足时，交换便开始了。交换，也是人类生存中一种不可或缺的基本行为方式。交换的发生前提，是交换双方皆存在某种未获满足的需求；而交换的目的，恰是要使这种欠缺的需求达到满足。

战后，以列维—斯特劳斯为代表的结构人类学，研究确认了法国“社会学年刊学派”的“人类社会文化的本质就是交换”这个经典命题，认为：政治是权力交换，经济是物资交换，学术是知识交换，语言是信息交换，婚姻是男女性别交换。通过交换，人性得以展现，物资得以流畅，信息得以共享，社会得以进步。

人类的交换行为有两种基本表现形式，一种是用具体实物进行的交换，称为物质交换;另一种是带有非物质性内容的交换,称超物质交换或社会交换。

1. 物质交换

物质交换,也称为"物物交换",是一种最普遍的交换方式。由于人们受生产力水平和自然资源的限制,其生产生活资源总会有一些方面相对不足而另一些方面相对过剩。为了平衡自身对某些物质欠缺的渴望和需求,用过剩物资来换取缺欠物资的意愿便产生了,当彼此的渴望与需求形成互补时,交换的行为就自然而然地出现了。当然,交换并非如此简单,很多时候交换出让的物品并不是自己多余的物资,而是出于某种无奈,或出于换取生存中更为需要和短缺的物品。尽管如此,物质交换无可非议,它是人类生存所需的积极行为。

事实上,物质交换行为贯穿于人类历史的全部过程,凡有人群的地方都存在着不同形式的物质交换。物质交换满足了交换各方的物质需求,促进了技术与文化交流,丰富了人们的生活,推动了社会的进步与发展。同时,由于物质交换存在着很强的互补性和互惠性,又具利益驱动势能,因此,越来越受到重视,成为人类社会活动的重要内容之一。

为研究方便,马歇尔·萨林斯将物质交换分为惯常惠予、对等互换、赢利交易三种类型。

(1) 惯常惠予,是指物品主人按照文化常规或传统习惯或其他缘故,将物品无偿给予接受的一方,并不指望对方在任何时候给予某种确定形式的回报。这种形式的交换,通常发生在感情或义务上有密切联系的个人或群体之间。如现代社会中,父母为子女提供衣食住行和接受教育所需要的物质条件,以及亲朋好友之间的赠与等等。在采集或渔猎社会,惯常惠予也是一种主要的交换形式,因为这些社会的环境条件和传统文化,常约定和要求人们与别人共同无偿分享所获得的生活资源。不这样做,会遭到耻笑和指责,是不可思议的行为,而慷慨地将自己弄到的食物无偿地与其他饥饿同伴分享,不仅可以赢得声誉,也使自己以后有所需求时,不期获得别人的赠予和帮助。

(2) 对等互换,指给予一方在给予之后,对方马上或在一定期限内给予价值大致相等的物质回报。这种交换最能反映交换各方的互补性和互利互惠性,但它又不同于市场交易,因为这里没有真正意义上的讨价还价,交换各方间的交换物品也没有固定的价值标准,只是依据彼此的认可,价值大体相当即可。有时这种交换只是为互充有无，比如在新几内亚东部特洛布里安(Trobriand)群岛上，海边的渔民与山里的山民结成交换伙伴，渔民用鱼与山民交换山芋，交换的比率只是按照习惯，从不讨价还价，也不计较盈亏。

一般情况下，农业与牲畜业社会之间的物质交换主要表现为农产品（粮食）和畜产品（肉类）的交换；工业与农牧业的物质交换则主要表现为生产生活工具、用具与生活食品、原料的交换，其结果是双方互补互惠，都得到短缺物质的满足。

不同民族间的物质交换，不仅得到物质上的互补，也得到文化上的交流与满足。现代国家之间，也存在着对等交换物品的情况，如海湾战争中的“石油换食品”，边境贸易中的“易货贸易”等等。

在百姓的日常生活中，对等互换十分普遍。如两个要好的朋友在过生日时互送礼物，甲给乙礼物时，其实会指望乙在自己生日时也送来大致相当的礼品。如果乙在甲的生日时居然不还礼，或者还的礼与甲送给乙的礼，价值相差过于悬殊，两人的友谊就可能受到影响。这正是“礼尚往来”，“来而不往非礼也”的道理。因此，对等互惠式礼尚往来和对等互换的物质交流，可以不断加深相互间的情感和友谊，是人类社会一种最为普遍接受的相互交往形式。

(3) 赢利交易，是指交换的一方或各方都心存“以少换多”的欲望，力争牟取最大剩余利益的交换方式。这种方式多出现在彼此没有情感和义务关系的各方之间。他们斤斤计较，互不谦让，都在为自身的赢利或物质利益的最大化而讨价还价。赢利交易交换形式的出现，召唤着商品经济时代的到来，但在很长一段时间里，这种交换一直存在于纯物质交换的层面，表现为以物易物的情况较多见，交换最初还没有明确的货币参与，后来逐渐出现一种或几种便于携带的，类似于货币的“中介物”参与简单的交换，但这些中介物在交换中的价值计量上，标准常常是粗略和模糊的，而货币作为交换的“中介物”出现后，物质交换中的价值对等计量标准越来越清晰，赢利交易便加快了速度和范围。

2. 超物质交换——社会交换

超物质交换，也称社会交换。其特征是在交换的内容中包含着一些非物质形态内容和许多无形的却能使人体会到的社会意义。这些非物质形态内容和社会意义在交换中，虽然见不到物质形态，却有实实在在的，能够被人们接受和感知到的真实的价值。

社会交换的实质是一种“关系”交换。比如，情感交换、“权色交换”、“钱权交换”、感情投资、“钱与资格交换”等均属此类。在社会交换活动中，金钱、知识、地位、权力、情感和美色等，都参与到交换的系统中，成为交换的筹码。这些无形元素不仅可以互换，也可以换来有形的超值物质，如房子、车子、票子等。还可以换到无形的情感交流和某种服务，换到名誉、地位和美差，如官位、职称、晋级、先进、肥缺、出国等，甚至能换到爱情、色情、肉欲和其他无形资产。超物质交换的实质，有时可以用言语表述清楚，有时却只可意会而不能言传；它有时实实在在地让局内、外人直接或间接地感受得到，有时却无影无形，似被披上神秘的面纱而令人揣摩。

超物质交换最普通最能被人们理解的作用有两个方面，一是表达性，二是工具性。

表达性的交换，在社会中非常普遍。1998年我出访美国，华盛顿州的医学博士史蒂文教授，非常热情地邀请我一定要去他家里吃饭。其实他的饭菜非常简单，史蒂文先生并不是为我解决充饥和品味食物，他是要借此来表达对我这个远道而来的朋友的欢迎美意。

现代西方社会很流行“AA”制聚餐。其实，“AA”制聚餐中的彼此诸方，并没有物质层面的交换，但席间却包含着丰富的情感互动互换和思想交流。这种交换是以物质和环境为依托的情感与个人关系交换，是相互间的思想表达与交换，其无疑具有良好的社会意义。

在最普通最实际的社会层面，社会交换更是一项非常重要的社会现象。它的互惠性、互补性在很多时候，都远远超过了简单的物质交换，而是将其本质的东西，更多地蕴涵于较深层的社会关系中，并常常表现为一种“人格”间的互动。比如，社会上的礼物交换，看似简单却有很深的社会涵义。中国现代社会普遍流行的“随礼”现象，可以归类在“礼物交换”的范畴中，是表达性交换的一个重要形式。法国现代人类学奠基人马塞尔·莫斯(Marcel Mauss)曾研究世界各地社会中的“礼物交换”，著出一部叫做《礼物》的专著，对社会礼物交换的性质、种类、交换方式等作出许多精辟论述，认为“礼物交换”的魅力在于这种特殊的行为具有现代社会少见的“人格互动”意义。

在现代社会，礼物交换的范围非常广泛，它渗透到不同社会的各个角落。在广泛出现的礼物交换中，有一些属于物质交换的范畴，但许多时候它却超出了物质交换的单纯领域而成为典型的社会交换。

在城市里，机关和企事业单位、学校、社区和任何有人群交往的地方，都有不同的“随礼”行为，有些是公开的，有些是隐蔽的。比如，单位同事发生出国、结婚、乔迁、升迁、生病、死亡等大事小情的时候，都会产生不同程度、不同形式，因人而异的“随礼”行为。我观察我周围所有的人，几乎人人都有过不同形式的“随礼”情节。“随礼”现象，可以理解为以礼物为依托，伴随某种特殊事物或事件而实施的社会关系交换。这种交换一般反映出“随礼”的给受双方之间，长期形成的社会关系和联系。这种关系和联系以礼物为载体进行交换，送礼人通过礼品表达对彼此关系的肯定、评价和美意；收礼人则以接受礼品为表面形式，接受和默许了送礼方的表达并无声地应允了日后以某种方式回报的承诺，由此双方完成了一桩超物质的社会交换。随礼时，根据双方关系的密切程度和相关程度的远近，表现出在交换物——礼品的质与量及形式的轻重，所谓“事有大小，情有轻重，礼有不同”即言于此。

在农村的日常生活中，礼物交换更是民间百姓寻常生活的重要组成部分。它起着维系乡土社会网络的作用，是人们彼此间联络感情的一般方式；它对于村民们的社会生活有着至关重要的意义。

表达性的社会交换，涉及社会关系的方方面面，它既是一个人、一个家庭、一个单位或一个民族在社会关系网上的力量和成就的反映，也是民间友好交往，礼尚往来，交流思想，互换情感，和谐相处的有效手段和有益方式。

工具性交换，是超物质（社会）交换的另一种类型。据阎云翔研究，社会交换作为一种工具来实施的时候，它又表现出明显的工具性。其中最常见的工具功用有三个类型：即间接付酬型、巴结利益型和润滑关系型。

（1）间接付酬型交换。

指在进行某项活动时，得到局外人的帮助支持后，通过“礼”的方式来回报人情，并发掘一种潜力，以巩固或强化这种帮助和支持的稳定性，力求获得长期的帮助和支持，也想培养这种社会关系，期望能因此升级成为更深入的社会关系资源。

（2）巴结利益型交换。

这种交换更通俗的俚语是“拍马屁”型交换。一般发生在上级与从属之间，或者“权贵”与企望在“权贵”身上取获某种利益者之间。交换的目的具有私利性，官（职）位、地位、金钱、物质、职称、职级、学位、先进、住房、信息等，都可能是这种交换的目的。

从交换的表面形式看，这种交换存在着不对等性。往往是由低或下的方面向高或上的方面主动，实物付出或“有形”付出居多，并伴随着许多令人作呕的媚俗和常人难以理解与接受的举动，但他们却是在交换中，实际获益较大的方面。因此，有些人不择手段，为了个人利益，不惜票子、房子、车子、卡片、美色、奴颜和谎言等等，来换取不应属于他的利益。在当今社会里，这样的人大有人在。由于这种交换的存在，侵蚀和干扰着正常的价值认知体系和社会公正的分配体系，使那些正直的人、本分的人、有资格获得利益的人，因别人"拍马屁"而丧失应得利益，对社会公正感到失望。这种交换的社会危害较大，它直接导致社会价值体系的歪曲，社会资源分配体系失衡，甚至可能使社会大众的价值取向偏离正轨，任其发展可能使整个社会发生倾斜。应防微杜渐，因势利导，树立社会正风，限制和引导这种交换行为向有利于社会健康的方向发展。

（3）润滑关系型交换。

人的行为大多有不同程度的功利趋导性。比如，人们在进行某项活动时，为了使活动所涉及的各种外部环节配合得比较通顺，常常采用一些"交换"的方式，给这些环节"上油"，以期活动"滑润"顺畅。这种交换形式后来越来越演化成现在的"走后门"、"贿赂"等危害社会的现象。在电影电视中，这种现象被描写的例子很多，正反面都有，如八路军为进城而去贿赂岗哨的卫兵，腐败分子为贪污违法而去贿赂干部等等。

润滑关系型交换的方式也有所不同。为一件很普通或是偶尔的一件事而实施的"上油"行为，百姓称之为"一锤子买卖"，即事情一完，交换即刻终止。但是在一个单位、村屯、集体内部进行工具性交换，人们常常会有某种"人情"债压力，而在自己单位、村屯或社区以外进行这种工具性的礼物馈赠与交换，则不存在这种"人情债"压力，即事过了之。

近二十年来，中国社会中物质文化研究领域所关注的交换问题越来越复杂，以"交换"为中心的文化现象也越来越成为人类学研究的重要内容，如何认识物质文化研究中的交换，如何评价交换，如何引导交换，使之有利于人类社会的发展，是文化人类学应该进一步深入研究和探讨的问题。

五、服饰文化

服饰文化，指人类在着装佩饰及相关活动中产生的一系列文化现象。人类的服饰文化，从无到有，由简单到复杂；从最初保护身体和抵御风寒，到不仅追求生理上和生活上的基本物质需要，又不断追求和满足文化上、精神上和审美上的需求，经历了漫长的岁月。伴随人类社会的进步，服饰文化已出现千奇百样、异彩纷呈的局面，成为人类日常生活行为中密不可分的重要部分和每个人都要努力做好的重要事项。然而，最初人类为什么要穿衣服？何时开始穿衣服？这些问题一直是人类学家热烈讨论却一直没有形成共识的问题。

目前，对于人类服饰的起源有多种观点，但这些观点仍然属于推测和臆说，并没有可靠的实物证据。比较重要的三种观点是“礼貌说”(modesty)、“护身说”(protection)和“装饰说”(adornment)等。

“礼貌说”认为，当初人们产生了“性羞耻”念头，出于害羞而用某种植物茎叶编织起来，将肉体遮蔽住，后来慢慢演化为越来越成熟的服饰。这种说法在现代原始部落的民族调查中能找到印证，最突出的事例是许多原始部落的居民都很少穿衣服，但他们大都用类似植物茎叶编织物的东西将生殖器遮蔽起来。拉策尔也赞成此说，因为各民族中女人的装束常常比男人的装束多，礼貌说可以理解。

“护身说”认为，起初人类穿衣是为了保护身体。为使身体不受伤害，人们便用各种材料来围护肉身，以抵御自然环境和恶劣气候的侵袭，也用来防御抵挡野兽和外敌的攻击，还可能预防在山林中奔跑时，被剐伤碰伤身体，尤其是生殖要害部位。这种说法也可找到例证，比如，埃尔伍德(C. A. Ellwood)说，“便是热带土人，也常把兽皮挂在肩上以抵御日光和雷雨，而考古学上最初发现衣服的时代在旧石器晚期，阿舍利(Acheulian Period)文化之末，正当第四冰期要到，天气刚在变冷的时候”[①]。衣服起源的“护身说”也得到许多人的赞同。

“装饰说”赢得赞同的人更多。有人认为，人类最初穿衣服的真正原因，是由于他们好装饰的虚荣心驱导。也有人认为，“装饰的愿望比较其他两种动机的合并还更有力”。现代原始部落为此说找到许多例证，如霍屯督的女子们在乳房上系着许多羊皮条带装饰，有的甚至系有数百条之多，笨重得几乎不能行走；赫雷罗(Herero)女子则在头上戴着皮冠，其重量至少有 20 磅；夏威夷土人所穿的鸟羽外套更是完全为了美观和打扮而穿。

比较而言，三种说法皆有一定道理，但细品起来，“护身说”可能更早一些。因为最初人类的追求比较现实，最重要的是生存和生理上的物质需要，保护身体和有效抵御环境侵害是生存中最基本的要求，是第一位的；然后，

---

① 林惠祥：《文化人类学》，商务印书馆 1991 年版，第 77 页。

在生存已不成问题的时候，可能产生精神和心理方面的进一步追求，这时“礼貌说”、“装饰说”等便会应运而生。可以肯定地说，人类服饰的起源不大可能是单一因素作用的结果，上面三种因素和其他相关因素等都在共同地对人类服饰的起源产生作用；只是在某一时期有一种或几种因素起主导作用，而在另些时期其他因素起主导作用而已。这样才使人类的服饰文化不断发展起来。

人类服饰文化的发展进程和时代特征，明显受地理气候环境和生计方式的影响，也明显受到文化传统和物质经济条件及生产力水平的制约。在不同民族的服装装饰上，常常会自然地渗透出浓郁而丰富的文化内涵。因此，人类服饰文化的研究，是人类物质文化研究的重要方面。

由于人类服饰受到环境、生计、文化和经济等诸多因素影响，服饰文化研究也呈现复杂性。最初，人类学家将世界服饰特征大体分为两种，即北方式和南方式。北方式偏重于对身体的保护，它们多是些束身的短衣和紧身的裤子或长裙；过去，在北欧当地民族中这类衣裤很普遍，究其源流或者与北方民族古时缠皮于身的习惯有直接联系，或者为了保温和节约兽皮。南方式则受南方环境条件的影响，表现为广袖宽身的短衣和阔绰的裤子和相对较短的裙子，这种服饰过去多见于古埃及人、希腊人、罗马人、日本人、中国人和波斯人等人群中，究其源流或与他们的环境适应性及其最初简单装饰时用过的颈带和腰围带的演化有一定联系。

在制作服饰的材料方面，不仅表现出选料的多样性，也表现出随人类文化进步而服饰不断进步的性质。起初，人们的服饰材料主要是从动物身上获取来的兽皮、鸟皮、鱼皮、爬虫皮、兽毛及飞禽羽绒，还有从植物体上获取来的枝条、茎叶、树皮、果实、花朵等。用动物皮毛制衣，自然和渔猎生计方式有关；而热带地方多用树叶树皮制“衣”。服饰材料不仅反映出人们所处的自然环境与条件，也反映出他们的生产力水平和他们的生计方式。

以树叶树皮做“衣服”的原始民族较常见。印度有一种被称为“穿树叶者”的人群；波利尼西亚土著有一种叫“塔帕”(Tapa)的衣服，它完全用树皮制成，制法是先将树皮捣薄，然后加以彩色的印纹并制成合体的“衣服”；现在的非洲，还有用树皮捣软制作衣服的土人；在西伯利亚和黑龙江沿岸的赫哲人和阿留申土著人中间，至今仍有用鱼皮制作衣服的习俗；而因纽特人、爱斯基摩人和许多北方狩猎民族，至今仍然喜欢穿用兽皮制作的服装。

从人类服装进步的粗略线索看，至迟自旧石器时代中晚期开始，人类就产生了明显的服饰习惯，尽管当时的服饰极为粗陋简单，但人们制衣着装的意识或意念已牢固地形成，努力改善和提升服饰质量，有效增强服饰的功用和审美效果的行动也已展开；新石器时代初期，欧洲人已能够利用麻纤维来手编服饰；稍后，中国江南地区出现了最早的纤维织品；后来，以棉、麻、毛、丝为原料的，真正意义上的“布”出现了，人们以“粗布”制衣渐成时尚。

今天，人类的服饰不论在原料和文化特征上都在持续发展，除那些古代人长期用过的天然原料外，塑料、化纤、矿物、植物橡胶、金属等材料，都加入到衣料的行列；服装的色彩亦随染料品种和工艺的发展而更加异彩纷呈；服装的款式样式，则随文化与技术工艺的进步而更赋文化内涵，也更强化了它的符号属性和象征性功能，表现出各自不同的时代特点和人群特征，并折射出深刻的社会文化意义。服饰文化，作为人类物质文化研究的重要内容，越来越引起现代人类学家的关注。服饰文化研究的触角，也越来越渗透到人类文化的深部领域，服饰文化本身也为不同人群的文化特征研究提供了丰富多彩的内容。譬如，服装与饰物的“物态”表现为衣料、样式、花色、结构、搭配等；而这一系列物态内容都要服从于衣服的功能，如保暖、审美、性别、区别、社会地位、活动与劳作的便利及其他；在这些功用中，“保暖”与气候环境相适应，其特点是冬季厚，夏季薄；反之，衣服薄厚又标识着穿衣人所处的冷热温凉和海陆干湿等环境特色。再如，服饰的象征性和符号意义更是人们研究和思索的重点：在中国，男人穿裤子，女人穿裙子；男人戴帽子，女人系围巾；男女着衣颜色也有明显区别。人们的职业、地位、年龄不同，在穿衣上有很多学问和讲究，服饰的符号意义和象征性作用十分明确，它不仅反映出穿衣人的文化特征和个人喜好，更标志着穿衣人的性别，年龄、职业、地位、性格、社会角色等社会属性。在一定社会中，与身份地位相适应的服饰很容易为社会所认同和接受，但穿着与身份地位不适应的服饰则显得怪里怪气，不但不会为周围社会所认同和接受，反会遭到不同形式的社会“白眼”。有些服装或装饰还以法规、行规或某种社会约定的形式，成为特定的人、人群或阶层所专用，如警服、军装、白大衣、作业服、囚服等；甚至在同行列中，不同岗位、职级、性别、环境，服饰样式都不相同，比如军队中将官、校官、尉官和士官着装不同，男女兵着装不同，站岗和作训着装不同；还有大企业中的“白领”“蓝领”和“灰领”的区别，以及在中国警官的服饰中，只有行政级别达到正处级以上才佩着白衬衫，正处级以下的警官皆着蓝衬衫等等，实在是举不胜举。

人类服饰所蕴涵的文化内容极其广博，服饰既是着衣人文化、心理、审美、信仰、地位、喜好和知识水平等的综合反映，也是人类物质文化研究的重要领域。

六、交通文化

交通文化，指人类活动中，为移动和改变位置而采取的各种行为和方式，以及相关设施、用具、环境等物化形态所表现出的一系列文化现象。

人类交通行为，伴生产力水平的进步不断发展。最初，人类依靠手、足进行位置移动，如早期人类"树栖"生活时，人的上肢手臂是主要行走和移动的工具；在下到地面生活后的很长一段时间里，人类艰难地度过了"手足并用"和"半直立行走"的漫长岁月，才进入双足直立行走和奔跑的时代。此后，人类逐渐开始发明和利用独木舟、皮筏子，并驾驭野兽和驯兽代步；后来，又发明和创造了人力轿子、爬犁、勒勒车、雪橇等以生物体能为动力的交通工具；再后，则发明和利用机械能和自然能，出现了自行车、帆船等交通工具。18世纪后，人类终于发现使热能转变为机械动力的方法和电磁力学原理，随之蒸汽机、内燃机、电动机等动力机械出现，汽车、火车、火轮、气船和各种飞行器等现代交通工具相继面世，使人体移动的速度不断加快，活动半径逐渐伸长，活动范围越来越大，以致逐步形成了为"人类移动"服务的较完整的海陆空交通体系。与此同时，以交通行为为核心内容的人类物质文化也越来越丰富，人类活动的速度、质量、效率和舒适程度不断提高。交通文化的发达，又极大地促进了人类生产力的发展和社会进步。

交通文化，往往以人类交通行为中所涉及的物质载体的各种形式表现出来。人类交通行为的物质载体主要有下列几方面：

(1) 交通工具，如人的四肢和手足，骆驼、驴、马、狗、牛，雪橇、板车、黄包车、自行车，摩托、汽车、火车、轮船、飞行器等等。

(2) 交通设施，如铁路、公路、土路、山路，桥梁、索道、涵洞、隧道，驿站、关隘、车站、码头、机场，航线、航路、航标、路标，以及信号、通讯、导航、照明设施等等。

(3) 交通习俗，一般指没有物质形态但对交通行为起重要作用的具体内容。虽然其中有些没有固定的物质形态，但能够让人们直接而清楚地感受到它的存在，并在交通行为发生时，自觉不自觉地按照这些"法则"去做。

如交通规则、交通理念、交通技术方法，道路设施建设规范，交通礼仪、交通语言、旗语、手势、姿势、交通习惯等等。

交通物质载体，是交通文化的重要部分，其中每项具体的内容都印记或包含着人类交通文化的信息。比如，丝绸之路，反映出当时历史条件下，交通环境、交通效率、交通生产力水平、中西方文化，商贸、物产交流等的大量信息；泸定桥、南京长江大桥等反映了当时的社会状况、生产力背景；古代驿站、码头、关隘等，都真实地印记着这些交通设施所经历的人类社会变迁和人类文化的重要事件。

“衣食住行”是人们生活中最基本的需要。“行”的重要性在现代社会生活中越来越突出地体现出来。“行”的文化，即交通文化，它也越来越向多种多样的方式发展，并形成了不同的层次。如，有人步行，有人骑车、骑摩托；有人乘公交车，有人乘地铁；有人开自备车，有人专车接送；有人坐火车，有人坐飞机。车子的质量有优劣，火车飞机的座席有高低。在这些不同的交通方式后面，都反映出行为人的社会地位、身份、物质条件和知识文化背景。一般说，一个人的交通方式与工具，是其社会地位和身份的标志和象征。

现代社会的交通文化特征，比较集中地体现在交通工具上，最突出的是汽车的使用。中国社会已逐渐进入小汽车步入家庭生活的时代，目前中国以汽车为核心产品的产业群，已成为国民经济的重要支柱，其产业链从矿山一直延伸到家庭。据统计，全国有近一亿人口在这条长长的产业链上从事着与汽车相关的经济活动。围绕汽车的生产、营销、使用和维修等各个环节的现代理念，构成了丰富而壮观的“汽车文化”。汽车文化改变着人们的生活节奏和方式，影响着人们的行为和思想，也成为社会进步和物质文明的象征。

作为代步工具的小轿车，进入平民生活中给人们带来的好处，主要表现在以下几个方面：

(1) 汽车是代步工具。它既是人体下肢功能的延伸，又将人体下肢从行走的劳累中解脱出来，使人类位置移动更为便捷和舒适。

(2) 汽车的使用，还将人的活动半径成倍伸长，使人与社会物质和精神信息的时空交换速度和质量成倍提高。

(3) 汽车进入家庭生活，会影响和改变人们的生活方式，如车内所营造的舒适环境，减少了恶劣气候对人们出行的影响，人们不必多虑风雨寒暑的天气变化，使衣着装束变得简单、随意和雅致。

(4) 出行时间可以自行控制，解脱了时间上的限制与制约，减轻了出行准备时的精神紧张程度，使人出行更加随意和从容不迫。

(5) 减少了不必要的劳动和烦恼，比如候车、挤车、排队、拥挤、防盗、寻座、寻站、购票等等麻烦。

(6) 自驾车可以径直到达目的地，节省大量时间。有人计算，每天若因此节约一小时的话，一年就是 365 小时，相当于 14 个昼夜还多，若除去睡眠和休息饮食时间，那么一年节省的时间就相当于 45 个有效工作日(一个半月)，也可说是有效地延长了生命。

(7) 以汽车为交通工具，出行变得便捷和随意。人们可以去更远的地方，去一些原来不便去的地方，路途中在任何地方停留，停留多少时间亦非难事，这样就在有限的生命中扩展了人生的视野。

(8) 车内的空间可以盛放各种需要随行携带的物品，使之不再是出行的负担；也因此使出行时的大拎兜、箱囊和拉包等用具不必派上用场，而必要时将其换成小巧轻便的手包或钱袋；随身携带物品，变得轻松、无虑和随意。

由于这些有利因素，汽车这种交通工具在世界上受到普遍青睐，以汽车为核心的交通物质文化也不断丰富和发展。

但是，在人类交通物质条件和交通文化不断发展进步的同时，我们应注意到，交通发展给人类带来福音的同时，也改变着人与环境的结构关系，产生了许多令人烦恼的负面影响。如环境污染、耕地破坏、能源消耗、城市道路拥挤、交通阻塞、噪音肆虐、交通事故频发，以及由于移动速度加快，给人带来生活节奏加快和精神上的压力和紧张，使人类社会变得急躁不安，以致引发出许多社会矛盾和问题。如何处理好这些矛盾和问题，也是交通文化研究的重要课题。

七、居住文化

居住文化，指由于人类居住的行为而形成和发展起来的各种社会文化现象。其物质形态一般表现为居住址、居住环境与条件、居住方式与结构、居址建造工艺与选材，以及居住(聚落)形态等。

在漫长的历史岁月中，人类的居住条件与环境，随人类社会的进步而不断进步。自从摆脱树栖生活状态后，人类便因地制宜地开辟出多种居住形式。先是利用自然洞穴，然后是随坡就势搭建半地穴式或巢居式陋舍，再后逐渐形成移动型和定居型简屋，如“戳罗子”、地窨子、帐篷、蒙古包式居所、短暂的茅草屋等；当农业成为主要生计方式的时候，人们才相对稳定地定居下来，出现了较牢固的房屋，规模较大的聚落或原始的城堡式建筑群等。此后，人类的居住文化开始进入到一个快速发展的时期。

随社会生产力的进步，人类居住环境和质量不断改善，人们对居住的理念和需求也发生了很多变化。在现代社会中，人们的居住行为已远远超出古时仅仅为“栖身需要”的层面。比如，住房的功能，从单纯居住向多功能实用性转变；居住房屋的性质，由易移动的简单御寒避风简屋向舒适、耐用型固定式房屋发展；居住的形式，由相对分散居住向相对聚居发展；人们的居住条件亦逐步向卫生和安全方向改进，居宅中的卫生设施和防御设施越来越完备；现代城镇居住房屋，不仅大都有较完备的卫生间、厨房、卧室和水电照明系统，还有通讯网络和制冷、采暖、通风等配套设施。住房类型的选择，居址的地势、朝向、周围的环境条件等，也向着有利于人类健康卫生和自然、环保、便捷、舒适的方向发展，并逐渐成为人类居住文化和居住文明的追求目标。

在居住文化研究中，还有一类人类建筑不能忽视，这就是宗教祭祀和历史上的纪念性建筑，如寺庙、道观、神殿、祭殿、祭坛、塔楼、牌坊、陵寝墓葬，甚至胜迹和历史纪念地等。这类建筑虽不用于人类居住，但它们与人类的居住文明关系紧密，从某种意义上可以说，这些建筑都是人类“灵魂”和精神“居住”和聚集的地方，是人类居住文化中重要的组成部分。

归纳起来，居住文化研究主要包括以下几方面内容：

（1）居住建筑本身的研究。如居住建筑的类型、形状、物质材料、建造技术和过程以及与之相对应的生活居住习俗等。

（2）居住建筑的功能研究，包括功能设置和布局，与功能相关的家族成员关系、亲属关系、家族生活、生产活动特点、分工等。

（3）居址研究，包括居址的性质、房屋选址特点，环境分析，各种活动的便捷程度，生活与外部的联系情况，邻里关系，选址的信仰与理念，风水观念和价值评价等。

（4）居住理念研究。入住前后的各种仪式，个人或民族禁忌，巫术的信奉程度。

（5）居住与生计的关系研究。不同生计方式的人的居住特点与差别，生计方式变化与居住文化演变的关系，及其历史沿革与比较。

（6）居住形式的研究，包括分散居住和集中居住的形态特征和比较，聚落的结构与分布、村落与城镇的起源与发展等。

(7) 宗教祭祀和纪念建筑研究。这些建筑与居址的关系研究，如方位、距离、规模、礼仪的范围和影响，参加人的地域分布及其与居住址的关系，交通路线等；这些建筑的建造理念、建筑形式、建造年代、建造工艺水平及其与居住建筑的比较研究等。

(8) 与居住相关的配套设施研究，包括居住群中的各种公共配套管网、给排水、交通通讯、物流系统，单体居址中的配套设施，如煤卫厨灶、水电线路、家具、用具、陈设方式、装饰佩物等。

随着时代的发展，居住文化的研究越来越表现出它的族群性和个性化特征，人们对于居住的物质文化追求也趋向于理性化、科学化和多样化。日本学者甚至提出了确立“居住人类学”的学科命题。居住文化研究的观察视角和详细程度也越来越广博和细化。本书通过调查研究，将上海市区现存民居简要归类为七个层次 24 种类型(参见表 3-1)，供大家研究和讨论。

表 3-1 中国上海民居分类简表

级别	类名	种类		主要特点	时代	注
Ⅰ	别墅房	1	花园别墅洋房	私家花园，独户居住	19 世纪中末—20 世纪中叶	宋庆龄故居
		2	新单体花园别墅房	私家花园，独户居住	20 世纪末—21 世纪初	
		3	联体新别墅房	两联或三至八户连体建造	20 世纪末—21 世纪初	
Ⅱ	新楼房	4	越层式单元楼房	高楼内具两层结构的单元	20 世纪 90 年代以后	
		5	高层、小高层楼房	平面布局，电梯上下，结构现代	20 世纪 90 年代以后	
		6	多层新楼房	无电梯但单元功能齐全	20 世纪 80 年代后	
Ⅲ	工房	7	新工房	厨卫独用	20 世纪 70—80 年代	
		8	老工房	一般厨卫不独用	20 世纪 50—60 年代	
		9	筒子房	公共厨卫、公共走廊，一般为多层多户单元式集居	20 世纪 50—60 年代较多见	
		10	学生、员工宿舍房	一般有公共卫生和食堂	新中国成立后较多	
Ⅳ	公寓式洋房	11	花园式洋房公寓	单元式多户居住的公寓	清末民初—新中国成立	
		12	高层、小高层临街公寓	一般无电梯，层高不过 8 层	清末民初—新中国成立	
		13	商住结合式高层公寓	底层是商铺，上面是居房	清末民初—新中国成立	
Ⅴ	石库门住房	14	现代石库门	外部保留石库门结构，内部现代化改造	民国时期	如：新天地
		15	新里石库门	独用灶间，卫生公用	民国时期	
		16	旧里石库门	无卫生设施，公共灶间	民国时期	

（续表）

级别	类名	种类		主要特点	时代	注
Ⅵ	旧区老宅	17	独立庭院式老宅	中国传统式园林庭院，自成体系，内部布局错落有致，	明清为主，宋元老宅极少	如：嘉定、青浦、川沙等多见
		18	普通民宅	砖瓦结构，一般没有庭院、几户或十几户、几十户一幢	明、清及民国时期	市区仍常见
		19	贫民简宅老屋	设计简单，结构紧凑，粗陋	清及民国时期	原南市区
		20	旧棚户简宅	成片搭建的棚户集居住房，结构简单轻便，环境拥挤	多为民国时期	
Ⅶ	其他住宅	21	临时住房，简易工棚	依临时需要建造的简屋		
		22	改建住房	利用旧厂房车间改建的房屋		龙华机场、宝山等
		23	水上船宅	在河浜、湖浜上能行走和不能行走的常年船屋		
		24	其他	洞内、桥下、半地窖简屋等	时间跨度较长	已比较稀少

居住文化，反映出不同时代、不同阶层、不同民族、不同信仰、不同国别的人们的社会差别；也反映出社会政治、经济、科技、文化、军事和百姓生活等各方面的真实状况。居住文化的载体——人类建筑，通常是人类社会历史文化的物态积淀，是社会发展过程中某一阶段的物态缩影和定格，也是人类物质文化和物质文明研究中的重要内容。

然而，在现代社会中，传统居住文化理念和载体，正在与现代文明发生着激烈的碰撞，许多饱含历史与文化信息和民族象征性特征的优秀民居建筑，正在被席卷而来的“现代化”洪流所吞食和淹没，以致有些民族居住文化的历史发展线索和实物遗存链条严重缺环。人类学家呼吁全社会对人类居住文化的各种建筑和相关物品进行保护，因为它们是民族历史与文化的实物，是民族灵魂和精神信息的载体，是不可再生的人类物质文化遗产，每代人都有责任和义务保护和传递这些珍贵的文化遗产。

以上从七个方面概略叙述人类物质文化的内容。需要指出的是，人类的物质文化，不仅仅限于上述七种，它包含内容之广泛，涉及物品之丰富，观察视角之细微与宽博，在人类社会生活的各领域、各层面都能体察到。但是，人们往往注意物质文化的直观表象，而不大注意它的丰富内涵；往往注意比较明显和比较宏观的物质文化现象，而不大注意身边的、平常的、细微的物质文化现象；以致对人类物质文化现象的理解出现片面性。人类学家则从物质文化的表象入手，不仅关注物质文化中宏观和明显的部分，更关注人们身边细微的寻常的物质文化现象，一直探研到物质文化后面的深刻意义和所涉及的制度文化与精神文化层次的相关问题，这样可以领悟出物质文化的实质，领悟出物质文化应有的方向，并遵循科学的理念推动人类社会物质文化的持续发展。

第四章
人类制度文化的形态与演进

第一节　制度文化的基本内容和研究方法

人类的制度文化，是指人类生存的各种基本需求、习俗和行为方式，在社会控制的约束下，由约定俗成上升为制度层面时形成的各种社会约束形式中所表现出的一系列文化现象。制度文化一般没有物质形态，但它对于社会中的每个人（不论他是总统还是平民）都会产生一种硬朗的刚性感受。例如，男性进男厕所，女性进女厕所，并没有人拦在那里非要你进某一个，但男女性都不会走错，因为他（她）们心里都有一个无形的东西在约束着行为，这无形的刚性约束力使人们不会“越雷池一步”。硬朗的约束力还表现在类似民俗、村俗、婚俗、家规、行规、教规、伦理、禁忌、常规和一些民族习惯等方面，它们也都没有具体形态，甚至连写在纸头上的东西也没有，但这些东西却都是社会约束的重要力量和形式，它们使社会变得有秩序，使人们生活和做事有章可循，有规可依。千百年来人们遵循其规则生活和做事，没有人愿意违背它。因为违背了这些社会约束，就相当于失去了该社会的文化认同，定会被视为异类；倘若用剧烈方式反抗和挣脱这些约束，就会得到“大逆不道”“叛逆”或“反叛”，甚至“造反”一类罪名，而受到众人的谴责，可见制度文化的力量如此巨大。

制度文化，在文化的结构中处在物质文化和精神文化之间，是文化体系内的中间层次，相当于哈里斯文化结构图表中的中部结构。

制度文化的内容，受精神文化的指导和制约；同时，制度文化又指导、制约和规定着物质文化的方向。比如，当国家的物质生产力具有一定基础的时候，政府会考虑物质文化的方向，即下一步是以发展民用为主，去生产家用轿车和民用住宅；还是以发展军备为主，去生产核武器和航空母舰。这类问题在不同时期，社会决策层会有不同的“指导思想”或思路。这些“指导思想”和思路在未“固化”前还都属于精神文化的范畴，当它们形成统一的认识并被固化为若干“产业政策”、规划和各种计划文件时，就有了规定物质文化方向的指导意义，这些“产业政策”、规划和计划文件等，也就进入到制度文化的研究范畴。从个人角度而言，当一个人有了钱，你想做些什么，必然要通过大脑来思考，形成一个明智的方向，然后再按着想好的方向去实施。用大脑思考属于精神活动过程；但是，你思考形成的方案，不一定想干什么就能干什么，它必须要受到制度文化和物质文化限制，比如，你有了钱想买卖军火、想搞传销、想营销海洛因和麻醉剂等，都是国家政策和规定不允许的，或者说是受到制度文化所限制的；而你想活 200 岁、想去宇宙遨游或去制造航母，恐怕你的物质文化基础和能力就显得不足了。从而可以看出，制度文化具有相对独立的位置，它既不参加活跃的思维过程，也不参加直接的生产过程，而是介于两者之间，并将物质文化和精神文化紧密地联系在一起，它既固化着精神文化的思维成果，是精神文化的表现形式，又在精神文化的指导下，限制和规定物质文化的方向。因此，先进的制度文化能促进社会健康发展，落后的制度文化则成为社会发展的羁绊。

当今社会，制度文化的内容极其广泛。它大到国家一级的社会基本制度，如社会主义制度、资本主义制度、君主立宪制度，还有国家政治的、经济的、文化的、外交的制度和政策等等；小到民间的行为规则，如“排队购物”、“礼貌用语”、“七不准”之类的社会约定等等。其表现形式，既包括社会统治层对社会的协调管理行为，也包括社会民间的俚俗传统、行为惯例、道德观念、价值取向等约束人们行为的各种约定。它的涉及面之宽，几乎无所不及；约束人之众，覆盖社会的每个成员；延续历史之久，可上溯至遥远的上古。同时，制度文化的威慑力量，由国家机器的最高层，一直贯穿和约束到社会的最底层、最末端，只要你是生活在社会中的人，不论你的地位、年龄和职务，都会感受到制度文化无形的约束力量。

正因为如此，社会统治集团利用制度文化来约束社会秩序和推动社会发展，其作用力和影响力是不可估量的。比如，政府的一项重要管理行为是制定政策和发布政策，政策是无形的，它属于制度文化的一种形式。一项好的政策可能使一个民族富强，一项不好的政策可能导致民族的衰亡。中国

“文化大革命”的政策决定如同号令，中国社会为此蒙受了一场罕见的“浩劫”，经济社会发展停滞十年，国民经济几乎达到崩溃的边缘，中华民族遭受了巨大的损失。同样，“知识青年上山下乡”政策一发，中国整整一代年轻人的命运被改变，他们失去了接受正规教育的机会，在农村接受贫下中农再教育，蹉跎了珍贵年华，对中国社会进步和文明进程的影响无法估量；“计划生育”也是一项基本国策，它使中国人少生了上亿的人口；而“改革开放”的基本政策，则直接推动了中国经济的腾飞，使中国人在不长的时间里迅速地富了起来。这些都说明制度文化在社会发展中的重要作用。

因为制度文化一般不具物质形态，研究方法与物质文化研究方法有所不同。研究中，学者们常常沿着下面两条线索来揭示和探索制度文化的面貌、特征和规律：一条是沿着社会组织方式线索向前深入，研究内容包括人口再生产方式中的婚姻、家庭、亲属制度、约定和家庭、继嗣、家族、氏族、酋邦和部落组合中的社会组织方式，及其社会经济生活和生产中被认同和相对固定或不固定的规则、关系和组织规律、分配规律、消费规律等；另一条线索是沿着社会政治形式的线索向前探索，研究内容包括从游群到氏族，再从氏族、酋邦到部落，直到小国、大国的出现等，各种政治体制的建立和特征，不同政治形态的产生与演变，以及各种社会控制方式和约束手段等等。

下面我们分别沿着社会组织方式和社会政治形式这两条线索来探索和讨论制度文化的相关内容。

第二节　人类社会组织的最基本方式：婚姻与婚姻制度

一、婚姻的性质和定义

婚姻，是社会组织方式中最基本的形式。每个民族、每个社会都有自己的婚姻、家庭和亲属制度。这些制度有些是以法律法规的形式表现出来，有些则是以民间的礼教、习俗、观念、文化等约定俗成的形式表现出来，越是在遥远的社会或越是原始的民族，后者形式越是表现得突出。

人类的婚姻形态和制度，又是在漫长的历史进程中逐渐积累形成的一种“生殖约束”的文化现象，它饱含着民族社会的历史文化信息和经久积累的传统习俗和理念，是制度文化研究的重要内容。

婚姻往往与性欲相联系，但两者不是一码事。性欲，是生理上的事情；婚姻则是社会上的事情。性欲很简单，婚姻很复杂。认定一桩婚姻：不是看他们是否同居，而是看他们是否合"法"，合"俗"。从社会学角度，两性结合若不为风俗与法律所承认便不能算为结婚。

人类繁衍需要两性结合，但对于两性结合形式演变规律的认识却存在不同观点。

社会演进论认为，最初人类的两性结合是从一种杂乱的性交状态开始的，这种状态被称为"乱婚"。在人类的早期，两性交配不受任何限制，完全处于一种"自由"和"随意"的状态；之后，两性结合的形式一段一段地演进，当演进到一夫一妻制的时候，人类已进入文明时代了。

一些学者不同意这种看法，提出了反对意见，认为：人类存在一个"乱婚"的时代证据不足。研究表明，与人类最相近的动物的性关系已不是乱交了，许多动物都有相对稳定的配偶，动物界中的"夫妻"忠心已存在，"父母"协力谋求生活资料的事例亦不鲜见。故而，人类最初的交媾形式起码应是对偶婚，因为两性交配需要情感支撑，情感培养需要时间，女性的感情需要特别明显，这些情感需求都是直接由动物界传下来的。

不仅如此，长期以来人类学家试图为"婚姻"下一个科学定义，亦大都不太成功，即难以形成被大家认可的统一概念。下面介绍几种有代表性的观点。

著名人类婚姻史家韦斯特马克认为，婚姻是"习得的习俗或法律承认的一男或数男与一女或数女相结合的关系，包括他们在婚配期间相互所具有的以及他们对所生育子女所具有的一定的权利和义务"①。

穆道克(G. P. Murdock)认为，"婚姻仅仅存在于当经济的功能和性功能结合为一种关系之时"②。

凯瑟琳·高富(Kathleen E. Gough)则认为，婚姻应该是"建立在一个女子与一名或几名其他人之间的一种关系，用以确立新生婴儿的合法性，并使

---

① 〔芬〕爱德华·A. 韦斯特马克：《人类婚姻史》，刘小幸等译，商务印书馆1992年版，第1页。

② G. P. Murdock, "Social Structure", in Burton Pasternak *et al*, *Sex*, *Gender and Kinship*, p. 82.

其成为社会所接受的一分子”[①]。

中国学者施传刚更简明地将婚姻定义为“制度化的性结合”[②]。

在一般意义上，婚姻的性质可以理解为是建立在性关系基础之上的异性间（男女）的社会契约。

制度文化研究中的婚姻，是一种被民俗和社会接受的两性结合状态。这种状态是有序和有一定规则的状态，它排除了杂乱无序的性交行为，是人类社会进步中逐渐形成的一种与“生殖约束”有关的文化制度。

从人类社会看，凡有婚姻规则（或制度）的地方都必定存在着对于性关系的限制。这就是理论上讲的“乱伦禁忌”，所谓“伦”者，文化规定是也。

在人类早期或在一些社会中，即便婚姻形态是“群婚”，亦非乱伦，其群婚的内部与外部往往存在许多约束和限制。因为“群婚”是一群男子对一群女子的性关系，这种婚姻形式往往规定着某些特定的男子与某些相应女子，彼此间可以有“被社会承认”的性关系。从而，必须排除另外一部分人，使他（她）们处在这种“被认可”的性关系之外。若违背了“社会认可”的两性结合，就会被认为是“乱伦”，并受到惩处。

合法合俗的婚姻形式，大多重视族群的繁衍和社会与家族的利益，而淡化和弱化两性间的情感因素，如“门当户对”、“部落联姻”等等。因此，许多婚姻不美满且十分脆弱，亦易导致种种爱情悲剧的发生。当情感因素超出了被社会认可的范围，其性行为不能公之于社会，只能在暗处进行，这又为婚姻和社会埋下了可怕的阴影。

在人类社会的进程中，情感因素和经济因素推动着人类婚配关系范围逐步缩小。一般认为，这是人类婚姻走向进步，走向文明的基本过程。这一过程的最终结果是将两性婚配的范围，一直紧缩到以一男一女的牢固结合为最高境地。

就文化而言，婚姻是人类社会特有的文化现象，动物只有性交而没有婚姻。人类的婚姻行为，既纵向贯穿于人类历史全过程，也横向延展异彩纷呈，包容不同形态和不同类型；既包含人类生理生殖情节，也包含人类社会文化的巨大力量，是人类独有的复杂的社会文化产物。

---

① Kathleen E. Gough, “The Nayars and the Definition of Marriage”, in *Journal of the Royal Anthropological Institute of Great Briton and Ireland*, 1989, pp. 23—34. 转引自庄孔韶等：《人类学通论》，山西教育出版社 2003 年版，第 272 页。

② 转引自庄孔韶等：《人类学通论》，山西教育出版社 2003 年版，第 272 页。

婚姻常涉及下列基本内容：

(1) 法律、民俗、社会所认可的性交与生殖行为；

(2) 在男女双方及家族和女子间，确定一种权利和义务关系；

(3) 标志着一个新的社会组织诞生，并以此为起点，确立它的社会定位和相应的亲属间关系、义务和责任。

(4) 确定新的男女间家族内外部事物的分工。

婚姻对人类社会的作用，至少有下列几个方面①：

(1) 规范和约束性行为，避免或减少性交冲突。人类不同于其他哺乳动物有明显的发情期。只要情感需要，人一年四季都可以性交，而且往往愿意进行性交。婚姻，即建立起一种秩序，它规定和约束某（或某些）人只能跟某个（或某些）人性交，以此来控制和规范人们的性行为，以减少因争夺性交对象而引发的冲突。使（群体）社会内部安定和谐，避免产生两败俱伤的灾难性后果。这个作用不论古今都十分重要。

(2) 为繁衍后代提供适宜的条件，包括社会条件、经济条件，并保障下一代子女的社会合法性，使之健康成长。人类养育后代需要较长的时间和一些特殊的条件。一般的哺乳动物出生后，数周或数日即可自行觅食，独立生活。而人类的子女出生后十年或更长的时间，都要靠成人帮助照顾他们生活，指导他们进行社会学习，只有这样他们才能在生理、心理和文化上成熟起来。这些方面都需要以建立在婚姻基础上的家庭作为支撑。

(3) 婚姻建立的家庭，方便了婚姻男女的劳动交换与合作。人类劳动分工从很早开始就与性别有关，虽然这种分工不是绝对的、严格的，但社会生活中，男人和女人的劳动成果，许多需要互补与交换，也需要相互合作。婚姻家庭满足了这种需求，也明确了双方对于对方以及子女的应尽义务。

(4) 在平民社会，以婚姻形成的家庭构成了当事人与前辈双方及其亲属间的血缘关系纽带。而在核心家庭中，子辈的外婚，又将外部家庭或别的民族、部族联结起来，形成稳固的以血缘为基础的关系网络。

(5) 婚姻增进不同群体之间的联合，成为社会关系的血缘纽带。原始社会中互相通婚的集团或部落往往结成联盟，这有助于人类的生存与发展。通婚的氏族集团一般在经济生活、文化交流，甚至在部落械斗方面都能守望相助，荣辱相关，休戚与共。在阶级社会里，联姻更是一种密切家庭间、民族

---

① 参见庄孔韶等：《人类学通论》，山西教育出版社 2003 年版，第 273 页。

间、国家间关系的有效手段。

从婚姻发展史和各人群交配繁衍方式看，虽然不同人群、不同民族、不同社会，在婚姻、家庭的形式上差别较大，但由古至今没有哪一个民族在婚姻、家庭、性关系上是完全没有规则，完全不受文化约束的。因为婚姻是人类社会稳定的基石。

在研究婚姻的性质和定义时，我们还应该注意把握"婚姻"概念的定义域，以防止婚姻概念的扩大化。在现代世界的有些地方，出现了一些极端化和扭曲的婚姻现象，这些现象也被接受在人类正常的婚姻范围内。比如，欧洲的一些地方，社会接受和承认两个女子或两个男子间的"同性婚姻"，社会法律也允许同性组成家庭。在中国内地、台湾和香港的一些地方，还存在一种被社会理解和认可的"鬼婚"形态，即一正常男性或女性和已死去的异性"结婚"的习俗；甚至还有与企盼着的活着的"意中人"不能成婚，而情愿嫁"相片"的守婚形式。人类学不赞成将这些被扭曲的不正常"婚姻"形态列入人类婚姻的概念中。

二、人类婚姻的基本形态

在人类繁衍的漫长历史岁月中，婚姻形态不仅因时代不同而变化，也因民族传统文化和社会性质的不同而形成较大差别。从逻辑上讲，人类社会的婚姻形态不外乎有：一夫一妻、一夫多妻、一妻多夫、多夫多妻（即群婚）四种基本类型。下面看看每种类型婚姻的形式和特点。

1. 一夫多妻形态

统计资料表明，在古今人类社会中，允许一夫多妻的社会最多，约占四分之三，是人类社会最为普遍的婚姻形态。但是这里用的是"允许"，即一个社会允许一夫多妻，并不等于社会中的婚姻都是一夫多妻。因为两性的比例不容许全部男人都实行多妻，所以这种婚姻形态常与一夫一妻等形态并行。

一夫多妻制较盛行的社会是非洲土人社会。在非洲土人社会中，一个男人拥有5个、10个、20个甚至50—60个妻子都很常见。但是多妻的男人大多是社会权贵，一个土人酋长的妃嫔可自百人至数千。如阿散蒂族（Ashantu）的法律规定出王妃数为3 333人；洛安戈（Loango）及乌干达的国王则传闻有妃嫔7 000人，比中国皇帝的"三千佳丽"还多出一倍。

在近现代民族中，畜牧民族较盛行一夫多妻。而古代的民族如巴比伦人、希伯来人、阿拉伯人、斯拉夫人、斯堪的纳维亚人、爱尔兰人等都有热衷于一夫多妻的传统。日本也曾承认一夫多妻婚姻。我国自古代到现代，都曾认可一夫多妻的婚姻形态，旧中国“一夫多妻”司空见惯；新中国建立后，这种婚姻形态被法律废止。但改革开放后，沿海发达地区“一夫多妻”现象又有萌芽，他们为了规避法律，大都以一种“变了相”的婚姻形态表现于社会，如“纳佣使妾”、“一婚两制”，甚至“包二奶”、“养小秘”等等。

一夫多妻制发生的原因，除了有些社会女性的数量比男性多外（如朝鲜战后男子很少，国家号召和鼓励多妻，以解决人口和劳动力的短缺），主要原因还来自男性的愿望。大体有下列几种情况[①]：

（1）在女子月经期和妊娠中，男子一般要禁欲，而小儿乳育期更需丈夫制欲配合，若生育密度较大，男子制欲既频亦久，生理需求导致男人们另觅女子释欲。

（2）由于女性较易衰老，而男子常喜新厌旧，多妻便渐成风尚，如摩洛哥的摩尔男人以“人不能常常吃鱼”譬喻男子不能以一妻为满足。

（3）子嗣愿望。在以男性为主导的社会中，当一妻家庭无子时，男性大都希望由多娶而生子，东方各国社会常以此理由而实行多妻；有的家庭（族）虽有子后，也希望繁殖更多后代，以扩大家族，增加声势，这也助长了多妻的发生。

（4）多妻在物质方面能使男子更安逸，或由妻妾们的劳作而增加财富（如西门庆的敛财之道）；在非洲东部及中部土人社会中，社会风尚是妻愈多者愈富，男子为妻所维持，受妻奉养。

（5）多妻能增大声誉和权威，提高其社会地位。刚果土人称酋长伟大时必历数其妻的数量和丽质；甚至旅行家也常说，男子的伟大与妻的数目成正比例等等，都萌发了男子们对多妻的追求。

在“一夫多妻制”的民族中，虽然“多妻”为社会所承认，但是多妻者究属社会集体中的少数，他们通常只是那些有钱有势的人，其平民大多数仍是一妻为多。例如，东部非洲的基库尤族（Kikuyu）中，一妻者常见，二、三妻也普通，只有富人才有六七妻。

一夫多妻制也有许多社会限制因素，一是妇女数目不足，社会上男女比例大体平衡，一夫多妻不可能扩大范围；二是男子经济实力和体能不及，多妻者大多折寿，使许多男子望而却步，这强化了对多妻的约束力；三是入赘女家的男子难以多妻；四是妻妾妒忌，引起许多家庭矛盾和纠纷，甚至伤及

① 参见林惠祥：《文化人类学》，商务印书馆 2000 年版，第 147—149 页。

人命，使多妻形成阻碍；五是爱情专一，男子一妻满足：无论开化民族或者是野蛮人，甚至是动物，犹如鸟类，都有纯洁专一的“爱情”维系着两性间结合，使他(她)们厮守终生，这种情感因素的排他性阻碍多妻的形成。

一夫多妻的婚姻形态，又是女性地位低下的表现。在当今人类文明的社会中，一夫多妻的婚姻形态不应提倡。

2. 一妻多夫形态

这种婚姻形态，在社会中的占有比例极少。据估计，约占婚姻总量的百分之一弱(1900年)。但这种婚姻形态一直引起着人类学家的关注。

一妻多夫婚姻，多见于印度南部，斯里兰卡，中国的西藏、云南以及喜马拉雅山南麓的一些地区，还有一部分爱斯基摩人、非洲班图族(Bantu)中的巴希马人(Bahima)、加那利岛人(Canary Is.)中的关切人(Guanches)、马克萨斯(Marquesas Is.)的土人、阿留申岛人(Aleuts)等。

一妻多夫制大体上可为两种形式，一种是“兄弟共妻”，在中国西藏比较典型；另一种是“非兄弟共妻”，又称奈尔式(Nair type)形态，即以印度南部马拉巴尔(Malabar)地方的奈尔人社会的一妻多夫婚姻为代表。

在中国西藏，旧式标准西藏族人的婚姻习俗中，流行这种兄弟共妻的婚姻形态，即兄弟中一人结了婚，他的兄弟们也同时有了妻子。他们很和睦地住在一处，生出的小孩，诸兄弟都是父亲，但最大的哥哥要行一种叫“弓箭的给予”(giving the bow and arrow)的仪式，于是便成了孩子法律上的父亲。这种婚姻形态，保证家庭财产的稳定，也使家产不断积累。

在南印度的马拉巴尔，奈尔人一妻多夫婚姻中的丈夫们常分住于各自的村落，他们的妻子轮流寻找他们，与之同居。生了小孩后，孩子法律上的父亲是最先成为丈夫的男子，他通常也是行过“弓箭的给予”仪式的那个人。然而，法律上的父亲连续作了两三个孩子的父亲之后，别的丈夫方可以按一定顺序做父亲。

在中国川滇藏交界地域，摩梭人的“一妻多夫”婚姻却是另一般情景。这里的摩梭人，至今“男不婚，女不嫁”，“孩子只知其母不知其父”，更不知结婚证书为何物。他们的繁衍完全保留和维系着母系社会的生殖传统，并以“走婚”的形式顽强地一代一代繁衍下来，成为人类古老婚姻模式的活标本。摩梭人的所谓“一妻多夫”婚姻有自己的特点，当女子成年后，她们便住进被称作“花楼”的一种摩梭成年女性的房间，“花楼”独立于祖母屋即“家屋”外。男子们一般在日间约好后，就会在半夜的时候到女子的“花楼”幽会,但进入花楼不能走正门,而要爬窗,并将帽子之类的物品挂在门外,以示楼内有人正在约会,叫其他人不要打扰。事后,在天不亮的时候就必须离开,这时可由正门离开;若迟至天亮或女方家长辈起床后才离开,会被视为无礼。女子有了小孩,由舅舅们养大,与父亲们没有关系。

印度托达人的一妻多夫婚姻,却存在着兄弟共妻与非兄弟共妻两种类型。不同的是后者,妻子一般一次与一夫同住一个月左右,有时法律上的父亲死去很久,妻子与别的丈夫所生孩子也要算是死去的那位法律承认的父亲的孩子。托达人的一妻多夫与其民族"溺女婴"的旧习俗有关。近来,此风渐衰,女性趋增,但他们仍不改为一夫一妻,反而变为多夫多妻,即团体婚,例如先前三男共一妻,现在是三男共二妻。

传说古时希腊人、英国的凯尔特人及闪米特族人等,都有过一妻多夫的婚俗形态。

一妻多夫婚的形成原因比较复杂,主要有下面几种说法:一说认为,(多夫现象)是由于某些民族有意溺毙女婴,致使人群中女性比例大量减少,但人们需要繁衍,社会需要劳力,男子需要释欲,因而产生多夫。再一说认为,多夫现象是因生活环境不佳,须由多位丈夫赡养家庭,或保持家庭财产不受分割,所导致的结果;还有一说认为,多夫是由于男子常外出做事,故在一夫不在时需要有别的男人继续承担丈夫的角色来照应妻子和孩子,因而产生多夫;另有一说则认为,多夫的原因是由于男方不能生育,或妻子认为丈夫"只会生女,不会生男"则再纳他男生育,还有时是因为一些社会的、文化的或者其他的某种缘故而不能离开原有丈夫,故让别的男子参加婚姻以达到生育或生子的情况。

在一妻多夫婚姻形态中,父亲这一概念的实际含义已发生变化,生理学上父亲的意义已不十分重要,而重要的是社会学、法律意义上的父亲。

3. 多妻多夫(群婚)形态

群婚(group marriage)婚姻,与"乱婚"不是一个概念。

乱婚是一种性交的杂乱无章的状态,这种乱交的状态充满了生物性,没有或少有社会性和法制性。从严格意义上讲,乱婚还不能算作人类"婚姻"的一种。

群婚则不同,它是一种有限制的性的共有状态或称"性的共有制"。群婚是指由一群特定男性按一定方式与一群特定女性组成夫妇群体。他们并不是随便凑合在一起的许多男女,而是建立在社会关系与文化关系基础上的性关系系统。这种婚姻方式，曾在历史上或一些民族中得到接受和流行。

在澳洲、东西伯利亚的楚克奇人（Chukchi）、美拉尼西亚、波利尼西亚等地方和民族中"多妻多夫"的"群婚"形态很盛行。群婚的集团一般由男性为主导，以表兄弟为纽带形成，表兄弟可以是堂表，也可以是姑舅表，还可以是从表、再从或再再从表的兄弟，也可以有无亲属关系的人参加。他们在一定感情基础上，为建立和促成牢固而永久的友谊，便结合为一个共妻的团体。一般情况下，亲兄妹或亲姐弟大多不参加彼此的群婚团体，无妻的男子也不得加入。因为，这种婚姻在某种程度上，是一种以男子为主导的妻子互换交流。而亲生兄弟姐妹不参加彼此的群婚，大概出于两种原因：一是亲生兄弟姐妹间已有牢固的血缘纽带，不需要再用换妻来强化友谊；二是亲生兄弟姐妹在自己的群婚团体中，可能产生近亲繁殖和不必要的情感麻烦。

形成群婚的团体有大有小，古时可能很大，而越是近现代，这种团体越小。近现代的群婚团体一般多在10对夫妇，甚至几对夫妇之间。有些社会的群婚团体成员往往不住一处，而是各住一方，当某成员来访时，主人便"使妻侍寝"，以此换取自己出访时的同样招待。也有些社会，同住一处的人不喜加入这种群婚团体，以防招致乱交状态。黑龙江农村现代仍有这种妻子在挚交朋友间的互换现象，但名誉和法律上仍然是一夫一妻的格局，换妻在暗处进行，没有得到社会的认可。

4. 一夫一妻婚姻形态

一夫一妻婚姻形态，是人类婚姻走向文明的最高级形式。但是，一夫一妻的婚姻模式很早就产生了，人类学家研究发现，在未开化民族、早期狩猎者及初步农业化的民族中，都有比较严格的一夫一妻婚姻形态，如南美印第安人、马来半岛土人、锡兰（斯里兰卡）的维达族、菲律宾的尼格利陀人（Negrutos）以及非洲的矮民（Pygmies）等，都存在一夫一妻婚姻形态。甚至在动物中（如鸟类）也存在这种建立在情感基础上的相对稳定的一一对偶"婚姻"。

统计表明，在近现代社会中，仅允许一夫一妻婚姻形态的社会约占四分之一。中国是仅允许一夫一妻婚姻的国家。

随人类社会不断进步，人们的思维、文化、情感因素等越来越多地驾驭着人的生物性和生理欲望，人类社会政治经济与和谐稳定的各种需要和形式，都促使着社会婚姻形态逐渐向相对稳定的一夫一妻制婚姻演变。

普通平民层逐渐排斥和摒弃其他婚姻形式，下面的观念越来越得到社会的普遍认同：

(1) 一人占有数妻,而致他人鳏居,有违道德;

(2) 一夫多妻,有伤女子的人格;

(3) 多妻而耽于淫欲,受到社会非难;

(4) 文明人没有在妻子妊娠或生产后长期节欲的生理压力;

(5) 越向现代,子嗣意念越加淡薄;

(6) 多子多妻不再是财富和势力的象征,人们追求自由平淡的生活;

(7) 多妻也不再是财富和劳动的帮手,反而成为生活的负担;

(8) 男女间结合的力量,越来越依靠情感的力量,恋爱中感情越来越细腻,忠诚成为婚姻双方的信条,使婚姻更加牢固而持久;

(9) 妇女的情感受到尊重,女人独立的法律地位不断加强等。

这些因素都在使“一夫一妻”婚姻不断扩展,成为人类社会文明与进步的标志。正如韦斯特马克所说,人类“文明进步到某一阶段,一夫多妻曾为适者而存在,迨文明达到了最高的一段斯为一夫一妻的天下”[①]。

然而,一夫一妻制婚姻也存在许多问题。比如现代人的个性渐强,情感变化快,影响情感变化的因素多,一夫一妻社会的离婚与再婚比例不断升高。当今的所谓“一夫一妻”制,已不再是理论上那种稳固而纯粹的“一夫一妻制”。据统计,美国大约有50%的婚姻,后来要以离婚告终;在美国,一个人在他一生中结三五次婚很常见。所以有人类学家认为,如果这些也叫做“一夫一妻制”的话,那只能叫做“接力赛跑式的一夫一妻制”。在中国,离婚率也快速提高,社会上“闪婚”、“闪离”、“分居”、“重婚”、“真假离婚”、“同床异梦”、“婚外情”、“明妓暗娼”、“一婚多制”等现象已引发许多社会问题。恩格斯也曾对当今社会的“一夫一妻”制进行过严厉抨击:所谓“文明时代”的一夫一妻制,其实是“以通奸和卖淫为补充的一夫一妻制”[②]。这些问题应引起人类学家的关注和思考。

一夫一妻婚姻,是人类婚姻的基本形态。尽管在历史上或在不同民族社会中始终并存着“一夫多妻”、“一妻多夫”和“多妻多夫”等多种婚姻形式,也尽管“一妻一夫”存在许多问题,但这种婚姻在每个社会的婚姻总量中,仍然占有很大的比例。一夫一妻婚姻,无疑是平民婚姻的主流。在大多

---

① 林惠祥:《文化人类学》,商务印书馆2000年版,第150页。

② 恩格斯:《家庭、私有制和国家起源》,载《马克斯恩格斯选集》第四卷,人民出版社1972年版,第71页。

数民族中，一夫一妻的婚姻形态，被视为是一种长期以来为社会习俗和法律所公认和人们普遍接受的婚姻形态。

第三节　人类社会组织的基本单元：家庭

一、什么是家庭

家庭，是社会组织的基本单元，是社会的细胞。在西方社会，"Family"一词，兼有家族和家庭两种含义。

穆道克曾经给家族下过一个定义：

> 家族/家庭是一种具有共同居住、经济合作及生育等特征的社会群体。它包含男女两性别的成年人，其中至少有两个人维持社会认可的性关系，及他们所生育或收养的小孩。[①]

在中国，汉族传统观念中的家庭和家族是两个不同的概念。它主要以合法成年夫妻的"对数"和"家庭共财性"作为划分的依据。简单讲，家庭，是指普通的核心家庭，也称小家庭，这种小家庭通常是由一对合法配偶及其未婚子女共同组成的同居共财团体，是当代世界上最常见的社会基本单位。而家族要比家庭大，是家庭的上一级单位，它通常指有两对以上成年男女合法婚姻并集中生活的"超大家庭"；也可能这些合法男女分居附近或分散各处，但他们是由直系近亲血缘纽带紧密连接的小家庭群。家庭是共财的，家族则有些是共财的，但多数是有密切的经济联系而不都是完全共财的。

二、家庭的基本类型

简单的核心家庭（小家庭）分为两类，一类是由一对夫妻和他们所生子女构成的最普通、最典型的小家庭，这种正常的小家庭在家庭总量中数量最多。还有一种类型比较特殊，被称为"不完整家庭"。这种家庭是指没有或没有稳定的两性配偶关系，在家庭结构上存在不完整因素，如单亲家庭、独身领养小孩的家庭等等。

标准核心家庭，按继嗣原则又分为两种类型，即父系继嗣家庭和母系继

---

① 穆道克：《社会结构》，许木柱等译，洪叶文化公司1996年版，第1页，转引自庄孔韶等：《人类学通论》，山西教育出版社2003年版，第284—285页。

嗣家庭(关于继嗣后面还要专门讲授,这里先不展开)。家庭的“同居共财”性在简单核心家庭中体现得非常牢固、稳定而明确。

除简单的核心家庭外,还有一种家庭,称为复合家庭。这类家庭比简单家庭的结构要复杂,他们虽然是“同居”,但“共财”性有些松动,有些是部分共财,有些甚至是分灶不共财的,情况比较复杂。

复合家庭主要有五种类型:

(1) 一夫多妻家庭(一组合法或“合俗”婚姻);

(2) 一妻多夫家庭(一组合法或“合俗”婚姻);

(3) 以已婚儿子为核心的主干家庭(一对或两对合法婚姻);

(4) 以亲子关系构成的扩展家庭(父母与子女及配偶,两对合法婚姻);

(5) 由同胞兄弟及配偶、子女组成的联合家庭(多对合法婚姻)等。

这类家庭的共同特点是,家庭中不只有一对配偶,而是一对多或多对成年合法婚姻,同居一处,组成社会认可的家庭形式,成为社会人群的基本单元。从复合家庭的代际供养关系上,中国的复合家庭还可分为三种类型:

(1) 轮值家族,指老年父母轮流在诸子女家定期生活(轮吃或轮住)的家庭;

(2) 反哺家族,指老年父母享受所有儿辈平均分担供奉(如口粮、赡养费,以及为父母轮耕土地等);

(3) 联邦式家庭,这是工业化和都市背景下产生的一种类型。是以父母为中心,形成一定距离分散居住,彼此既独立发展,又有一定方式供养合作关系的新型家庭类型。这种类型的家庭形态,在台湾发育得十分典型,并为多数人所接受。

在现代社会,真正同吃同住的复合家庭日益减少,分散居住又相互照应的复合大家庭类型却日益增多。这是社会进步的反映,因为这种复合家庭不仅解决了家庭分化后,父辈与子辈供养关系的延续问题,也减少了共居多核心家庭生活中的矛盾与摩擦,使复合家庭中各成员的彼此关系健康和谐。

第四节 人类社会组织的发展:从继嗣、家族到氏族、部落

继嗣,是一个重要的文化概念。它是指两代以上的亲子嫡传关系,又有“世系”、“血统”等含义。也可以说,继嗣是指在系统上确定前后代嫡传关

系，构成为社会和风俗所认可的血缘代际嫡传链条的一种方式。

继嗣，兼有生物性和文化性。所谓生物性，是指人类血缘继承中代际传递的规律；文化性则指社会与风俗认可的代际继承和传递中的各种方式。如有些社会或民族认可母系继嗣，有些则认可父系继嗣，有些人类族群传宗接代的继嗣活动，甚至没有血缘联系，完全是文化理念和社会习俗导致的继嗣结果。

即便如此，继嗣在大多数情况下是指血统及血缘关系，尤其在前工业时代，血统关系是人群中最重要的人际关系纽带，也是个人组成群体的主要依据。

在人类繁衍的漫长岁月中，各民族社会形成了不同的继嗣规则和形式，这些规则和形式逐渐成为社会认同的风俗和传统，也成为民族和社会文化的重要部分。下面是几种主要的继嗣类型：

(1) 单系继嗣，指只依据男性或只依据女性的血缘单线来组织后代人群的继嗣系统，也称父系继嗣系统或母系继嗣系统。

(2) 平行继嗣，是按男女性别不同而分别继嗣的类型，它不仅依据男性系统，也依据女性系统，男女平行地选择和组织后代人群，如女性追循母系，而男性追随父系等。

(3) 两可继嗣，指后代可以自由选择父系或母系继嗣之一种的单系继嗣系统（由于选择存在随意性，这种继嗣的继嗣链条不同于纯正的单系继嗣那样有规律，而常常是较无序的）。

(4) 双边继嗣，后代可以重叠地属于男系和女系继嗣系统中的成员，构成一个复杂的继嗣系统。

在古今世界上，大约有一半社会和民族的继嗣规则是父系的，大约有三分之一是双边继嗣的，有大约七分之一是母系的，另有约十分之一是两可继嗣或其他一些复杂形式的继嗣。

人类通过一定继嗣规则形成的具有血缘关系的群体，称为继嗣群。继嗣群的组织形式，是人类社会组织的内在基础。在人类社会组织系统的形成过程中，首先，是由婚姻组成家庭，成为社会的细胞——最基本的社会组织；然后，家庭逐渐扩展和分化，按一定的血缘关系和继嗣规则，将一个个嫡亲家庭联结在一起，形成家族；再下来是各个不同的家族，以远近不同的血缘纽带联结成宗族和氏族；随时间的推移，氏族不断增多，彼此不易辨别，人们就以本氏族崇拜的偶像或生计方式的象征物，作为自己氏族的“图腾符号”来彼此区分；后来，姓氏由此演化产生。姓氏的出现，应该是人类文明的先声，它的源头至少可以追溯到新石器时代的早期。

由于生产力逐渐进步，人们不断向农业化时代迈进，不同氏族的居住距离越来越近，以致后来许多氏族共同居住在一个特定的地域范围内，彼此发生着千丝万缕的姻缘联系，形成远近不同的亲属血缘联系。这种联系纵横交织在一起，各个氏族的内外部关系也变得越来越复杂，人们的生产关系和社会关系也开始进一步分化。这时，人们共同居住的“地域概念”越来越重要起来，在同一地域聚居的氏族慢慢固定下来，形成了相对稳定的地域人群，称之为“居住群”。居住群的政治名称，通常被称为“部落”。部落的出现，标志着人类社会已进入规模农业的时代。

人类社会组织的形成，就是这样由以婚姻—家庭—大家庭—家族—宗族—氏族和部落等社会形式逐步发展起来，最后产生了酋邦——早期国家和现代国家。

第五节　人类社会的政治体制和政治制度

一、人类学的政治研究和政治人类学

政治，是人类社会的一种文化现象，属于制度文化的研究范畴。政治学家大多注重当代社会的政治现象研究，如国家和政府、权力构成的要素与布局、社会组织的原则与方式、职权的功能定位和利益均衡等。人类学家则更关注人类社会历程中，各种政治组织形态的形成和政治过程。比如，在漫长的人类史前时代，没有国家、没有政府状态中的政治组织形态和形式的形成和演进，以及各种政治行为的特点和对后世政治形态的影响等等，都是人类学家关心的内容。

在人类学研究中，对“政治”和政治研究的重点有不同见解。有人认为，“政治”(politics)是指用来保障社会中权力结构的最佳利益而设计出的各种活动，而所谓“权力”(power)是指社会中强制他人或人群行为的能力。[①] 有人认为人类学的政治研究，应是对政治过程和动态的研究，“政治过程”就是人们领导、组织、形成权力，掌握和利用权力的过程，它具有公开性、目的性和权力分化三大特征。[②] 也有人认为，人类学的政治研究应致力于理解权

① 参见庄孔韶等：《人类学通论》，山西教育出版社2003年版，第359页。

② 参见芮逸夫等：《云五社会科学大辞典》(人类学)，商务印书馆1975年版，第187—188页。

力和权威(authority)在人类社会中怎样和为什么运作。[①]

事实上,人类学的政治研究,在不断深入研究的过程中逐渐成熟起来,并成为人类学的一个分支,被称为政治人类学。

最初,大约在19世纪中叶,当科学人类学刚刚形成的时候,学者们就开始关注政治组织的演化规律。摩尔根在《古代社会》中用了近一半的篇幅讨论古代社会政治组织和政治观念的发展。他认为,人类社会的政治组织既非固有,也不是独立于社会之外,而是随着社会的进化由简单到复杂、从粗陋向完善逐步发展起来的。后来,摩尔根的学说成了马克思主义政治理论的重要思想来源。[②] 英国的斯宾塞(H. Spencer)和梅因(H. Maine)等人也在这方面做了大量研究。

1940年,福蒂斯(M. Fortes)和伊文思·普里查德(E. Evans Pritchard)的《非洲的政治制度》(*African Political System*)出版。书中讨论了前国家形态的政治制度,将非洲的政治制度分类为"集权化"和"无集权"两类,并超越西方特殊的政治研究领域,拓建出更为广阔时空范围的关于人类政治行为的学科,对人类学的政治研究和政治人类学的发展作出重大贡献。

后来,利奇(E. R. Leach)、格拉克曼以及维克多·特纳(V. Turner)等人有关社会政治形态研究著作的出版,将政治人类学的研究推向成熟。

与此同时或稍晚,美国学者将"进化"思想导入"政治"理论研究,在摩尔根注重政治制度和政治组织演化研究的基础上,对早期国家和政治组织的形成和起源研究作出贡献。其重要理论成果是,他们在《原始社会组织》、《国家与文明起源》和《石器时代的经济学》等这样一些著作中,将国家产生之前的各种社会政治组织(制度)系统地归纳为四种类型:游群、部落、酋邦和国家。这四种类型同时也是社会政治形态进化链条上前后相衔、早晚相继的进化发展阶段。这种高屋建瓴式的划分,犹如泛海明灯,直至今日仍被尊为经典,没有任何理论能超越它的高度。

今天的政治人类学研究,已成为一种从人类社会发展史的角度,研究人类政治方式、政治组织、政治行为及其过程的人类学分支科学。它不仅关注当代社会,还特别关注人类社会历史中诸多民族与社会的政治组织形式及

---

① Ronald Cohen, "Political Anthropology", in *Encyclopedia of Cultural Anthropology*, edited by David Levin, Melvin Ember, New York, Henry Holt And Company Inc 1996, p. 363.

② 参见庄孔韶等:《人类学通论》,山西教育出版社2003年版,第360—365页。

其政治过程；在研究方法上，它不仅包含了宏微观、长短期的田野观察实践，也应用现代各种现代理论成果和新科技手段；在时空性研究方面，其已完全打破以往政治研究的时间和空间的限制；其关注热点，是全球范围内各种社会人类经济生活和文化生活中的政治行为。

综上所述，政治人类学是以人类学的视角和方法研究人类政治问题的人类学分支，它最为基本的特征是用跨文化比较的方法来研究政治。政治人类学的研究对象和研究内容主要有以下几个方面：

(1) 从进化的角度来解释政治制度和政治组织，并给予分类和区分；

(2) 人类历史进程中诸社会制度的政治功能、特征和沿革；

(3) 识别各类地域政治组织或者“集团”，研究它们的内部结构构成、权力布局、与外部世界的关系以及由此造成的社会影响；

(4) 不同社会时空条件下，人们政治行为及其过程的调查与研究；

(5) 不同文化背景的社会政治传统的比较和跨文化研究，并籍此描绘人类政治文化的完整图景。

二、人类政治体制和政治制度的基本类型

人类，是群生的物种。人类自诞生起就生活在相互合作、相互照应的群体中。人群要谋生，要从事有效而有秩序的劳动与生活，就必然要形成一些必要的组织管理形式和带有“强硬”或看起来带有“软性”和弹性的控制手段。这就是我们所说的“政治”与“法制”的各种形态。当这些组织管理形式和控制手段具有一定规模，被社会所认可，并发展成为一种持续有效、相对稳定的社会组织管理机制的时候，通常就被称为一个社会的政治体制和政治制度。当代社会的政治体制和政治制度，包括国家机器和政府的构成要素、组织原则、职权与功能，以及实现有效组织管理的基本理念、方法、手段和途径。最重要的是，国家机器的形成和立法、司法、行政三大权力的运行方式。

事实上，人类的政治活动，是在长期社会实践中逐渐积累形成的。在各种社会或各种人群中，都存在着不同形式、不同程度的政治形式、政治组织和法制程序。最初，这种活动可能只是人群中自然不自然形成的一种协调、协作的，带有约定性的组织形式，之后逐渐演化为较松散，但有一定号召力和约束力的行为；后来，这些行为不断向着强化“统治”的方向发展，直至形成一种“集权”的政治制度和社会组织管理形态(体制)。在这一发展过程中，出现过多种多样的政治制度、政治组织和管理形式。人类学将人类不同

时期不同社会性质的政治组织和政治制度，归纳为四种主要类型，即：游群、部落、酋邦和国家。

应当说明的是，自古至今社会政治体制的范围与社会文化的区域并非总是相一致的。就是说，属于同一社会文化体系的人群或区域，有可能分属于不同的政治体制和不同的政治制度；而同一政治体制和制度（如国家）中，有可能包容不同的社会文化体系的人群或区域。比如中国内地与台湾，同属于相同的文化体系，但政治体制与政治制度截然不同；而在中国内地，在相同的政治体制和制度的范围里，又包容了许多不同文化体系的人群和区域，这是易于理解的。

下面分别介绍人类社会政治体制和政治制度的几种基本类型。

1. *游群*

游群，常指在一定范围内以游弋方式生存的，具有某种联系（包括血缘、经济、技术等）的松散的原始“政治”组织。游群的规模一般不大，少则几人几十人，多则上百人几百人，上千人者罕见。游群规模常与游群的生计方式和内部“政治”结构的复杂程度密切相关，还通常随资源、环境条件的变化而变化，比如资源、环境条件丰富的地域，游群规模往往较大，而资源匮乏，环境较差的地域，游群规模往往也较小。游群规模受时间季节调节的现象也很明显，当某季节需要更多的人共同从事围猎或完成某项生计的时候，游群迅速扩大，人数激增；而平时闲散的季节游群分散，游群规模则迅速减少。

游群是一种地域性很强的人群。他们通常有相对固定的活动范围，并依靠和适应这个范围内的资源生活。游群虽具游弋性质，尤其以“狩猎”为生计的游群，常常要跟随狩猎对象的移动而不断迁徙，但他们的活动范围大体是稳定的，一般不会超出这个范围而作远距离迁徙。就社会属性而言，游群主要形成于狩猎和采集生计方式的社会形态中；也有些游群产生于游牧经济社会，但这种社会形态形成的人类游群并不典型。

游群是人类社会政治组织中最简单的一种形式，也是人类社会最古老的政治组织形式。

在游群内，一般看不到明显的社会分层现象，也缺乏那种权威式的正式领导人。游群的社会，也可以说是一种平等的社会。在经济生活上，游群的成员们协作互力，共同获取食物。为寻找和猎取食物，他们结队成群地在广阔的地域游动。在政治生活上，游群内部相当民主。每个成员都有自己的行动自由，人们地位平等，和谐相处，游群中任何事务的解决，都要由全体成员共同协商后作出决定。

游群中大都有“头人”带领大家进行生产和生活。“头人”的地位是由于他个人的影响力自然而然形成的。比如，他有能力说服其他人照他说的那样去做；他的影响力也可能是因为在某次围猎或脱离险境中的见解被证明是正确的；或者他在某次作战中表现突出；或者他表现出某种特别的才干等。尽管如此，游群中的“头人”大都不是那些最凶猛的人，而智慧、善良的品德更为重要，更能获得成员的信任。

美国早期的“康曼撒”(Commanche)印第安人，为了便于每年春夏季集中围猎野牛和野鹿，逐渐形成了数百人的大游群。每年这个时候，成千上万头野牛、野鹿在野外出现。要猎取它们，就必须很多人通力配合才能成功。如何组织这么多人，如何把野兽赶到易于捕杀的地方，如何使它们步入事先扎好的围栏中去，如何事先设计结扎围栏等等，都需要制订方案，需要有人进行组织、指挥和领导。“头人”便充当了这样的角色，他召集游群中的骨干，商量设计围猎的计划、方案，并说服大家同意，然后再组织实施。

在游群中，“头人”不但没有“强权”，更没有比其他任何成员多的报酬，但是，当游群遭受困难或威胁时，头人必当挺身而出，为游群排除困难和威胁。“头人”不是游群利益的获得者，而是游群风险与错误的承担者。

由于游群成员间地位平等，游群的所有财富都归属于每个成员，大家共同生活，共同劳动，有食共餐，有福共享，有祸共担，财富共有，人们将这种社会政治制度称为原始共产主义。

2. 部落

部落是以血缘氏族关系为基础，将分散居住在相邻地域不同社区的人群联合在一起，形成的比较正式而稳定的政治组织形式。

部落也属于相对松散的政治组织，它主要产生于农业社会和畜牧业社会。在获取食物的方式上，部落与游群有本质差别。游群是直接从自然界获取食物，部落则是食物的生产者。由于能够自己生产食物，部落就可以养活更多的人口，故而部落社会的人口密度远比游群大。

由于生产方式以农业和畜牧业为主，又使得部落人群不需要经常“游动”迁移，他们可以相对稳定地定居屯聚在一个相对固定的地方，形成成片的聚落和较固定的居址。

部落的人们，大多共同拥有成片的土地、草原或较大的地域，以此进行生产和生活活动，并形成共同的语言或方言和共同的习俗、共同的文化。每个部落多有自己的名称或图腾标识，以区别于其他部落。

部落仍然是一个相对平等的社会体系，社会还没有明显的阶级分层。部落中的领导者还是非正式的，他没有绝对的权力，更不是集权者。他被推选出来是因为在他的智慧、技能、经验、辈分或有些方面高于其他人。在内外部事务处理上，没有人赋予他任何至高无上的权力，他也不能强迫任何人服从他的决定，但由于人格魅力，他的话常常对部落的稳定起着关键作用。

部落的政治组织，是建立在血缘氏族基础上的人群组织。一般的部落多是由若干自认有血缘关系的氏族(Clan)组成。因而，氏族便成了政治权力的组织单位和权力动作的重要环节。每个氏族的首领(头人)代表着每个氏族的利益，由氏族首领组成的议事会(联席会)共同商议和决定着部落内外事务。这种决策形式使部落的政治功能十分有效。

3. 酋邦

酋邦，是人类社会逐步走向文明的社会政治产物。游群和部落还属于相对松散的政治组织和相对柔性的政治制度，其社会也没有明显的等级划分，生产力水平相对低下，大体上仍属于利益均等的社会。酋邦则不同，它是一个将许多社区单位统一在一起的紧密的正式结构，是一个集权形态的政治制度，也是一个内部等级分化明显、生产力水平相对较高的社会政治组织或社会政治体系。

酋邦的社会整合程度很高，社会的各项权力都集中在某个统治者(酋长或酋邦首领)手中。社会等级分化明显，酋长居于社会的最高层，酋长以下的所有民众都要根据自己的地位来从事生产生活活动，享受社会财富。

酋长往往既是酋邦的政治首领，也是宗教首领，他的职位多是世袭的。这种权威通常建立在某种超自然力(如天神授权之类)基础之上。因而，酋长的统治方式，不像游群“头人”或部落领袖那样通过“协商”和“说服”的办法来取得一致意见，然后再行动；而是通过直接“命令”的方式使下人强制执行。酋长本人又是“天”和“神”的化身，他的话没有人会反对，也没人敢反对，因为他的话代表的是“天意”和“神意”。

酋邦，通常形成于较发达的农业社会或畜牧业社会，虽然它形成的社会背景类似于部落，但酋邦的社会发展水平明显地超过了部落。酋邦中的劳动分工，已出现了较多的专门化，相对稳定的社会阶级或阶层已经出现，经济体系也已建立于再分配的基础之上。由于生产专门化程度较高，酋邦所属的各个地域群，可依据其所占有的不同生态环境而从事不同种类的生产，使人们在自己所熟悉的专业领域内，加深和提高专门的技术水平；相对稳定的专业分工，促进了不同行业间的物质交换；物质交换与流通又进一步促进了生产。由于这些因素的存在，酋邦社会可以容纳和养活更多的人口，也使酋邦社会的文明程度不断发展。

从政治组织体系上看，酋邦社会中的酋长，集社会权力于一身，是最高的统治者，他的权力几乎在酋邦的一切事务中起作用。譬如，他掌握着土地分配权，社会产品的再分配权，以及征役（兵役、劳役）的权力等。在酋长的手下，往往都有一个大小不等的"官僚机构"，在"机构"中有若干分工不同、层次清晰或不很清晰的各类"官员"，由之构成较完整的政治组织体系，并形成一个为集权统治服务的政治控制索链，以此将各级各层面的"施政"线索纵横交错地串联起来，将各氏族、各部落、各种大小人群的活动和行为牢牢地维系在酋长的集权统治之中。

酋邦社会是一个等级社会，等级社会就是不平等的社会。其不平等性最明显的是酋长职务的永久性。由于有了酋长这个职务，担任酋长的人便有了相辅相成的权力，有了地位和财富，他不仅可以将土地、牲畜、生产生活资料据为己有，甚至将酋邦中的劳力、女人或整个酋邦都视为己有，并可把这些财富传给其继承人，而这些财富又成为他们维持权力的基础。

酋邦中的上层群体，如地位较高的"官僚"、氏族的首领、酋长的亲族以及其他贵族，甚至是近族，也都分享有相对稳定的地位、权利并占有相当的财富。他们一方面超量享受着社会劳动的剩余产品，敛积大量社会财富；一方面又以拥有这些财富来证明他们的身份与地位。这些贵族们为了保持地位和权势，通常要向酋长或上一级"官员"奉献贡品；反过来，则向地位更低的"官员"或平民索取财富，以转嫁他们在财富上的损失（中国现当代社会的一些"上贡"现象与之类似，皆此陋习之残余）。

酋邦，也可以说是早期国家的原始形态（或雏形）。中国考古界学者，将出现酋邦政治形态的时期称为"古国"时期，认为这一时期是地域文明快速发展和早期国家的形成时期。有学者还将这时期中华大地上出现的原始国家形态称为"邦国"和"方国"等，其时代也统称为"万国"时代。近来，有学者进一步认为，中国古代尧、舜、禹的部落联合，以至炎、黄的部落联合，都具"酋邦"的性质，因为它们都有类似"酋长"的实权领袖，内部只有一个最高权力点，初步完备的官僚体系也已形成，组织方式明显不同于氏族血缘的模式等等。[①]

然而，酋邦以及这里说的“古国”、“方国”、“邦国”还都不是现代意义上标准形态的主权国家，只属于“国家”起源和逐步发展完善过程中的一种早期形态。

4. 国家

国家，是至今人类社会发展历程中最高级、最完备的正式政治组织形式。历史学家和人类学家将国家的出现，作为人类文明起源的重要标志之一。

国家，具有统一的政府、明确的疆界和保证内外部安全的武装力量。国家具有三个基本要素，即：领土、民众和主权。

国家这种政治体制与先前各种政治组织形式存在两个重要区别：一是它的组织体系已完全不再以血缘家族脉络作为组织结构的基础；二是在政治组织结构上，增加了一个合法而稳定的专门进行政治管理的社会中间层次，即官僚阶层。

国家是经济社会发展到一定阶段的产物。此时经济社会的主要特征是：农业集约化和工业快速发展，社会生产力比较发达，劳动专门化日趋明确，工业部门在社会生产中的比重不断提升。伴随农业集约化和工业快速发展，人口分布日益聚集，区域内大都形成了一些人口密度较高的城镇（市）或社区。

典型的国家，是一个有明显阶级分化的社会。其内部有许多性质不同的人群，他们表现为社会阶级、阶层或社团组织。国家，也是一个等级社会，国家内社会生活的各个方面皆存在着许多不平等现象，如旧中国“三教九流”中的九流，就是社会里的九个社会等级；新中国学者则将现代中国社会划分出十个阶层，每个阶层的社会地位、物质分配和社会待遇都有所不同。

在领导人的产生方式上，游群和部落多是由民主式的推举形式产生，或由较和谐的“禅让”形式来传递；但奴隶制或封建制的“国家”形成后，领导人的产生和权力传承，即开始向“世袭模式”转化；进入资本主义或社会主义社会，国家领导人的产生又逐渐废除“世袭”，向“非世袭”的国家元首和相对民主的“选举”模式转化。一些现代国家虽然在形式上仍然保留了过去“世袭”的“国王”之类名位，但他们大都逐渐成为名存实亡的虚位，实际政权往往掌握在由民主产生的国家领导人手里。

---

① 参见谢维扬：《中国早期国家》，浙江人民出版社1995年版，第258—275页。

目前,世界上存在的大多数政治体制都属于国家体制。国家体制的政治结构都具有一个相同的特征,就是在最高统治集团和社会普通民众之间,设立了一个合法而庞大的官僚阶层来执行日常的政治管理。这个官僚阶层只是为最高政治权力的所有者去具体实施政治管理的执行者,而某个具体成员本人并没有固定不变的个人权力;这些"执行者"们仅依靠最高政治领袖或最高权力机构对他们的任命和支持来进行工作。最高政治领袖和最高权力机构,则需要通过官僚阶层所形成的纵横网络,来扩展自己的统治。由于官僚阶层的出现,人类政治组织体制从质和量两方面都得到了较大的发展,使得最高统治者能够从地理范围和人口总数两大方面,更大更有效地拓展其统治的深度和广度,有效地伸长统治者的统治半径。同时,由于官僚阶层的出现,也使得政治职能的分工越来越细化,政治管理的效率越来越高,人类政治生活的行为也越来越复杂。

中国古代,从春秋战国到秦帝国建立,再到大汉帝国的调整完善,国家体制的结构与功能逐步完备,虽然统治者的权力传承还保持着血缘世袭的传统,但是在国家政治组织内部,"官僚阶层"的形成机制却在不停地变化。特别突出的是,最初的"分封制"逐步向"郡县制"过渡,使中央集权的垂直分布由过去的分封诸侯管理,向皇帝直接任命地方官吏转变,这巩固和强化了最高权力,扩大了中央政权管理的范围,也减少了发生地方割据的威胁,使中华民族的主权、领土和民众的整体大体完整地延续下来。这都是国家政治体制发挥的巨大作用。

国家一般幅员辽阔,人口众多,要使社会有一个安定的生产生活秩序,就必须要有相应的法规来约束人们的行为,需要有相应的强制力量来保障各种法规的施行。因而,国家大都有自己的立法,并设有警察和半军队性质的武装机构,配备专门人员配合司法来处理各种不履"规"行为。

但是,国家保障社会安定并不是仅仅使用硬性的强制手段,尤其在现代国家中,医院、学校、宗教、社团、传媒、企事业组织等,都是稳定民众思想和行为的有力工具,它们对于国家的政治稳定发挥着不可低估的巨大作用(参见下节)。

纵观人类政治制度和政治组织形态的进化完善过程,可以体察到如下规律,即:从游群到部落,再从部落到酋邦、到国家,人类的政治行为方式由松散型向集权型演进;政治组织内部的关系,由简单向复杂转化;领导人的产生,由民主向世袭再向民主不断进步;作为政治管理工具的官僚阶层,人数越来越庞大，分工越来越细密，结构越来越复杂，层次越来越多。由于政治手段的参与，推动人类社会的结构和其他方面出现相应变化，如人们的领土和主权意识由较弱向越来越强变化；社会成员间的关系，由平等向不平等变化，社会部门由简单泛化向复杂专化变化；劳动分工由粗略向细分变化；技术水平由仅仅适应简单手工业生产的低层次标准，向适应机械化和现代化合作的大生产高层次标准变化；社会承载人口也由稀少有限，向众多和稠密变化。在这些变化中间，人们对于社会政治制度的依赖程度越来越强；政治思想与理念、政治制度的形态与性质、政治手段与方法等，都在人类社会的稳定与进步，尤其在推动人类社会的发展中起到越来越重要的作用。

第六节　社会控制原理和主要方式

社会控制(social control)，是指在一定社会中，将社会成员的行为约束在社会允许范围内的各种方法。也是通过社会力量让人们遵从社会规范，维持社会秩序的过程。

1901 年，美国社会学家罗斯(E. A. Ross)在《社会控制》一书中首先提出了“社会控制”这个概念。他认为，社会控制是社会统治的手段，它规定了社会生活的方式，并用以维持社会的秩序。[①] 在实际社会生活中，人们总会觉得有一只“无形的手”在操弄着自己的行为，这便是社会控制对个人的感受。

任何社会都有一定的行为规范，同时，也总会有一些不按规范行事的“不轨分子”，于是就会产生对“不轨者”进行制裁和惩罚的各种措施。制裁与惩罚，既是对不轨者行为的惩治，也是对他人的警告。因而，它是一种对社会所有成员进行行为控制的社会手段。

社会控制，是随着人类社会发展而逐步形成或建立起来的社会约束方式和方法。最初，人类社会人口稀疏，结构简单，思维幼稚单纯，彼此处在一种少有约束的生活状态，社会控制力量也相对薄弱。中国古籍曰，“昔太古尝无群矣，其民聚生群处，知母不知父，无亲戚兄弟夫妻男女之别，无上下长幼之道，无进退揖让之礼”[②]；又“长幼侪居，不君不臣；男女杂游不媒不娉”[③]。

① 参见庄孔韶等：《人类学通论》，山西教育出版社 2003 年版，第 374—375 页。

② 《吕氏春秋·恃君览》。

③ 《列子·汤问》。

但后来，人类社会发展，人口逐渐增多，社会结构不断复杂，人们心理和行为互动变得经常和密切，思想和思维多元化，行为不断进步等因素使人们越来越需要一种大家所认同的“规则”或“规范”来约束各自的行为，不然，社会秩序便会混乱，社会生活将难以维持。因此，社会控制便逐步发展起来。

社会控制是政治组织的一个重要功能。谈到“控制”，人们常常会理解为是一种外部施加的、带有刚性的约束力量。但事实上社会控制的动力在很大程度上来自于人的内心，是一个与文化濡化(enculturation)相配合的心理过程。林秉贤在《社会心理学》中这样表述：“所谓社会控制，事实上包含着两个含义，一个是将外来的禁忌内化为良心的鞭挞力量；一个是将外来的禁忌以法律条文规定，作为一种心理制约的力量。”①的确，社会控制往往是通过唤醒人们内心的某种心理机制而达到行为控制的目的。

社会控制的方式有多种类型。从控制力量的来源进行分类，可将其划分为内在化控制和外在化控制两种；从控制力量的性质分类，可分为强制性控制和非强制性控制；从实施方式上，可分为自然控制和人为控制；从社会控制的主客体关系上，又分为相互控制和自我控制，等等。② 其中最主要的类型，是内在化控制和外在化控制两种。

内在化控制，是指通过“文化”的力量，在社会成员内心形成的控制机制。例如，宗教和巫术对人们行为形成的控制，特别是神灵信仰，把人们的精神与行为无形地束缚在一定的范围内。民间流传的“老天有眼”，佛教中的“因果报应”等都是一种看似寻常却力量无穷的“内在化控制”力量。

社会认同的文化习惯和行为准则，也是一种“内化”到人们内心的强大行为约束。比如中国儒学倡导的伦理道德，就是强度很大的内化控制力量，所谓“三纲五常”、“君子不欺暗室”，都对儒者和后学们起着强烈的自我控制与自我约束作用。儒家思想的教化，低至《三字经》、《增广贤文》，甚而各种谚语、俗语和童谣；高到一整套“礼”治思想，都潜移默化地浸染着一代一代中外华人的心灵，引导和束缚(控制)着人们的思维，进而规范和约束着人们的行为。长期以来，不按这些条规式的思想来行动，就会遭到社会各方面的遣责。在当代，民间普遍接受的“善有善报，恶有恶报，不是不报，时候未到”的因果报应观念，社会号召的“学先进”“比修养”“讲文明”“懂礼貌”等，也

① 林秉贤：《社会心理学》，群众出版社 1985 年版，第 298 页。
② 参见庄孔韶等：《人类学通论》，山西教育出版社 2003 年版，第 376 页。

都是一种无形的内在化控制形式。这些形式被广大社会成员所认可，形成巨大的“内在化”控制力量，在无微不至的社会场合中，时时制约着社会成员的行为，使之不偏离社会所认同的行为轨道。因而，有学者认为，最有效、最持久的控制不是强制性手段，而是培养人们发自内心的控制力量。

从社会发展的角度看，内在化控制将越来越显示出它的重要性和无限威力。梁漱溟先生在推想人类未来社会时曾言：未来世界的社会文化造诣和精神品质或先或后将进达一种境界，它将是“有礼俗而无法律，因为只有社会而无国家了。这亦就是没有强制性的约束加于人，而人们自有其社会组织秩序。此组织秩序有成文的，有不成文的，一切出于舆情，来自群众。旧日的赏罚于此无所用之，而只有舆论的赞许、鼓励或者制裁”①。梁氏所预言“未来世界”的大同境界，虽然与我们的现实社会还有相当长的距离，但从中我们可以领悟出，在人类文明不断进步的进程中，社会控制的手段将不断向着以内在化自我控制为主的方向发展。

尽管如此，在今天的社会中，完全靠内在化控制来约束人们的行为还是远远不能奏效，在许多场合和许多人群中还必须建立和实施“外在化”的带有强制性的手段，才能保证社会生产生活的安定秩序。因而，目前世界各个国家都设立有专门的机构和人员，以强迫或引导那部分“不轨”的社会成员遵守社会规范，以维护社会生活与生产活动的正常运行。

外在化社会控制，是通过外在的力量控制社会成员行为的方式与方法。比如，制定出符合大多数社会成员利益的法律、法规、规章和条例等。人们违反了这些规定，便会受到一种代表社会公正的强制性外在力量的处罚。反之，则得到相应的褒奖和鼓励。人类学将这种处罚与褒奖的社会行为称为“裁处”（Sanction）。

裁处，是指社会中大多数成员对一种行为方式的反应或态度。这种反应或态度，可以是赞同的（正面裁处），也可以是不赞同的（反面裁处）。裁处的方式，又可分为组织性裁处和自由性裁处。组织性裁处一般表现为强制性的社会行为；而自由性裁处则大多是社会成员间的个人行为。

在现实社会中，裁处随处可见，它在人们行为控制中发挥着重要作用。组织裁处主要对法律、法规、规章、条例和社会约定而言；自由性裁处的范围广泛，包括邻里间的闲言碎语，个人行为在周围人群中的评价等等。两种裁

---

① 梁漱溟：《人心与人生》，学林出版社 1984 年版，第 247 页。

处方式不分孰轻孰重。在小规模的社区中，有时风俗习惯的裁处可能比法律条文规定的惩罚还要严厉；有时一个人在群众中的口碑，往往比组织上的正式表扬更为重要；在一个小村里，成员的“乱伦”行为一旦被发现，行为人可能无法再在村里生存，甚至会被处死；同室行窃，一经发现，通常不至于被法律处罚，但行为人的声誉却终生难以挽回。

从性质上划分，裁处可分为：正面裁处与反面裁处。正面裁处，是对被控制者行为的赞许、支持和褒奖；反面裁处，是对被控制者行为的反对、禁止和批评或打击。

从形式上划分，裁处可以分为正式裁处和非正式裁处两种类型。正式裁处，常常是一种通过组织程序，依照条文，较为准确的裁处方式；非正式裁处，则常表现出随意的、自由性的、无组织的行为，是民间自发的各种裁处形式。非正式裁处仍有其裁处准则，它常常是社会文化传统或风俗习惯。

就社会作用力而言，正面裁处的社会作用力固然很大，如镇压一个犯罪分子能“杀一儆百”，树立一个“先进人物”能“众人垂范”；但非正式裁处的社会作用绝不能低估，特别在一些少数民族地区，社会舆论和宗教的无形威力往往超过正式裁处的力量，在社会控制方面起到不可替代的作用。

裁处，是一种社会控制的手段和方法，它受社会文化习俗和政治思想的指导，有时在社会的转型期或者当社会文化不断变迁演替的思想动荡时代，社会“裁处”也可能失去公正，甚至出现扭曲的现象。如在社会动荡的时期，社会价值体系常常发生动摇，正面裁处与反面裁处的对象亦可能易位或颠倒。如中国“文革大革命”时期，女人戴乳罩、穿高跟鞋、擦口红，都被说成“封资修”行为，它不论在社会的正式裁处和非正式裁处中，都被列为反面裁处的对象；而当“文化大革命”的时代过去后，现今社会则逐渐将这些社会行为誉为审美的时尚，赢得世人的追捧和赞赏，成为正面裁处的对象。新中国成立初期，男女间不正当两性关系受到社会谴责，现在是“民不举官不究”，“家中红旗不倒，外面彩旗飘飘”。这些裁处原则的摇摆，都表现出社会价值取向发生的变化。可以推想，倘若一个社会中，诚实的人、老实人、干实事的人、说真话的人、钻研学问的人，却做不成，吃不开；而投机钻营、假话连篇、本质极差的人左右逢源、如鱼得水，没有得到裁处的谴责，那就是社会“裁处”发生了问题。这样的社会，必然是好坏不分，真假不分，香臭不分；女人必然是“学得好不如嫁得好”，因为“学得好”成本大，“嫁得好”成本小；男人，当然是“练胳膊练腿不如练嘴”，因为“会说”比“会做”来得快，练功夫学技术成本大,练“倒糨糊”成本小,实惠多;而顺上级说假话,说空话,拍马屁,不仅不会降低自己,却会用最小的成本换取最大的利益,何乐而不为。在这样的社会,想做好人要付出巨大成本;讲真话,轻则是“耿直讨人嫌”,被“边缘化”,重则不知要付出多少无形的成本,甚至赔上终生和家人。长此以往,社会上正直的人会越来越少,社会舆论会引导和逼迫更多的人成为“急功近利”的骗子和政客,这样的社会将是一个危机四伏的社会,是很可怕的社会。因此,社会裁处应在正确的政治思想指引下,真正起到引导社会向健康方向发展的作用。

除上述各项外,在社会控制的各种形态中,“禁忌”对人们行为的约束力亦极巨大。前面讲过宗教与巫术对人们行为产生着很大的影响和约束力,但禁忌与一般意义上的宗教与巫术的约束力又有所区别,其特点是对人们行为的约束更为具体,更为明确。禁忌,是由社会信仰或习俗观念形成的一些戒律,它对人们的某些行为形成限制、禁止或忌讳。

在中国,禁忌的存在由来已久,它时时约束和控制着人们的行为。我们身边最常见的禁忌,是民间流行的历书,它清楚地标示着每日的“吉、凶”事项。即使今天,人们遇搬迁、婚葬、开张、营建等重大事件时都愿挑选一个吉利日子,避免犯忌。

乱伦禁忌,更是人类社会普遍存在的一种社会控制方式。乱伦一般指母与子、父与女、同胞兄弟姐妹间,以及不应该和不符合社会伦理的人之间的性关系的禁忌。乱伦禁忌的产生,一般认为有四种原因[①]:一种是本能恐惧论,认为人们与生俱来就对乱伦行为有一种很强的恐惧和反感,因此在很早的时代人们就开始禁止乱伦。第二种是退化论,认为反常的后代往往出于乱伦的结合,为防止痴呆和弱智等反常后代的出现,人类祖先很早就形成乱伦禁忌的思想。第三种观点是合作论,认为乱伦禁忌是为了鼓励族外婚,以通过血缘婚姻纽带建立与其他部落的联盟关系。第四种观点是家族角色论,认为核心家庭是文化传承和血缘情感培养与交流的场所,存在乱伦就破坏了家族的原味,意味着家族内部出现了性竞争,这样会损害家庭成员间的相互依赖和尊敬的基础。为避免性竞争,保持家庭的稳定,禁止乱伦十分必要。今天社会中形成的“乱伦禁忌”不仅包容了上述几方面的内涵,还包容了更多意义,并已经成为社会控制中,以内在化和外在化两种形式有效地控制和约束着人们性行为的基本戒条,成为家族稳定和社会稳定的重要基石。

---

① 参见庄孔韶等:《人类学通论》,山西教育出版社 2003 年版,第 380—381 页。

第五章

人类精神文化的形态和特征

第一节　精神文化的形态属性和基本内容

精神文化，是存在于或游弋于人们精神层面和意识形态领域中的文化形态。它将文化的概念推向精神的高度，表现出非物质性特点，是一种相对于物质文化的文化形态，也是人类文化最高级的形式。

在哈里斯著名的"文化体系的静态抽象模型"中，精神文化处在最上部的"上层结构"位置。精神文化，强调人类文化的伦理和道德内涵，表现人类精神世界和心智状态，其文化的本质则深植于人的生命活动中。从生命哲学的意义上讲，精神文化是人的生命过程和精神活动的反映，它将文化和精神紧密联系在一起，体现文化的生命本质。实际上，任何文化都只是人生命活动的符号表象，也可以说是不同生命形式的文化表现。因而，抓住了人的生命就抓住了文化的本质。有日本学者认为："文化的本质，理所当然就是对人类和精神的开发。"①

德国教育心理学家斯普兰格(E. Spranger)曾解释：以生命为起点理解文化的本质，是因为文化对人精神生命有不可或缺的意义。他认为，文化的价值在于"唤醒生命"，"……文化之根的寻求，只能通过人的灵魂的唤醒才能实现"。斯普兰格进一步认为，只有生命才需要用文化去陶冶去唤醒。这里的"文化"已经不是指一般意义上的外在的文化形式，更不是物质文化，而

---

① 〔日〕池田大作：《人生寄语》，上海社会科学出版社 1995 年版，第 103 页。

是用"生命唤醒"来表达"文化陶冶"本质的一种内在性的，真正意义上的精神文化。因此，只有用"精神文化"这一概念才能真正表达文化的生命本质。

在生命哲学的视野里，精神活动是生命活动的最高形式，而最能表达生命存在的方式是人的"体验性"。叔本华认为，生命只有在具体的体验中才有意义，它是通过每一个体的生命体验而被证明其存在。因而，"体验"是生命的精神活动和精神文化的生命基础。

在本质上，"体验"不同于"经验"，因为"经验"更多地显示知识的规定性、权威性和传统的制约性；体验，则力排这些外在干预，强调个性化的精神感受。因此，体验作为生命的直接形态，是人的精神活动及其感受力的根本力量，是精神文化的生命基础。

在谈到精神体验时，人们常常论及"心灵感受"。一般认为，"心灵"是精神活动的场所，心灵的本质就是精神，如若没有心灵，精神就失去了居所和意义。心灵不可以被规范，也不可以被限定，心灵是一个自由生长的主体。心灵正是以自己无限的可能性而获得生存的意义。心灵又具有内在性，心灵只有靠体验和理解才能把握，没有真切的体验，没有同情和理解，心灵是不可接近的。心灵的概念意味着精神生活的独立性，以及精神生活所具有的不可侵犯的自由本质。因而，精神体验或心灵感受不同于对自然对象那般"机械"、直观"落实"的理解，而是在人生情感和感悟的基础上，对"美"和"善"的综合感受和对生活意义情感的陶冶。精神体验，也包含体验者的道德思考、对客体的对话和交流；包含对客体整体或局部价值和意义的认识，以及自身道德和良知的选择。

从某种意义上说，物质文化偏重于实用性，制度文化偏重于规范性，而精神文化却偏重于审美性和合理性，是一种平衡各种文化要素的高级文化形态。它虽无物质形态，却无时无刻地对物质文化和制度文化起到引导和限制的作用。

精神文化的内容，主要包括哲学、科学、宗教、信仰、神话、语言、文学、艺术、仪式、习惯、伦理道德和价值观念等，是整个文化体系中最核心部分，也是人生命—精神活动中最富活力的文化形态。精神文化如同复杂系统中的"软件"，可以"外化"为"制度文化"和"物质文化"，产生具体的制度和器物，使之成为看得见、摸得着，有形或有刚性感受的文化现象。

1959年，C. P. 斯诺把"精神文化"分为两个部分，一部分属于科学范畴，称为"科学文化"；另一部分属于人文范畴，称为"人文文化"。然而，科学是冷酷和无情的，人文是温煦和情感的，两者的对立始终引发学者们的热烈讨论。在理论上，“科学”与“人文”应该是相互融合，彼此交织，互为促进，协调演进，平衡发展，共同为人类健康进步和社会和谐发展服务。历史告诉我们，偏重科学而轻视人文，或者偏重人文而轻视科学，都将给人类及其社会发展带来极为不利的消极后果。现代社会科学技术高度发展，“人文”领域的发展相对滞后，“科学”与“人文”出现了明显的不协调性，而且两者间的裂痕有逐渐加大的趋势。这种情况不仅对社会“人文”文化的发展带来沉重的压力，也在一些领域出现了“科学”与“人文”观念的尖锐对立，甚至出现了许多不应发生的灾难性后果，给人类社会蒙上了“危机”的阴影。

因此，在学习人类精神文化的时候，要时时注意“科学”与“人文”的关系，不断加深认识科学文化和人文文化的本质，加深对两者间相互依托，相互促进，互为基础，协调发展的理解，避免在认识上产生重此轻彼的观念，以便正确认识和把握精神文化的方向。

第二节　精神文化的功能与作用[①]

精神文化对于人类社会的发展，具有强大的功能和不可估量的作用。先进的精神文化，是推动社会进步的动力，它引导社会朝着更高级文明的方向发展；滞后的精神文化，则成为社会发展的桎梏，使社会产生“文化堕距”现象，并以种种方式阻碍着社会的进步。

中世纪（5—15世纪），欧洲的宗教神权和封建专制结合，导致了“政教合一”的社会政治形式出现，神学被定为最高真理，其他科学、哲学都充当了它的工具，一切不合教义的思想都被禁止，反对教会即为“异端”，社会精神文化面貌落入黑暗的时期。在与落后、反动的精神文化作斗争的过程中，许多科学家、法学家被监禁和惨遭杀害，布鲁诺（Giordano Bruno，1548—1600）被烧死在罗马鲜花广场上，塞尔维特（Servetus Michael，1511—1553）在日内瓦被处以火刑，活活烧了两个钟头。在“黑暗”的精神文化中，神学成为占统治地位的思想体系，它禁锢了欧洲人的思想，致使欧洲社会处于持续衰落的状态。

---

① 本节主要参阅李喜先：《论精神文化的创新与融合》，载《科学对社会的影响》2000年第2期。

在中国，封建制度延续了两千多年，封建的精神文化引导社会意识形态向依附封建社会的极端实用型思想体系发展。这种思想体系直接为皇帝和朝廷服务，不大可能会产生无限拓展自由的思考空间，也不利于萌生普遍和精专的科学理论，更限制着民众的理性自然观和科学精神，以致近代科学亦难以在中华大地上寻觅萌生认识的土壤。以儒学"三纲五常"为核心的社会伦理文化，则长期引导和鼓励民众向着潜心研习"君臣之礼、善恶之道"的方向发展，致使民众思想僵化、麻木不仁，严重窒息着中华先民的智慧成长，其所形成的顽固精神枷锁，却为封建统治建立了稳固的精神文化基础。在这样的专制文化背景下，中国社会长期停滞在封建"静态"之中，多次失去发展良机，以致社会思维长期保守、落后，思想停滞不前，社会长期不能快速发展，最后沦为帝国主义的殖民地半殖民地的悲惨境地。

20 世纪以来，中国的精神文化出现了转机，人们逐渐接受科学与民主思想，特别是"五四"前后的新文化运动(其与欧洲的文艺复兴有类似之处)，涌现了一批有思想、充满激情的巨人，他们引导着民族心态的更新和国民性格的重塑，创造出崭新的精神文化，使中华民族的精神文化萌生出一缕复兴的曙光。然而，中国封建文化的超稳结构，特别是它的深层意识，如价值观念、行为规范等顽固的内核极难改变，其民众中长期形成的心理积淀和表现出的道德、风俗和习惯等等，盘根错节，形形色色，依然漫延，而统治者却常常推波助澜，不时予以强化，使之嗣续与绵延。如"学而优则仕"的价值取向，将国人的聪明和智慧引入宦海，以致在百姓眼里，欲达富贵尊荣的唯一途径就是入仕做官，因而，仕途成为国人的最高理想与普遍追求。如此价值取向，必然导致科学的冷落，因此中华大地几千年文明，科学并不昌明，其深层根源在于封建的精神文化束缚着人的思想。

在人类历史上，先进的精神文化推动社会进步的最鲜明例证出现在欧洲。文艺复兴，是以先进的精神文化开启人们智慧的一场革命，它具有伟大的历史意义。文艺复兴运动从 14 世纪开始，先以意大利为中心，到 17 世纪遍及欧洲，形成了近代文化。文艺复兴在主体上是哲学、科学、文学、艺术等领域的复兴与创新，这些方面都属于精神文化的领域。它发掘光大古希腊文化，树立起理性主义和人文主义大旗，引起科学革命、宗教改革、政治和经济制度变革，导致整个欧洲的繁荣。

文艺复兴，开创了人类历史长河中的一个光辉时代。它指引欧洲社会发生历史性转折，产生新的世界观，使之跃入一个思想解放、学术发达、巨人辈出的时代。它提倡人性,反对神权;提倡个人自由,反对封建专制;提倡理性,反对迷信;探索自然,追求科学知识,推崇科学理念,反对封建等级观念和挣脱教会思想束缚等等。在这个时代,精神文化的创新活动此起彼伏,成为社会的时尚。

文艺复兴的指导思想是人文主义。它以人为中心,使深受宗教禁锢和封建束缚的民众,在思想上得到解放,从而人的智慧才充分地发挥出来。由此人们创造出空前进步的精神文化,诞生出近代自然科学,掀起了三次科学革命和四次世界性科学活动浪潮,造就了像哥白尼和牛顿这样一批伟大的科学家;也造就出世界著名的诗歌、绘画、雕塑、悲喜剧和历史剧等高品味的文艺;更提炼出新的哲学思想,包括归纳法和演绎法等,以及新的法学、教育学和空想社会主义理论等。文艺复兴的精神文化"外化"的物质文化和制度文化成果更为显著,这就是建立起相对完善的资本主义制度,实现了工业化,给欧洲社会带来了前所未有的物质文明。

文艺复兴形成的精神文化,还不断地扩散到各大洲,特别是通过人口迁移和流动传播到美洲和澳洲等。美利坚民族的形成即与此有关,1790 年统计,此前自欧洲向美国的移民约达 392 万人,其大多来自英国,他们中的骨干都是反抗旧秩序旧教会的清教徒,也都是经过资产阶级民主思想熏陶的先进人士,还是不接受封建君主专横统治的反叛者。这批人从骨子里反对封建专制和思想束缚,表现出积极的自由精神与民主思想,其性格中充盈着求实精神、艰苦创业精神和开拓进取精神;他们的思想深处,则蕴涵着崭新的精神文化。1776 年 7 月 9 日,《独立宣言》向世人确认了"天赋人权"和"政府契约"学说。这时"人人生而平等","暴君不堪做自由民族的统治者"的旗帜在美利坚大地上到处飘扬。它对法国革命和拉丁美洲独立革命起到巨大影响,被马克思称为是"第一个人权宣言",也成为法国大革命《人权宣言》的范本。此后,这种精神文化在美国广泛扩散和传播,日益成为不可阻挡的开化力,推动着合众为一的美利坚,在短短 200 多年时间里,就发展成为全世界顶级的超级大国。可见,精神文化对人类社会进步的巨大作用。

第三节 科学形态中的精神文化

在精神文化的系统中,科学是最精致、最成熟的文化结晶。科学文化,是人类在认识自然世界的精神活动中形成的一种属于精神领域的文化,它不仅仅是一种理性的文化和愈益重要的高尚文化，更是引导人类社会进步的动力和源泉。科学文化的重要内涵，主要体现在科学知识、科学思维和科学精神等方面。

1. 科学知识

科学知识是科学文化的基础，是人类最基本的精神活动产品，它具有很强的文化属性。爱因斯坦说过，科学“对社会有重大影响……它们有助于促进技术的发展”，是“高尚的文化成就”①。在认识自然世界的过程中，经过反复认知比较和思维加工，人类逐渐积累和获得了日益丰富系统的科学知识。这些科学知识是人类籍以确立正确自然观、宇宙观、世界观和科学观，进而正确认识自身及其在宇宙中位置的基础。科学知识不受地域、国家、民族、阶级的局限，能普遍地被全人类接受和使用，成为人类最直接、最重要的共同财富和工具。科学知识可以无时无刻地产生无穷的文化功能，支撑和推动人类文明不断向更高级的阶段进发。

2. 科学思维②

科学思维，是科学文化的深层结构。人类为了扩增“无误”的真实知识，就要采取正确有效的科学思维方式来探索事物的内在规律，以资求获和认识事物之真谛。科学思维方式，包括逻辑思维、数理思维、概念思维、系统思维和创造性思维等。

(1) 逻辑思维，是科学思维的基本方式，它的工具是逻辑。现代逻辑已发展到高度抽象、精密，理论完备，运用人工语言和符号标示概念，组拟命题并推理公式，形成数理逻辑和符号逻辑的形式系统，使科学思维愈发精密、深透，产生巨大的逻辑力量。

(2) 数理思维，是从形与量的关系来认识事物和事物间联系的科学思维形式，它对自然界和自然事物的定量刻画，揭示出其质与量变化的本质和规律性，使科学思维有了数理形式，也使科学知识更具有真实性和可靠性。

(3) 概念思维，是超越旧概念形成新概念的一种思维活动。它具有抽象性、创造性和科学发现的力量，是推动科学思维升级和促进科学认识进步的思维方式。

(4) 系统思维，是在现代系统观基础上形成的科学思维方式，它不仅渗

---

① 许良英等：《爱因斯坦文集》(第三卷)，商务印书馆 1979 年版，第 196—197 页。

② 参见李喜先：《论精神文化》，中国科院网站，www.cas.cn/。

透到大众思维中,更蕴涵着逻辑思维的形式进入到科学的一切领域,成为一种较前卫的思维方式。

(5) 创造性思维,在于修正旧概念,发展新概念,它主要运用直觉、灵感和非语言思维来进行思维活动,是既有逻辑思维又有非逻辑思维参加的最为活跃、最具有创造性和科学理性的思维活动。

3. 科学精神

科学精神,一般指在科学活动中,科学作为一个整体所表现出来的一种非物质的状态或形态,相当于气质、境界、规范、观念等。科学精神具有广泛的涵义,主要包括求实精神、不懈探索精神、自由探讨精神、创新精神、谦虚求教精神、无偏见精神、不诉诸权威精神、置疑精神、宽容精神,以及真诚合作和协作精神等,是科学文化的精髓和潜在力量,也是人类社会通过长期的科学实践活动,逐渐积累和培养起来的优秀科学潜质,应不断予以弘扬和光大。

科学精神的主要组成部分是科学精神气质。美国社会学泰斗罗伯特·金·默顿(Robert King Merton)1942 年在《论科学与民主》中,将科学精神气质归纳为四种道德规范:即,

(1) 普遍主义(Universalism):深信科学真理的普遍性、国际性和非个人性,认为只有民主文化才能更好地容纳科学的普遍性;

(2) 公有主义(Communism):强调真实的科学发现和科学研究成果都是社会协作的产物,是全人类的公有财富,倡导积极公布、积极交流,使之为全人类所共享;

(3) 不谋利精神(Disinterestedness):强调科学活动是为探求真理,不是为了谋(牟)取物质利益,也不能将个人的利益介入到科学研究中去,倡导客观无私地进行科学活动,发扬科学为全人类造福的"利他主义";

(4) 怀疑精神,也称"有组织的置疑精神"(Organized Skepticism),强调不盲目地接受任何东西,应有分析有条件地接受,坚持"学贵有疑"的思维,为求得真知而不畏险阻,勇于质疑,勇于钻研,勇于探索;科学成果先要"怀疑",实验做出来,看它是否正确、是否可重复;学位论文写出来,要接受导师、评委审阅,要修改,要答辩;科学论文发表,编辑部要请专家审查,发表后也要接受社会的检验、复核和批评。所以,科学通过有组织的怀疑,千锤百炼,其结论就比较可靠,比较接近真实。

4. 科学体验

体验,是科学文化建设的生命基础。生命,是通过每一个体的"体验"而被

证明存在。科学，是人类精神活动的产物，它的产品是科学知识，科学知识以概念、定理、理论和学科等抽象形式来揭示自然规律，从而显现科学文化的本性。

科学离不开体验，体验是科学研究的起点，它将科学研究与生命活动联系起来，使研究主体通过生命参与的“体验”活动来认知客体，并以之为基础来品味和归纳事物的规律，得出对事物认识的科学真谛。体验具有“直接性”，它不可替代。“体验”与“经验”又有本质上的不同，经验具有积累性、规定性和权威的制约性，而“体验”则排除掉这些外在的干预和干扰，更强化个性化的精神感受。因此，“体验”是人的基本精神活动，是人生命的内在力量和生命的直接形态。科学体验，是在科学理论指导下的精神活动，是科学能够发展的最重要基础和具有生命力的生命本质。

现代社会，人类已进入科学的时代，尤其是20世纪以来，科学发生了巨大的革命性变化，四大理论（相对论、量子力学、基因理论和系统论）和五大基本模型（宇宙演化的大爆炸模型、深层物质结构的基础模型、遗传物质DNA双螺旋结构模型、智力活动的图灵计算模型和地壳构造的板块模型）的出现，使科学形态的精神文化发展成为一个层次纷繁、纵横交织、极端复杂的超级体系。尽管如此，在科学形态的精神文化中间，科学知识、科学思维、科学精神和科学体验，仍然是构成科学文化的核心。科学形态的精神文化，也是人类文化体系中精神文化的重要部分。

第四节 人文形态中的精神文化

科学形态的精神文化固然重要，但它并不是精神文化的全部；科学虽然能对世界万物和人生进行解释，但也不能解释全部。

在精神文化中，科学形态的精神文化，是人类面向外部世界开展认知活动时，所形成的文化类型；而人文形态中的精神文化，则是人类面向自我，认识自我，发展自身价值，求得精神自由，追求自我发展，寻求人类社会和谐和内心审美满足等认知活动时，所形成的一系列精神文化“行为”。

科学强调“真”，科学精神强调“实事求是”。但是，“真”和“实”在很多时候不一定“美”，也不一定“善”，更不一定能够达到人们身心的满足。人文形态中的精神文化则不同，它不仅强调“真”和“实”，还强调“至善”“至美”和以“人”为本，并以此来制约“真”和“实”，追求真、善、美的完美统一，以达到人类精神与物质都趋满足的理想境地。

人文形态中的精神文化，主要关注对象是人类社会中的每一个个体和人类社会的大小群体，是以“人”为中心的精神文化。它的核心观念是人文主义和人道主义，其中最为重要的是“人”的尊严；它强调“人生而平等”和“人的价值高于一切”。前者不仅保护和保证人性的复杂多样和人类社会的健康发展，更有益于保护个体或少数人群生存的多样性和人生价值观的多样性，因为多样性的个体或少数人群构成了人类整体，形成人类社会和文化的丰富性，这意味着自由高于民主。后者的含义是人的“肉体与精神”及他们的“自然生存”至高无上，任何危及人自然生存或致残和剥夺人精神生存的行为，都是最大的犯罪。

人文形态中精神文化的性质，决定了它的功能和作用。它能满足人类精神生活的多种需要，能净化和升华人类的精神世界，能以人文精神和人道主义的思想限制和引导科学形态的精神文化，向有利于人类社会和谐进步的方向发展，并能与科学形态的精神文化共同“外化”为物质文化和制度文化，推动物质文明的进步，引导人类社会稳步地走向高级文明。

人类社会的进步，仅靠科学形态的精神文化是不够的，必须要有人文形态的精神文化参与和配合；科学的发展，更需要“以人为本”、以“人”为中心，以人类生存需要为追求目标，以人的价值为最高价值。换言之，离开了“人文”，“科学”就会偏离方向，就会失去功用，就谈不上价值，就更谈不上发展；即便一时发展了，亦定不能长久。

人文形态中的精神文化，内容比较广泛，主要包括宗教、哲学、艺术、语言文字、伦理、价值观念等。这里简单介绍哲学、艺术和价值观念等内容，宗教和语言文字则另辟专门章节讲述。

一、哲学

迄今为止，学界还没有一个被公众普遍认可的哲学定义。哲学家们根据自己的观点曾提出过多种哲学定义。比较具代表性的有：哲学是世界观的理论体系、哲学是关于世界的本质和普遍规律的科学、哲学是认识论或方法论、哲学是关于语言分析的活动、哲学是关于存在或存在意义的学说，以及哲学是批判的理论和活动，等等。但它们都还没有概括出“哲学”的全部。

最初，“哲学”一词源自古希腊文“Sophia”，意思是“智慧”或“聪明”。与此相应，古希腊文中将有智慧的人叫做“sophos”。到了苏格拉底那里，这个词发生了一个重大变化，变成了“philosophos”。“philo”是“爱”的意思，sophos是“智慧”的意思，合起来就成为“爱智慧的人”。后来，哲学便以“philosophia”（英文 philosophy）流传于世。

事实上，“爱智慧”中蕴藏着哲学的精神和本质。爱，可以“喜欢”、“追求”和“探索”来解释，它意味着一种无穷尽、无止境的追求与探索的精神；哲学的真谛正是在于它不是对世界所有事物本质规律和绝对真理或最终真理的占有，而是对它们的无穷求索。智慧和聪明又不是一回事，聪明有天赋的成分，而智慧是在聪明基础上又复合有后天感悟和培养的能力。哲学智慧，更不是一般意义上的智慧，它不同于实用科学和技术科学中的科学智慧，也不同于感官直接得到的知识和神话幻想，而是注重于对世界所有事物“之所以如此”的原理的理解和思考。因此，哲学智慧是最高级的智慧。

哲学曾被称为“科学的皇后”、“科学之母”、“科学的科学”等，因为在相当长的时期里它与科学纠缠在一起，两者界限不清，直至今天它们仍保持着天然联系。

在古代，哲学是除实用技艺之外，几乎所有知识的总汇。包括世界观、政治观点、社会知识、自然知识等在内，构成了一个统一的、不可分割的整体。这时的哲学与具体科学尚未分化，所以哲学就是科学，科学也就是哲学。

这里需要注意一个问题，即哲学与神话的区别。我们知道，神话是古代先民认知活动的思想精华，它是哲学以及其他文化现象，比如艺术、科学、宗教等意识形态的主要素材和思想来源，各种文化形态都从神话中汲取到有益的思想养分。神话一般都按自己的方式提出和回答了人类、自然界、世界的起源和本质之类的根本性问题，而哲学也正是从探索这些问题中产生出来。但是，神话的方式与哲学的方式有着明显不同：神话诉诸幻想，哲学诉诸理性；神话无需证明，哲学则离不开论证；神话是氏族部落集体无意识的产物，而哲学却是个人自觉的精神探索的结果。因此，不能将神话说成是哲学，更不能将哲学与神话混为一谈。

从近代开始，产生了以实验为基础的科学，即实验科学或实证科学。科学同哲学的分化日益加快，人类原有的知识结构发生变化，哲学的地位、作用以及它同其他学科的关系也发生了重大改变，并逐渐走上了凌驾于部门科学之上，依靠理性思辨来建立囊括一切“绝对真理”体系的道路。也有人认为哲学要建立的是一个“包罗万象的哲学体系”。

实际上，哲学所“包罗”的“万象”，是哲学自身的各种自然存在的形态。哲学具有最大的广袤性，目前还没有任何一门学科像哲学那样能如此“包罗万象”。哲学的广袤性，是它重要而优良的品性。哲学家往往因此享有“知识渊博”的誉称。广袤性，使哲学能够容纳文化的所有部门，使哲学能够博采众家之长，在知识方面纵横驰骋，使其视野超出任何一门学科的界限，也使哲学自身饱享裨益。

“包罗万象”的自然形态，使哲学在历史上对科学的独立与发展产生极其有益的推进作用，或说它是科学的“温床”“寓所”或“母体”，也可以说，哲学孕育了科学。

但是，哲学本身不是科学。道理非常简单：科学不是唯一的学问，也不能囊括人类生存和人类所需的全部知识；科学所不关心不研究的问题，往往在哲学研究中被发现被关注；哲学又具有学科超越性，它的论域比科学更宽展，各科学中许多自身不能解决的问题，都需要哲学研究加以关注，从某种意义上说，科学本身也是哲学研究的内容。然而，哲学相对科学来说亦存局限，最突出的是它缺乏科学的精确性，也缺乏明确的标准，哲学的验证更是一个漫长或无限的过程。

人类社会的进步与发展，不仅和科学有关，还和人类自身、人类社会、人类文化，尤其是人文形态的精神文化有关。哲学的广袤性使之超越了科学的范畴，不仅普涉一般物质层面，更主要涉及人类无形的人文精神层面，如真、善、美、知、情、意等各个人文领域。因此，哲学属于人文形态中精神文化的一种类型。

二、艺术

艺术，是人们为了更好地满足自己对主观缺憾的慰藉需求和情感器官的行为需求而创造出的一种文化现象。艺术活动，则是人们以直觉的、整体的方式把握客观对象，并在此基础上以象征符号形式创造某种艺术形象的精神性实践活动，它最终以艺术品的形式出现。艺术活动所产生的艺术品，是一种精神产品，它既有艺术家对客观世界的认识和反映，也有艺术家本人的情感、理想和价值观等主体性因素的印痕。

艺术通常可以从三个层面来认识。第一是精神层面，把艺术看作是文化的一个领域或文化价值的一种形态，将其与宗教、哲学、伦理等并列；第二是艺术活动过程层面，认为艺术就是艺术家的自我表现、创造活动或对现实的模仿活动；第三是活动结果层面，认为艺术活动的最终产物是艺术品，是人们创造出的各种各样的艺术表现形式，其强调了艺术的客观存在。

艺术与其他意识形态的区别，在于它的审美价值。这是它最主要、最基本的特征。艺术家通过艺术创作来表现和传达自己的审美感受和审美理想，欣赏者通过艺术欣赏来获得美感，并满足自己的审美需要，都是艺术活动产生审美价值的社会实践。

除审美价值外，艺术还具有其他社会功能，如认识功能、教育和陶冶功能、娱乐功能等。其中，艺术的社会功能是人们通过艺术活动而认识自然、认识社会、认识历史、了解人生的重要途径。它与科学的认识功能不同，能产生意想不到的感染效果和奇妙的社会教育功能。这些效果和功能，是人们通过参与艺术活动，得到“真、善、美”的熏陶和感染，从而潜移默化地引起思想感情、人生态度、价值观念等微妙而深刻的变化。艺术教育不同于道德教育那么严肃，是在寓教于乐、寓教于美的氛围中体现出的社会教育效果。艺术对于人，能产生一种无上的享受感和愉悦感，这种享受感和愉悦感也不同于生理快感，它是人们通过参与艺术活动，在娱乐的形式中满足了自身的审美需要，获得的精神享受和审美愉悦。

艺术的种类繁多，根据不同的分类标准，可将艺术分为如下类型(参见表 5-1)：

表 5-1　艺术分类简表

分类标准	艺术名称	艺术门类举例
依据形象的时空方式	时间艺术	传统工艺、民族习俗、古代艺术、现代艺术、史前艺术、盛唐艺术等等
	空间艺术	建筑、美术、装潢、园艺、杂技、雕塑等
	时空艺术	传统艺术、古代与现代建筑艺术等
依据形象的审美方式	听觉艺术	评弹、曲艺、戏剧、器乐、说唱、音响传声艺术等
	视觉艺术	美术、摄影、雕刻、绘画、书法、文学、舞蹈、博物馆陈列展览等
	视听艺术	歌舞、戏剧、曲艺、杂技、影视、说唱等
依据结果的物化形式	动态艺术	评弹、曲艺、舞蹈、杂技、武术、体操等
	静态艺术	美术，雕塑、建筑、绘画、摄影、装潢等
依据艺术功用性	实用艺术	园艺、装潢、建筑、厨艺、工艺等
	造型艺术	美术、雕塑、冰雪、建筑、雕刻、美容等
	表演艺术	舞蹈、说唱、戏剧、器乐等
	语言艺术	相声、口技、说唱、话剧、评书、演讲等
	综合艺术	影视、传统艺术、博物馆陈列展览等
依据形象的表现方式	表现艺术	美术、说唱、雕塑、陈列展览、绘画等
	再现艺术	美术、摄影、临摹、考古、历史剧等

需要注意的是,“艺术”与“美术”两词的含义及适用范围在东西方存在着差异。

在西方,“艺术”与“美术”都源于古罗马的拉丁文“art”。其原义是指相对于“自然造化”的“人工技艺”,泛指各种用手工制作的艺术品以及音乐、文学、戏剧等。当时,广义的“art”甚至还包括制衣、栽培、拳术、医术等方面的技艺。到古希腊时期,艺术的概念仍与技艺、技术相等同。但当古希腊的绘画与雕塑在公元前5世纪发展到成熟阶段时,欧洲社会基本确立起一套古典美的标准,并为日后艺术含义的演变埋下了伏笔。直到文艺复兴时期,艺术逐渐与“美”等同起来。18世纪中期,基于“美”的艺术概念体系正式建立,艺术成为“审美”的主要对象。

今天,英语中的“art”一词,仍然既作“艺术”解,又作“美术”解,它既可以用来指音乐、舞蹈、文学、戏剧、电影等其他各种艺术门类,有时又专门用来指称包括绘画、雕塑、工艺、建筑在内的视觉艺术。在很多西方著作中我们甚至还会看到,作者所说的“art”,其实仅指“美术”中“绘画”那一部分。而他们的“the fine arts”我们通常直接译作“美术”,实际上它也仍有诗歌、音乐、绘画、雕塑、建筑等涵义。

在中国,“五四”运动时期的文艺家和教育家开始普遍运用“美术”这个专门名词。当时蔡元培运用“美术”这个术语时,还包括了诗歌和音乐。后来,文艺界、教育界逐渐将“美术”和“艺术”从概念上分离开来。“艺术”成为一切艺术门类的总称,泛指用形象化手段来反映自然和社会的各种形式,是表现人类情感的一门大人文学科,它既包罗美术、音乐、诗歌、舞蹈、戏剧、电影、书法等,也包括服饰、园林等,范围很大;而“美术”,则专门用来指艺术的一个重要分支,即视觉形式的部分。除此,中国的“艺术”和“美术”概念的内涵与外延相对固定而明确,而西语中的“art”既泛指一切艺术门类,也专指艺术门类中的某一个部分,甚至专指美术中的一幅绘画。这样,西语中“art”一词的内涵偏小而外延不固定,从而与中国的“艺术”和“美术”之间的含义形成差别。

三、价值观念、价值意识与价值取向

价值理论认为,凡客体的属性能满足主体的需要,它对于主体就具有价值。人们认识客观世界是为了指导实践,实践的目的是为了获取价值。实际上,价值是一种表明主体与客体关系的概念,它具有如下几方面基本性质:

(1) 价值,可被主体占有或拥有,它是具体的,不是抽象的。

不能仅仅说某客观对象有价值,而要说它的价值是什么,因为具体的价值才能被主体占有或拥有。比如,一个馒头对于饥饿的人来说,它具有价值;对于"饱汉",它的价值不大或没有价值。那么,馒头的价值是什么呢?它能保持生命,馒头价值的实现,是保持了饥饿人的生命;馒头是实现价值的承担者;价值实现后,主体就拥有了生命继续保持的价值拥有。也就是说,主体追求到价值后,价值并未消失,而是成为主体的东西,而主体追求价值的目的,就是为了占有或拥有价值。如果价值没有主体的可占有性或拥有性,主体也就不会去追求价值。

(2) 主体价值的获得性或主体价值形成的间接性(价值定义的一元性)。

在价值概念中,人们往往注意和直接定义客体的价值,而不注意和直接定义主体的价值。这就忽视了主体的价值。实际上,主体所获得的价值十分明确,它是通过客体的价值间接地推演出来的。主体追求价值的目的,正是为了拥有和占有客体所具有的价值。主体占有和拥有了某客体的价值(注意,有的客体并未因此丧失自身的价值),这部分价值就转移为主体所有。也就是说,价值被主体占有和拥有后,并没有消失,而是转变成主体的价值。对主体而言,它只是变外在价值为内在价值。因此,主体的价值是不断拥有和占有客体价值的累积或总和(包括以前人类的历史积淀)。这就是主体价值的获得性或形成的间接性。

从动机看,主体之所以不断奋斗去追求价值,就是为了不断提高自身价值的占有量或拥有量。当将人作为价值主体来考察时,人的价值追求,就是不断占有或拥有客体价值,不断扩增自身价值累积(包括来自前人的历史积淀)和不断提升自身价值总和的过程。说到底,人生的不断奋斗,都是在不断提高自己所占有和拥有的价值总量。

前人的历史积淀,对于人的价值具有重要的意义。比如,特定历史时代的人,总比前时代人占有和拥有更高的价值。人所处的社会制度,也是极为重要的价值客体,在先进的社会制度中,人可以占有和拥有全方位的更高的价值;反之则相反。

(3) 价值的主体性和多元性。

不同主体之间,既有共同的价值追求(即普遍价值),又有各不相同的、特殊的价值追求。比如当人作为价值主体时,人权是每个人都追求的价值,这个价值称为普遍价值。但是,普遍寄寓特殊之中,不同个体所追求的价值目标存在区别,形成了价值主体的多元性;客体价值又根据主体的追求而变化,不同主体追求不同客体,导致了客体价值的多元性。

(4) 实现价值(已拥有和占有的价值)与目标价值的统一性。

价值主体的现实价值,就是主体已经拥有和占有了的价值。主体的需求是不断变动的,或者说是由低级到高级的无止境的发展过程。因此,价值主体通过实践努力,实现(占有)了价值追求的目标(价值)以后,又要形成新的价值追求,已经拥有和占有了的价值,成为新的价值追求(目标价值)的基础,如此往复不断累积不断升级,这就是实现价值与目标价值的统一性。

(5) 价值的量化性。

价值的量化性包括两个方面含义:一方面是由于人具有多种层次的需要,层次有高低之分;而价值客体对某具体需要的满足程度是有限的,因此价值有大小之别;另一方面是,如果价值主体把本来不存在的价值客体作为追求的目标,比如死后进天堂、女人嫁相片,这样就等于追求一个"无价值",或说其所追求价值的价值量为零。如果价值主体把具有与自己需求不适应甚至相反属性的客体作为追求的目标,那么也是无价值甚至是负价值。比如有些人已经占有了很高水平的物质价值,但在道德价值、受社会尊重价值等方面却是很高的负数,因此他拥有的总价值并不大,或者说这样的人价值很小;而有些人在物质方面占有的价值很低,却拥有很高的道德价值和社会尊敬价值,这样的人拥有和占有的价值总量,非但不低,反而较高,或者说这样的人对社会的价值较大。

(6) 价值观念、价值意识与价值取向的若干特性。

尽管价值具有主体性,但价值评价标准却具有非主体性,因为它是依据价值的本质给出的评价,而价值目标选择具有客观性,不是随意的,亦非针对任何一个价值主体来确定的评价标准,因此价值评价体系具有认知性,价值评价的正确结论具有唯一性。

在价值体系和价值定义中,主体与主体特性、客体与客体性质,构成价值的客观基础;特定客体的价值,被特定需要的主体作为"意志行为"的追求目标,构成价值的主观条件。价值理论将"特定需要的主体"追求特定客体价值的"意志",称为特定主体的"价值观念"。这里所谓"价值的客观基础"需从两方面来理解。其一,主体的存在特性和客体特性都是客观的。主体的客观存在特性,是指主体价值观念之外所有的一切,比如人作为主体,即包括他的经济、政治、文化状况，生产方式，本身的素质、兴趣等，都是客观的。同时，将“人”作为主体，是相对需要的对象而言，因此主体不等于主观。作为主体需要的对象，可以是物质的，也可以是精神的。物质的价值在于满足主体物质或精神的需要；精神的价值，却仅仅在于满足主体精神方面的需要。主体需要的对象，显然是客体的东西，它相对于主体，必然具有客观属性。其二，主体的存在特性和客体特性是价值的基础，它不是由主体或客体单方面决定的，而是在主体需要和客体满足需要之间达到契合点的时候，由主、客体特性共同决定的。价值的形成，不仅要有主、客体特性共同构成客观基础，还必须有必要的主观条件，这就是主体的“价值观念”。价值观念，是价值客观基础的理论化或理论形式。因此，价值观念的形成过程，也是理论与价值客观基础实际结合的过程。

然而，正确的理论观念是没有主体性的，而理论化的“价值观念”则具有主体性，由此形成不同价值主体具有不同“价值观念”的情况。同时，价值观念的形成，需要价值客观基础的理论化，尤其是“主体需要”的理论化，即认识主体“需要什么”并将它转化为需要的观念。然而，需要的观念，所指向的内容不一定是现实的直接存在物，而可能是大量的“应存在物”；从主体看，“人”的本性是追求自由，自由是无限的，因此主体的需要永远不会满足。从这个意义上说，主体所追求的是满足需要，而不是具体需要的满足。但是，对满足需要的追求，是通过大量的具体需要的满足来实现的。因为，具体需要的满足，自然又会产生新的具体的需要。同时，理论化的需要，不是自在的、本能性的需要，而是认识到的、自觉的需要；不是适应性的需要，而是可以创造需要对象的需要。因此，人们将理论化的需要，称为“价值意识”。动物没有理性，因此动物没有价值意识。

价值观念不仅包含价值意识，即对“主体需要”的理论化，还包括主体的价值取向。

价值取向有两个特点，即：它既确定了所追求的价值对象（价值客体）；同时也确定了对价值对象的追求方式。价值取向，是通过主体的选择而形成的。主体的选择过程，首先是认识过程，要正确认识自己的需要和客观实际的状况；其次是自己的理论与实际相结合形成“价值取向”的过程，即由“需求观念”转化为“价值观念”和“价值取向”的过程。然而，在这一过程中间，经常会产生正误不同的结果。正确的价值观念，必然是正确的理论观念同主体客观实际的正确结合；而错误的价值观念，不是理论观念不正确，就是正确的理论没有与主体客观实际正确的结合。这说明正确的事实判断十分重要，它是正确的价值判断的基础。

第五节 宗教文化

一、什么是宗教——宗教的起源

宗教信仰，是一种复杂的社会文化现象，也是人类所独有的思维方法和行为方式。它涉及人们一整套活动规则，是综合而复杂的人类社会实践系统。

在几千年的人类文明史上，宗教的精神渗透到人类社会生活的各个方面。它对人们现实生活的各种问题给予神圣的解释，它以"神的威严"教化人们行为自律，它将人们的精神崇拜导向对"超自然力"的崇拜，它把人类社会的世俗观念引入"神圣"的世界，它也将自然事物发生的偶然性置换为"神"定的必然性和"宿命论"，将人类追求的现实理想世界虚化为梦幻般的"美妙天国"。人类宗教活动所形成的宗教文化，遍布于全球所有有人类生存的地方，在人类文化史上占据着极其重要的位置。

给宗教下定义，也是一件很困难的事。长期以来学者们对此莫衷一是，争论不休。下面是部分学者的观点：

蒂利希认为：宗教，是对人的终极关怀。

韦伯认为：宗教，是使事物最后变成有意义的事。

奥托认为：宗教，是人对神——既敬畏又向往的情感交织。

施尔尔·马赫认为：宗教是人对神的"绝对依赖感"。

希克认为：宗教是对生存奥秘的回应，在混乱中寻求意义的探索。

甚至有学者认为：宗教是穷人的哲学，哲学是富人的宗教。

尽管大家众说纷纭，但大多数学者认同这样的定义，即：宗教，是与"超自然力量"有关的信仰、态度和行为。宗教信仰的两个最基本要素是，相信"幽界"的存在和"神"与"人"有联系。克拉克洪认为，宗教信仰与制造工具和运用语言一样是人类区别于其他生物的标志。

实际上，"宗教"一词的词源比较复杂，一般认为它是舶来语，其有两个词源：一源出自印度佛教。在早期佛教中，有这样的说法，即"佛"说为"教"，"佛弟子"之说为"宗"，宗又是教的分派。后来，弟子们将"宗"与"教"

合称为宗教，泛指佛教的教理。“宗教”的另一词源，是从西文Religion译出，它源自拉丁文“Relegere”（演习，痛苦地执行）或“Religare”（联系起来），后来渐渐演化为西文“Religion”，词意都涉及人与神的关系，也有对神圣的敬仰、尊崇，及“人神间结合”与“归好”等含义。

在中华文化传统中，“宗教”一词的出现和词意的形成也很早。至少在秦汉时期，“宗”与“教”二字的词意就基本成型。在古汉语中，“宗”和“教”二字都与神道和崇拜有联系。“宗”有祖先、神庙、尊崇的含义，也有对先祖神灵崇拜的意思。“教”则有政教、教化的含义，古代中国视神道信仰为至理，神灵崇拜与祭祀活动，是人们生活中非常重要的事情。因而，以宗为教是宗教的最高境界，它泛指一切对神道的敬仰。

宗教也是一种社会意识形态，是人类社会发展到一定阶段的产物。它表现为人的观念、思想、感情和体验。在人类社会的童年时期，由于社会生产力水平低下，人们对自然界和自身的生理现象都不能正确认识。当天空中，风、雨、雷、电突然到来，日月星辰周而复始地出现，他们就会感到神秘莫测或迷惑不解。长此以往，他们就会觉得这变幻莫测的自然现象背后，一定有一种“强大的力量”在“操纵”和“安排”着这一切。这种“强大的力量”不仅人类不能掌控和知道，就是人类本身的一切也都时时受其掌控着。

还有更奇怪的感觉是，当入睡的时候，人们常常会进入梦乡。在梦境里，人似乎能感觉到有“灵魂”离开身体到处游荡，还会在梦中看见已死去的人和早已离别的人，甚至会与他们互相交谈，并目睹死者或离别者的音容笑貌，有时还会与他们互相触摸、吵骂、厮杀等。当睡梦醒来时回忆起来，人们便常被梦中显现的幻象所惊骇，从而相信这些表象的客观实在性，相信自己的生存和梦中见到的那些死去的或离别的人一样，存在着生死离别形态上的“双重性”，认为自己既是一个有生命、有意识的人而实际活着，又认为自己是一个可离开身体以“幻象”形式出现的“单独灵魂”存在着。于是在人们心里形成了最初的“灵魂”“鬼魂”和“神”“上帝”等意识和观念。人们相信人确有“灵魂”存在，人死后，灵魂会远离自己的“身体躯壳”到另个世界去过与生前大体一样的生活。这是原始初民对人生终极问题的普遍信仰和观念。

在那个时代，人们认为只有信仰、依赖、顺从某些超自然力量，才能避开不测风云和各种灾难，甚至死后的灵魂也能免遭磨难。人们便开始追求信仰、依赖和顺从“超自然力”的“法道”，把“超自然的力”称为“神”、“上帝”和

"主"等。各种原始宗教理论慢慢形成，并在不同的民族中传播开来。

宗教有它赖以生存的社会根源和认识根源。在原始社会，宗教是人们借助于想象力对不能理解的现象的一种解释，也是人们对不能克服和不可战胜的现象所作出的一种妥协。换句话说，宗教的实质就是"感到不能掌握自己命运的人们"的自我意识和自我感觉。这是宗教在各个世代的共性。恩格斯在《反杜林论》中指出，"一切宗教都不过是支配着人们日常生活的外部力量在人们头脑中的幻想的反映，在这种反映中，人间的力量采取了超人间的力量的形式"[①]。这段话包含着非常丰富的内容，也精辟地概括和揭示出宗教的本质。

二、人类宗教的基本特征

世界上的宗教五花八门，但它们都是围绕着人生终极问题形成的信仰模式，都是将其信仰归结在一种超自然力量的基础上，形成理论或教条，并采用一定的仪式来支持这种信仰模式的活动。当今世界上的宗教，大都具有以下四个最基本的要素和特征：

(1) 相信有一种超自然的力量存在，并将它们称为"神""上帝"或"救世主"等；

(2) 有一套较完整的口头或书面的神话传说体系，如基督教的《圣经》、伊斯兰教的《古兰经》和佛教的《金刚经》等，还有创立者的各种解释和补充等；

(3) 是一种群体性社会意识形式，有专门的机构把信仰相同的人联合起来，共同进行祈祷、朝圣等集会活动；这群人具有共同的目标，有特定的互动模式、共同的行为规范和相互之间的认同感；

(4) 有一些与之配套的宗教仪式和活动，如礼仪性的"洗礼"、集体礼拜仪式，朝觐、求雨的方式，牺牲献祭、祝祷、禁欲行为等，也包括为宗教仪式和活动建造的场所，如寺院、教堂、祭台、神像、宗祠、学校等。

也有人用英语把宗教的特征归纳为四个"C"，即：教义(Creed)、教区(Community)、教规(Code)、教仪(Cult)等。这些都是人类宗教的共同特征。根据宗教的基本特征，有人认为中国的"儒家"文化亦可称是宗教之一种，实际上人们早已将其与"释""道"并称为中国的"三教"。因为在儒家传统文化

---

① 参见《马克思恩格斯选集》第三卷，人民出版社 1972 年版，第 354 页。

中,包含着图腾信仰和祖先崇拜等因素,也有相对固定的崇拜仪式。汉代以来,孔子出现了神化的趋向。这些都是普通宗教所具有的共同元素,因此说儒家文化具有宗教特征也不无道理。

三、宗教的分类

世界上的宗教纷繁复杂,种类多样。下面根据宗教与外部世界的关系、信仰类型、崇拜类型和时空分布等特点,试对宗教进行分类,以期区别不同宗教的内容差别。

1. 从人与自然的关系分类

宗教可分为自然崇拜宗教和人格神宗教。前者是以非人格的自然物或自然力量为直接崇拜对象,反映出人与自然的依属关系,表现出人对动物、植物、山川河流、各种天体、自然气象过程等的崇拜;后者则首先形成人是万物之灵的意识,然后在自然崇拜的基础上,经过精灵崇拜、鬼魂崇拜、图腾崇拜和祖先崇拜等一系列错综复杂的发展,使崇拜对象越来越具有人格意志的能力,并向着拟人化的方向进化,成为"人格神"的宗教形式。

2. 根据宗教崇拜的对象数目分类

宗教可分为一神教、二元神教和多神教。

一神教,是以"多神归一"的信仰作为崇拜对象的宗教。最初的一神教是野蛮民族的一种信仰。他们信仰最高的一个神。波利尼西亚人的一神教的神,名为"塔罗亚",他创造了世界,世界便为他的妻子,他是万物的基础,他创造了地与海。后来,随宗教理论的深化,一神教逐渐又赋予新的含义,趋向于专指超自然力的唯一性,即对"超自然"而言,人类社会的杰出领袖都是"超自然力量"的化身,但他们不过是"先知",即便他们能够显示奇迹,也只是为了证明"主宰"的伟大,这便是现代"一神论"的要旨。

二元神教,是信仰宇宙间两位最有力的大神的宗教。这两个大神是"善"与"恶"相互对立的神,他们争斗不息,都要做宇宙的统治者。他们又彼此消长、相互依存,左右着世间的善恶,构成"神"和信仰崇拜的"二元结构",这便是"二元神教"。在二元神教里,善神和恶神分居在不同的地方,一个居于平静天云,具有慈悲心肠,专施恩惠于人类;另一个则居于险恶之处,它极为残暴凶恶,能使大海怒腾,天地晦暗,也会作严寒苦人身,纵猛兽吃人肉,还会降暴雨以扫荡人类的房屋及物产;一个是光明的神,他常在日光里微笑,另一个是黑暗的神,不时在阴霾中雷雨吼叫;一个专用善良温和的精灵为人类助手，一个专差残暴凶恶的灵魂为恶人帮凶。信仰二元神教的民族很多，如古埃及、马达加斯加、古印度、古波斯人等。二元神教信仰使人们悟出了高尚的道理，也能使社会形成崇尚"行善拒恶"的氛围。

多神教，是一种信仰和崇拜三个以上神的宗教。在较为高等的民族中，常将混乱无序的神灵信仰，归纳为若干种较大的神灵系统。这些较大的神灵各自统治宇宙的一部分，例如掌管风、雨、雷、电、气候的神，掌管森林、江河、海洋的神，掌管播种和收获的神，还有掌管战争、疾病、死亡、冥界的神等等，名号众多。这种信仰多神的宗教称为多神教。信仰多神教的国家和民族很多，古埃及各区域都有特别的神；希伯来人的耶和华原是诸神之一，后来成为唯一的神；在罗马还有一个"万神庙"，里面供奉和瞻仰的神很多，也是多神教信仰的一种表现形式。

3. 从宗教流传分布的范围分类

宗教可以分为：世界性宗教、区域性宗教和种族宗教等。世界性宗教，是由许多民族共同信奉的宗教。它关怀的不是个别民族的现实利益，而是试图拯救全人类人的灵魂。它崇拜的对象是宇宙万物的最终本质，是人类命运的最高主宰。影响范围较大的世界性宗教有基督教、伊斯兰教和佛教等。

区域性宗教，是介于世界性宗教和种族宗教之间的一种中间类型，在一定区域内流传。它的流传范围和影响程度比世界性宗教小，流传的区域也大小不等，但一般都跨越国度和民族界限，在较大的区域内产生着重要的影响，比如东北亚的"萨满"教。

种族宗教，是由一个民族的成员共同信奉的崇拜为基础形成的宗教。它的形成与这个民族的文化历史传统有密切关系。种族宗教所崇拜的神一般是本民族的保护神。属于种族宗教的宗教种类较多，如犹太人信仰的犹太教，日本大和民族的神道教，印度的锡克教、耆那教和新婆罗门教等。

4. 按宗教发生的时间顺序分类

可将宗教分为：原始宗教、古代宗教和近现代宗教等。一般将旧石器时代至史前原始社会时期的早期宗教，称为原始宗教；原始宗教的形式，大都很不成熟，只能说是人类宗教的早期形态。古代宗教，一般是文字出现后，直至近现代之前，人类社会出现的宗教的统称；古代宗教按时代不同又能划分为若干时段的宗教，如中世纪宗教、明清时期宗教等。近现代宗教，则泛指近现代时期的各类宗教，也包括世界性宗教、区域性宗教和种族宗教等；

近现代宗教随社会的进步与发展，已发展到非常成熟的阶段，其宗教思想和行为也都达到了极高的水平。

四、宗教信仰的几种类型

1. 泛灵信仰(Animism)

泛灵信仰，起源较早。在很多社会中，人们相信世界上存在着“灵魂”，它附着在人和动物或其他物质载体的身上，以自己的意志，自由自在地活着。灵魂能自行游走，不受载体的限制，人或动植物死去了，灵魂则飞出躯壳，继续在世上活着。这种对灵魂广泛存在的信仰，称为泛灵信仰。泛灵信仰所信奉的“灵魂”是广泛的。人们不仅相信活人体内的灵魂，也相信人死后出窍的鬼魂，还相信人体之外的精灵，如日月山川、花鸟鱼虫、岩石树木等自然之灵等。有些“灵魂”被认为是在生活中存在的“人格化”或“拟人化”的神灵，如魔鬼、妖精，他们都有一种神奇的不可预见的驾驭力量。崇拜者认为，这种力量在人们的日常生活中发挥着巨大的作用，是信仰和崇拜的对象。

2. 泛生信仰(Anamatism)

泛生信仰认为，世界上的任何自然物质都具有生命，因而他们信仰非人的自然力量。英国人类学家马雷特(R. R. Marrett)在其《宗教起源》一书中认为，早期人类的逻辑推理能力很强，他们本能地觉得周围许多事物都同自己一样是活着的，值得人类崇拜和信仰。泛生信仰的对象，也是从日月星辰，到山川河流；从花鸟鱼虫，到土壤岩石，无所不包。它与泛灵信仰是一对孪生姐妹，两者所信仰和崇拜的对象并无截然分明的界限，而只是信仰和崇拜的出发点不同，因此两者常常相互联系，相互包容和共存。

3. 巫术信仰(Sorcery)

巫术，是指人们企图借助某种超脱自然的力量，通过一定仪式对客体实施影响与作用的活动。巫术一般由巫师施术，巫师被认为是神、天与人之间的媒介和使者，他能与超自然力对话，能以施展“术”的形式，让上天知道“我们需要什么”。巫师，往往是一些掌握许多知识和常识的人，他善于了解人意，并善于解释和转达“天意”，也可以说，巫师是当时先进文化的代表。

巫术一般分为两种类型，一类是模仿性巫术，另一类是感染性巫术。

模仿性巫术，是按与期望的结果相似的原则进行操作，如求雨者向空中抛洒水珠，而且相信老天爷会因此知道他们在祈求雨水，随之会满足他们。

感染性巫术，则按照对一个整体对象的某一或某部分进行操作，以期达到对原本物质的整体施加力量并产生效果。如通过对敌者身体产物或用品施加作用，以期伤害敌者；对手们为了预防巫术的伤害，则小心翼翼地掩埋排泄物，仔细搜寻和处置指甲、头发碎屑，以及随身用品等物质，防止被敌者搜获，招致巫术等。

巫术也有不同的种类，如：以施作特点划分，有模拟巫术和顺势巫术；以动作形式划分，有接触巫术和感应巫术等。

巫术有很多积极功能，它通常能增强人的自信心，具有更加乐观的倾向，因此能在民间长期流行。巫术也是人类早期形成的一种社会文化现象。世界上的各个民族，都曾经历过巫术流行的时代。中国民间也曾广泛流传着多种巫术，在文艺作品中的巫术亦屡见不鲜。如《红楼梦》第 25 回“魇魔法姐弟逢五鬼”中，描写出马道婆从裤腰里掏出两个“纸人”递给赵姨娘，让赵姨娘把贾宝玉、王熙凤两人的生辰八字书写在“纸人”上，自己回家作法，让宝玉、凤姐发疯生病。这即是典型的“模拟巫术”。

巫术作为人类宗教文化的一种类型，它的产生并不是偶然的，其与人类智慧启蒙时代的文化背景有直接关系。有人认为，巫术信仰中的巫师是人类早期知识分子的代表。因为巫师需要很高的智商，要掌握天文、地理和人间事故，并具有相当的心理分析能力、洞察力和操作巫术的能力，他们往往将自己掌握的知识和对事物的认识，以巫术的形式为依托，用“上帝”或“神”的语言表述出来，这就引导人们的认识向正确的方向发展。在人类早期，如果没有巫师和巫术，社会便不可能进步。比如在当时的社会中，重大的民族祭祀，村社事务的裁决，消除疾病折磨，祈望家族健康安定，以及对自然力和外界环境的抗争，对集体和个人行为方式的确定等等，如果没有巫师巫术的参与和提供决策参考，就不可能有秩序、有组织、有意识地进行；一些重要事件，特别是对人们未经历过的许多事件的处理，也不能求得更有效的思想统一和共同认可的解决方式。因此，巫术在人类早期社会发展中起着推动人类进步的重要作用。

4. “萨满”信仰

萨满信仰或萨满活动，是一种通过施展法术来控制超自然力量，或通过与精灵世界的直接接触，并对它加以控制或驱导，以达到人们预期目的的信仰行为。萨满活动，主要用于驱除人体中的“恶魔”、“邪秽”，解除人们的疾病和痛苦，保佑人们身体健康等，因此又称之为一种医疗信仰的体系。

主持萨满教仪式的人被称为“萨满”(其原意为因兴奋而达狂舞的人)。他被认为是具有魔力的“神人”。萨满能用“法术”使之与精灵世界接触,并用一些方法诱使或强迫精灵与人合作,达到人们企望达到的目的。萨满,通常被认为是将神灵世界与人世间凡人相联系的斡旋人。但萨满的斡旋活动需要通过一种痛苦的仪式行为才能达到。在萨满教的仪式中,萨满运用特定的咒符,借助其他药剂或刺激物,比如锣鼓声、烟雾等,进入半昏迷状态,并在仪式高潮时出现“奇迹”,产生令参与者和观察者难以置信的“魔力”效果。在整个过程中,“萨满”需要具备一定的心理和体能素质,以及对民族文化细节、准确的历史知识和戏剧性的处理手段等多方面超凡能力。据说,萨满借助这种“魔力”能够在火炭上或水面上安然无恙地行走,他利用这种“魔法”来治疗疾病,解除病痛,寻找失物等大多灵验。

萨满教广泛存在于小规模的采集狩猎传统的社会中。一般认为,萨满起源于通古斯语的族群中,先流行于俄罗斯,后传遍欧亚大陆,尤其在西伯利亚,萨满活动十分普遍。

5. 图腾信仰(Totem)

“图腾”,是一个舶来语。它是美国印第安人奥季布瓦族(Ojibwa)方言“Totem”一词的译音,词意有“亲属”和“标记”的含义。

在原始社会,很多氏族部落都相信他们分别起源于各种特定的物类。这些物类可能是动物、植物或者其他非生物。因而他们大多有将自己归属之物类祖先的象征图形作为自己氏族部落的血缘亲属“标记”的行为。这类“图腾”不仅成为族人们共同的信仰崇拜对象,也成为维系氏族部落纽带的象征而不间断地流传下来。

从图腾物的属性上,图腾信仰又分为概念图腾和祖先图腾两种类别。概念图腾,往往与人的生命发生有关,例如有些民族相信在某个地点,与某种动物、植物、昆虫等的生理分泌物或矿物接触会使一个人怀孕,并因而产生后代。于是,这种图腾物就被认为同样具有血肉,并与自己具有感情。因而,就采取不同的态度善待他们,如禁猎、禁伐、禁食或以特殊的方式食用。

祖先图腾,是将个体或当代人群与历史的、血缘的或者神话的祖先连在一起,形成一种崇仰方式。

除此,有些“图腾”崇仰中,还包括一些对“神”的信仰,这信仰包括对掌管土地、动物、植物、先祖、生殖器等神的信仰和崇拜。这种信仰和崇拜,一般都表明这些方面对于他们氏族的生活与繁衍具有重要意义。

6. 民间信仰

民间信仰是一个比较笼统的概念。它是指在民间流行的，与较正规的制度化的宗教信仰（如伊斯兰教、佛教）相区别的大众信仰。民间信仰的内容大多缺乏系统的宗教教义和完善的教条典籍，并且有些信仰的内容与日常生活相混合，难以严格剥离。但研究下来，它们的确具有宗教的某些特征，如祖先崇拜、岁时祭祀、生命礼仪、咒符法术等等，因此，都应划在广义宗教的大系统内。

在现实生活中，民间信仰的内容十分繁杂，主要涉及人与自然的和谐关系，并与占卜命相、风水堪舆、神鬼崇拜等习俗相联系。中国民间的信仰存在着一个共同的象征体系，主要有“神”、“祖先”和“鬼”等信仰对象，反映出人们对社会层次的划分。

祖先崇拜，是民间信仰最常见的一种。在民间，长辈们与子孙后代的关系极为亲切。长辈们死后的鬼魂（灵魂）还总在冥冥之中视察子孙的行为，或加以保佑，或予以惩罚。有些父辈在生时虽不是什么伟人，也不那么凶恶，但他的子孙们却不敢不崇拜和信仰他。因为幼小的子孙们在父辈们身上曾学到了很多知识，传承到很浓厚而细微的文化，每每想起这些，子辈们便油然起敬，先祖崇拜也由此而萌生。

世界上信仰先祖崇拜的民族很普遍，但中国尤其盛行。在中国，祖先崇拜可谓达到极点。如，一个社会名人出现，百姓都会查他的祖坟的风水方位状态。中国民间还普遍有祭祖的习俗，百姓们以食物、冥钱及生前喜物的祭献，牺牲的供奉、忌辰的仪式，祠堂的设立，大事小情前后的祭拜和告慰，清明祭扫，春秋大祭等等，构成了中国式的祖先崇拜体系。

对于死者的子孙和家人，由于家有长者夫君亡灵，一定要改变平时的形态。如断发、绘身、着别样衣服。研究认为，这类行为起初可能不是为了悼念死者，而实际上是出于惧怕的心理所致，怕被死者认出，并被死者带走。

由于对死者的崇敬，亲友和后代对故人尸体的处置，也衍生出许多象征性仪式，如开光、洁身、着衣、含器、美容，等等；对死者的安葬形式，由简单到复杂，越来越赋予深刻的意义。比如，将冥器纳入墓中，兵器是供死者去阴间防身，用具则供他生活，礼器供其显示身份，而仆人、牲畜陪葬是侍候他的幽冥。葬式与葬法的水平和质量，随社会物质文化的进步和发展而不断升级，形式和种类则依民族文化传统的不同越来越呈现出丰富多样的信仰色彩。这些反映祖先崇拜方面的民间信仰,还有很多鲜明的实例,这里不再赘述。

五、正确认识宗教

宗教是人类社会普遍存在的文化现象。它作为一种社会纽带,具有强化民族团结和维护国家统一的重大作用。宗教又是人类文化的有机组成部分和构成民族共同意志的基本要素。然而,在一些时候或在某些人那里,常将“宗教”与“迷信”相提并论,这虽然不够恰当,却也不易简单地加以否定。因为“宗教”与“迷信”是两个不同的概念,我们不能说“宗教”是“迷信”,也不能说“迷信”是宗教。但是,从某种意义上说,任何宗教对于不相信这一宗教的人群来说,无异于是一种迷信。比如,在现代医生眼里,“萨满”治病的巫术,岂不是迷信吗;再如,在无神论者那里,人们祈求死后进入天堂的生灵神话,又何尝不是迷信呢!更何况,任何宗教都不是全人类共同的信仰,那么对于不相信宗教的人来讲,说宗教是迷信也不是没有道理。

现代人知道,任何宗教所信仰的对象及其所形成的神话,都不能用科学的方法加以证实。比如“上帝”、“神灵”、“鬼魂”、“天使”等等。这些东西究竟存在不存在?他们的存在有什么实物证据?这些问题在传教人那里或在宗教的条文中都不能向外人提供证明和解释清楚。显然在外人看来,这些讲不清楚的东西是非理性的,也是没有根据的,自然也有迷信的色彩。同时,各种宗教仪式与法术,通常都不能有效地达到举行仪式者预期的目的,如雩祭未必导致下雨,招魂未必能起死回生,敬财神未必能发财,“抱佛脚”未必管用等等,这些都是经常出现并非常易见的事情。

既然如此,那么为什么世界上还有那么多的人相信宗教?又是什么原因致使宗教成为人类文化中最为普遍存在的现象呢?有人认为,宗教的产生和人们信仰宗教,是人们愚昧无知的表现。这种观点显然是不对的,至少没有那么简单。比如,一个凡人可以认为信仰佛教的信徒愚昧无知,但是在一位高僧那里,这个凡人才是真正的愚昧无知。再比如,接受过现代科学教育的人大多认为古代的“占星术”、“风水说”等是愚昧的产物,但是,谁能保证千百年后的人们不把我们今天某些自以为科学的东西视为愚昧和无知的产物呢?

事实上,科学的发展进步并没有使宗教消亡,反而促使宗教向更深的层面发展。当今社会,在全球 70 亿人口中,有 70%以上的人是不同宗教的信仰者，或者说是某宗教的教徒。如果不包括中国内地的13亿人口，世界约55亿人口中，各种宗教的信徒人数达85%以上。即便在那些不信仰任何宗教的人群中，也有相当一部分人是有神论者，而真正的无神论者在全世界还不到10%。同样，尽管中国的许多人不是"规范的"宗教徒，但他们并不是真正的无神论者，因为他们思想深处的"鬼神"概念和有关"生死崇拜"的观念根深蒂固。因此，可以这样说，全世界绝大多数人都是宗教徒或"神灵"信仰者，真正的无神论者只是极少数。

从社会阶层的视角看，近现代宗教的信教人群有向社会中高阶层发展的趋向。在各种宗教信仰的人群中，接受过现代高等教育的学者、政要和资深专家、科学家越来越多。如美国历届总统在就职演说时，都将一只手放在一本厚厚的《圣经》之上，表示他们对上帝的忠诚；在美国的大学里，不仅大多数教授和学者、学生信仰宗教，还有一群不同年龄的教授和学者，在试图用天体物理学和天文、地质、考古学等现代科学理论成果来证明《圣经》中"上帝"创世神话的真实无误；在科学界，包括改变世界的伟大科学家牛顿和当时很多著名的科学家都是信奉上帝的虔诚教徒；人们整理牛顿生前的著作时，惊讶地发现，在牛顿一生的著作中，像《自然哲学的数学原理》和《光学》等科学论著没有几本，而注释《圣经》的书稿却有200多箱。甚至有许多大科学家认为，上帝写了两本书，一本是《圣经》，一本是大自然，研究大自然越是深透，探索大自然的奥秘越是清楚，就越是理解上帝的智慧和伟大。可见，宗教信仰的力量是如此巨大，人们的精神生活离不开这些重要的部分。

因此，宗教信仰的社会存在，并不是简单的愚昧无知，而是有其深刻的社会原因和它存在的合理性。下面我们看看宗教的社会功能与作用。

1. 宗教的社会心理功能

宗教信仰，能够满足人们希望保持特定精神状态的需要。这种精神状态，需要有心理活动的支撑，宗教正可以产生这种所需的心理支撑。宗教的心理功能包括两个方面：一方面可以满足信仰者的认知需要；另一方面可以满足信仰者的情感需要。前者是解决"为什么是这样"的问题，后者则是解决"应该是这样"的问题。

我们先来看宗教满足人们认知需要的功能。

人类出现以来，对陌生的外部世界提出了很多"为什么"，并总是在积极地寻找对各类事物和现象的解释。宗教，恰恰提供了人所涉及的外部世界系统中方方面面的完整解释。它用想象的逻辑思维，通俗地回答了种种"为什么是这样”的问题，满足了人们对外部世界追求解释的心理需要。虽然很多解释是荒唐的，但这些解释至少在当时特定的环境中给予人们一整套能够对各种自然现象和社会现象的产生与发展，及其互相关系和联系作出明确的阐释与判断，使人们的精神和思想有了支撑和寄托。当然，宗教毕竟是一种精神文化，即使在人类社会的早期，它也不能与科学知识混为一谈。即便在人类的野蛮时代，人们也不会把宗教信仰，甚至巫术、魔法，用来替代实践知识和生产生活实践活动。比如，一个农夫一方面举行一些他认为可能会使庄稼丰收的宗教仪式，另一面却不会忘记拿起锄头去田里劳作，因为他知道，只有下田干活，田里才会长出庄稼来。这种基本认识对于农夫来说是不可动摇的。

为满足人们的认知需要，宗教所提供的是一种知识和信仰上的承诺，即用一套完整或相对完整的教条，来说明这个世界是有意义、有秩序、有目的的，任何事件和现象的发生和出现，都有一定的原因和理由。因此，人们的生活不是生活在一片无意义的混乱之中。这样便使信仰宗教的人们在心里产生了一种信念和信仰，并向着宗教信条指引的方向努力和前进。

我们再看宗教满足人们感情需要的功能。

在感情功能方面，宗教信仰可以减缓人们感情上的紧张，如缓解人们对于自然现象、疾病、灾祸、死亡等的畏惧心理。

人类是动物中对死亡最为敏感的一种动物。对于死亡敏感的意识，使人产生心理上的紧张，并不断表现出各种对于死亡这一事实的恐惧或反常的情绪。于是，宗教信仰就想象和创造出“灵魂不死”和“死后转世”生活等种种情节和神话，以减轻人们对死亡的恐惧。

在现实生活中，人们还经常会遇到一些即使作出了极大的努力，仍然不能改变窘迫处境的事情，这时人的心情便会受到沉重的打击，感到自己是如此弱小无助，又如此无能和自卑。对此，宗教就会为这些失败的人提供一种信心和抚慰，以消除人们由于遭遇挫折而产生的焦虑心情，而这种信心和抚慰正是人们所需要的。

图 5-1 是佛教故事中“寒山问拾得”的一幅简画。画中的“寒山”和尚，恭敬地请教“拾得”大师：世上有人谤我、欺我、辱我、笑我、轻我、贱我、骗我，如何处治乎？“拾得”答说：只要忍他、让他、避他、由他、耐他、敬他、不要理他，再过几年你且看他。这段对话深刻地表现出佛教思想在处理人间矛盾的基本方式。对话中的“拾得”大师并没有鼓励弟子“寒山”去和谤他欺

他的人“斗”,或怂恿寒山去“打他、骂他、制裁他、报复他”等,而是婉转地给他提出了一个缓解矛盾的方法,并给他展现出他一定能看到自己最后胜利的情感安抚。这既没有激化人际矛盾,平抑了寒山的心理压力,也使寒山找到了解决问题的办法,心灵得到了抚慰,情感得到了满足。

寒山問拾得:世間有人謗我欺我 辱我 笑我 輕我 賤我騙我 如何處治乎?
拾得曰:只要忍他 讓他 避他 由他 耐他 敬他 不要理他 再過幾年你且看他。

图 5-1 佛教故事画:寒山问拾得

2. 宗教的生态功能

宗教的生态功能,除了表现在使人们合理利用和分配生态资源,避免人类群体间为争斗而破坏生态环境与资源的现象外,还表现在直接对生态资源平衡的保护作用上。比如,有些植物图腾氏族,禁伐具有崇拜象征的树木等等;这些都在客观上对生态资源起到了调节保护作用。再如,加拿大北部的印第安人居住在北极圈附近,他们靠狩猎为生,为合理利用生活资源,其宗教信仰中,有尊重狩猎对象和不滥杀野兽,不浪费猎物的信条,还规定有捕猎宰杀和食用猎物时的一些程序,以表示对野兽肉体和灵魂的敬重。当食品短缺而又无法确定向何处寻找猎物时,他们就将驯鹿肩胛骨放在炭火上烧烤,然后视其骨片上出现裂纹的方向,以决定出猎的方位。这就带有很大的随机性,不至于集中于一地狩猎,此举也在客观上保护了动物资源的平衡消长。除此,一些地区对“神山”、“龙树”和“风水禁地”的信仰等,都对生态环境保护起到了积极的作用。

3. 宗教的社会功能

宗教,是社会稳定的重要因素,它对社会稳定所起到的积极作用越来越被人类所认识。因为，宗教用特定的方式提出的社会基本价值观念和道德准则，强烈地感召和影响着世人的思想和精神活动，进而约束人的心灵并直接指导人们的行为。宗教大都能鼓励人们遵守共同的道德准则，促进人们在共同价值观念基础上和睦相处与相互合作，它能使按照社会道德观念做善事的人得到精神上的回报，也能使违反道德观念和行恶的人感到内心羞愧、恐惧与自责，从而起到维持社会秩序的作用。例如《圣经·出埃及记》中的“十戒”，其实就是基督教和犹太教徒的道德法典，其中头两条是规定人们对上帝的情感，另外八条则规范人们的行动，包括五个“不可”。这些戒条都是以“上帝”的名义发布的告诫，信徒们不敢不从。它们无疑都对世俗社会的稳定，起到了巨大而积极的作用。

中国古代的墨家，公开倡导“天”“鬼”宗教。墨子在《天志》和《明鬼》等文中十分清楚地阐述了对“天”“鬼”崇拜的实用目的和社会功能，认为“天”与“鬼”都有意志，它们能对人们的行为给予赏罚，并通过“赏善罚恶”来维持正常的社会秩序。

佛教中的三皈、五戒、十善、四摄、六度，以及“因果报应”“代际轮回”等理论，都具有极其鲜明的“奖善罚恶”的社会功能。

由此可见，宗教借助于超自然力的权威，来树立人间道德观念，褒贬和引导人们的品行，并制定相应的戒规来规范和约束人们的行为，对社会稳定具有重要意义。

六、当今社会与宗教

当今世界，科学技术迅猛发展，社会生产力水平和经济文化水平都达到了相应的高度，计算机技术、通信、交通和信息产业的发展，加速了人类社会的进步；“全球化”的进程在加快，人与人的距离在缩短，文化与文化的碰撞在加剧，过去相对分散的人群和相互隔绝的世界，正在向“地球村”迈进。但是，科学并没有解决人类社会的所有现实问题，现实生活中仍然有太多的现象无法被人们理解。同时，科学本身也不能解决人类的信仰、幸福及情感等问题。因而，作为人类社会意识形态的重要内容——宗教活动，不仅依然普遍存在，而且也没有因科学的发展而减弱，而是与现代科学技术发展相同步，快速地向前发展。

当今世界宗教的总体面貌呈现四个明显的特征：一是宗教种类不断出新，二是信徒总人数不断增加，三是宗教发展出现相互靠拢态势，四是宗教人群向知识化和社会高层化迈进。据不完全统计，当今世界上的各种宗教信仰已达上千种之多；各类宗教信仰的信徒人数占世界人口总数的70%以上；宗教在完成了由部落宗教向民族宗教的过渡后，正在相互靠拢，并向着形成世界性的几大宗教的趋势发展；随世界逐步进入均富的时代，宗教人群也正在出现向社会中高阶层拓展的趋势。

目前，世界上规模最大的宗教主要有基督教、伊斯兰教、佛教和印度教等。其中，基督教有约两千年历史，包括罗马公教（天主教）、正教（东正教）和新教（耶稣教）三大派系，教徒总人数达到22亿人左右，占到世界人口的三分之一和世界宗教信徒人口的二分之一。基督教徒遍布全球各大洲，在西方思想文化史中扮演着十分重要和显赫的角色，是一个极其宏大和分布广泛的宗教组织。

伊斯兰教是世界性宗教中最年轻的宗教。它产生于公元7世纪的阿拉伯半岛，后来随政教合一的阿拉伯国家的发展，于8世纪后逐渐发展为遍及欧亚非三大洲的世界性宗教。伊斯兰，是阿拉伯语“Islam”的译音，意为顺从真主的旨意。信仰伊斯兰教的人，被称为穆斯林（moslem或muslim），即“顺从者”意。伊斯兰教在中国曾被称为回教、天方教或清真教，它包括“逊尼派”和“什叶派”两大派系，教徒已超过12亿人，主要分布在西亚、北非和南亚、东南亚各国，其中有20多个国家以伊斯兰教为国教。伊斯兰教也是一个非常庞大的宗教组织。

佛教，起源于公元前6—5世纪，最初是印度国宗教。佛教的创始人是悉达多·乔达摩，教徒们则称其为“释迦牟尼”，即释迦族的圣人，也被称为“佛”或“佛陀”，即觉悟者。释迦牟尼在世时，佛教主要分布在恒河中游地区，佛陀去世后，弟子们将佛教推广到更大的范围。在孔雀王朝阿育王时期，佛教开始向次大陆毗邻地区拓展，其传播范围东至缅甸，南及斯里兰卡，西抵叙利亚和埃及等国，一跃成为世界性宗教。贵霜王朝兴起后，又传到伊朗各地，此后再经丝绸之路传入中国，并经中国传到朝鲜和日本等地。目前，佛教信徒总人数达1亿多人，主要分布在亚洲地区。

除此，印度教的教徒总人数亦众达8亿人。由此算来，四大宗教的教徒有约43亿人之多，他们约占到世界宗教信徒总数的90%以上。因而有人估计，目前全世界的各种宗教的教徒约达46亿多人。宗教能将如此众多的人召集在自己的旗下，其精神力量和社会凝聚力该是何等之巨大。

同时，占据社会人口如此众多比例的人在从事着各种不同的宗教信仰活动，对于人类社会思想和行为所产生的影响更是非常巨大的。在强烈的宗教感情方面，它既对共同宗教内部人群及其社会起到稳定秩序和稳定人际关系的作用；也对于异教和其他人群，以致不同宗教信仰的社会，在情感上形成隔阂和差别。

宗教感情的差别、信仰的不同、认识的分歧，极易造成大规模的社会不稳定。从现代社会许多重大的民族地区矛盾冲突来看，其深层大都蕴涵着深刻的宗教背景。比如欧洲历史上的民族战争和国内战争大多有宗教背景；中东、西亚，阿拉伯世界的国家矛盾、民族矛盾，人群间的争斗，说到底也都是宗教的原因。同时，世俗社会的经济和政治有时也会与宗教文化经济发生碰撞，在历史上各种宗教产业和地业领域，大多发生过与地方社会摩擦争斗的事件，有时这种争斗事件直接威胁到世俗政权的稳定和发展。

从一定意义上说，宗教还具有积极的革命作用。这种作用主要表现为它能成为被统治阶级反对政治压迫的工具。因为许多宗教都是在民族矛盾和阶级矛盾激化、政治压迫残酷的环境中产生的。如犹太教是摩西为了率领犹太人逃脱埃及法老大军的追击，在走出埃及的途中得到“神”的启示而创建的；最早的基督教徒则主要是来自下层深受压迫的劳苦大众，当时的基督教曾是下层百姓的宗教，是穷人、无权者、被压迫者、被释放的奴隶和被罗马征服或驱散的人群的宗教。中世纪末的欧洲宗教改革运动，更是新兴资产阶级反对封建制度这场革命的组成部分。在中国，东汉道教的“五斗米教”，产生于民不聊生的西汉末年军阀割据的年代；东汉的黄巾起义、北宋方腊的摩尼教起义、元末的红巾起义、清代的白莲教及太平天国运动等，都是以宗教为旗帜的农民运动。这些以宗教形式组织的反对或反抗统治阶级压迫的运动说明，虽然宗教的目的是把生活的希望寄托于天国彼岸，但一旦将其置于现实社会，它就能够成为人民群众进行革命的工具，成为被压迫阶级反抗斗争的精神武器。

在社会安定的层面，哲人们普遍认为，人类社会需要宗教来约束人心。因为宗教起到了一种能相对稳定地维持一个社会基本价值观和行为道德准则的作用。但需要指出的是，社会对于宗教的需要，与这个社会的不平等程度有一定关系，越是在不平等的社会或者说一个社会的不平等现象越是严重，它对于宗教的需要就越明显。阶级社会是一个典型的不平等社会，其社会中的宗教大都包含着“赏善罚恶”的信念；而在没有阶级的社会，原始宗教中则很少包含这些内容。很明显，这样的信念对于不平等社会中的上层阶层是有利的，它使得社会中处于下层的人们，因不满自己的处境而怀疑这个社会秩序，甚至考虑反抗或实施暴力的时候，产生沉重的畏惧，从而起到维护现存不平等社会秩序的作用。从这个意义上，说宗教是统治者维护其统治的工具，是用来麻痹民众的“精神鸦片”，亦不无道理。

总之，宗教是一把锋利的双刃剑，它既是和平的使者，又是动乱的根源。宗教的感情，既能稳定人群关系，亦能形成感情差别；宗教的力量，既能协调社会矛盾，也能酝酿大规模社会动荡。因此，我们要驱利避害，因势利导，紧密结合中国传统文化特点，尤其是精神文化的历史特征，谨慎稳妥地推进中国的精神文化建设，把中国的事情做好。

第六节 语言与文化

一、人类语言的属性及其与文化的关系

语言，是人类表达思想的重要方式，还是人类区别于其他动物的最突出标志。人类精神文化的许多现象都与语言发生着密切的联系。语言，推动人与人之间的情感、技艺、信息互动交流，也以它的书写形式，通过“图形符号”（文字）来记录和保存人的认识和思想，并以此进行跨时空的传递和积累，使人类有可能一辈胜一辈地积累和缔造出无穷的智慧产品和精神成果，使人类社会在前人基础上不断加快文明的步伐。

夏威夷大学的语言学家德里克·比克顿（Derrick Bickerton）在他1990年出版的著作《语言和物种》（*Language and Species*）中这样表述：“只有语言能够冲破锁住一切其他生物的直接经验的牢笼，把我们解放出来，获得了无限的空间和时间的自由。”①

人类，是具有高级思维能力的动物。在人类许多重要特征中，思维是最为神秘的东西，它既看不见，也无法保存，更不能全部复制下来。而与思维保持最紧密联系的对象唯有语言。美国人类语言学家沃尔夫（B. L. Whorf）曾说：

> 实际上，思维是最神秘的。我们迄今所具有的关于思维的最好说明，是由语言的研究提供的。语言的研究表明：一个人的思维

---

① 参见〔英〕理查德·利基：《人类的起源》，吴汝康等译，上海科技出版社1997年版，第92页。

形式，是受他所意识不到的那些不可抗拒的形式规律所支配的……人的思维本身总是在一种语言中，在英语、梵语或汉语中。每一种语言都是一个庞大的不同于其他的形式体系。在这样一个形式体系中，形式和范畴都是一种文化规定——人们不仅应用这些形式和范畴来交际，而且还应用它们来分析自然，来注意或忽视诸类关系和对象，来引导他的推理，来建造他的意识大厦。①

沃尔夫的这段话不仅道出了"语言"是说明"思维"的要素，也较清楚地阐述了"思维—语言—文化"之间的密切关系。他认为：人类的行为和生活，在很大程度上受其语言习惯的支配，因为语言是一个用来组织经验的概念体系，它迫使人们接受一定的世界观，并决定人们的思维模式，进而导出人们的行为准则；因此，不同语言的人对事物的认识和看法就不同，他的思维模式也不同，行为规范和文化模型都不同。沃尔夫这种"语言决定文化"的观点被称为"语言决定论"(linguistic determinism)，也被称为萨丕尔—沃尔夫假说(Sapir-Whorf Hypothesis)。这一假说虽然存在很多漏洞，也受到不少批评，但它在文化人类学的学科史上具有历史地位，也在人类语言与文化的关系研究中具有深远意义。

美国另一位语言学家萨皮尔(E. Sapir)1921年在《语言论》(*Language*)一书中更加简洁地阐明语言与文化的关系：语言的背后是有东西的，而且语言不能离开文化而存在。语言学家帕尔默也曾在《现代语言学导论》中提到：语言的历史和文化的历史是相辅而行的，它们可以相互协助和启发。②

英国语言学家格拉斯通(Gladstone)也有类似的观点。他1972年曾言："语言和文化紧密地交织在一起。语言既是整个文化的产物或结果，又是形成并沟通文化其他成分的媒介。我们从小学会的语言，不仅为我们提供了交际的体系，更重要的是它制约着我们交际的类型和方式。"③

一般认为，语言是思维的工具，文化是思维的产物；人类文化离不开思维，人类思维的进步也离不开语言的襄助。在继承前人知识积淀的基础上，人类思维活动首先形成丰富多彩的精神文化，精神文化大多通过语言的一

---

① B. Whorf, *Language, Thought and Reality*, edited by J. Carroll, New York, MIT, 1956, p. 252.

② 参见罗常培：《语言与文化》，北京出版社2004年版，第1页。

③ 张国扬、朱亚夫：《外国教育语言学》，广西教育出版社1996年版，第80页。

定形式才得以表现出来并保存下去。同时，精神文化又主要以广义语言为载体，以一定的方式转化到物质层面，才得以形成有相应物质载体的物质文化（或物质产品）。因此，可以说精神文化是思维的直接产物，物质文化是思维的间接产物。语言一方面作为其间的特殊媒介和催化剂，在精神文化向物质文化的转化中发挥着不可或缺的作用；另一方面又为思维提供词汇和素材，促进思维的进步，并在一定程度上影响和制约着思维的方式、范围和深度。

关于语言与文化的关系问题，戴庆夏先生认为，语言与文化有许多不同的特点，主要表现有：(1) 语言在文化中属于精神文化的范畴，精神文化大多具有阶级属性，而语言则没有；(2) 语言的内容是人脑的产物，而其物质载体是声音，是发音器官，有物质性；(3) 文化是人为的，而语言是约定俗成的；(4) 文化可以有模式转换，如由一种制度变为另一种制度，由一种宗教变为另一种宗教，而语言的发展是渐变的。因此戴氏认为，语言是文化中的一个特殊的组合体；语言和文化的关系，是局部与整体的关系。然而，语言和文化还有另一层关系：语言符号是文化的重要表达形式，即文化的内容是通过语言来表达、来反映的。从这个角度来看，语言和文化的关系，又是一种内容和形式的关系。①

在学科领域，传统上的语言学也曾是文化人类学的分支学科，后来语言学越来越相对独立，主要研究语言的发音、句法、词语和语言发展史等，成为专门的一个纯粹的语言研究学科。人类学所研究的语言却与现代语言学的研究范围越来越有明显的不同。客观地说，人类学研究的语言主要侧重于三个方面：一是语言与人类文化进步的关系和效用；二是语言的起源与发展及其与人类社会历史发展的关系；三是研究语言与民族的关系，因为在一般情况下，凡使用同一种语言的民族，大多有相同或相似的文化，而不同语言的民族其文化亦异。

二、语言的本质和特征

对语言本质进行经典定义的是瑞士语言学家索绪尔（Ferdinand de Saussure）。他于 20 世纪初提出了“语言是一种表达观念的符号系统”②的精辟

① 参见戴庆夏：《社会语言学教程》，中央民族大学出版社 1993 年版，第 54 页。

② 参见〔瑞士〕费尔迪南·德·索绪尔：《普通语言学教程》，高名凯译，商务印书馆 1985 年版，第 37 页。

论述，成为语言的经典定义。之后，他的观点得到学术界的广泛接受和引用。

要理解索绪尔所说的“语言”是“符号系统”，首先应温故和搞清“符号”是什么。

在人类社会中，人们需要记忆大千世界中纷繁复杂的各种事物和认知千百万种不同的客体对象。当一些复杂的事物难以用其本身来认识和记忆时，人们便常常用相对简单的事物去代表另一类相对复杂的事物，以便对那些复杂事物进行认识、记忆和把握。比如用甲代表乙，乙就成为甲的“符号”。简单地说，符号就是事物的代表、标记或记号。

美国实用主义哲学的先驱之一皮尔斯（Charles Sanders Peirce，1839—1914）认为符号具有三重性，即表征（representment）、对象（object）和解释（interpretant）。所谓“表征”，通常可以理解为符号的外在形式，它是人的感觉器官可以感知的部分；“对象”很容易理解，是符号所代表的事物；“解释”则是表示符号意义的术语，它表达符号的内容和符号表达某种意义的过程与结果。比如，在一些公共厕所的门牌上往往标注着诸如“烟斗”、“礼帽”、“手杖”，或者是“高跟鞋”、“裙子”、“长发”等图案。这些图案就是一种符号。这些符号的图案，可以明显地被人们的视觉器官所感知，属于符号的外在形式，亦即皮尔斯所说的“表征”。而每一种图案的性质都有其明确的内涵，代表一定的意思，是符号的内容和意义，亦即皮尔斯所说的“解释”；前面一组的烟斗、礼帽和手杖都是男人的用具，其内涵“解释”意义是“男厕”；后面一组的高跟鞋、裙子和长发都与女人有关，它们的内涵“解释”意义则是“女厕”。显然，这些图案的内涵“解释”意思，反映了符号的意义和内容，而它们代表的“对象”十分明显，即“公厕”。

需要注意的是，符号的内涵与意义都是人们所赋予的。比如牡丹象征富贵，玫瑰象征爱情，梅花象征斗志，荷花象征廉洁等等……它们的意义完全是人的思维、意识、情感的物化过程；离开了人的因素，符号的意义和内容便不复存在。人在选择符号指示某种对象，并就两者间关系进行解释时，大多具有任意性（arbitrary）。同时，符号意指过程中的任意性，又深深地受到其社会性质和环境的制约，只有在一定的社会规约范围内，符号任意性和内涵的合理“解释”才能实现。例如，只有当某一社会使用并认可“玫瑰”、“茉莉”均可代指爱情时，人们才能任意选择并使用玫瑰或茉莉的美好寓意，而绝不会随意选用仙人掌或狗尾巴草来喻指爱情。

在社会生活中，符号的运用非常普遍，到处可以看到，种类亦繁多。皮尔斯曾以符号的三元一体性质，从三个不同角度把符号划分为若干类型，比如从表征媒介的角度分为性质符号、个体符号和法则符号；从对象的角度分为相似符号、索引符号和象征符号；从解释的角度分为意元符号、命题符号和论证符号等。①

然而，人类语言学研究更注重符号的"感知"分类。比如图案、文字、标牌、信号灯、手势、旗语等，属于视觉符号；音乐、雷雨声、汽笛、号角、风鸣等，属于听觉符号；盲文、医生触诊、食物软硬等，属于触觉符号；而甜、咸、苦、辣、酸等，都是味觉符号；香气、臭气和浊气及其他不同的气味则是嗅觉符号。

显然，语言是用听觉器官来感知的符号，是一种听觉感知的符号系统。语言也具有"表征"、"对象"和"解释"等符号"三重性"的普遍特点，其分别体现为语言的形式、对象和内容。语言的形式就是语音，所代表的对象是思维，内容则是语义。语言的形式、对象和内容三个方面，彼此紧密地联系在一起，相辅相成，不可分割；缺少任何一个方面，都不能称其为真正的语言。

前面提到，符号的内涵与意义都是人们所赋予的。因之，所有符号都有一个共同的特点：即符号与它所代表的事物之间没有必然的联系。语言符号的这一特点也十分明确，它的形式——语音和它的内容——语义的结合，完全是人为的、任意的，语音和语义之间没有必然的本质的联系。比如，为什么要用"人"或"men"这个字来代表我们这类"高级动物"，为什么将过河的建筑称为"桥"或"bridge"等等，都是人为的，是约定俗成的，或者说是社会文化习惯导致的；而"桥"或"人"，特别是由字母组成的"men"、"bridge"等，这些文字本身与其所代表的、真正的那类"高级动物"和"过河的建筑"之间没有丝毫的内在联系。

三、语言的功能

语言最主要的功能可以归结于两个方面，其一是交际和传递知识，其二是思维和记忆。

1. 语言的交际和传递知识功能

将语言的功能之一定位为人类交流思想、交换感情和愿望的交际工具，

---

① 参见王铭玉：《语言符号学》，高等教育出版社 2004 年版，第 119—121 页。

是学术界比较一致的共识。美国语言学和人类学家萨皮尔(Edward Sapir)曾言:"语言是人类独有的、用任意创造出来的符号系统交流思想、情绪和愿望的非本能的方法。"①

然而,人类的交际工具并非语言一种。手势、动作、表情、道具、文字、图画等其他符号在人类社会生活的许多场合中都具有一定的交际、交流功能。但是,这些交际工具大都仅仅限于在特定的领域内发挥作用,或在特定的场合下交流极其有限的内容,在交流信息的广度、深度、强度和丰富程度上都无法与语言相比。正如英国学者哈特曼等所说,"语言是人类最重要的交际工具"②。

交际活动也不仅仅限于人类。许多动物能够通过不同方式进行情感交流和彼此交际。动物的叫声有多种多样,可以表达不同的情感,也能传递不同的信息。但动物的叫声与人类的语言存在着本质的区别,它们不仅音素简单和音调贫乏,更重要的是,它们的叫声没有宽域而富于变化的语素和复杂的语素组合规则,不能随意地根据思维的需要排列出相应的各种语句,因而,它们的叫声所能表达的内容就极其有限。

美国心理学家曾做过这样一个实验:

> 将两只黑猩猩放进笼子里,把黑猩猩可吃的食物放在笼子外的可移动平台上,用一根绳子的一端连上平台,另一端放在黑猩猩的手能抓到的地方。不过,一只黑猩猩单独拉不动,只有两只黑猩猩一起拉才能将平台拉过来。
>
> 两只黑猩猩为了得到平台上的食物,各自任意地拉绳子,但就是想不到合作起来一起拉。不过,两只黑猩猩在某一瞬间也有偶然一起拉的时候,这时就可以把平台拉过来,得到上面的食物。这种事情如果重复多次,黑猩猩就会记住相互合作。如果这种训练进一步进行下去,会出现这样的情景:在平台上一放上食物,其中一只黑猩猩就会用声音或姿势给另一只黑猩猩信号,然后合作起来一起拉平台并获得食物。
>
> 如果把笼子里的一只黑猩猩换成另外一只没有经过训练的黑

---

① 〔英〕R. R. K. 哈特曼、〔英〕F. C. 斯托克:《语言与语言学词典》,黄长著等译,上海辞书出版社 1981 年版,第 189 页。

② 同上书,第 188 页。

猩猩，情况会是什么样呢？当平台上放上食物时，原来就在笼子里的那只黑猩猩用各种信号和姿势，试图引起对方的注意，以便一起拉平台。但新进来的那只猩猩丝毫不能理解对方的意图，因此也就不能合作起来一起拉平台获得食物。新进来的黑猩猩丝毫不理会同伴的信号，也不懂得向另一只黑猩猩发出合作信号，为了获得食物，牠只能一味地自己单独拉平台，这种情况会重复几十次。两只黑猩猩偶然碰巧一起拉平台时，就可以把平台拉过来，获得上面的食物。这种事情再重复多次后，就会懂得通过合作获得食物。①

从这个实验中我们可以体会到，黑猩猩或动物之间在交流意愿和传递信息方面的笨拙情形。如若笼子里不是黑猩猩而是人，那么情况就会完全两样，因为会语言，原来就在笼里面的人，能准确地将“两人合作拉绳子以获得台子上面的食物”的意愿用语言传递给新进来的人，新进来的人也能够准确地领会对方的语言和意愿并即刻配合操作，这样，事情就变得非常简单。

从而揭示出，人类与黑猩猩（或动物）在相互交流传递知识和彼此交际活动方面的重要区别在于：人类能够把新发现的知识和意愿，用语言（主要的）传递给后人，而后人完全没有必要再一次次重复地去认识这一知识的发现过程。正是如此，人类才从前辈那里继承了知识，又以之为基础，不断地探索、发现和认识新的知识，使人类知识的总体水平一代代地积累提升，知识范围和种类也不断扩大和丰富。从历史上看，在进入旧石器时代后的很长一段时间，人类所掌握的知识和技术水平，与其他动物没多大差别；但当人类语言得到快速发展后，知识和技术的积累与进步飞速升华，终未停步；直至今日，人类已积累和掌握了难以想象的丰富知识和高超技能；而几百万年下来，动物所积累和掌握的知识与技术仍没多大变化。足见语言在交际和传递知识，进而推动人类社会进步中的重要作用。

2. 语言的思维和记忆功能

一般说，凡动物（甚至某些植物）都有形式不同的思维和记忆功能。但除人类之外的其他动植物都没有语言，它们的思维和记忆不论在时间长度和复杂程度上，都受到极大的限制。美国著名心理学家雅吉斯等人还作了

---

① 参见〔日〕祖父江孝男：《文化人类学入门》，东京：中央公论社 1991 年版，第 33—35 页，转引自庄孔韶等：《人类学通论》，山西教育出版社 2003 年版，第 173—174 页。

这样一个实验：

> 制作一个与黑猩猩身高一样的箱式机械装置，装置上开一个小窗口，在窗口里不规则地出现红色或绿色的彩色板。红色板出现时，压一下旁边的杠杆，彩色板消失，过了一定时间，出现食物；绿色板出现时，压一下杠杆，彩色板消失，但不会出现食物。
>
> 如果把黑猩猩放在这种装置的跟前，并把从彩色板消失到出现食物的时间间隔控制在4秒之内，那么黑猩猩在几次试行错误之后，很容易记住这种装置的规律，并轻而易举地会获得食物。如果把彩色板消失到食物出现的时间间隔拉长一些，那么无论重复多少次，黑猩猩也都记不住这种规律。这是因为彩色板消失超过4秒以上，黑猩猩就完全忘记了刚才出现的彩色板的颜色。①

实验说明，黑猩猩对事物的记忆是短促的，它们不能保持较长时间的记忆。而人却不一样，人不仅能够长时间地保持记忆，还能多重叠加地将复杂的记忆长时间地记忆并连贯起来。为什么呢？就是人类拥有语言，语言为人类的记忆和思维发展提供了便捷条件。因为，人类对于外部世界的认识，最后都要浓缩和依赖于语言中的词汇和句子来进行记忆和保存，并用这些词汇和句子形成的概念进行判断、比较和推理；没有语言（词汇与句子），人类的记忆就不易保持，思维也很难进行下去。比如，上面实验中的实验对象如果是人的话，那么情况和结果就完全两样。因为人拥有语言，他们完全可以将彩色板的颜色转换成“红”和“绿”这样的词汇进行记忆，使其简单明确，便于记忆保持长久，而且他们还能借助“红”和“绿”这样的词汇来分析、联想、思考和判断，甚至去追索“红”“绿”交替出现的现象是怎样产生的，为什么会这样等。显然，在这些过程中语言的作用十分重要。换言之，不论人的头脑中会产生什么样的思想和愿望，也不管这些思想和愿望是什么时候产生的，它们只有借助语言材料，在语言术语和词汇语句的基础上，才能外显成为客观的存在；同时，人的思维活动成果，也必须用语言表达出来，才能进行人与人间的思想和情感的交流。因此，语言是人类思维和记忆的有效工具。正是具备了这样的有效工具，人类思维的发展才具备了基本条件。

---

① 参见〔日〕祖父江孝男：《文化人类学入门》，东京：中央公论社1991年版，第37页，转引自庄孔韶等：《人类学通论》，山西教育出版社2003年版，第175—176页。

四、语言的起源

自古至今，人类对自身语言起源的探索一直保持着浓厚的兴趣。但语言究竟何时产生，怎样产生，的确是个很复杂的课题。学者们提出了多种多样的解释，但始终没有找到学界普遍认同的语言起源的直接证据。

1. 人们最初对语言起源的认识

最初，人们用宗教神话来解释语言的起源。古希腊哲学家苏格拉底曾断言，上帝给地上万物和众生赐予名称，所以“词汇”是神圣之物，它能通神，也富有魔力。古代大多数西方人认为，语言是上帝创造的，因为在《圣经旧约》的《创世篇》和《圣经新约》的《约翰启示录》里面都讲到了语言的诞生，更明确地提到上帝赋予亚当给万物“起名”的至高权力。

后来，人们开始不满足这样的解释，并用各种方式研究语言的起源。除各界人文学者外，社会的权贵甚至有些帝王也对语言的起源萌发兴趣。比如古埃及一位国王为探索语言的起源竟采取了出乎意料的办法。有一次，一个小孩子刚刚降生，他就下令让一个牧人把孩子放到与人隔绝的荒郊野外，命令牧人不许和孩子说任何话，还要一边放羊一边照顾他，等这孩子说第一个词的时候要马上来报告。一年多以后，孩子果然说出了第一个词汇“bekos”。国王立即召集学者们研究这个词的出处，发现这个“bekos”是佛吉利亚语中“面包”的意思，国王因此认为人类最早开始说的词就是面包。

然而，研究人类最初的语言大都缺乏可靠的依据，因此这些研究多停留在推测和猜想的层面。虽然是推测或猜想，却为后来的研究和探索提供着有益的思路。不可思议的是，19 世纪 30 年代，在法国召开的一次世界语言学大会上，由于代表们认定从苏格拉底、柏拉图到当代有关语言起源的研究都是猜想和空谈，因此会议竟形成决议，要求以后禁止演谈关于语言起源的问题。这个决议的影响直至今日，以致很多现代语言学家不大注重语言起源的研究。

2. 语言起源的主要观点

尽管如此，语言人类学家对于语言起源的探索和争论并未平息，对人类语言起源的认识，也在不断探索中形成了不同的观点。

第一种观点认为，人类语言来自模仿，比如古人看到荒野中的狗在叫，便学狗的叫声“汪汪”，后来“汪汪”慢慢成了狗的代名词和代表狗的语言符号。第二种观点被称为“叮当理论”，是 19 世纪出现的一种自然主义理论，其认为世界上任何事物都有本体质量，本体质量发出声音大都会出现回声，这些回声产生许多词汇，比如英文中的 ball，“b”代表弹性，而“all”则代表圆滚滚的一种东西。第三种观点是马克思主义语言起源论，认为语言源自劳动的创造，最初的语言是从劳动号子中发展起来的。第四种观点则提出语言缘于人类的情感因素，当人们表达愤怒或喜悦的情感时，强大的气流通过声带，便形成特定的声音，这些特定的声音逐步被固定和认同，成为最初的最通俗的“语言”，并认为人类喜怒哀乐等基本情感所发出的声音，形成了人类最早和最基本的语言词汇。

3．人类最早出现的语词和地域

对于人类说出的最早的词汇的见解，亦见仁见智。有学者认为，人类最早出现的语词应是生活中最常接触的事物，语词的属性应是名词，如各种食物和用具及自然现象、野兽的名称等；其次是形容词，比如对食物和自然现象的特征描述的语词；然后是呼语，如用来呼叫和表达指令的语词等。这是从人类认知的视角来认定语词出现的先后逻辑顺序。

还有一些学者从生理上研究认为，人类语言的发音应是先从比较容易的音素开始。“m”、“b”和“p”音素开头的语词，是人类最容易发音的语词，即便是没有牙齿的婴儿，他们也能很容易地发出这些音节；这些最容易发出的音节也最便于与最先接触的事物相联系，并导致人类最早语词的诞生。因此，虽然世界上的语言多种多样，但是每个人最先说出的语词却有惊人般的相似。比如各民族的婴儿最初的发音大多有“mama”、“papa”等，而在印欧语系中“mama”一词最早的意思是指乳房；另外，在人们品尝食物时发出的声音中，普遍带有与“m”音素有关的声音或语词。在英语中，与“m”相关的语词非常之多，表述生命之源、抚育、关爱、行为、记忆、食物、性格等方面的语词中，大量的词汇都是“m”开头的。说明人类语言起源与那些最容易发音的音素有密切的关系。

除此，语言人类学家发现，在人类最早出现的古老词汇中，有许多语词与温带环境相对应，如“狼”、“树”等，而几乎没有对应于热带环境的语词，说明语言的起源可能与温带气候有关。

4．语言的考古学研究

语言不会变为化石保留下来，所以人类目前还不能直接接触到或揭示、复原和研究起源时期语言的本体。因之，考古学的语言研究大都是一种间接的研究，它主要是借助于人类物质遗存（包括古人骨骼化石和相关化石遗存)的性质和文化特征,来进行大量研究和探索,以判断、推测和考证人类“真正语言”的出现时间和方式。

学者们从考古材料中体会到,在旧石器时代晚期的进化变革中人类行为的急剧变化。纽约大学考古学家兰德尔·怀特(Randall White)认为,早于10万年前的人类活动的各种证据显示了“完全缺乏会被现代人认作语言的东西”。他确认,这时解剖学意义上的现代人已经出现,但是他们还没有“发明”文化涵义上的语言,语言的出现要晚得多,直到35 000年前,人们才掌握了我们现在所知道的语言和文化。怀特列出七方面的考古证据:

① 着意埋藏死者几乎可以肯定开始于尼安德特人,只是在旧石器时代晚期,出现了陪葬品,埋藏环境变得更加复杂;

② 艺术表现,包括形象制作和身体装饰,只是从旧石器时代晚期才开始的;

③ 在旧石器晚期,技术发明和文化发展的速度突然加快;

④ 第一次出现了文化的地区性差异——这显然是社会界限的一种表现和产物;

⑤ 以外来器物交换的形式出现的远距离接触的证据在这时变得明显;

⑥ 居住遗址明显增大,对于这样一种程度的计划和协调,语言将会是必需的;

⑦ 技术由主要使用石头扩大到包括其他原料,如骨头、鹿角和黏土,表明了应付自然环境的复杂性。要是没有语言,则是难以想象的。

理查德·克莱因(Richard Klein)在南非考古遗址中发现的证据也表明,狩猎技巧在相对较晚的时期迅速地提高,这些现象均被研究者认为是现代人的心智,包括语言能力产生的结果。这些观点得到了学界的广泛支持。

在语言与工具的关系上,学者们认为,人类在工具上施加特定“形制”,是人(制造者)某种意念的表现。要推行和充分实现某种“形制”的工具,没有语言,甚至没有复杂的口语来传递意念,特定“形制”就不可能轻易地施加到所有不同人制作的工具上。这为通过工具“形制”变化来探索语言出现与进步的历史提供了参考。

在考古记录中,人类早期工具的进步十分缓慢。从人类出现到大约140万年前的奥杜韦文化时期,人类工具的随意性漫布世界,其石制品打出什么样子就是什么样子,基本没有规律可循;此时人们只关心打出锋利的石片而不注意形状。直至大约25万年前的阿舍利文化的石制品,也只是最低限度地表现出人们有意识地对石器形状施加了影响；这时期的石制品仅有10来种类型。从大约25万年前或稍晚的时候开始，远古智人包括尼人，才掌握了用事先制备好的石片制作石器的技术，出现了大概60种可以分类的石器类型（包括莫斯特文化）；但是，在后来长达20多万年的时间里，它们始终没有再多的变化，似乎一直停留在这一水平上。

值得注意的是，到距今35 000年前，旧石器时代晚期文化突然出现时，石制工具的创新和不同“形制”的石器技术才得以推广。不仅生产出更新更精致的石制品类型，也使人类过去以百万年、十万年为时间尺度的工具更新速率，一下子推向以千年为计的技术更新速率的阶段。同时，岩厦和洞穴中的绘画和雕刻也是在大约35 000年前突然地出现在考古记录上。美国学者格林·艾萨克把这些突然的变化归结为人类口语的逐渐出现，并得到大多数考古学家的赞同。

但是，考古学的研究结果很可能将人们引入一个渺茫的误区，那就是使人们似乎认为人类语言起源很早，经过漫长的史前时期，缓慢进步后，在较晚近的时候，产生了爆发性的或者说本质性的飞越和提高。这种认识并没有根本的错误，但它很可能将人类语言起源的真实时代推向比实际情况更为遥远的时代。

5．语言的体质人类学研究

与考古学研究方式不同的是，体质人类学的研究方式更加直接和具体。虽然这些研究目前还没有更确信的证据来说明语言起源的具体时间，但体质人类学研究认为，人类语言出现的关键条件应该是人类发音器官的成熟，包括喉、咽、舌和唇的配套发育。

不言而喻，人类的语言与动物的“语言”有着本质的不同。如果说动物的叫声可以称作“语言”的话，那么这种“语言”只能说是语言的泛化。动物“语言”与人类语言的区别在于，其“语言”大都是一种不分音节或无清晰音节的“语言”，甚至是一种“非有声的分节语言”；而人类的语言，却是一种清晰明确的“有声分节语言”。研究证明，与人类最近的近亲——猿类，最多只有12种音素，而人类至少有50余种，但实际上人类对这些音素的使用是无止境的，人类能够将这些音素排列组合成浩繁众多的不同形式，进而创造出丰富的语词，形成平均约10万个单词的词汇量，这些单词又能组合成无数的句子，以致人类在信息交流和思维能力上更加快捷、更加详尽。因此，人类的语言能力对于人类社会和自身的发展都是极为重要的。同时，人类独有的这种语言能力在自然界中也是无与伦比的。

现代人之所以能够产生清晰而明确的音节和不同的音素，进而发出音域宽广的声音，就是由于他们的喉部位置较低，在声带之上存在着一个较大的"音室"——咽腔。研究者对现生动物和人类及人类化石中的声道结构进行了大量的解剖学对比研究，发现除现代人外，所有灵长类动物和哺乳动物都没有这种具有"音室"的喉部结构(参见图 5-2)。这些动物的喉部大都高于喉咙，这使得它们可以同时进行呼吸和饮水，却也因其没有或咽腔很小而极大地限制了它们所能发出声音的范围，以致大多数哺乳动物只能依靠口腔的形状和嘴唇来变化喉部发出的声音。人类虽然发育了独特的喉部结构，能发出音域宽广的声音，但由于喉的位置过低，不仅失去了同时喝水和呼吸的功能，而且这种结构极易导致窒息。因之在人类进化和自然选择后，婴儿出生时的喉部结构与典型哺乳动物的喉部结构一样，喉位与喉咙一样高，使之能同时呼吸和饮水，这是婴儿哺乳喝奶时所必需的。大约 18 个月以后，婴儿的喉开始向喉咙下移位，到大约 14 岁的时候，喉下移到成年人的位置。

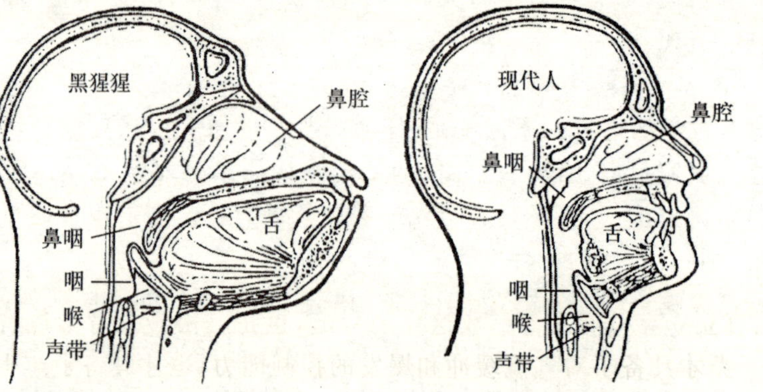

黑猩猩：
喉位处于喉咙高处，
呼吸和吞咽可同时进行，
却限制了咽部空间也限制了发声。

人类：
喉位处于喉咙较低位置，
丧失了同时呼吸和吞咽的能力，
却能发出宽厚而复杂的各种声音。

[在直立人以前，人的喉咙结构与黑猩猩一样]

图 5-2 现代人与黑猩猩喉咙结构比较

资料来源：参考〔英〕理查德·利基：《人类的起源》，上海科技出版社 1997 年版，第 101 页插图制作。

人类喉部结构的解剖学特征研究，使我们意识到，只要在人类体质进化的过程中，确定出不同阶段人的喉咙结构，就能对不同时期人类语言能力作出相应的推断。但这却是一个相当困难的课题，因为人的发音器官都是由软组织（软骨和肌肉等）构成的，它们并不能变成化石而保存下来。因而研究者只能通过古人类头骨化石的底部形状，来模拟他的发音器官构造，进而推断他的语言能力。

美国科学家选择了一个距今 4.5 万年前的尼安德特人头骨化石，由解剖学家埃德蒙·克里林（E. Crelin）模拟复原出他的声道，再由语言学家菲利普·利伯曼（P. Lieberman）用计算机测定通过这一声道模型可能产生出的语音。结果表明，尼安德特人“不能清晰地发出一定的声音，其中包括元音[a]、[i]和[u]。其原因在于，他们发音的喉部直接突入口腔，他们只能依赖改变口腔的形状来改变声音，因此，他们的声道由单声道共鸣系统组成，而现代成年人的声道是双道共鸣系统”①。

在体质人类学研究领域，语言的产生除去发音器官的成熟外，还有三个重要方面值得注意。一是人类由四肢俯行逐渐向直立行走的姿态进化中，其与咽腔结构变化的关系；二是与发音器官成熟相适应的神经系统的成熟；三是人类脑量增加与语言出现的关系。

根据英国和荷兰科学家的研究报告，人类口腔与咽腔的分离，乃至发音器官的发育成熟，都与人类祖先完全直立的姿态有关；而通过检查指示平衡感的内耳机制发现，在 10 万年前进化为现代人的祖先才能算是第一种完全直立步行的灵长类动物。② 不难理解，四肢俯行的动物的口腔势必直接插入喉部，唯有完全直立的人类才在口腔与喉部间发育形成了一个弯道。正是因为直立才有可能发育形成这样的弯道，也正是由于发育形成有这样的弯道，人类才具备了对气流缓冲和爆发的控制能力，也才具备了产生语音分节和丰富而宽音域的声音生理解剖学基础。

在神经系统的配套成熟方面，美国神经生理学家史密斯（C. Smith）研究认为，一直到 10 万年前，人类的神经生理状况与别的物种没有太大差别。然后，一系列前语言和类语言的预先适应，并与大脑进化到关键体积相一

① 唐建：《语言的起源和思维的起源》，载《语文论丛》第一辑，上海教育出版社 1981 年版，第 4 页。

② 参见带良：《人类祖先何时开始直立行走，耳朵泄露了其中秘密》，载《世界科技译报》1994 年 7 月 20 日。

致，导致了语言的突然发明。[①] 他的研究也说明，人类有声分节语言的出现不会早于10万年前。

人类脑量增加与语言能力变化的关系，又是一个复杂的课题。目前的研究资料和认识，大多趋向于人类的语言起源于较早的时期。

我们知道，南方古猿的脑量仅有400毫升左右，到人属出现，能人的脑量突然增加了约50%，达到了约800毫升，之后不再迅速增加，而是进入稳步持续增大的阶段；到50万年前直立人时，人的平均脑量已达到1 100毫升，并靠近现代人的平均值1 350毫升。亦即自南猿至今，人的脑量增长了3倍以上，这无疑反映出人类认识能力也在成倍地提高。如果认为脑量与语言能力有关，那么至少从能人开始，人类的语言能力就开始了逐步发展的进程。美国神经学家特伦斯·迪肯(Terrence Deacon)根据对猿脑和人脑的解剖学比较研究，认为这种认识比较合理。加利福尼亚大学的神经学家哈里·杰里森(Harry Jerison)却道出他对于脑量与语言关系的认识："不只是因为工具制造可以由很少的脑组织来完成，另一方面，简单、实用的会话要求大量的脑组织。"[②]

但是，作为语言产生物质基础的人脑结构，比想象的情况要复杂得多。语言涉及人脑中许多分散的区域和部位，而人脑也是软组织，其内部结构的线索还无法从化石中得到，因而研究者只能通过人头骨化石的相关部位和这些部位表现出来的某种形式，及其与语言有关的某些特征，来考证和研究脑量与语言产生的关系。其中最为重要的研究区域有两处：一处是被称为"布罗卡"(Broca)的区域，它一般位于人的左颞叶附近凸起的地方；另一处是左半球的相对大小，因为语言能力可能与左脑较大有关，现代人的大多数左脑大于右脑，并大约有90%的人惯用右手，这和人的语言能力一样都可能与左脑较大有关系。

拉尔夫·霍洛韦考察了1972年在特卡纳湖东岸发现的一具约200万年前的"能人"头骨(1470号)脑的形状，他不仅发现头盖骨内有布罗卡区，还发现脑的左右两边形状稍有不对称。这表明能人能用比现代黑猩猩更大的发音范围和更复杂的声音来相互沟通，他甚至认为语言的起源可能要追溯到古生物学上的过去。

---

① 参见桂诗春：《语言起源问题新探——〈祖先的声音〉评介》，载《国外语言学》1993年第1期。

② 参见〔英〕理查德·利基：《人类的起源》，吴汝康等译，上海科技出版社1997年版，第98页。

但大多数学者认为，随着能人的进化，人类可能开始有某种形式的口语，但这种口语可能仅仅是一种原始的“语言”，其内容和结构都应是非常简单，它只能说是一种比猿和南猿更为高级的沟通方法；而现代人清晰、明确的“有声分节语言”则不同，它的起源极可能就是距今10万年前（或前后）出现的事情。正如纽约大学考古学家兰德尔·怀特认为的，早于10万年前的人类“完全缺乏会被现代人认作语言的东西”，直到35 000年前，人们才掌握了真正的具有复杂文化意义的语言。

五、语言与文字

语言先于文字，文字是语言的书写形式和符号系统。文字的产生冲破了语言交际中的时空限制，极大地增强了语言的功能。然而，文字一般要依赖于语言的存在而存在，没有语言就无从谈起文字。因此，文字的重要性远远不能与语言相比。换言之，一个社会可以没有文字，但不能没有语言，例如我国有56个民族，约80种语言，但真正拥有与自己语言相搭配而形成固定文字的民族只是少数。实际上，文字也是语言，只不过它是书写下来的语言；但是，不能反过来说语言就是文字，因为除文字外，语言还有语音、音节、音质等诸多内容。因此，可以这样说，语言的概念中包含着文字，文字的出现丰富了语言的内涵。

人类文字的产生，经历了漫长的发展过程。最初，人类口语刚刚出现的时候，配合口语传递思想情感的形式，可能主要是“手势语言”（gesture language）和“记号”（mnemonic objects or mnemonic mark）等。手势语言，可以归类为口语的补充，但记号则可能是后来文字的先驱。因为记号大都是以某种物质形式作为载体，用来帮助人们记忆思维和语言，使得语言和思维能够跨越时空地表现出来，并可以相互传递交流和长期保存。

在人类文明的早期，典型的原始记号有“结绳记事”、“刻木记事”和“掘穴记事”等。后来，图画文字出现，即以绘制简图的形式记录和表现思想。当然，这种“图画”与真正的绘画有所不同，它的目的不在于表现美感，而是表现思想和观念，因此它通常简略掉真正绘画所必需的时间、耐性和技能，也抛开不必要的繁琐和麻烦，形成比较简单、直观的图案，或者说是一种介乎图画与文字之间的写意图形，所以人们将其称为“图画文字”（picture writing）。下面是几幅美洲印第安人用做表达思想的图画文字，其中蕴涵着印第安人丰富的想象力和深邃的思想内容（参见图5-3、图5-4、图5-5和图5-6）。

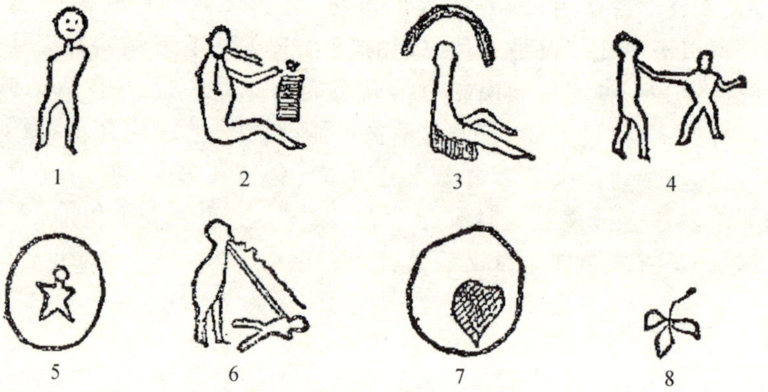

研究者的解释:
1. 恋人; 2. 他在歌唱和打鼓; 3. 他在秘密的地方施练魔术力;
4. 他和他的女人连臂成一人; 5. 她在一个孤岛内;
6. 他具有魔力的歌声直抵她的心; 7. 8. 她的心像花一样开放。

图 5-3 恋歌

参考林惠祥采自 Edward Clodd，*Childhood of the World* 图。

研究者的解释:
1. 带羽翼的战士，表明他的迅速; 2. 战士披星戴月转战;
3. 天空下面，拿着战棒和响器的战士; 4. 吃肉的鹫在天上飞翔;
5. 战士中箭而倒于疆场; 6. 战士的灵魂飞升天堂成为精灵。

图 5-4 战歌

参考林惠祥采自 Edward Clodd，*Childhood of the World* 图。

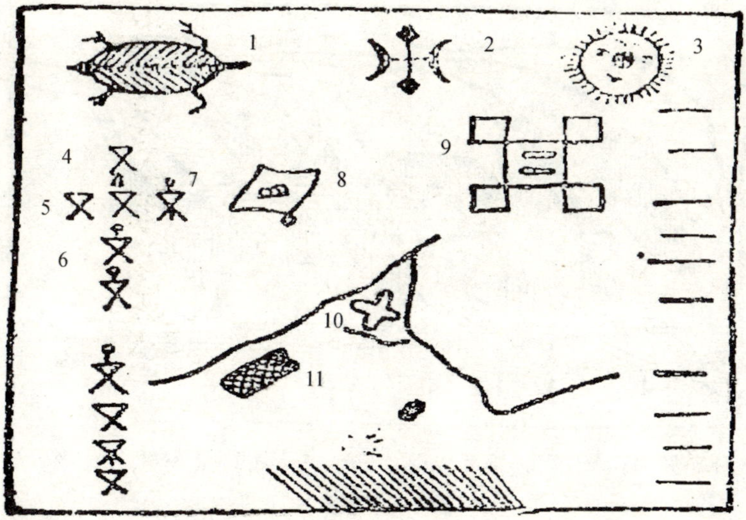

研究者的解释：
这是印第安De laware部落酋长Wingemund的传记。
1. 是他的部落图腾——龟；2. 是他本人的象征符合；
3. 这是一个白天，他进行了十次战斗(用下面的十画表示)；
4—7. 是每次战斗的战俘，男女有别，活的有头，死的无头；
8—10. 是他攻打过的三个堡垒，城堡10的周围是河流；
11. 可能是与他有关的一块故地。

图 5-5 传记

参考林惠祥采自 Edward Clodd，*Childhood of the World* 图。

真正的文字，是在最初的记号和后来的图画文字基础上逐渐演化出来的。文字的出现，是人类跨入文明门槛的标志之一。人类真正的文字，主要有三种基本的构成方法。一种是表意法(ideography)，形成表意文字，或象形文字(也有人称之为刻画文字)；另一种是标音法(phonography)，形成标音文字或拼音文字；还有一种是表意和标音相结合的方法，产生音义结合的文字(如古汉语中的形声字由声旁和形旁构成)。

从文字发展史角度，世界上各民族的文字最初都有图画文字阶段，接下来演化为早期的表意文字，然后纯粹的表意文字不断简化和畏缩不前，并大体沿着两条线索向前发展：一条就是在原表意文字结构中增添标音成分，使之演化为音义结合的文字类型，即上面所说的第三种类型；另一条线索是强化标音部分，在文字结构中舍去“表意”的部分，并完全用与语词意义毫不相干的“标音符号”来组合文字，形成由特定字母搭配成的拼音文字。这种纯

图中用七种部落图腾代表七个氏族部落，请求给予在一个小湖里的捕鱼权利。

图 5-6　请愿书

参见林惠祥：《文化人类学》，商务印书馆 2000 年版，第 368 页。

粹的标音文字一经出现就始终沿着这条线索径直发展下去，并广为流传和分支演化，对人类语言文字的发展和布局产生了很大的影响。

墨西哥印第安人的图画文字水平很高，他们所形成的文字开始都是表意的，后来逐渐在文字结构中增添进标音成分。例如他们的一个酋长叫"tzcoat"，开始的表意文字是画一条蛇再插一把小刀，因为"tzcoat"的意思就是"刀蛇"；后来出现了另一种写法，就是画一刀、一盆和水，因为在他们的口语中，刀发"itz"音，盆发"co"音，而水发"atl"音，三音相合便是"tzcoat"。由见墨西哥印第安人的表意文字此时已向标音文字方向演变。

古埃及的文字最初也是表意的。例如，原先画一只鹰即指鹰，画一鹤即指鹤；后来，画一只鹰或鹤有时不只是指鹰了，而是趋向于用其代表"鹰"或"鹤"的发音；再发展下去，有些字的标音功能不断强化，而表意功能相对弱化，或者只标音不表意，在字的结构中另加表意的成分，如属于人的事便加一个人的图形，属于树木的事加一个树叶的图形等，由此组成一个个既标音又表意的文字。[①] 中国汉民族的文字，通常认为是发育最为成熟的"表意"的象形文字。但是，后来逐渐出现了许多既表音又表意的"形声字"，如"铜"

① 参见林惠祥：《文化人类学》，商务印书馆 2000 年版，第 372 页。

字的表意部分是偏旁“金”字，表音部分是“同”字；类似的字很多，如“鲸”、“肤”、“桦”、“咏”、“岭”等等。

纯粹的表音文字，最初由腓尼基人创造，出现于公元前15世纪。它出现的时间要比表意文字的历史短得多，但它对人类文明的影响却是巨大的。从起源过程看，表音文字也是在表意文字基础上逐步演化成熟出来的。

最近，中国学者研究认为，腓尼基人曾是古代中国西北“萨满崇拜”民族中的一支“闪族”（或陕族）的后裔。公元前20—18世纪他们生息在中原西北的伊犁河流域，后来中华古族大月氏在古匈奴族的攻击逼迫下，不得不由昆仑山地域穿过大漠向伊犁河流域西迁，大月氏的强势西迁又迫使原居伊犁河流域的闪族向西迁徙，最后这些人的大部分奔波到地中海沿岸定居下来。公元前15世纪时，闪族中的一支腓尼基人以其原有传统的表意——象形文字和古埃及变种“圣书字”为基础，创造出人类史上第一批表音字母，共22个，但这些字母还仅有辅音，没有元音。这就是著名的“腓尼基字母”。

腓尼基字母出现后，最先传入希腊，并逐渐演变进化为希腊字母，再进一步演变分化，形成了最初的拉丁字母和斯拉夫字母，成为欧洲各种语言文字的共同来源。一般讲，西欧国家多是用拉丁字母来创造自己的语言系统，被称为拉丁语国家；东欧国家则多用斯拉夫字母来创造自己的语言系统，故称为斯拉夫语国家。

与此同时或稍晚，腓尼基字母传播到西亚，并在与地方原有方言的结合中演化成“阿拉米字母”，再由“阿拉米字母”进一步演化，派生出阿拉伯字母和犹太字母等不同的形式，成为亚洲许多地区的文字基础。一般讲，西亚地区多以阿拉伯字母为主，南亚受印度梵文字母影响较大，中亚兼收并用斯拉夫、阿拉米、阿拉伯等字母，东亚广大地区如日本、朝鲜、韩国、越南等国家历史上曾长期使用汉语为其书面语。美洲印第安人虽继承了华夏象形文字的造字方法，但文字没有多大发展。东非、北非的一部分地区受到阿拉伯字母的影响；非洲的大部和澳洲的广大地区，由于长期处于相对落后状态，大多数民族还没有文字，仅有自己的土著语言。中国历史上的一些民族如藏、蒙、满、维等，所创造的文字大多是在“阿拉米字母”的影响下，直接或间接发展而来。

值得注意的是，近代以来由于世界历史格局的变化，美、澳、非洲或被占领或成为殖民地，这里除去原住民的语言外，被强制推行着殖民者的语言——拉丁系语言，如西班牙语、葡萄牙语、英语、法语等。南亚、东南亚的一些地区也引进了拉丁语系的殖民语言——英语。一时间，拉丁系语言随殖民地的扩展而在世界各地传播。从语言学角度，拉丁系语言并不具备多少优越之处，相反，它却是近代罪恶的殖民史的历史见证。

六、语言的分类

世界上究竟有多少种语言，目前还没有统一的数目，有人认为有5 000多种，也有人认为有7 000多种，还有人认为有2 000多种。最近，《民族语》(*Ethnologue: Languages of the World*)公布的一项研究资料，列出了目前世界上语言最多的14个语系名单，其中包含的语言有5 599种①：

- 尼日尔—科尔多凡语系(Niger-Kordofanian)(含1 489种语言)
- 南岛语系(Austronesian)(含1 262种语言)
- 跨新几内亚语系(Trans-New Guinea)(含552种语言)
- 印欧语系(Indo-European)(含443种语言)
- 亚非语系(Afro-Asiatic)(含372种语言)
- 汉藏语系(Sino-Tibetan)(含365种语言)
- 澳洲语系(Australian)(含258种语言)
- 尼罗—撒哈拉语系(Nilo-Saharan)(含199种语言)
- 奥托—曼格安语系(Oto-Manguean)(含172种语言)
- 南亚语系(Austro-Asiatic)(含168种语言)
- 塞披—让木语系(Sepik-Ramu)(含104种语言)
- 德拉维达语系(Dravidian)(含75种语言)
- 壮侗语系(Tai-Kadai)(含70种语言)
- 图披语系(Tupi)(含70种语言)

虽然如此，但真正被语言学家研究过的语言仅有500种左右。在语言的使用方面，使用人口超过100万人的语言只有140余种。其中，汉语是世界上使用人口最多的语言，也是当今世界上信息量最大的文字符号系统，使用汉语的人口约占世界人口的20%。因此，联合国将汉语指定为六种工作语言之一，其他五种工作语言也都是使用人口较多的语言，依次为英语、法语、俄语、阿拉伯语和西班牙语。

除此，使用人口较少的语言却众如繁星，散布于世界各地，它们占据

---

① 资料来源：www.linuxeden.com/forum/index.php。

着世界上语言种类的大多数，有些语言甚至只有几千人或几百人使用，如美洲的土著印第安语，中国的鄂伦春语和赫哲语（纳乃语）等。这些语言虽然使用人口少，但仍十分重要，它们不仅占有人类语言中的一席，也是语言使用人群文化习俗的真实载体和世界语言与文化多样性的宝贵财富。但越是使用人数少的语言就越容易消失，尤其在大语种的强势传播中，许多现存的少数民族语言几乎被逼至濒临消失的境地，这应引起我们的注意和保护。

学术界对语言的分类，实际上只是对语言学家已经有过研究的500多种语言所进行的分类。许多语言从来未被语言学人类学家深入研究过，因而无从谈起对它们的分类。

目前，学界对于人类语言的分类主要有四种方法，一是类型分类法，二是地理分类法，三是功能分类法，四是谱系分类法。

（1）类型分类法（typological classification），是根据语言结构特点的不同，对世界语言进行分类的方法，其又以语言的“构词特点”和“语言句法结构的表现形式”两种角度来划分，前者将世界语言分为词根语、粘着语、屈折语和多式综合语等四种类型；后者则将世界语言分类为综合语和分析语两种类型。

（2）功能分类法，是根据作为交际工具的语言所承担的社会功能进行分类的方法，如民族语、族际语、区域语、国际语等。①

（3）地理分类法也称区域分类法，它是根据地理上相近的语言之间的相互影响，进而获得的共同特征来进行语言分类的方法。②

（4）影响最大也是为大多数学者广泛接受的语言分类法是谱系分类法（genealogical classification），也称作发生学分类法。这种分类法是以语言的发展历史源流和进化关系为依据，梳理各种语言的源、流关系，并按彼此的亲疏程度划分出大小不等、源流不同的语群，再以语言发展的历史脉络为纽带，构成一个覆盖世界大部分地域的语言分类谱系。这个谱系的内部结构一般分为四个层次，即语系、语族、语支和语言（参见图5-7）。

---

① 参见马学良：《语言学概论》，华中理工大学出版社1985年版，第245—247页。

② 参见〔日〕桥本万太郎：《语言地理类型学》，余志鸿译，世界图书出版公司2008年版，第148—164页。

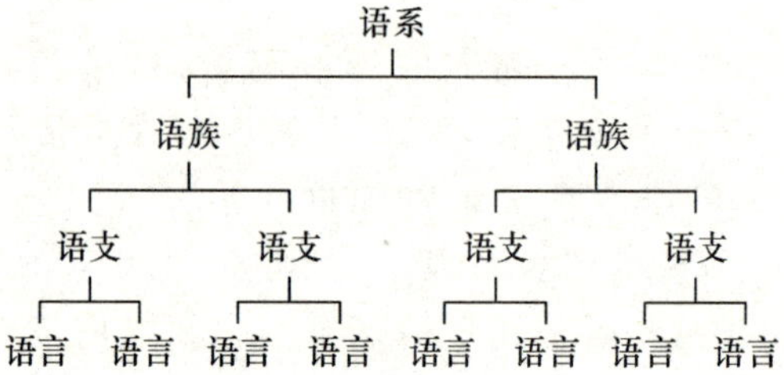

图 5-7 语言分类谱系

历史语言学家把这种分类方法类似地视做人类氏族繁衍的亲属结构关系。因为历史上的一种语言，往往会因社会的进步、人口的发展或人群的分离等原因，进化或分化出多种不同的具体语言，这些具体语言都是其共同“祖语”的后代，后代语言彼此间虽存差别，但由于都与“祖语”有千丝万缕的“亲缘”关系，因而它们必然存在着一定的相似性。谱系分类将这种同源关系的语言称为“亲属语言”。例如，日耳曼语系中的各种语言，如英语、荷兰语、德语、瑞典语、挪威语、丹麦语、哥德语等，都显示出彼此间的相似性，因为它们有一个共同的“祖语”——原始日耳曼语；然而，从文献中证实，原始日耳曼语也与某些早期语言间存在相似之处，最具相似性的语言有原始斯拉夫语、原始意大利语和原始塞尔特语(Proto-Celtoc)等，以及其他一些原始语言，因为这些原始语言都发源于更早期的方言——原始印欧语。

在谱系分类中，语词的相似性对于语言分类关系密切。相似性通常指语词“音”和“义”上的同源性，而语言的同源性又关注语词词根和语法成分的相似性。因而，所谓语言谱系分类，就是从语言相似性程度上，判断语言“亲属”关系的远近，并区别和确定不同语言的相对谱系位置和源流关系，进而将不同的语言归类到不同的语系、语族和语支中去，构成逻辑层次明确，语言间具有相互有机联系，并且系统简明的人类语言分类谱系图表。

在这个谱系图表中，相同语系中的语言具有“亲属”关系，因为它们“同源”，有共同的“祖语”；不同语系中的语言间没有“亲属”关系，因为它们不同源，也没有共同的“祖语”。在下一个层次，相同语族中的语言间的“亲属”关系，比相同语系不同语族的其他语言更近一些。再下一个层次，相同语支中的语言间的“亲属”关系，比同语族不同语支的其他语言更近一些。

虽然自 19 世纪初丹麦语言学家拉斯克(R. C. Rask)、德国语言学家格里木(J. L. K. Grimm)和鲍普(F. Bopp)开始对语言的谱系分类研究，至今已有一个多世纪的研究历史，但目前对世界语言的谱系分类，仍很不完善。尤其对于一些语言的系属关系确定，还存在较多争论和观点分歧，分类结果也有所不同并难以统一；由于语言研究工作滞后，世界上有很多语言的“亲属”关系还不能确定，使这些语言不得不游离于谱系分类的语系之外，不能定位。如日语、朝鲜语、爱斯基摩语、巴斯克语等等。

第六章

人类文明及其起源

第一节　人类文明的概念

一、什么是"文明"？

人类文明，通常指人类发展史上一种相对于落后社会的开明状态。从宽泛的意义上说，人类文明自工具文明开始，然后是采集—渔猎文明、农耕文明、工业文明、现代文明和后现代文明等。每一种文明都是以先前落后的社会生产力为参照系，对人类社会出现明显进步状态的综合性描述。也有学者常在"文明"前面加上定冠词，限制它的时间或范围。譬如，原始文明、史前文明、早期文明、中古文明、近代文明等，都特指某时段的文明状态；而城市文明、玉兵文明、青铜文明、技术文明、制度文明等，则特指某方面的文明状态。然而，近百年来学者们所讨论的文明起源，并非仅指某时段某范围的宽泛意义上的文明状态；而是指整个人类史中，在本质上与先前社会完全不同的"文明社会"或"文明时代"的到来；是试图从综合而完整的宏观视角，探索和破解人类社会发展中，从量变到质变，导致人类彻底摆脱"原始野蛮"和"蒙昧不开化"状态，进而加速向现代文明社会迈进中具有决定意义的那些最本质、最核心、最关键的历史事件，以及它们在推动整个人类社会产生飞跃性"质变"中的作用、社会特征和与此相关的时间、地域、要素、原因和结果等社会综合场景。夏鼐先生云："文明的诞生是一种质变，一种飞跃。所以有人称它为在'新石器革命'之后的'都市革命'。"[1]邹衡先生则说:"在一般情况下,文明的出现,也就意味着原始氏族制的解体和国家的产生。"[2]恩格斯更简明地说"国家是文明社会的概括"。显然,这里所说的"文明",都是与"野蛮"和"蒙昧"社会形成鲜明反差的文明社会。

二、华夏文化中对"文"和"明"的阐述

在中国,"文"和"明"各有其含义。"文",最初指"纹"或纹理,是人们对外部世界各种现象和规律的认知、表象和归纳。文或纹,还更多地用于认知和考察天象、地象规律,进而将各种自然现象和认知成果,梳理表述成不同的"纹理"和"脉象",用以表现、解释和记录,以致逐渐形成相对固定的认知模式和会意图像,并籍此传递信息,反映和记录人的思维轨迹和思维方式。它又不断积累,不断被升华和传播,不断被更多的人接受,使之越来越走向"彰明"。"明",在甲骨文中作日月造形,其意境有如日月同映,天道昭昭。它昼间华光照耀,万物纹理明晰;夜晚,皓月当空,地理天文尽察。

汉字中的"文明"一词始出于《易·文言》篇,其中"天下文明"指文彰事理,昭明天下。《尚书·舜典》则出现"浚哲文明"之语,意智慧与哲理载以文道而得以彰明。疏曰:经纬天地曰文,照临四方曰明。

古往今来,汉文化盖将"文明"理解为人类在认识和改造客观世界中,认知水平升华到"文"(理论)的层面,对整个社会起到普遍意义和影响的状态,是推动社会产生根本性进步的传承性文化形态。"文明"与"粗野、蒙昧"相对应,是人头脑"开化"和智慧"浚哲与明理"的人文社会氛围。

三、西方世界对"文明"的理解和研究

在西方,英文中"文明"一词出现较晚。其涵义有"城市化"、"居住城里"或"教化"、"开化"的意思。其寓意是密集型农业经济,使人们聚集定居形成具有城市特点的聚落结构和政治文化的面貌。

最初,摩尔根在《古代社会》中,将整个人类发展的历史分为三个阶段,即蒙昧—野蛮—文明;并将音标字母的使用和文字的产生等作为人类进入文明社会的标志。后来,摩尔根又列出 50 项文明起源的要素,并认为罗马

---

① 夏鼐:《中国文明的起源》,载《文物》1985 年第 8 期。
② 邹衡:《中国文明的诞生》,载《文物》1987 年第 12 期。

和希腊诸文明中卓越的文明要素有 21 项。

恩格斯在《家庭、私有制和国家的起源》中，也历数古希腊文明起源中的十种要素：铁器、风箱、手磨、快轮制陶、榨油、酿酒、车轮、建筑术、城市、荷马史诗与全部神话。①

著名考古学家柴尔德（Vere Gordon Childe，1892—1957）1936 年在《人类创造了自己》中提出影响人类走向文明的重要发明有 16 项。英国著名历史学家汤因比则从更广阔的宏观视野上，探讨人类文明的发展规律，列出公元前 3500—公元前 2000 年世界上的 33 种不同文明。②

美国哲学家和史学家杜兰（Durant）在《世界文明史》中认为，“文明是增进文化创造的社会秩序。它包括了四大因素：经济的供应、政治的组织、伦理的传统，以及知识与艺术的追求”；还提出文明应具备五个条件：地质条件、地理条件、经济条件、种族条件、心理条件等。③

斯塔夫里阿诺斯在《全球通史》中，则将文明社会的要素归纳为七项：城市、国家、纳贡和交税、文字、社会分层、巨大建筑和各种专门艺术与科学等。④

但是，在诸种文明要素中，哪些是最基本、最核心、最具有物化鉴别意义和普遍标志性意义的要素，还是争来争去，难求统一。

四、文明的基本标准讨论

1958 年，美国芝加哥大学东方研究所召开“近东文明起源学术研讨会”。会上克拉克洪首次明确提出文明社会的三条标准。十年后，英国剑桥大学考古学系主任格林·丹尼尔在《最初的文明——文明起源的考古学》中补充了克拉克洪的论点，并把这些标准普及到全世界。这本书成为西方国家考古专业的必读书。丹尼尔的三条标准中第一条标准就是，要有较大的城市，并能容纳人口五千人以上，且与乡村原始小聚落形成较大对比；第二条是文字，因为没有文字，人类思想文化的积累就不可能存留和传播；第三条是要有复杂的礼仪建筑。礼仪建筑不是为一般生活需要而建造，而完全是为宗教或政治

---

① 参见《马克思恩格斯选集》第四卷，人民出版社 1995 年版，第 23 页。

② 参见〔英〕阿诺德·汤因比：《历史研究》，刘北成、郭小凌译，上海人民出版社 2005 年版，第 52 页。

③ 参见季羡林：《长江文化研究文库·总序》，载严文明：《长江文明的曙光》，湖北教育出版社 2004 年版，第 5 页。

④ 〔美〕斯塔夫里阿诺斯：《全球通史》（第七版），董书慧等译，北京大学出版社 2005 年版，第 50 页。

经济文化的原因而特别建造。如古埃及的金字塔。任何人站在金字塔前，都会感觉到这是一种文明，而不是蒙昧人建造的居所。

后来，西方学者发现，各地古文化遗存大多不完整，因而建议在具体遗存中，只要能证明有两条标准存在就可以了，但文字不可缺少。而东方学者却觉得，用这三条标准来衡量和界定东方文明的出现，还不够充分，至少要再加上“冶金术”的发明。因为冶金术作为东方文明的标志之一，不仅表现出社会生产力的飞跃，更便于直观地在遗存中找到实物物证。因此，东方文明社会的标准就增加为四条：即文字、城市、宗教建筑和冶金术或青铜器的出现。其中，冶金术是概括社会生产力和物质文化进步的标志性要素；城市是概括文明社会政治、军事、经济制度进步的标志性要素；文字和宗教是概括文明社会中精神文化进步的标志性要素。

尽管如此，问题还不那么简单。首先，文字作为文明社会的标志，看似明确，却难以把握。例如，公元前 4000 年，甚至更早，东西方都有原始形态的象形文字；公元前 3500 年至公元前 1000 年，原始文字渐成体系，并趋向成熟；公元前 1500 年至公元前 1000 年，从腓尼基到古希腊，字母文字形成，华夏族则走向部首文字。从象形文字到字母文字的产生，至少经历了近 3000 年，如果再上溯到更原始的刻画符号，其延续时间则长达七千年甚至上万年。把这样漫长的过程作为社会文明形成的标志，显然是不够科学的。况且，世界上有些典型的文明并没有自己的文字，如南美洲的印加文明，虽已建立起强大的帝国，却没有文字的使用；包括匈奴在内的许多游牧民族，在初期文明社会都建立了政权，却也没有文字。

其次，以冶金术作为文明的标志也有些问题。虽然冶金术是社会生产力进步的标志，但中美洲的特奥蒂瓦坎文明和玛雅文明都没有青铜器出现，甚至没有冶金术的发明；而在西欧，虽然早有冶金术，而且冶铜制器的时代也很早，但直至冶铁制器的时代，社会才确切地进入文明社会。

再次，将城市的出现作为文明社会的标志，也是一个很复杂的问题。城市对于农业民族来说固然是政治、经济、军事、文化、宗教的中心，是社会结构的物化形式之一，它寓意社会制度达到相当的程度。但是，埃及古文明在相当长的时间里是一种灌区文明，即文明在先，城市在后；中美洲的许多文明也没有城市；此外，游牧民族或渔猎民族孕育的文明能否用城市出现作为标志疑问更大。

近年来，关于文明起源的讨论仍在继续。经过反复讨论，越来越多的学者逐渐将认识回到“国家形成总体标志论”上来。因为国家的出现不仅涵盖了文明社会的一切基本要素，而且包含了文明社会的政治、军事、经济、组织结构、社会分配和社会制度，以及由此导致或规定出的物质文化结构和布局。而这些物质文化结构和布局能够以某种文化遗存的形式保存下来，并用考古学的方法证实，因而，将国家出现作为相对可靠的物化标志，在理论和实践上都具有普遍意义。

中国史学界对于中国文明起源的研究，正是沿着这样一条线索不断进展的。著名考古学家夏鼐论述中国文明起源时，先从小屯殷墟讲起，接着讲郑州商城，然后讲二里头都城遗址。[①] 他虽着眼于文字和青铜器，但基本立论根据却是都城遗址。因为都城是国家物化形式的表现，是社会各种文明要素的总汇。

苏秉琦先生提出的“古文化—古城—古国”理论认为，“古国指高于部落以上的、稳定的、独立的政治实体”，中国古史传说的唐尧虞舜时代，大体对应于考古学的“龙山时代”，是中国进入“古国”的时代。古国时代“即城邦、万国林立的时代”，是华夏民族进入文明社会的初期阶段。[②]

严文明先生在论述“城址”与国家和文明的关系时曾言：“中国大地上出现的第一批土筑或石头砌筑的城址是一种非常醒目的人文景观，它好像是历史长河中一种高耸的里程碑，把野蛮和文明两个阶段清楚地区分开来，中国历史从此开始了新的篇章。”[③]

从上面的文字中我们可以领悟出，文明起源研究中所提到的“文明”，并不是一般意义上的“一种相对于落后社会的进步状态”，而是指人类社会发展中，从量变到质变，使人类彻底摆脱“原始野蛮”和“蒙昧不开化”状态，在政治、军事、经济、文化和社会结构、生产力水平等方面都产生飞跃性“质变”，并具有划时代意义的全新的综合人文状态。

第二节 世界文明的发祥

探索世界文明的发祥，实际上是探索全球人类文明的发端和起源，其核心问题是探索人类最早在何时何地，以何种缘因和方式，最先从本质上彻底

---

① 夏鼐：《中国文明的起源》，载《文物》1985年第8期。

② 苏秉琦：《中国文明起源新探》，北京三联书店1999年版，第140页。

③ 严文明：《文明起源研究的回顾与思考》，载《文物》1999年第10期。

摆脱“野蛮、愚昧”状态而步入具有等级差别和政治强权的文明社会的。

一、人类文明发祥的最初原因和地域

人类自诞生至今，走过了几百万年的发展历程，但真正从本质上摆脱“野蛮、愚昧”状态，迈入文明社会门槛不过几千年。人类步入文明社会的原因很多，其中，农业的出现作为一个最基础和最重要的因素，在学界是公认的。因为农业使人们依托土地而定居下来，这改变了他们以往游动不定的采集—渔猎生活习俗，使之进入到一种全新的生计方式中来。农耕又是一种以年为周期，有期待性和季节计划性的长期行为。农业人群不仅要知道栽培对象的可食性、生长习性和对土地、水分、季节的适应性及预期收获；还要加工必要的农具；农业耕作需要管理、灌溉、平整土地，需要协作配合和有组织的劳作，也更需要经验、技术和知识积累。当人们一旦认识到农作物的收获非常稳定并便于储藏，而且完全能够保证自己在不同季节里的生存需要时，他们便放弃疲于奔命的采集和渔猎，定居下来进行农耕就成为必然。这时文明也开始向他们招手了。

农业的出现，加之其衍生出来的原始畜牧业的出现，推动社会剩余劳动不断增加，导致社会资源和财富再分配，并引起阶级分化；同时促进了石器、陶器和冶金技术的发展。石制品加工中切、磨、钻、琢工艺和陶器中釜、灶、鼎、锅等炊具群的出现，以及冶铜、冶铁业的发展，促进了劳动分工、物质交换、文字出现和城邦建设，为文明社会奠定了基础。因此，一般认为，农业的出现是文明起源的原动力和物质基础，是文明社会的基石。

最早的农业发祥地出现在西亚。正如斯塔夫里阿诺斯所言：“第一缕文明之光出现在烈日暴晒之下的底格里斯河和幼发拉底河滋润着的一片荒原上。”[①]自从美索不达米亚平原的苏美尔人创造了灿烂的两河文明之后，世界上相继出现了古埃及文明、米诺斯—爱琴文明、古印度文明和东方的华夏文明及中美洲的玛雅文明等，从此人类社会跨入一个崭新的时代。

二、苏美尔人创造的美索不达米亚文明

新石器时代早中期，在波斯湾北面，底格里斯河和幼发拉底河上游山区的人们已经学会了驯化动植物，并率先完成了人类从食物采集向食物生产

---

① 〔美〕斯塔夫里阿诺斯：《全球通史》（第七版），董书慧等译，北京大学出版社 2005 年版，第 49 页。

的伟大转变，吹响了农业革命的划时代号角。他们的祖先都是常年生活在扎格罗斯山脉东麓丘陵地带的居民。这里和附近的山区、丘陵地域，不仅是野生谷物的发源区，也是野驴、单峰骆驼、野猪、野牛、绵羊和山羊等动物的栖息地，还蕴藏着丰富的铜矿。

大约在公元前 8000 年前后，人们开始培植谷物、驯养动物和开发铜矿石。人们先是加工和交换绿色的铜矿石——美丽的孔雀石，后来产生了熔炼术。他们栽培的农作物主要有小麦、裸麦和大麦；驯化的动物主要有山羊、绵羊、牛和猪等。在公元前 6000 年的时候，扎格罗斯山脉东麓丘陵边缘已出现早期简陋的原始村落。

公元前 4500—前 3500 年前后，人们开始冒险地从河流上游狭小贫瘠的山前平原向宽广的中下游大平原迁移，并居住下来。这块大平原是由底格里斯河和幼发拉底河冲积而成，被称为美索不达米亚平原。在古希腊语中，“美索不达米亚”意为“两条河流中间的地方”。在犹太人和希腊人的观念中，美索不达米亚是一个人人向往的天堂，《圣经》中的伊甸园就在这里。

人们在这里运用改造过的生产技术来耕种良田，驯养牲畜。据记载，当时大麦的平均产量已达到种子量的 86 倍。由于实行灌溉农业，食物供应比过去更有保障，人们就彻底摆脱了疲于采集和游猎的那种居无定所的不稳定生活，变成了定居聚落的农民，开始了全新的生活方式。

新生活中慢慢形成的新制度与新的生产技术相互作用，引发了剩余劳动积累、人口激增、劳动分工、物质交换、私人占有、社会分化、政治强权等一系列连锁反应。最后形成了以巴比伦尼亚—苏美尔为中心，向底格里斯河和幼发拉底河上游两岸和四周辐射的许多小城市，这些星罗棋布的小城市成为城邦国家社会结构的基础。它们点燃了美索不达米亚平原文明的曙光。《旧约全书》称这里为“希纳国”(Land of Shinar)。

这段光辉灿烂文明史的缔造者，既不是巴比伦人，也不是亚述人，而是苏美尔人。苏美尔人不是两河流域的原始居民，他们在公元前 4500 年前后来到两河流域，逐渐占领了这里，并以南部的苏美尔为中心，先后建立起乌尔、埃利都、拉迦什、乌鲁克等城邦国家，创造了最早的都市文明。他们也因苏美尔的地名而被后世称作“苏美尔人”(如图 7-1 所示)。

研究表明，苏美尔人在这块神奇的土地上不仅创建了世界上第一个城市国家、第一座神庙、第一部法典、第一部药典、第一部历书、第一所学校、第一个图书馆，也创造了世界上最早的文字、最早的神话与史诗，最早的《圣经》故事原型和最早的寓言、谚语与格言；他们发明了计算重量和长度的方法，发明了太阴历和圆形轮盘，还建造出世界上最早的车、船和拱形建筑；他们制造的工艺品至今仍绽放着精湛的技术和智慧与美学的光芒。现在，已没有人怀疑苏美尔人所创造的美索不达米亚文明是西方文明的摇篮。无论从哪个方面讲，两河流域都堪称人类文明的最早发祥地。

图 7-1　苏美尔妇女头部雕像

图 7-2　苏美尔人的泥版刻画：乐师演奏(左)和工作中的木工

图 7-3　苏美尔人发明的圆筒印章

图 7-4 苏美尔人建立的乌尔城标志图案

三、尼罗河中下游的古埃及文明

比苏美尔人的城市文明稍晚，北非尼罗河中下游孕育出另一种类型的文明，这就是古埃及文明。古埃及文明并不是以城市或文字的出现为标志的文明，而是以灌溉农业为基础的统一帝国出现为标志的“帝国文明”。

古埃及文明的起源，受到苏美尔文明的影响。它们体现在古埃及早期艺术品的主题中，体现在古埃及最初有记录的圆柱形刻画图案上，也体现在用相似技术建造的大型砖构建筑上，更体现在古埃及象形文字上。但古埃及文明又与前者有着明显不同。它是一个长期处于同一王朝统治下的大河流域的国家文明，也是一个长时间持续推进、不断稳步发展的高水平文明。

古埃及文明之所以能够持续发展，主要得益于这里独特的地理环境。

在埃及，尼罗河如同一条天然纽带，把它的流域连接成一个稳定而相对封闭的整体。它的西面是利比亚沙漠，东面是阿拉伯沙漠，南面是努比亚沙漠和尼罗河大瀑布，北面则是没有港湾的地中海海岸；这些天然屏障使得生活在这里的埃及人不易遭受外族的侵犯，可以安全和随心所欲地安排自己的命运。因此，自公元前约 3100 年上埃及国王美尼斯(Menes)统一埃及，使埃及社会进入统一的帝国王朝，一直到公元前 332 年马其顿王亚历山大最后征服埃及为止，大约 2800 年间，埃及的文明历程相当稳定和保守，基本上没有受到外来文化的冲击，也没有发生频繁的帝国更迭，以致它有充分时间深化和连续发展，并不断升华为人类文明的又一个辉煌。

古埃及文明起源，也与尼罗河流域自然资源和气候变迁有密切联系。

在遥远的旧石器时代，尼罗河中下游的野生动植物已吸引和养活着在这里游荡的人群。新石器时代和前王朝时代（公元前 7000—前 3100 年），尼罗河流域还没有形成统一的集权国家，埃及的自然环境和北非大部分地区一样，处于冰后期温暖湿润的气候中，虽然这里到处是郁郁葱葱，有多种植物的根茎、果实可供人们采食，还有许多动物可供人们猎捕；但许多人已开始开垦土地、培植谷物和饲养牲畜。这时，农业和畜牧业的比重还不大，很多人群还处于半游荡状态。

大约从公元前 3000 年开始，气候日益干旱，大片土地开始沙漠化，尼罗河对埃及人的生存变得越来越重要，农业也逐渐成为埃及人的主要生计方式。为了农业需要，埃及人筑坝开渠，利用尼罗河水进行灌溉。他们修建运河，把周期变化的河水引向洪水达不到的地方，形成有效的防洪灌溉体系。水利工程修建，需要大量人工，需要有统一的组织和协调，需要有权威的领导。这时，统一王朝和法老的权威恰如其分地为此提供了有力保障，使得灌溉体系建设不断完善，农作物连年丰产和稳产，人口安稳地定居下来，形成有一定规模的聚落、村落和城镇。

尼罗河水势平缓，洪水周期泛滥，具有节奏性和规律性，便于人们预知和避控。尼罗河两岸的居民，根据河水的涨落规律把一年分为三个季节，有条不紊地安排农业耕作和其他活动，他们种植大麦、小麦、亚麻、扁豆、豌豆、胡萝卜、葱、蒜、黄瓜、莴苣、椰枣和葡萄等农作物。尼罗河浩浩荡荡、奔腾顺畅的性格，不仅带给埃及人自信和乐观的情致，也给埃及人的艺术创作带来丰富细腻的灵感。埃及人把尼罗河看做生命的源泉，把“洪水之神”看做“会给每个人带来欢乐”的喜神。这与苏美尔人对底格里斯河和幼发拉底河突如其来的洪水暴发所产生的惧怕、不安和悲观的心态，以及他们将“洪水之神”视为恶神的情景形成了鲜明反差。

由于灌溉技术促进了生产率大幅提高，埃及人得以抽出足够的人力和时间从事农业以外的活动，如宗教、宫廷建筑、艺术创作和自然科学研究等，古埃及文明也就此升腾起来，并迅猛地向前发展。

古埃及文明一般指公元前 3100 年上埃及国王美尼斯（Menes）统一埃及，一直到埃及帝国被最后征服，以及后来公元前 3—前 1 世纪的希腊化时期。在这近 3000 年的时间里，古埃及先后历经三十多个王朝。

古埃及文明在人类文明史上绽放出夺目的光彩。它建立了完整的君主专制制度，形成了一整套行之有效的官僚体系，拥有一支强大的军队，为社会经济与文化繁荣提供了政治保障。国家的最高统治者被称为“法老”，他是国家和超自然神的化身，更是法律的制定者。法老除统率军队外，并不行使具体的管理，而是把权力赋予以宰相为首的官僚机构去行使，宰相之下又设有层层级别不同的官员，构成由上至下、环环衔接的严密的统治链条，保证政令畅通。历朝法老都把土地视为最宝贵的财富，他们是全国土地的所有者，每年向农民征收实物地租，以保证上层统治阶层的需要和国家机器的正常运转。

大约公元前3300年，埃及人发明了“象形文字”（如图7-5所示）。这种图形文字，由表意、表音和限定符号构成。表意符号是用图形表达词语的意义，比如“水”就用三条波纹，“吃”就画一个人把手放在嘴里等。表音符号是在表意符号基础上表示字音，其原有的“表意”功能被弱化，甚至成为纯粹的发音符号，但它的音符不是字母而是图形，如猫头鹰代表M，小鸡代表W，水波代表N等。古埃及象形文字是世界上最早的拼音文字。它的出现，标志着人类已经能够记录和保留“前人的口语”。古埃及人也因此成为世界上第一个创造和运用“语音文字”的人群。限定符号是再加上一个表意的图形，以表明该词的类别（这里不作展开）。

图7-5 古埃及壁画中的象形文字

古埃及象形文字被写在一种叫“纸莎草”（这种草成片地生长在尼罗河沿岸）的茎制作的纸上，也写在金字塔和墓壁与石棺上，写在神庙和建筑的墙壁上，写在雕塑、石碑、壁画、针品、艺术品、武器、工具和日常用品上，真实地记录了古埃及文明 3 000 多年的历史创造，记录了人们的劳动、生活、宗教、艺术、哲学、文学、科学和社会各阶层的思想、情趣、场景及动人的故事，成为认识古埃及文明的钥匙，使古埃及文明的光辉跨越时空，照耀世界。

图 7-6　写在纸草卷上的象形文字和画图

金字塔是古埃及文明的象征，被称为世界文明的奇迹。自第三王朝起历任法老开始修建金字塔，前后延续近千年之久。至今，在埃及发现的金字塔有 80 多座，它们都分布在尼罗河西岸。埃及人认为，河东岸是太阳升起的地方，是生命的源头；而西岸是太阳降落的地方，是幽灵的世界。他们相信，人死后将到另一个世界去生活，去的时候需要肉体和灵魂暂时分离；在那边，人也需要吃喝玩乐，需要住房，因而在世时要把未来的住房（坟墓）造好；还需要保护好暂时失去灵魂的肉身，这样灵魂才能回归。为了保护肉身，古埃及人发明了“木乃伊”制作技术，人们把死者摘去内脏、塞进香料、涂上防腐剂，干燥后用亚麻布裹紧，装进精致的棺材中（如图 7-7 所示）；还携带着生活必需品、艺术品、武器、法器，甚至将动植物和佣人等一并放进陵寝，法老们则被放进巨大的金字塔。

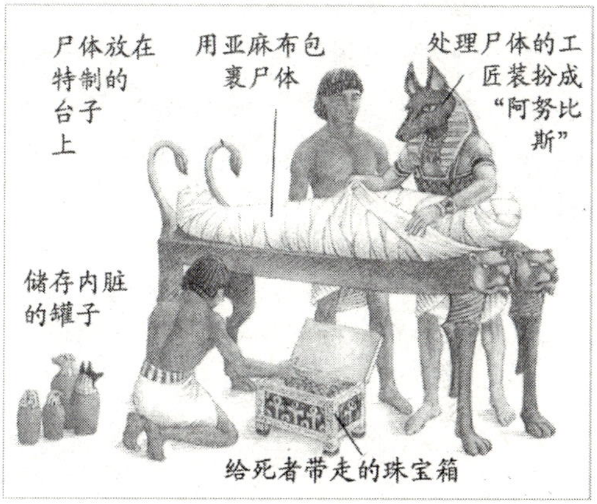

图 7-7　古埃及人制作木乃伊

最著名、规模最大的金字塔要属法老胡夫的金字塔，它西距开罗 16 公里，占地 5 万多平方米（13 英亩），体积达 260 万立方米，用掉 230 万块巨石，每块巨石的平均重量约 2.5 吨，最大的一块重约 30 吨；巨石的边缘都被磨得很平，两块巨石的接缝间隙很小；塔身入口选用四块巨石砌成“人”字形，轻松有效地分散开上面塔身的巨大压力。金字塔的建造体现出古埃及人的智慧，它们定位之精确，结构之严谨，体态之稳定，巨石之搬运，制造之艰辛，皆令世人赞叹。

宗教，是古埃及文明的思想源泉。古埃及社会是一个多神信仰的社会；埃及人的世界观，是一个多种超自然力量主宰世界的认识观。在他们看来，日月星辰、风雨雷电、高山大河，以及奇怪的动物和植物等，都代表了不可抗拒的力量，它们能主宰人的命运。于是，他们把这一切当作神来崇拜，太阳、月亮、星星、尼罗河、洪水、鳄鱼、狮子等等都是崇拜的对象。据统计，古埃及宗教中被奉为神的对象有 2 000 多个，具普遍崇拜的神有 200 多个(参见图 7-8)。王朝的专制王权，在很大程度上借助于宗教的力量。法老被称为神的儿子，是神在人世间的代表。百姓对神深信不疑，尊敬神灵和法老成为社会风尚。因此，古埃及社会出现了各式神庙建筑，它们成为仅次于金字塔的特色建筑。这些神庙建筑庄严雄伟，艺术造型优美，许多建造形式和技法开神庙建筑之先河。

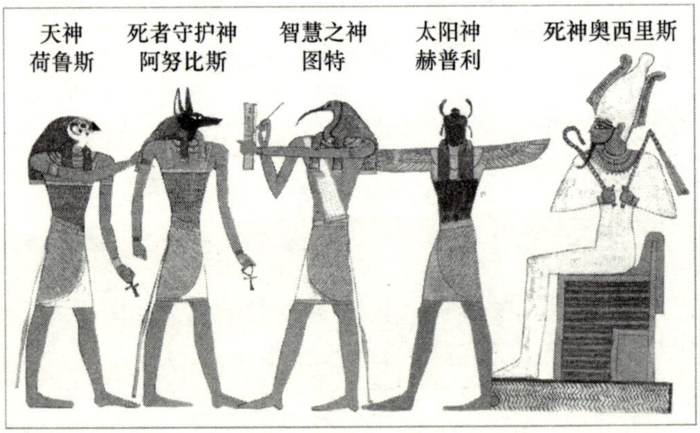

图 7-8　古埃及多神信仰中的五个神

古埃及的艺术，对后人永远有着用语言难以表述的魅力。虽然他们的音乐、舞蹈、戏剧等无形遗产已消失于宇宙长河，但雕塑、绘画中的舞技、乐师，纸草文和铭文中的剧本片断，都能把后人带入到高尚的艺术世界。

古埃及的工艺，特别是制造奢侈品的技术是举世公认的。他们制作的珠宝饰物非常精致，其工艺至今仍无法超越；他们的搪瓷制品、象牙和珍珠镶嵌技术为世人赞美不绝；他们的玻璃加工着色和皮革鞣制，至今还在世界上沿用；他们织出的亚麻布均匀缜密，绝不逊今；古埃及人还最早发明了化妆品和化妆技术，他们用天然孔雀石、铅矿石和红赭石为原料进行化妆，效果美轮美奂。

古埃及人的天文学起源很早，也很发达。人们从观测尼罗河水涨落开始，进而对太阳、月亮和其他星辰的观察，建立起一整套天文观测技术。这一技术被用来精确测定金字塔和其他宗教建筑的方位和方向。从一些神庙的天花板所刻的星座图上可以得知，古埃及人早已掌握了太阳、月亮、金星、火星、木星、土星、大熊星座和天鹅星座等主要星体的运行知识。他们还是太阳历的发明者，并精确测得太阳公转周期为 365.2507 天。他们在公元前设计发明的“水钟”更是世界最早的测时仪器。

古埃及的数学成就令人惊叹，他们建造巨大的金字塔和结构各异的神庙都离不开数学计算。在前王朝时期，数字符号就在埃及出现了。埃及人不仅是完整数字符号的最早创建者，还是 10 进位制计算方法的发明者（参见图 7-9）。

图 7-9　古埃及人的数学符号和 5000 年前刻在燧石板上的数字

古埃及的医学成就更令世人钦佩。在埃及发现了公元前 18—19 世纪，世界上最古老的医学文献。人们通过制作“木乃伊”已熟知人体各种器官的形状和位置，并知道一些器官的功能，产生了 100 多个解剖学名词。“埃博斯纸草卷”中还记载有 700 多种药物的名称。古埃及医生对于民间常见的许多疾病，都能有效治疗。

古埃及文明还有很多方面的成就，如玻璃制造、木材加工、皮革工艺、金属冶炼、纸草生产、制陶技术等等。

就是这样一个高度发达的文明，在饱经 3000 多年的风霜洗礼后，终于在公元前332年的大劫难中，被希腊马其顿的亚历山大大帝征服，辉煌的古埃及文明顿时落下帷幕。曾使古埃及人荣耀的“象形文字”也慢慢被希腊字母文字取代；古埃及的多神信仰在基督教和伊斯兰教的冲击下，失去了光泽，仅留下一座座神殿遗址；古埃及的文化、文学、绘画、雕塑等，亦因失去文化的根基而日趋黯淡。

但古埃及文明在人类文明史上的成就是永恒的，它创造的“象形文字”对后来腓尼斯人创造字母文字产生了重要影响，腓尼斯字母又是东西方多种字母文字的源头；古埃及的科学、技术、文化、医学和信仰等并未因此消亡，而是悄然越出国界，在地中海沿岸，在欧洲大陆，甚至在更远的地方，以不同的方式继续传播，并对许多民族的文化产生着影响，古埃及文明的珍贵价值也越来越为世人所共识。

四、地中海的克里特—米诺斯文明和古希腊—爱琴文明

克里特文明是一种“海洋文明”，也称“米诺斯文明”，它的繁荣主要依靠海上贸易。由于克里特岛四周都是陆地环绕的地中海，它没有可怕的风暴，商船可以一直在看到陆地的情况下，航行到爱琴海中的各个岛屿以及地中海沿岸的所有国家。这不仅大大减少了人们对大海的恐惧心理，而且激励起他们强烈的自信心。航海贸易需要冒风险，培养了克里特人不畏强暴的精神；海洋旅行的流动性，又使克里特人见多识广和对自由的追求。他们建立起强大的海上力量，凭借舰队称霸于爱琴海和地中海上，并垄断着地中海东部的贸易和航运。他们控制着天然港湾的入口，居住在稍高于海平面却没有防御工事的开放城镇里。

图7-10 米诺斯人崇拜的女神

他们的文明不仅是生活物品的交换，更重要的是思想的交换。随海上贸易的发展，米诺斯社会在美索不达米亚和古埃及这两座文明灯塔的照耀下，学习和吸收了很多先进的知识，并逐渐形成了自己的文化。他们的城镇建有复杂的管道排水系统；克诺索斯宫殿里的沐浴和卫生设施水平，达到了罗马时

代之前从未达到的高度；米诺斯人突出的艺术成就表现在绘画上，而宫殿的壁画又是绘画之最，这些绘画显示出惊人的生动感，具有真正的原始风格和魅力；他们的宫殿装饰艺术和珍珠宝石与贵金属加工工艺一直影响着其他地区的文明。

图 7-11　米诺斯文明中的章鱼图花瓶

米诺斯的文字记录，最初是用象形文字书写的，其中大部分符号来自古埃及，后来演化出被称为“线形文字 A”的文字；再后则是欧洲大陆侵略者在克里特使用过的“线形文字 B”的文字。线形文字 A 和 B 虽然没有发展下来，却为古埃及象形文字向希腊字母文字过渡迈出了重要的一步。

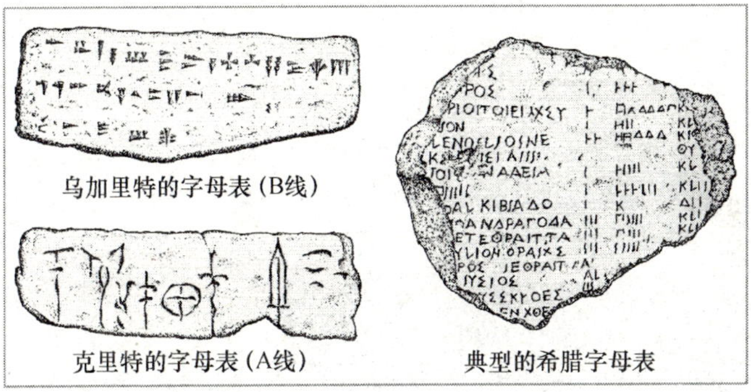

图 7-12　米诺斯象形文字演化出的 A/B 线文字和希腊字母

克里特米诺斯文明对希腊文明的孕育和形成起到关键作用，它像一座“桥梁”，将辉煌的东方文明传承和输送到欧洲大陆，进而影响了整个西方社会的文明进程。

五、南亚次大陆的古印度文明

古印度文明，是南亚次大陆印度河流域和恒河流域一系列文明的总称，它也属于一种发源于大河流中下游冲积平原的农业文明。

旧石器时代晚期，发源于青藏高原的印度河在次大陆北面发育出很多支流，它们都受惠于喜马拉雅雪山的融水。在夏季，季风带来的季雨使河水泛滥，带给中下游肥沃的淤泥和腐殖土；洪泛过后，在北部山前留下了河流与湖泊相间错落的景观，为农业的出现提供了极为有利的自然条件。印度人的祖先很早就向这里汇聚，他们可能是由不同的种群融合而成。

公元前6500年左右，山前小平原上出现了印度人早期的定居农业村落。在这些村落遗址中出土了泥砖房屋、山羊、绵羊和牛的骨骼，以及雕有锯齿的石镰、篮纹陶片等，说明人们在这里播种收割，烧制陶器，存储谷物，训牧牲畜，已开始比较稳定的农业定居生活。

公元前约4000年，定居村落由山前小平原向下游大平原拓展并形成规模。人们居住在结构完整的泥坯房屋里，但烧制砖尚未出现；他们种植大麦、小麦，饲养牛羊，生产彩陶，彩陶上刻有动物纹饰、抽象图案和刻画符号；人们还佩戴以篮青石、绿松石和玉髓、玛瑙、珍珠为原料的坠饰。这些都为文明的突进拉开了序幕。

古印度文明可以分为两个大的阶段。

开始，是哈拉帕人创造的城市文明，它点燃了印度河流域的文明火炬，把古印度文明推向了第一个高峰。公元前3000年，印度河中下游相继出现了多个令人赞叹的大型聚落——大城市。城市文明的光芒辐射到整个印度河流域和它的周边地域。公元前2500年，哈拉帕和摩亨佐·达罗等大城市的繁荣，标志着哈拉帕城市文明的最高成就。这些城市都是按照统一计划精心建造的，城市的建设格局和结构，折射出人们浓厚的宗教色彩和高度的计划性。各城市范围大多6—7平方英里，呈格子型布局，宽阔的主干道环绕着长方形的街区，每一街区长约400码，宽约200码，烧制的建筑砖块尺寸都是统一的。城市遗迹告诉我们，这里的社会非常稳定，它延续了四五百年，几乎没有大的变

图7-13 摩亨佐·达罗故城中整齐的建筑结构

化。城市结构中没有任何军事装备和城防工事，却有很大的谷仓和许多用作度量衡的统一权重砝码，说明人们已经高度地组织起来，他们有足够能力从政治和经济上进行周密有序的管理，并有效处理或协调市井社会的一切事务。在印度河文明中，这种整齐规划、相同风格的城市遍布全区，甚至有些城市被洪水淹毁，重建时也建得与原城一模一样。这些现象反映出统一掌控和规范哈拉帕文明的力量，并非军事或武力，而是严明的纪律和文化传统，是塑造这些纪律与文化传统后面巨大的精神威力。

图 7-14 哈拉帕文化中的少女雕像

据测算，在哈拉帕和摩亨佐·达罗这样的城市里，每城约有 3 万—4 万人生活，而只有高度发达的农业才能供养这么多人口。居民们的主要农作物大麦和小麦的种植技术最初可能来源于西亚，不过他们还种植紫花豌豆、甜瓜、芝麻等。印度河流域还是世界上最早种植棉花和使用棉花织布的地方。

为解决卫生问题，哈拉帕和摩亨佐·达罗的城里都有精心设计的排水系统，哈拉帕城的许多房子里都有自己的浴室。大城市的居民与外部发达地区保持着密切的贸易来往。在摩亨佐·达罗南面的洛塔尔(Lothal)有个大船坞和约 1 英里长的运河与大海相连，较大的商船也可以顺畅地自此航抵波斯湾并往返于美索不达米亚。因此，古印度文明的印章常发现在苏美尔重镇乌尔城中，而在古印度的墓葬中，也常出现产自美索不达米亚的宝石原料。

在哈拉帕和摩亨佐·达罗等城里还出土了大量滑石、陶土制作的印章，以及用滑石、赤陶、釉陶或铜片制成的书版。至今，大约有 2 500 多枚印章和约 500 块书版被保留下来。印章和书版上大都刻有图像和文字，这些文字被称为哈拉帕铭文，它们虽然是解读古印度文明的最好线索(参见图 7-15)。但遗憾的是，经过一个多世纪的努力，至今世人仍无法读懂这些铭文。

图 7-15 哈拉帕文化的陶土铭文印章

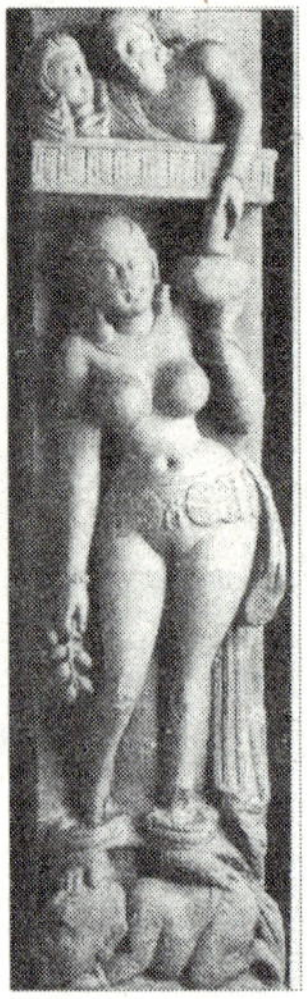

图 7-16 古印度雕像

古印度的医药学起步很早，印度人是世界上最早进行整形外科术的民族；也是世界上最早学会种植大麻和制造、食用毒品的民族。他们最先认识到大麻制品具有兴奋神经的功效，使用大麻制品可致精神清醒、疯狂好动、嗜睡、减轻疼痛、情欲亢进或食欲激增等状态，并将其应用于医疗。

从出土的度量衡标准权器和城市设计规划中知道，早在公元前 3000 年前，古印度人就已掌握天文学的定位计算技术，更掌握了二进制和十进位制的数学方法；古印度文明创造出“0”这个最富有价值的数字，并将从“1”到“0”有固定排列顺序的 10 个数字连同“十进位法”，一道通过阿拉伯人传给了西方，为数学的发展作出了巨大贡献。西方人从阿拉伯人那里接受了这些简单而方便的数字后，却把它称作“阿拉伯数字”，使之酿成流传至今的历史错误。古印度文明的棉纺技术、交通运输业和建筑艺术等都给后世留下了宝贵的财富。

大约在公元前 18 世纪中叶，哈拉帕文明衰落了。对它衰落的原因有不同看法，大多数学者不赞成是外族入侵的结果，而倾向认为有两种可能：一种是印度河特大洪水频仍导致这个文明不能继续；另一种是印度河的河流改道，不可控制地破坏了两岸农业的生态平衡，导致粮食危机，迫使文明衰落；可能还有其他因素共同起作用。

与此同时或略晚，雅利安人从北方的兴都库什山脉侵入印度河流域，并拉开了北方雅利安人陆续大批移民印度河流域的历史序幕。新移民的脚步，越来越深入地延伸到印度河流域和旁遮普的各个地方，最后扩展到恒河上游地域。雅利安人给这里带来许多暴力，因为他们是游牧民族和武士，装备着青铜武器、战马和战车。但大量迹象又表明，他们没有消灭当地土著，反而和当地人共同生活，自觉不自觉地逐渐消化着哈拉帕文化，并全身心地融入古印度文明的传统社会中。雅利安人成为印度河流域的主人后，在哈拉帕文化基础上创造出雅利安文化，并将古印度文明的地理范围拓展到恒河流域乃至整个次大陆，也把古印度文明推向更深的领域和更高的层次。雅利安人没有带给印度先进的物质文化，但却奠定了古印度文明的宗教基础。雅利安文化先后萌发出影响力巨大的“婆罗门教”“佛教”“印度教”和“耆那教”等多种宗教，使古印度的政治、经济、文化教育乃至生活和艺术都深深地打上了宗教的印记。雅利安人没有建立起比哈拉帕等古代城市更完善的宏伟建筑，却在古印度文明的基础上建立起“种姓制度”，成为印度社会长期稳定的基础。直至今日，雅利安人的这些贡献，都对印度次大陆居民的思想和社会发展产生着重要影响。

六、美洲新大陆的印第安文明

美洲新大陆的印第安文明，比旧大陆的几大文明来得晚，但也是在相对隔绝的环境中，独立自发创造出的人类伟大文明。

末次冰期气候干冷，海平面下降，白令海峡成为连接新旧大陆的陆桥。约两万年前，西伯利亚原野上一批批蒙古狩猎者通过“白令陆桥”先后登上美洲新大陆，并步步南下，直至一万年前，这些被称为“印第安人”的足迹几乎踏遍全美洲。使美洲这片富饶而荒芜的新大陆开始进入一个崭新的时代，也掀开了美洲大陆人类史的壮丽篇章。

最初的数千年甚至万余年，这些蒙古种群仍然保持着狩猎者和采集者的生计方式。公元前 1500 年前后，一些智慧的印第安人开始试验和发明种植技术。他们培植成功玉米和马铃薯，使之成为农业生活的基础。不久他们逐渐定居下来，出现了相对稳定的农业村落，村落人口不断扩大，逐渐发展成为大型中心聚落。随之，社会阶层分化，土地占有、兼并，劳动分工、手工业、商业、利益分配、权威政治和行政管理等相继出现，不同领地的酋邦国开始诞生，文明社会出现了雏形。约至公元初，中美洲和中安第斯山西麓的一些地方具备了“文明”的社会基础。此后从公元3世纪开始，这里的文明进程逐渐出现迅猛发展态势，并越来越展现出“质”的变化。

在中南美洲，印第安人陆续创造出三个辉煌的文明，即：以今危地马拉为中心区域的玛雅文明（Maya Civilization），中墨西哥高原上的阿兹特克文明（Atztec Civilization）和南美中安第斯山脉的印加文明（Inca Civilization）。

玛雅文明是最古老、最具代表性的美洲文明，也是典型的新石器文明和农业文明。它地处中美洲，西临太平洋，东濒墨西哥湾和加勒比海，南北有狭长陆地与南北美洲相衔；疆域大体北至今墨西哥的尤卡坦和恰帕斯，南到伯里兹、危地马拉、萨尔瓦多和洪都拉斯，总面积约32万平方公里。在这片由高地与平原构成的土地上，先后出现了上百个划时代的城邦小王国，将玛雅人的社会一步步推向古典文明的高峰，直至公元10世纪，这个辉煌的文明突然衰落下来。因何突然衰落目前还不清楚。

玛雅文明始终没有统一的集权国家，其实质上是一种文化上的紧密聚合体和政治上既相对独立又彼此合作的松散联盟。

玛雅文明的基石仍然是农业。玛雅人的食物结构中80%是玉米。因此，玉米种植是玛雅人生存的根基，也是玛雅农业的核心。调查发现，玛雅人一年里只需190天的时间，就能完成玉米种植的全过程，而且可以收获全家人一年所需粮食的两倍以上。剩余的粮食，不仅激增着定居人口，使城市不断扩大，又促进了市场交易、占有、储运、管理、分配、流通和资源配置等要素的优化发展。而余下来长达近6个月的闲暇时间，又使人们可以去从事农业以外的活动。

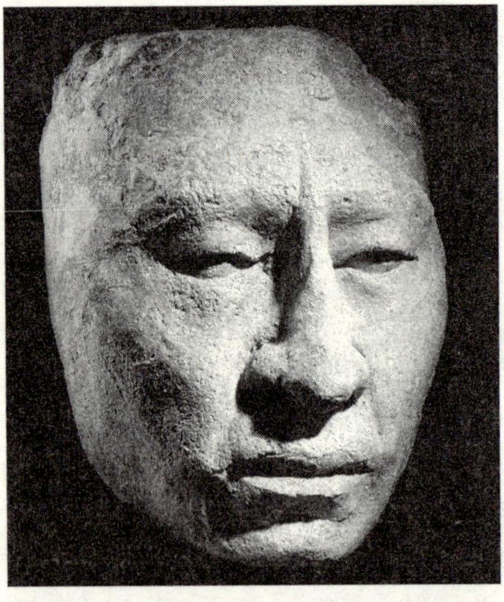
图7-17　玛雅君主墓出土的玛雅人面塑像

玛雅文明的城市遗址已发现一百多个。每个城市废墟中都有大量的玛雅特色建筑和种类繁多的文化遗存。保存最好的蒂卡尔城遗址，占地576平方公里，城市中心的建筑物超过3000座，仅大型金字塔就有10多座，神庙50多座；据推算，当时这里至少居住着8万人。北面的卡拉克穆尔城，方圆25平方公里，发现了103个纪年石碑，镌刻纪年起于公元514年，至于公元830年；城里建筑超过6 250座，当时大概生活着5万以上的人口。

图 7-18 玛雅人的金字塔

玛雅人的金字塔，数量惊人。据说仅墨西哥境内就有10万多座大大小小的金字塔。埃及金字塔几乎都是方锥体，而玛雅金字塔大多是梯形的方台体，它的下部为阶梯，上部是平台，平台之上通常建有庙宇。许多金字塔体量宏大，下部的台阶多达上百级，由下望去，高耸入云，十分威严壮观(参见图7-18)。玛雅金字塔的主要功能是进行祭祀活动和供祭司们观察天象，仅有个别金字塔用于陵寝。

图 7-19 玛雅花瓶上的象形文字和人物故事画

玛雅人创造了自己的象形文字，且发现总量相当之多。仅科潘遗址一座金字塔的台阶上就有2500个象形文字，它们布满8米宽、共90级的石头台阶上，称为"象形文字梯道"。它被认为是世界上绝无仅有的巨型象形文字铭刻杰作。玛雅人刻写这些文字的主要用途有两个：一是刻在石碑上用来纪年，二是用于宗教。值得注意的是，玛雅的象形文字好像是自天而降，生来就成熟完美，完全没有留下文字发展的进化印迹。考古学家据此推测，玛雅文明形成时期可能比目前我们看到的象形文字出现的时代要早得多，由于当时人们用木材和植物记录文字，而没有被保存下来。

图 7-20 玛雅人的太阳神雕像

玛雅的宗教，从最初简单的自然崇拜开始，到各种崇拜物逐渐被人格化，形成了二元崇拜的多神信仰。比如，他们崇拜造物主"创世神"，造天的"天神"，取水行云的"雨神"，保佑丰收的"玉米神"，还有太阳神(参见图7-20)、死神、黑战神、北极星神、风神和那位与水灾、纺织、怀孕、月亮有关的女神(参见图7-21)。玛雅的多神信仰，明显具有二元崇拜倾向。他们将众神明确分为善恶两类，认为善神和恶神共同左右着人们的生活。玛雅人有自己的宇宙观，他们把现生世界与天堂、冥界贯通为一体，将时间和空间结合起来，使自己完全融入这个既宏观又神秘的宇宙时空之中。

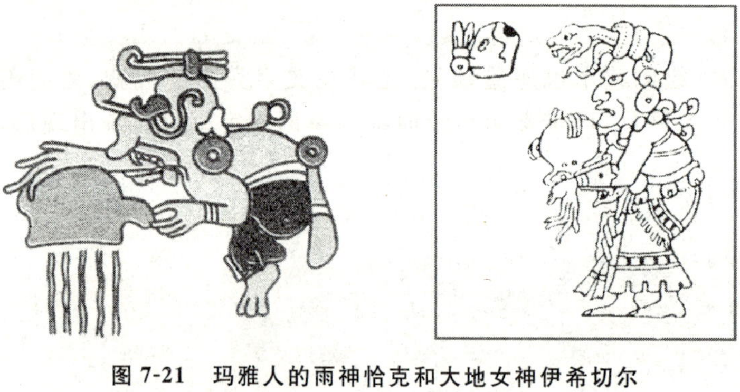

图 7-21 玛雅人的雨神恰克和大地女神伊希切尔

玛雅文明的天文观测技术和天文学知识都与当时欧洲的天文学水平不相上下；玛雅人的历法和数学（参见图 7-22）也得到较快发展；他们在没有金属工具的条件下，用石制工具建造出雅致的建筑，雕琢出精美的图案、浮雕、石碑和艺术造型，都代表者美洲大陆的艺术风格和最高的水平。

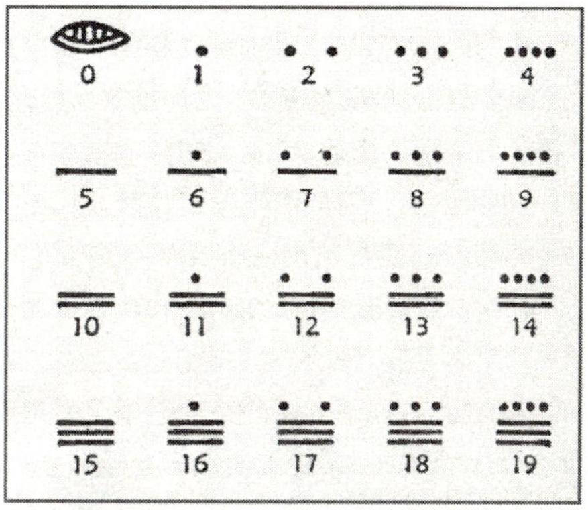

图 7-22　玛雅人的象形文字

然而，玛雅文明经历了几个世纪的璀璨之后，终于公元 9—10 世纪迅速衰落下去，直至 16 世纪西班牙人入侵到这里，再也没有复兴起来。学者们对其神秘般衰落的原因一直存在着种种猜测，至今未得其解。

在玛雅文明生命力最旺盛并步步走向辉煌的时候，它的北面和南面又相继萌发出两个辉煌的美洲文明。北面发育在中墨西哥高原的是著名的阿兹特克文明；南面发育在中安第斯山脉西麓的是著名的印加文明。它们都是新大陆印第安人独立创造出的古代美洲文明。虽然每个文明都有各自的特点和优势，比如，印加文明的公路建造水平明显高于玛雅文明，阿兹特克文明和印加文明的制陶工艺都胜过玛雅文明一筹，但从整体上看，玛雅文明所达到的高度，不论阿兹特克文明，还是印加文明都无法与之相提并论。

玛雅文明的城市建筑，规模之壮观，设计之周密、装饰之精美，无疑代表着美洲文明的最高水平；玛雅文明的雕刻艺术引人入胜，他们的纪事石碑和建筑浮雕之典雅，构图之巧妙，图纹雕功之精致，简直无可挑剔；玛雅人的宝石加工技术、绘画艺术也遥遥领先；尤其在文字方面的成就，更使美洲的另两处文明望尘莫及，玛雅文明精致简练的象形文字书写系统出现后，阿兹特克人只是跟在后面笨拙地效仿，而印加人还停留在“结绳记事”的阶段；玛雅文明的天文学、数学、历法和史事记载等都代表着美洲印第安文明的最高水准。

除上述诸文明外，在欧亚大陆的最东方，另一个伟大的文明冉冉升起，这就是伟大的中华文明。

第三节 中华文明的起源

一、中华文明起源的时空背景

中华大地位于欧亚大陆最东端，它的东面是太平洋；北面是西伯利亚荒原；南面，翻过绵延的山脉又是浩瀚的大海，西面则是漫漫的沙漠、戈壁和重重山峦、高原形成的天然屏障。在区域内，中部的丘陵与平原则被大江大河分割成几个地理单元，南北绵延2 000多公里，跨越约20个纬度，拥有不同的气候条件和不同的地理生态环境。在文明起源的时期，中华大地周围没有高度发达的强势文化对其文化独立发展产生影响。

地理上的封闭性，决定了中华大地上的文明，需要靠自身的要素孕育形成。因此，在没有外来文化干扰的背景下，这里逐渐孕育出一种既具鲜明地域特色，又与欧亚大陆其他文化迥然不同的文化体系，并脉脉相承，不断积累和发展，直至迸发出灿烂夺目的中华文明，成为全球唯一持续延绵而不间断的古老文明，也是世界公认的独立起源的人类文明之一。

旧石器时代，中华大地上的狩猎者和采集者的足迹还没有迈出河流中游的山麓丛林或山前平原。这些地带为他们的生存提供了丰富的动植物食品资源，也为他们的栖息提供了可靠的安全保障。在云贵高原、珠江中上游、长江中上游，黄河中游和泾渭汾河流域，以及燕山山麓等，都遗有旧石器人类的文化遗存。后来，为克服冬季食物不足，人们开始驯养牲畜和栽培稻、粟、黍等谷物。同时，先民们开始顺着西高东低的地势，沿着大河流逐渐向东迁徙，并拉开了农业革命的序幕。

新石器时代早期，岭南珠江流域、长江流域和黄河流域的一些地方，率先出现了一定规模的农作物栽培种植和家畜饲养。农业人群开始摆脱游动不定的生活方式，逐渐在较宽阔的平原上定居下来。华南或岭南珠江流域的农业和家畜饲养业出现得很早，但发展得非常缓慢，主要原因是亚热带温暖多雨的气候和丰富的动植物资源，使人们能够轻易地解决食物供应，因而他们对农业的依赖性不强。长江、黄河流域与之不同，气候环境和动植物资源略逊，农业出现虽稍晚，但发展较快。由于农业生产力的快速发展，这里逐渐成为人类农业革命的核心地域之一。考古资料证明，全球农业起源地主要有“三个中心”。西亚或中东，是农作物大麦、小麦的起源中心；美洲的墨西哥至秘鲁的广大地域，是农作物玉米、倭瓜和马铃薯的起源中心；而东亚的长江和黄河流域，是农作物水稻和粟谷的起源中心。

二、黄河与长江流域的农业起源

黄河流域中游是最适宜野生粟谷生长的地方。野生粟谷具有易播种性和易培植性，人工种植中成活率很高，渐渐成为当地农业种植的首选品种。由于农业种植需要相对平坦而肥沃的土地，人们便开始从山麓丘陵勇敢地向更宽阔更肥沃的冲积大平原进发并定居下来，形成最初的农业村落。后来，黄河流域的粟作农业规模不断扩大，谷物产量不断增加，人口不断增多，许多村落发展成大型聚落和聚落群，如陕西的西关堡、泉护村等出现了方圆数十万至一百多万平方米的中心聚落。在农业大发展的同时，经济社会与文化也在快速发展。磨制石器和陶器工艺反映出生产技术加速进步；通过墓葬可以看出，社会阶层分化明显，贫富差别和物质分配与占有的不平等。这些都为黄河流域文明的出现奠定了坚实的基础。

再看长江流域的情况。长江流域属亚热带气候，气温比黄河流域高2—3度，年降水量是黄河中下游的两倍。旧石器时代早期，人类就在云贵高原、四川盆地和鄂西山区生息。旧石器中晚期，长江流域中游如湖南湘江、资水、沅江、澧水以及中下游等地都出现人类文化遗存，但他们仍以渔猎采集为主要生计。新石器时代，人类足迹已广布于长江中下游地域。大约在公元前7000—前6000年，人们开始驯养牲畜和栽培稻谷，并逐渐定居下来。在中下游平原和次级支流的山前平原出现很多人类早期居址或原始村落，此时，渔猎采集在人们的生活中仍占有很大比重。

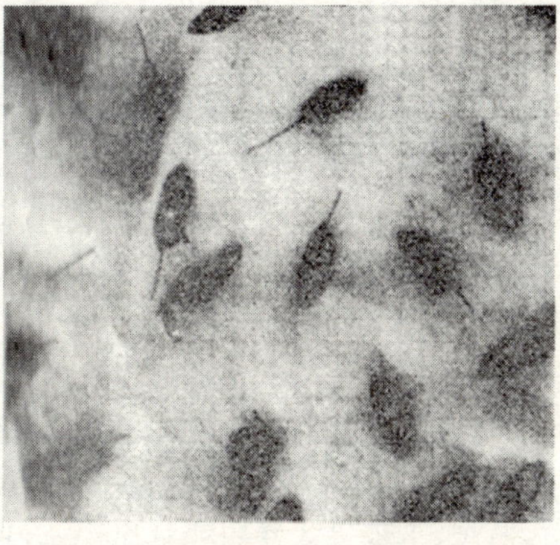

图 7-23 浙江余姚河姆渡遗址的稻粒

稍后，稻作农业较快发展。最初稻作农业的起源地可能在江汉平原或更上游的某个地方。长江中游的屈家岭文化遗址自20世纪中叶始即陆续发现水稻遗存；80年代湖南彭头山和湖北城背溪等八九千年前的遗址也先后发现稻谷遗存；90年代在江西万年仙人洞甚至发现一万年前的水稻花粉和植物硅酸体，还有几粒稻谷，其中一粒接近野生稻，另一粒接近栽培稻。这些都揭示出长江中游区域的稻作起源和栽培活动的历史背景。

至距今7000年前，长江下游平原的稻作农业已发展到很成熟的程度。河姆渡遗址出土的大量翻整土地用的农业生产工具——骨耜等表明，这里的农业已进入“锄耕农业”阶段。研究表明，长江下游平原在公元前5000年的时候，已经出现具有一定规模的稻作农业景观，这在世界上可能也是最早的。

在河姆渡遗址还发现有薏米仁和豆科植物，也有驯养牲畜猪、狗、水牛等50多种动物遗骨及成堆的植物果实。这说明河姆渡的农作物不只水稻一种，也说明除农业外，人们的经济生活是多元的。农业发展促进了生产力的快速提高，在人们制作的农具和用具上，出现许多进步现象，如骨耜逐渐被石器替代；陶器的壁厚逐渐变薄，陶质越来越硬，烧制火候越来越高，陶器的器型也越来越多等。长期定居下来的农民，在建造房屋的技术上也达到相当高的水平，他们前期只在水边建“干栏式”居址，后来出现许多建造在地面上的坚固居址。农业发展，食物充盈且出现剩余，人口增加，聚落规模不断扩大，使社会性质发生着急剧变化，长江流域的原始社会已透放出绚丽多彩的文明曙光。

三、中华大地上出现的早期文明

长江流域和黄河流域的农业革命，为中华文明起源奠定了社会基础。公元前3000年至公元前2000年，农作物产量快速增加，人口持续增长，聚落规模继续扩大，生产力快速提高。这时的工业已由“铜石并用”迅速向青铜时代过渡，工业制品除磨制石器、骨器和陶器外，还有铜器、玉器、漆器、丝绸和牙角器；快轮制陶工艺也相当成熟，出现大量高温硬陶、精美器型和原始青瓷。社会分工不断制度化，劳动剩余不断增多，物质分配、阶级分化、社会结构越来越复杂。与此同时，一批礼制性建筑和等级分明的墓葬群出现，贵族大墓中陪葬品非常丰富，平民墓中几乎没有随葬品，这表明社会阶层的等级分化和社会贫富差别已相当悬殊。

从一些高级别墓葬的随葬品中可以清楚地看出，墓主人既掌握军权，也掌有宗教等特权，享有至高的社会地位，这寓示出社会权力已高度集中。同时，石钺、玉钺等武器的大量出现，表明大规模战争频繁而激烈。为减轻和避免战争的殃祸，人们不得不组织大量人力物力来修建城池和工事。“于是，一大批城址就像雨后春笋一样拔地而起。……把野蛮和文明两个阶段清楚地区分开来。”①

在这个时期，中华大地的中部和东部相继出现了几十座较大规模的城址，大型宗教礼仪性建筑也气势磅礴，遥相呼应。从北方辽河流域的红山文化，到中原的仰韶文化、大地湾文化，再到环太湖流域的良渚文化，长江中游地域的屈家岭石家河文化，长江上游四川绵阳的边堆山文化等，虽然文化面貌异彩纷呈，但所揭示出的文化和智慧都达到非凡的程度。同时，在陶器上出现许多表意性很强的刻划图案、纹饰和符号，这无疑是中华象形文字的先声（如图 7-24 所示）。

图 7-24　仰韶文化陶器上的刻划符号

在中原，此时龙山文化应运而生，特别是龙山文化晚期，山西襄汾陶寺遗址（公元前 2600—前 2200 年）那令人惊叹的大城池、城墙、宫殿和大量墓葬及各种礼器等，将我们对这时期文明社会的认识提升到新的高度。

学者们认为，这个时期中华大地已经进入城邦国家林立的古国时代，这一时代恰是古史传说里讲的“唐尧虞舜”时代或“五帝”时代。当时的古国，独霸一方，拥有主权，建有较完备的政治体系；古国间的关系，远远超越了部落联盟的层次；其社会政治、经济、文化进步和生产力的快速发展，标志着社会性质已发生“质”的变化，人类文明的曙光已经到来。

四、黄河流域文明

黄河流域是中华文明的摇篮。这里发现的人类文明起源物证和演进线

① 严文明：《文明起源研究的回顾与思考》，载《文物》1999 年第 10 期。

索都很清楚。

19世纪末至20世纪中叶，学术界根据河南安阳殷墟发现的宫殿、宗庙基址、王陵墓群，以及大批文字甲骨和大量铜器、陶器、石器、骨器等，认为中华文明出现在商代晚期，也就是古史传说上讲的“盘庚迁殷”到“武王伐纣”这段时间。

20世纪50年代后，早于安阳殷墟的郑州二里岗、郑州商城遗址相继被发现。后者周长近7 000米，城墙600米外还有外郭城墙，城内有大型宫殿，城池与外郭之间分布着多处冶铜、制陶、石器、骨器等加工作坊。从而，人们认为中华文明至少要提前到商代早期。

20世纪60年代后，比二里岗和郑州商城还早的河南偃师二里头大型都邑遗址开始大规模发掘，证明它已是一个较发达的文明社会。这样，中华文明的源头自然就上溯到了夏代。但问题还没有真正解决。因为，像二里头这样大型的古城都邑和先进的生产力与相应的文化，不大可能突然就产生出来。因而，许多学者推论，在夏代之前，还应有标志中华大地进入文明时代的早期国家存在。果然，1978年开始的山西襄汾陶寺遗址发掘对此给予充分证明。陶寺遗址早于夏代，遗址面积达300万平方米，有城、城墙、宫殿，还有大量墓葬；城的面积是黄河流域龙山时代发现的城址中最大的；墓葬非常清楚地分出大、中、小三类，三者比例大体是1∶10∶90。大墓随葬丰富，且有大量礼器，如磬、鼓和描龙陶盘礼器等，其中的金属铜环像机械加工的齿轮一样非常规整，还有一个“文”字清楚地写在陶背壶表面。在陶寺遗址城池中心的宫殿区里，出现一个半圆形的扇面平台，有学者认为可能是“古观象台”。这和古书《尧典》上记载的“观象授时”是符合的。陶寺遗址揭示出，黄河流域的人类文明应该在夏代以前。

与此同时或稍晚，河南登封王城岗城址、淮阳平粮台等陆续被发现，研究者认为它们都不是一般的军事城堡，而像是贵族居住的小型统治中心。甘肃秦安大地湾仰韶文化晚期聚落，也出现明显高于一般聚落的中心聚落，或者最高统治中心。燕北辽河流域一处大型贵族坟山和祭祀中心在凌源牛河梁被发现。学者们认为，红山文化展现的文明与黄河流域文明起源有密切的联系。

上述发现将黄河流域文明出现的时间提早到夏代以前。这个时期，黄河流域一座座城市先后出现，城邦国家纷呈迭起，苏秉琦先生称这一时期为

“古国时代”和“城邦、万国林立的时代”①。这个时期,国与国的征服与兼并、文化的碰撞与交流异常频繁和激烈。在诸古国内部,社会生产力提高、农业丰产、人口增加,剩余劳动积累、社会分工和分化明显;青铜冶炼、玉器加工、象形文字符号的使用,宗教信仰和图腾文化的出现等,无不反映出人们的精神文化、制度文化和物质文化已迈上新的台阶。这时,黄河流域的社会已真正迈入人类文明的门槛,它代表着中华大地的先进文化,将人类文明升起在世界的东方。此后,黄河流域的文明从未间断,并不断吸纳和融汇周围文化的各种先进元素,彭湃地向更高的层次演进。直至公元前 2070 年,中华民族历史上第一个统一的奴隶制王朝——夏王朝出现,并为后来的商周王朝和秦汉封建统一帝国的出现奠定了基础。

五、长江流域文明

长江流域文明也以农业起源为基础。所不同的是,黄河流域是粟作农业,而长江流域则是稻作农业。稻作农业在长江流域有很深厚的历史根基。浙江河姆渡的稻谷遗存距今六七千年;湖南彭头山和湖北城背溪等遗址的稻谷遗存距今八九千年;而江西仙人洞和湖南玉蟾岩遗存中的水稻花粉、植物硅酸体和稻粒年龄甚至早到距今 1.2 万年前。遗址中出土的稻粒形态,既有野生稻特征,也有栽培稻特征,是全球最早的野生稻向栽培稻过渡的品种(如图 7-25 所示)。

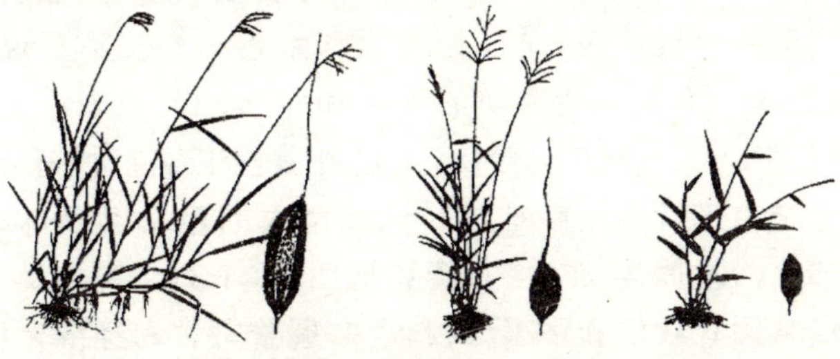

左: 普通野生稻 (O. sativa f. spontanea)
中: 药用野生稻 (O. officinalis)
右: 疣粒野生稻 (O. meyeriana)

图 7-25 中华野生稻形态图

① 苏秉琦:《中国文明起源新探》,北京三联书店 1999 年版,第 140 页。

与黄河流域的粟作农业相比，稻作农业产生文明的可能性更大。因为稻作农业不仅需要农人定居下来解决一般旱作农业中除草、收割和脱粒等问题，还需要比旱田更精细地进行土地平整和修筑田埂，以使秧苗得到均匀的水深；更要设计和安排有效的灌溉和排水设施；人们在稻田投入了很多劳动，稻田的自肥能力又较强，这就使农人更加不舍得轻易地抛弃土地，也不会像旱田那样轻易地撂荒轮种。因此，稻作农民比旱地农民更加稳定，更容易积累农耕中的技术含量和稻作文化素养，并培育出温柔细腻、精细灵活的性格和相应的文化艺术情趣。

在长江下游的江浙地区，良渚文化“石犁”等一系列新农具的出现，标志着这里的农业已率先进入犁耕时代。犁耕，不仅使农业生产率和粮食产量大为提高，也使人们有更多的时间从事农田以外的各项活动，这促使社会文化和其他经济部门繁荣起来。良渚文化的精神世界丰富多彩，人们头脑中已形成较成熟的宗教信仰体系和稳固的礼制观念。他们制作的玉器、漆器和丝绸等用品，技艺精湛，达到了很高的水平。社会财富的增加，促进了劳动分工和交换的发展，加速了贫富分化和社会分层。农业发展也使聚落形态发生变化。良渚时期，江浙一带普通村落有几百处，每片村落都被其中较大的聚落统辖着。这些较大聚落的贵族墓较大，墓中往往出现玉器等珍贵随葬品，墓主人无疑是这里上层社会或统治阶层的人物。

良渚遗址群由 50 多个遗址组成，核心是一个高出地面 5—8 米，长约 670 米，宽约 450 米的长方形人工高土台。考古资料表明，土台上面应有大型宫殿或宗庙等礼仪性建筑，是一处政治和宗教中心。不要说土台上面的建筑，只是修建这个大土台所需要的人工和时间已是一个巨大的数字。有人匡算，若每日有 3 000 人共同劳动，工程也需要十年才能完成。指挥协调这么多的人力物力来持续不断地进行这么巨大的建设工程，需要一个具有强大号召力的统治指挥集团。考古资料证明，这个高层统治集团确实存在，他们手中不仅掌握有政治和军事大权，也掌握着宗教和经济大权。因此，学者们认为当时的良渚已进入“古国”时代，其势力范围至少管辖着长江下游太湖以南的大部分地域，其社会形态已由先前单一的农业社会变为一个以农业为基础，多元经济分工的复杂的等级社会。

再看长江中游地区。在稻作农业基础上，大约在公元前 3300—前 2100 年，一系列古城相继出现，其中湖北天门石家河古城最大，有 100 万平方米。石家河古城内有许多宗教遗迹；在一些陶器上有刻画符号，主要有镰刀、石钺和陶杯三种图形，它们分别代表着农具、武器和礼器，这三方面都是当时社会最重要的事业。城址中的各种信息说明，当时社会中已分化出明确的贵族、武士和巫师阶层，他们构成了社会的统治集团，并形成具有权威的统治机构；他们控制着人口和各种资源，有能力组织人力物力进行大规模建设，举行大型宗教活动，也有能力和权威指挥军民进行防御或侵略战争。

四川盆地略有不同，这里更早期的文明线索不很清楚，但到公元前3000年以后，一批古城先后出现在成都平原，其中比较清楚的是新津的龙马古城，郫县的三道堰古城、温江的鱼凫古城、都江堰的芒城与崇州的双河古城和紫竹古城等。这些城址至今尚存较好的城垣，面积大多在二三十万平方米，最大的龙马古城有60万平方米，最小的芒城也有10万余平方米。三道堰古城中的大型房屋长约50米，宽约11米，面积达550余平方米，是这个时期最大的单体房屋；它里面没有隔墙，像一个巨大的殿堂，可容纳上千人聚会。有学者认为这里可能是一处小国都城内的政治文化核心场所。

应当注意的是，长江中游各文明间的相互交流和影响并不明显，但越向下游，长江流域与黄河流域的横向交流越明显。长江流域文化，正是通过与黄河流域文化的相互交流和影响，将自身文化的先进元素融入多元一体的中华文明之中，成为主流文化的重要部分。比如，中国最早的青瓷出现在江西，后来青瓷和青瓷工艺传入黄河流域，再传播到北方的广大地域，并派生出很多不同的工艺传统，对中华文化产生着重要影响，而长江流域始终是瓷器工艺的源头和瓷器文化的中心，也是瓷器的主要产地。中华文明中的丝绸文化，最初也出现在长江流域，河姆渡遗址的象牙蚕雕、良渚文化遗址的丝带和绸布等都是很好的证明。在玉器方面，最初虽然有两个中心，一个是燕辽地区的红山文化，另一个是长江下游的良渚文化，但商周时期的玉器特征和品种基本上是继承了长江流域良渚文化的传统。漆器文化最早也出现于长江下游的河姆渡和良渚文化中，传到中原后，楚国将其发展到巅峰；而长江流域业绩未减，仍然是漆器的主要产地。此外，夏商周三代以前，中原地区的主要炊具是鬲，长江流域主要是鼎，夏商周文明中，鬲渐渐成为普通炊器，而鼎则演化为中华文明国家的重器，成为代表贵族等级身份的礼器。还应注意的是，良渚文化中最先出现的"饕餮纹"和"云雷纹"等纹饰，最先出现在长江下游，后来得到继承和发展，成为华夏文明中的重要文化元素。

这些事实不仅说明长江流域在中华文明起源中的作用和地位，也说明长江流域文明是中华文明不可或缺的重要组成部分。

六、多元一体的中华文明形成和演进

实际上，多元一体的中华文明不仅仅是黄河与长江流域的事情，还包括南方的珠江流域、北方的辽河流域和一些地区性文明，如闽台地区的昙石山和圆山文化、西北和东北及内蒙的青铜文化、西藏的卡诺文化等。苏秉琦先生将中华文明分为"六大区系"，即以燕山南北长城地带为中心的北方，以山东为中心的东方，以关中(陕西)、晋南、豫西为中心的中原，以环太湖为中心的东南部，以环洞庭湖与四川盆地为中心的西南部，以及以鄱阳湖—珠江三角洲一线为中心的西南部等。他认为中华文明的起源模式，可以用"满天星斗"来形容。[①] 严文明认为，中国古代文明的起源是多元的，又是有主体的，以后的发展主体虽越来越大，但仍保持着多元，形成一种多元一体格局，最后发展为现在以汉族为主体的统一的多民族国家。[②] 下面我们从核心区入手，梗概分析多元一体的华夏文明的形成过程。

经过几十年研究，学界已普遍认同河南偃师二里头遗址为夏代都城遗址。《夏商周断代研究》据此将夏建国年代确定在公元前 2070 年。从夏都遗址看，它的文化面貌十分清楚，壮观的城池、大型的宫殿、等级分明的墓葬群，技艺高超的青铜器、玉器、陶器以及似文字的图案符号等(参见图 7-26)，都说明夏代社会已进入成熟的文明时代。

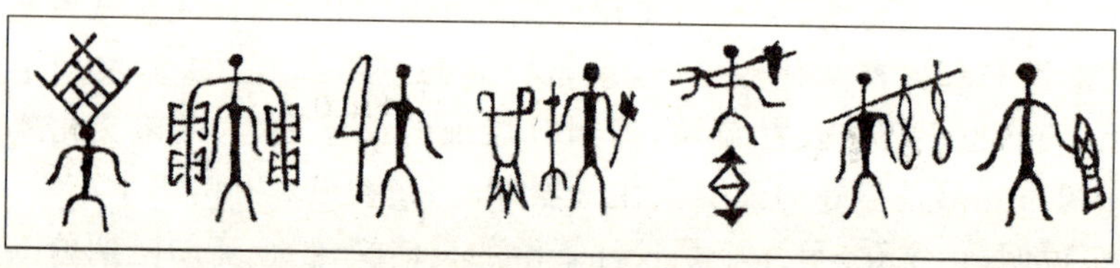

图 7-26　中华先祖使用过的象形文字(商朝)

然而，成熟的文明不可能突然产生。前面的论述已告诉我们，约在夏之前 1000 年的时候，华夏民族就迈入了文明的门槛。当时大批城邦小国先后出现，史称"五帝"时代；《史记·封禅书》载："黄帝时有万诸侯"；《淮南子·修务训》载，大禹治水"随山刊木，平治水土，定千八百国"；《左传·哀公七年》载，禹在涂山大会诸侯"执玉帛者万国"等，都是当时城邦小国林立的写

---

① 苏秉琦：《中国文明起源新探》，三联书店 1999 年版，第 36—37 页。
② 参见严文明：《略论中国文明的起源》，载《文物》1992 年第 1 期。

照。这一时期，中国古代奴隶制形态已初步形成。

梳理古代典籍的信息表明，这一时期的古国后来都通过不同方式，大体归并为三个系统或称三大主要政治集团，即炎黄系统、东夷系统和苗蛮系统。

表 7-1 万国时期主要政治集团一览表

名称	地理分布	主要支系	曾建立的主要政治实体
炎黄系统	炎黄族源出于渭水流域，后来逐渐发展到以黄河中游为中心的南北平原地带	姬姓族属集团	周、虞、虢、焦、滑、霍、杨、韩、魏、芮、荀、贾、狐、耿、鲜虞、蓟等
		姜姓族属集团	申、吕、许、共、齐、州、向等
		姒姓族属集团	夏后氏、有扈氏、有男氏、斟寻氏、彤城氏、褒氏、费、杞、缯、辛、冥氏及斟戈氏等
东夷系统	东夷族主要活动在炎黄族以东，占据着东至海滨、南至长江、北至东北的广大东部地区	蚩尤族属集团	商、黎、任、宿、须句、颛臾、郯氏、莒氏、莱夷、英、六、群舒、费、葛、徐、黄、江、终离氏等
		太昊族属集团	
		少昊族属集团	
苗蛮系统	苗蛮族居住于中原以南、长江中游地区	主要包括三苗、蛮、濮及祝融八姓等族属集团	文献记载比较零乱，但知这一系统亦曾建立不少政治实体。其中仅祝融八姓建立的实体就有昆吾、苏、顾、温、董、豢龙、大彭、豕韦、诸稽、舟人、邬、郐、路、偪阳、邹、莒、楚等
其他	居住在东南沿海及岭南地区的越族等	越族族属集团	越人的一支建立的越国，在当时和后来的政治历史舞台上扮演着重要的角色

表 7-1 说明，由“满天星斗”聚敛成的三大系统等，基本覆盖了中华大地的主要区域。可以想象，万国时代诸多古国在这里不间断地进行政治、经济、文化、军事交流，彼此互动、碰撞、融合、归并，使区域政治版图不断变化；其间，大国、强国势力不断扩大，小国、弱国不断被兼并或消失。在此过程中，战争成为古国政治格局演化的最高形式和重要手段，它将不同族系和政治集团联系在一起，也使古国间政治与文化交流与融合的形式逐渐发生“质”变。

在夏代以前，留下文字记载的著名战争主要有黄帝与炎帝之间的“阪泉之战”，黄帝与蚩尤九黎族之间的“涿鹿之战”等。与华夏族形成相关的最重要战争是著名的“阪泉之战”。这场战争后，炎帝与黄帝结合在一起，共同形成最初的华夏族主体。华夏(炎黄)族在中原地区逐渐强大起来后,势力又迅速向南方发展,与活动在南方地域的苗蛮族系发生了激烈的冲突。古史记载,尧、舜、禹三帝都曾与南方的苗蛮发生过战争。《吕氏春秋·召类》记载,“尧战于丹水之浦,以服南蛮”;又说“舜即苗民”。《墨子·非攻下》记载,“禹亲把天之瑞令,以征有苗,……苗师大乱”。炎黄族与东夷族的战争也使得两大族系之间的结合日渐紧密。“涿鹿之战”蚩尤战败后,一部分黎族加入到炎黄族,成为“华夏”族群的一部分。

从上述情况看,万国时期以炎黄族为主体的华夏民族,是在兼并融汇周围各方势力后形成的,在此过程中它包容吸收了各方文化的先进成分,使自身成为更加强势的文化主体,并逐渐形成以中原地区为中心的华夏文化核心区,其势力和影响又逐渐向四周扩展,直至中华大地的广阔领域。最后,于公元前 2070 年的时候,在东亚大地孕育出第一个统一的奴隶制王朝——夏王朝,结束了中华大地“万国林立”的古文明时代。中华文明从此进入夏商周更加成熟的文明时代。同时,统一的奴隶制大国文明,又为后来封建大帝国——秦汉帝国文明的出现奠定了坚实的社会基础。中华文明的进程正如大海的波涛,一浪高过一浪地将文明推向更高的层次,走向更高的辉煌。

第四篇　应用人类学与全球化的人类学趋势

第一章
应用人类学

应用人类学(Applied Anthropology),即应用的或实用的人类学。它将人类学的基本理论、观念、方法及其研究成果直接与社会发展需要相结合,形成若干具体的应用领域和新的学科分支,将人类学的触角延伸到人类社会生活的各个方面,并逐步构建起日益扩大的人类学应用学科群。应用人类学最突出的学科特征是其社会应用性和与相关学科的结合性。

第一节　应用人类学简史

人类学是从人类社会实践中产生的学问,它自出现开始就非常注重学科理论与具体社会实际的结合与应用。1890 年,莫尼(James Mooney)著《女神之舞的宗教》,被认为是早期人类学应用政策研究的力作。

1896 年,美国人类学家丹尼尔·布林顿就任美国科学促进会主席,他在一次题为《人类学的目标》讲演中最先提出了"应用人类学"(Applied Anthropology)一词。[①] 1930 年,阿尔弗雷德·拉德克利夫—布朗在澳新科学促进会发表了一篇题为《应用人类学》的专题报告,将应用人类学整合提升到现代人类学分支学科的高度。

近百年来世界各国特别是西方,从事应用人类学研究的学者越来越多,他们参与社会规划与决策,处理和解决现实生活中出现的各种问题;敦促改

① 参见董建辉、石奕龙:《西方应用人类学百年发展回顾》,载《国外社会科学》2005 年第 5 期。

善现存的政治、经济、科技、教育和卫生等条件，促成有计划的社会变迁；不仅使人类学的社会生活理想付诸具体行动与实践，也推动着应用人类学自身的发展。

应用人类学的发展大体可划分为四个主要阶段：

(1) 19 世纪末到 20 世纪初为学科雏形阶段。应用人类学的产生与文艺复兴、地理大发现、工业革命，特别是殖民地的出现及其统治等一系列历史事件的社会背景有直接联系。从布林顿提出"应用人类学"的名词，到人类学界逐渐接受，再到学科体系初见雏形，人类学家不断应用人类学理论成果去解决社会问题，尤其在殖民社会的政策制定和调解社会矛盾中发挥了重要作用。比如，美国民族工作机构一直在聘用人类学家从事印第安人的民族政策研究，1899 年出版的《印第安人土地割让研究报告》反映了这方面的情况；华盛顿妇女人类学协会从 1896 年开始对哥伦比亚居民的住房条件进行了专项研究，其研究报告导致政府成立了一个专门为改善穷人住房条件的机构等。

(2) 1915—1938 年为学科定位阶段。第一次世界大战使世界格局发生变化，殖民地大多稳定下来，应用人类学更多地在殖民地社会管理的各个领域开展活动。1929 年，拉德克利夫—布朗在印尼爪哇召开的第四届泛太平洋科学大会上，宣读了一篇《关于人类学实际应用于原始民族管理的历史和功能的文化解释》的论文。他认为，人类学正愈来愈要求被看成这样一门学问：即关于对落后民族的治理和教育有直接实际价值的研究。1931 年，他在另一篇文章《人类学研究的现状》中说："过去人类学研究是纯粹学究式的空谈，对实际生活的任何具体方面都没有直接的影响。现在，这种情况已有改变，人们逐渐认识到，民族学和社会人类学对非洲或几内亚的生活和风俗习惯的研究，对从事统治和教育这些部落的人有实际帮助，人类学或它的这一分支正在与殖民行政管理紧密地结合起来。"① 由此反映出，人类学家的着眼点越来越注意到社会平民的权利和福祉，并在促进殖民社会发展的同时，促进了应用人类学自身的发展和成熟。

(3) 1939—1970 年为学科结构与内容的充实、完善阶段。这一时期分两个阶段，开始是"二战"时，许多人类学家进入与战事有关的研究领域，使

---

① 〔英〕拉德克利夫·布朗：《人类学研究现状》，李右义节译，载燕京大学社会学系：《社会学界》1936 年第 9 期。

应用人类学的研究范围扩大;后来是战后各国人类学家开始更多地注重本国的各种社会问题,并开展丰富多样的应用人类学研究,如经济发展、文化变迁、开发建设、环境影响、民族关系、城乡差别、政策福利等等,使应用人类学的范围进一步拓展,学科结构日趋合理,应用人类学的作用日益引起社会注意。

(4) 20 世纪 70 年代以后应用人类学开始步入成熟阶段。这时期应用人类学进一步拓展,学科领域从衣食住行到各种生产劳动部门和社会文化的不同层面;从乡村到城市,从异国到本国,应用人类学家的研究几乎涉及了人类社会的所有方面,研究成果不断涌现。随着研究的深入,相应学术组织先后成立。在美国,先是 1973 年全美第一个"职业人类学家学会"(Society of Professional Anthropologists)在亚利桑那州成立;随后,"华盛顿职业人类学家协会"(Washington Association of Professional Anthropologists)成立;再后是 1983 年"实践人类学全国协会"(National Association for the Practice of Anthropology)成立。[①] 这时期,应用人类学的学术活动日趋活跃,美国应用人类学学会 1978 年出版的《实践人类学》(*Practical Anthropology*)杂志,较全面地反映了当时应用人类学家的工作情况和成果。在"国际人类学与民族学大会"1993 年年会讨论的主题中,也出现了许多应用人类学的论题。同时,在发达国家的大学里,正式开设应用人类学的专门课程。[②]

这一时期的应用人类学越来越注重人类社会的政策研究,包括政策方案设计、实施与执行政策、评估政策效益,以及政策咨询和资料分析等。同时,应用人类学家积极介入决策层,或关注和参与决策过程,以避免和控制由于决策不当给人类社会带来的问题。因此,人类学家可以进一步用人类学理论直接引导和影响重大社会问题决策,使应用人类学的研究更加切合社会需要,也使应用人类学自身的发展开拓出更加深入、更加宽阔的学科前景。

---

① 参见庄孔韶等:《人类学通论》,山西教育出版社 2003 年版,第 611 页。

② Erve Chambers, *Applied Anthropology: A Practical Guide*, Prentide-Hall, Inc, 1985, pp. 214—215.

第二节 应用人类学的基本领域和应用人类学家

应用人类学的学科领域相当广泛，它涵盖了人类社会生产生活的方方面面。庄孔韶先生在《人类学通论》中征引美国肯塔基大学《应用人类学文献计划》(*Applied Anthropology Documentation Project*)，其所列举的内容涉及：

> 经济开发、能源开发、水资源开发、农业问题、农村发展、都市发展、渔业研究、环境问题、技术转移、交通运输、人口调查、人口控制、营养食品、企业管理、劳工与就业、公共教育、教育问题、新闻传播、政府与公共行政、刑事司法与裁判、国防事物、居地卫生、医药保健、住房问题、人际关系培训、老年医学问题、酗酒与吸毒问题等；还有青少年犯罪、代沟、城市化、城市贫民窟、移民、难民、婚姻与家庭、母主家庭、独生子女、试管婴儿、安乐死、现代疾病、流行病学、灾祸研究、性关系、同性恋、女性主义、老年化、少数民族与族群、旅游观光、水资源和野生动物资源的保护与管理、土地使用……①

应用人类学的领域不仅包括上述诸方面，还可枚举更多。应用人类学的学科性质决定了它的研究必须紧密地与人类自身及其社会相联系；其工作模式也必须以积极合作或积极参与的方式，与社会或社区某领域的目标和需求紧密结合，并与该领域的学者们共享有关知识。这样，人类学理论与其他方面社会需要的学科紧密融合，不断产生新的应用分支。如医学人类学、法医人类学、影视人类学、教育人类学、都市人类学、历史人类学、宗教人类学、生态人类学，也包括经济人类学、地理人类学、中医人类学、性别人类学、航天人类学、工程人类学、工效人类学、生理人类学……

从一般意义上说，应用人类学家大多具备跨学科的知识结构，他们能够在复杂的多学科合作环境中，将人类学理论和方法应用于社会实践。在经人类学系统训练的学者中，真正从事学科基础研究和理论研究的人并不多，他们中的大多数是在社会上从事各种职业。即使是在大学和研究所工作的

---

① 参见庄孔韶等：《人类学通论》，山西教育出版社 2003 年版，第 612—613 页。

人类学家，也越来越多地走出象牙塔，把精力更多地放在当代社会急需的问题上，他们致力于改变人们的行为，改善现代社会的政治、经济和文化条件，试图帮助人们解决生活中所面临的种种问题，促成社会有计划变迁，使人类学思想付诸行动。根据美国人类学协会的调查资料，当今社会从事应用研究的人类学家越来越多，而且越来越职业化，他们就职于各种社会机构，如政府部门、国际组织、非政府机构、公司、企业和社会团体等，以丰富的人类学知识和理论，来处理现实社会生活中出现的种种问题，并发挥着日益显著的作用。

第三节 中国应用人类学发展概况

19世纪末至20世纪初，中国自发产生的传统人类学观念与西学舶来的现代人类学思想相结合，形成了中国早期现代人类学的基本理论体系。

长期以来，中国人类学一向注重于应用，人类学理论也在中国社会经济文化建设中发挥着积极的作用。自清光绪廿九年(1903年)京师大学堂在中国首次开设"人类学"科目开始[①]，至新中国建立，除多种国外人类学理论著作被翻译成中文出版外，中国本土人类学家的应用人类学实践活动也不断受到重视。1928年夏，容肇祖和杨成志陪同史禄国(S. M. Shirokogorov)赴云南进行人类学调查[②]；几近同时，颜复礼、商承祖正在进行广西瑶族的人类学调查；1929年林惠祥开展台湾高山族人类学调查，1930年凌纯声等赴东北进行赫哲族调查等，这些调研活动可视为中国应用人类学实践活动的先声。

抗日战争时期，随政府西迁，应用人类学实践与研究活动的重心向西南转移。吴文藻先生率先将人类学应用到"边政建设"的实际工作中，他既研究民族政治、制度和行政措施，也探索民族心理、文化交流与社会变迁，"使边疆政策有所依据，边疆政治得以改进，而执行边政的人对于治理不同民族不同文化的边民，亦可有所借镜"[③]。吴泽霖先生和陶云适先生等则在西南联合大学社会学系讲授人类学和民族学等课程。吴文藻先生和费孝通先生

① 参见石奕龙：《中国应用人类学的过去、现在与未来》，载《云南社会科学》1994年第6期。

② 王建民：《中国人类学西南田野工作与著述的早期实践》，载《西南民族大学学报》2007年第12期。

③ 参见吴文藻：《吴文藻人类学社会学研究文集》，民族出版社1990年版，第263—264页。

主持云南大学社会学系，并在西南联大讲授社会人类学的同时，悉心指导学生进行实地调查和研究。中央大学和西北大学也先后创办"边政学系"，以人类学和民族学为主要必修课程，培养人类学应用人才。

在延安，学者们将人类学理论与中国社会问题研究紧密结合，并在北方民族研究的基础上，参与有关民族政策的制定和实施，开辟出宽阔的学术实践园地，使应用人类学的指导作用得到充分发挥。

新中国成立后，应用人类学在民族工作中发挥着重要作用。人类学和民族学工作者对少数民族的历史、语言、社会形态、文学艺术、宗教信仰和传统习惯等，进行了综合调查与研究，科学地确认划分出除汉族以外的55个少数民族，为国家制定民族区域自治和民族平等、各民族团结以及民族优秀文化遗产保护等政策提供了科学依据。

改革开放以来，人类学的应用受到越来越多的人类学家关注。1985年9月，中国人类学学会以"人类学的应用"为主题召开了第三次学术研讨会。同年3月，中国人类学会和厦门大学人类学系联合举办"应用人类学培训班"，邀请美国艾奥瓦州立大学的黄树民教授为全国各地学员讲授应用人类学课程。一些国外的应用人类学理论和方法也通过翻译等形式引进到国内。1988年，厦门大学为本科生开设"应用人类学"课程。1989年，香港大学的谢剑先生编著了中国第一部应用人类学教科书，应用人类学的研究在中国渐渐开展起来。

随改革开放的不断推进，中国应用人类学的战略目光逐渐转向西部大开发的重要研究课题方面。其目标是在人类学的理论指导下，探索如何科学地加大西部区域的开发力度，缩小东西部发展差距，尽快使少数民族地区赶上汉族地区的发展水平，实现共同富裕。近年来这项研究已取得丰硕成果，并体现在国家制定的西部大开发的若干政策中。

应用人类学研究认为，中国西部民族地区主要具有五大优势：一是政治优势，即社会主义制度下的区域民族自治制度，是西部民族地区加快发展的重要保障；二是政策优势，即西部大开发的总体战略和一系列具体措施，包括金融、财政、环境、土地、人口、人才和引进资金政策等等，都是促进西部社会发展的独有政策优势；三是资源优势，西部民族地区地大物博，自然资源丰富，农牧、水能、矿产、自然景观、人文景观以及旅游资源都具有巨大的开发潜力；四是区位优势，西部民族地区有漫长的边境线，边境贸易和跨国经济往来有着悠久的历史和传统，也可以说是对外开放的前沿地带，这里为民族社会经济发展提供了一个巨大的经济交流和技术互补的舞台；五是后发优势，中部地域和周边地区的先进生产力影响和促进西部民族地区的工业化、信息化和现代化同时推进，使其巨大的区域发展潜力能够迅速转化为推动社会进步的动力，这既是挑战也是机遇。西部地区又是长江、黄河等大江大河的源头，是中华民族生态保护的重要地区，也是西部民族地区社会科学发展的重要基础。人类学家告诫社会，要时时牢记科学发展观，避免走以资源高消耗和环境人为破坏为代价的“先发展、后治理”的老路。目前，应用人类学的研究已经取得许多可喜成果，提出诸多建议被政府采纳，譬如对于西部民族地区人口发展问题，水资源利用，产业结构调整，环境污染预防，退耕还林还草，退牧还草，制止乱砍滥伐、过度放牧，重视草原生态恢复、保护和建设等都成为政府规划决策的依据。

与此同时，中国应用人类学在国家发展的各个领域发挥着积极作用。在区域社会的研究方面，侧重了乡村和都市社会的研究；在社会政治制度研究方面，既注意历史研究，也注意特定文化中的政治行为和政治生活舞台的研究；在经济领域，应用人类学注重经济因素与社会结构和文化模式的相互作用；在教育领域，应用人类学特别关注现代社会的知识传播方式和积累方式研究；在人口问题上，应用人类学在人口生物属性和文化属性研究中积极探索，也在人口死亡、溺婴、弃老研究中发挥作用；除此，在生态环境研究、宗教研究、医学和人群交往等研究领域内，都有应用人类学研究作出的贡献。中国应用人类学的学科建设不断加强，学科领域不断拓展，研究内容不断与现代社会紧密结合，并对社会发展和进步产生着越来越重要的影响。

第二章
走向全球化的人类社会

第一节 何谓全球化

全球化(globalization),是一个具有极大诱惑性和煽动性的名词,也是20世纪80年代以来,在世界范围内日益凸显的新的社会现象。当前,全球化以其强劲的力量,急速而深刻地重新塑造着世界,并从根本上对世界格局进行重新划分和组合。更突出的表现是,全球化越来越多地主导着人类经济、政治、文化和社会发展的进程,成为当今人类社会的基本特征。

对于全球化,目前人们还没有一个统一的定义。但学界认同“全球化”是一个以经济为核心,包括全球各个国家、民族、地区,在政治、文化、科技、军事、安全、意识形态、生活方式和价值观念等多层次多领域相互联系、相互影响、相互制约的多元相关的整体概念。

全球化是一种新的社会现象和一种迅速发展的意识形态,也是一个动态的过程。它将越来越多的国家、城市和人群紧密地捆绑在一种互相连接的关系中,给人类社会带来强烈的震荡、巨大的张力、无情的竞争和前所未有的创造性合作关系。

全球化的过程通常体现为,商品、资本、物资、货币、人员、图像、技术、知识和思想、服务、文化等各种客体和主体,在全球范围内相互联结,不断拓宽、加量和增速地跨境流动。其实质是,不同地域人类各种(特别是先进或强势的)物质和精神文化产品,不断冲破地域和国家的束缚,越来越快地在地球上扩散,并影响到世界每个角落,使整个人类社会在共享先进(或强势)文化的同时,日趋大同发展的进程。在此过程中,各类人员频繁的跨界流动是全球化极重要的特征，因为人的流动，是物质与精神文化流动的最高级方式。

全球化对人类原有的封闭格局、民主国家政体和多样性民族地域文化产生着极大的冲击。因为各种要素的大规模跨境转移，主要以跨国集团为中介来运行，跨国集团(公司)的运作则以利益优先、比较优势和禀赋最大化为原则，这就弱化了国家主权，削弱了国家政体对本国经济的控制。因而，全球化超越和模糊了地域界限，使一些地方的经济生活和经济体系开始出现无边界化，也使国际关系增加了复杂性。

全球化的原动力是科技进步。交通和通讯事业的快速发展，是全球化的依托。交通生产力发展，促进了人员和物资的全球化流动；高新通信技术不断研发和广泛应用，支持和促进着精神产品的全球化传播交流。全球化还包含着更多的人文因素，科技进步无疑是精神文化进步的表象，交通与通信对于全球化的作用亦通常是相互配合，没有明确分工界线，比如，互联网能调动资本和物资，交通工具也能传播精神和文化。

有学者认为，全球化是资本驱动的结果，是关于资本之“主义”的全球化。因为，资本的最基本原理是“利润至上”。自从人类社会出现资本，它即开始追逐利润，资本追逐利润的范围由小至大，逐渐拓展到全球；其追逐利润的步伐也越来越疯狂，每天 24 小时从不疲倦。因此，可以这样说，当前全球化的实质，是“利润至上”的市场经济体系在全世界的扩张。我们看到的政治、文化、贸易、军事、法律等一切方面的全球化，包括国际化的共产主义运动，都是资本全球化的衍生结果。倘若世界市场的扩张是必然的，全球化也将是必然的。

在一般社会层面，“全球化”可概括为科技、经济、政治、法律、管理、组织、文化、思想观念、人际交往、国际关系等十个方面，它的内涵至少在下列四个方面越来越清晰地表现出来：

(1) 在许多领域中，全球性人类活动(尤其是经济活动)不断增加；

(2) 世界各地间的距离不断被拉近，世界变得越来越小；

(3) 在全世界流行着一种趋于相同或相似的生活方式；

(4) 以某些特定方式构建出的一个新的国际体系逐渐被人们所适应。

全球化的一个主要特征是，全球的时间空间坐标被“压缩”。通信和交通技术革命，使人类生活更多地依赖于他人的活动，人们与外界的联系无论是在空间上还是在时间上都更加紧密；科技创新成果，使时空共享越来越多地成为可能。我们能够通过传真或电子邮件,即刻与地球另一面的人或人群联系;通过国际互联网,我们可以轻松地进入美国白宫、英国圣保罗教堂,或者全球任何博物馆、图书馆,以及各地的政府门户或公共场所的主页;借助于通信卫星,我们可以即时观看世界各地的重要政治、经济、军事和文化体育盛事的实况等等。

全球化使社会生活发生着巨大的变化,人类正在经历着空前的全球化进程。这一进程不以人们的意志为转移,且以巨大的力量,急速而愈来愈快、愈来愈猛烈地冲击着全球各个角落生活的人们,冲击着人类过去的生活方式和思维理念。它将给人类带来什么,需要我们认真思考。

第二节 正确认识全球化

全球化是一个非常复杂的问题,其间蕴涵多种变量,这些变量在世界市场背景中相互影响、相互牵连、一变皆变、一动皆动,人们无法掌控其路数,更难以预知其前景。全球化终究会给人类带来什么,一直是引人关注的课题。

长期以来,人们在实践中逐渐形成两种不同的态度:一种是赞扬、支持和拥护全球化,憧憬和期盼它会给整个世界带来空前的进步和繁荣。另一种是批评、抵制和反对全球化,断定和预言它会给世界带来更大的麻烦,特别是给发展中国家带来贫困、战争,甚至文化灭绝。两种态度旗鼓相当,各有道理。

一、反对者的观点

对于反对者而言,他们的意识形态倾向于"人类天性",思想深处崇尚"平等世界"的理想,认为追求社会平等是人类进步的重要动力,抵制和反对全球化,就是反对加大贫富差距,反对霸权。

其实,自19世纪中叶到20世纪初,以轮船、铁路、汽车和飞机为代表的交通技术已出现了"质"的飞跃,人员和物资的国际交流呈几何级数增长。那时出入境并不严格,移民也容易,护照可有可无。美洲即在这时移民开始激增,中国人也从那时开始改穿西式服装,改用西式笔墨,扛洋枪、住洋房、用洋火、使洋钉,以及下南洋、闯西洋、赴东洋。而电力的应用和推广,广播的兴起,电话、电报的出现,新闻出版的普及,以及后来的电视时代等等,每种通信技术进步都强有力地推动着人类当时的全球化进程，其社会意义亦未必低于今天的互联网。以往的全球化程度不亚于今天，精神产品的多元化也不亚于今天。倘若苛求不同，只能说后来的两次世界大战加上绵延80年的冷战，切断了世界的全球化进程，使冷战后开始恢复的国际交流显得突然和新颖。

学者们将全球化给人类带来的主要问题归结为四个方面。其一，可能带来法治与道义的削弱。因为任何国家的市场都是在统一的法治环境中逐渐成熟的；而世界市场缺少统一立法的“世界政府”，它发育于非统一的法治环境，因此难以“成熟”，也不易法治化，但它却严重地削弱和冲击了原来国家市场建立的法治体系；即便大家都遵循所谓的“世界公法”，而当立法、司法和执法都归于一家，公平也就成为理想主义者的奢望，世界霸权和区域贫富差别无疑会扩大。所谓“全球治理”(global governance)也不可能体现国际公义。其二，导致国家损益无法预知。中国曾被全球化击败，却又在全球化中崛起；大英帝国的崛起亦得益于全球化，但全球化又使其衰落；当今美国，虽然一直是全球化的最大获益国，却百般冷淡全球化，因其已饱尝到为全球化而付出的代价。在全球化中，强国、弱国、大国、小国都可能获益，也都可能吃亏。其三，刺激差异追求引发社会矛盾。全球化并未使人们的思想向“趋同”靠拢，却在人们的思想深处激发出“逐异”的思潮，追逐不同成为全球化时代的最深刻特征。全球化资本毫无人性，它推动社会变迁，也萌发各种意识形态，以至产生各种相互牵制的社会集团，形成利益纷争、社会摩擦和矛盾，甚而酿成社会震荡和民族国家间的激烈冲突。全球化的确曾给人类社会带来繁荣和进步，但其带来的社会动荡、社会革命、区域战乱和“世界大战”应发人深省。其四，民族主义和国家疆域没有削弱，反而被强化。近代的国际主义产生于全球化，可全球化并未削弱国家和民族，反而使其更加坚固和强大。全球化带来了护照和海关，带来了人员交往的阻隔和障碍，强化了“神圣”的国界，推动了更先进武器的制造研发，激励着更强大的国防建设，使人们将保护国家疆域安全的空间范围一直延伸到外太空。在此间的获胜者，并非是国际主义而是国家主义和民族主义。

二、支持者的观点

对于众多的支持者而言，全球化是一种基于世界大同理想的意识形态。他们认为，支持全球化就是尊重“市场规律”，就是顺应历史潮流。全球化将给人类带来方便、发展和进步。

物质产品、精神产品和金融资本的跨国流动，是全球化的基本形态。全球化以交通、通信技术进步为依托，不仅使原来国家层面的交流活动愈加广泛、多样和稳固，更推动各种公司和不同社会团体之间的交流活动愈加频繁，它把国家间和社会民间的交流活动潜力充分调动起来，使人们的生活越来越多地依赖于他人的活动，人与外界的时空联系也越来越紧密，科技成果的时间共享越来越便宜。全球化是推动人类社会进步的巨大力量。

从人类历史看，工业化主宰着20世纪。工业革命，用了一个世纪才决出胜负，它将世界国家划分为工业国家和欠发达国家两类。而21世纪将是全球化主宰的时代，在全球化时代，像工业革命那样决定胜负的战役，恐怕只需20年就足够了，可见全球化推动人类社会进步的力量之巨大。

许多研究已表明，全球化带来的贸易增长和金融资本，在为贫困地区提供资金、技术、工艺和市场培育的同时，也改变和提升了他们的精神观念，从而在整体上缩小了富人和穷人的生活差距。比如，中国推行改革开放政策，促使农村贫困人口由1978年的2.5亿人锐减到1999年的3400万人；印度在过去20年内，贫困率下降了一半；乌干达20世纪90年代使贫困程度降低了40％，学校登记注册人数翻了一番；越南的调查显示，20世纪90年代有98％的人民提高了生活条件，贸易自由化是越南改革取得成功的重要因素之一；在撒哈拉沙漠以南的非洲各国，有75％的家庭认为跨国公司在当地的投资是件有利的事情。①

在国家层面，虽然国际组织和跨国公司的影响与日俱增，但政府仍是国际舞台的最重要角色，全球化依靠政府发挥其职能，以控制经济、保护环境、繁荣文化；政府在税收、消费、权益保护、规则化等方面不得不努力适应全球化带来的社会变迁，并将其各项职能向全球化规则靠拢。倘若政府不面对市场规律，不健康地运行经济政策，那么这个政府将受到全球化市场的制裁：政府的财政可能产生赤字，货币膨胀也可能加剧，负债水平会超过危险临界指标以至压垮负债人，外商金融资本亦会因投资成本过于沉重，而可能将他们的资金输往更宽松的国度，这样，出口市场自然会逐步消失。经验和事实告诉我们，抵制全球化而闭关自守的国家，都被那些支持和接受全球化

① 〔日〕初濑龙平：《全球化的历史进程及其对亚洲的影响》，郎平译，载《世界经济与政治》2000年第6期。

并奉行开放政策的邻邦远远地抛在了后面。全球化就像新升的太阳，已是不可争辩的事实。

从上而知，全球化既有积极的一面，也有消极的一面，但全球化的脚步不会停止，我们应不断加深对全球化的正确认识，趋利避害，引导各项事业健康发展。

第三节　全球化的历史进程

自人类出现并逐渐由起源区域向世界各个地域进发的时候，人类的“全球化”脚步就开始了。我们熟知，当史前黄色人种的一部分跨过白令海峡，踏上美洲新大陆的时候，以“洲际石核”为代表的物质文化和相应的人类生存理念等精神文化，也随之在那里生根。不过，直至文明出现之前，人类对“全球”的认识始终非常局限。大约至公元前3000年到公元前2000年的时候，古代文明相继出现并达到一定程度，人类社会的政治组织和地域概念才逐渐强化起来，人群间的跨境交流，通过各种方式（战争、掠夺或联姻等）不断活跃。

从世界被“同质化”的意义出发，全球化的事实只有数百年历史，其间人类世界开始经历不断被分化的过程。最早的全球流通约始于13世纪，当时从欧洲到东方的整个旧大陆出现了若干相互依存的次系统。[①] 发现新大陆后，约自16世纪开始，西欧国家逐步进入美洲和亚洲，并在经济方面开始塑形现代世界体系。至17世纪，西方政治制度日益凸现优势，世界政治领域始终受到西方国家制度的推动，人们能够感受到西方世界的牵引力，西方国家也很自然地扮演了当代世界主导者的角色。在此背景下，现代意义上的“全球化”在19世纪70年代初掀起第一个高潮，并持续到“一战”前夕。这一全球化浪潮的动因，是由西方世界交通进步和贸易壁垒减少而推动的。当时世界贸易快速增长，出口占世界收入的比重翻了一番，达到8%；人们寻找更好工作机会的愿望，推动了大规模移民，此时世界上大约有10%的人口兴致勃勃地移居到新的国家。比如，欧洲有6 000万人口移居北美和其他新大陆；人口众多的中国和印度也发生了相同情景，人们大批移居到人

① 杨汝万：《全球化背景下的亚太城市》，科学出版社2004年版，第47页。

烟稀少的斯里兰卡、缅甸、泰国、菲律宾和越南等地方。[①] 在这段全球化进程里，全球化面临的最大问题是西方国家与非西方国家在争夺世界主导权方面的对抗。

进入20世纪，两次世界大战和绵延80年的冷战，将世界全球化的进程缓慢下来。这个世纪前80年的全球化形势，可以划分出两个不同的阶段：第一阶段是“一战”结束后，世界进入一个保护主义的时代。各国相继建立了像“关税”这样的贸易壁垒，使世界经济增长停滞了，出口在世界收入中的比重跌至1870年的水平；第二阶段是“二战”后世界经济开始复苏，自1950年到1980年欧洲、北美和日本通过一系列多边贸易开放举措，恢复了贸易关系，从而实现了发达国家之间的一体化，一些国家的贸易和经济取得快速增长，但大部分发展中国家无力参与超越初级出口商品的贸易，因而几乎没有得到这种全球化或一体化的益处。

20世纪80年代以来，伴随冷战的结束，蓄势已久、更加汹涌澎湃的全球化浪潮扑面而至。它通过货物和产品、信息、知识和文化，以及人员和金融资本的跨界交流，将世界紧紧地联系在一起，成为人类历史上无法避免的历史现象。虽然冷战后的全球化仍以交通和通信技术进步为依托，但众多发展中国家试图通过开放国际贸易以吸引外资的愿望，却为之发展注入了巨大的推动力。

有数据显示，在近20年里，国家之间的相互依赖程度日益增加，世界上几乎每个国家GDP中的进出口比例皆稳步上升；1979—1989年，国际金融市场的规模和国际货币贸易增加了6倍；全球商品出口占全球产出的百分比从10%上升到20%；国际性服务业交易则从15%上升至22%；目前世界上每7宗资金贸易中，就有一宗涉及外国人。在国家层面，至1992年，出口价值超过400亿美元或出口量猛增10倍以上的国家有25个；一般工业国家的出口，20年间增加9倍，德国和法国出口增加8倍，西班牙增加15倍，亚洲“四小龙”和中国等的年增长都超过1.1倍。[②] 这些数据反映出20世纪80年代以来全球化给世界经济带来的急速变化和对人类社会发展产生的巨大影响。

当前，全球化已成为推动人类社会发展的巨大动力，它势不可挡地荡涤

---

① 参见郭国庆、张平淡：《国际营销学》，中国人民大学出版社2008年版，第1页。

② 参见杨汝万：《全球化背景下的亚太城市》，科学出版社2004年版，第49页。

着人类社会的各个领域，深深地影响到人类社会每个角落的生活方式和意识形态，并越来越明显地主导着人类社会的进程。

值得注意的是，最初的全球化进程是由欧洲世界主导的。因为，发现新大陆后，伴随着殖民地的扩张，欧洲的政治制度和西方现代科学萌生出的工业化潜能，始终是当时发源和策动全球化的引擎；直到二战结束，亚洲和非洲的大多数国家仍是葡萄牙、西班牙、英国、法国、荷兰和德国等西方国家的殖民地。西方国家将遍布世界的殖民区域作为西方工业化的内陆腹地，从这些地方或国家生产原材料，并强制其进口工业制成品；同时，西方文化和价值观也逐渐被殖民地的绝大多数上层人士所接受，并成为全球化进程中的精神产品，在全球范围内扩散。长期以来，以欧洲为中心的政治、经济、文化理念，似乎被认为是普遍适用的规则，对全球化进程产生着极其重要的影响，并起着导向作用。

而 20 世纪 80 年代的全球化则不同，它是伴随冷战结束、原产品价格回落，特别是以计算机和芯片技术为核心，带动通信、交通、信息技术等一系列高新科技不断推陈升级为特征的全球化时代。在这个时代，谁在计算机技术方面领先，谁就能够主导世界经济，并影响世界政治。因此，这一时期全球化的核心问题是如何在计算机的硬件业和软件领域建立起巩固的领先地位。

美利坚合众国恰恰在这个时代把握了时机，显露出头角，逐步牢牢地占据了主导世界经济的地位。

美国企业在信息技术和交通创新方面一直处于全球领先地位。美国的波音 747 或 777 是目前世界上最受欢迎的飞机；全球很多个人电脑，都以英特尔公司的奔腾产品作为中央处理器，以微软公司的视窗系列作为操作系统，以“探路者”作为国际互联网浏览器。国际商用机器公司（IBM）、康柏公司都是世界上大型的计算机生产企业。在全球企业中，按总利润排名，英特尔和国际商用机器公司分列第四和第八名；以收益与净利润之比排名，微软和英特尔分别排在第一位和第三位。[①] 在计算机领域，控制生产标准的企业不仅主导着计算机的销售，而且支配着通信网络的建立。再加之计算机通信的主导语言是英语；美元是外汇交换中的基础货币，也是国际支付和外

① 参见〔日〕初濑龙平：《全球化的历史进程及其对亚洲的影响》，郎平译，载《世界经济与政治》2000 年第 6 期。

汇交易中的主要货币，在国际外汇市场中美元占有非常重要的地位等等因素，都成为美国国家地位的优势。

事实上，美国已牢牢地掌控了引领世界经济的主导权，并将其膨胀为带有利己色彩的霸权。其霸权又以经济领域坚实的主导权为基础，拓展为军事领域的垄断和国际政治、经济、文化、军事和制度建设领域的话语权，以至美国人自认为只有美国才有资格决定意识形态或理论的合法性，甚而有资格支配其他国家的权力。因此，美国及其所代表的西方国家极力运用这些优势，并按着自己习惯了的西方模式来“压缩”世界，试图以此培育以美国和西方国家为中心的新全球意识和全球秩序，重新构建一体化的国际社会。

但是，人类全球化的历史进程并非如此简单，也不是世界上所有人都能接受西方模式，服从以美国为首的西方世界的领导。人们质疑西方国家的政策在很大程度上自相矛盾，指责美国等国家的人权政策在国内外执行着不同的标准。在世界各地，各式各样的“反全球主义”思潮已经形成，呼声越来越高。反全球主义的突出表现是伊斯兰世界与西方“普世主义”的对抗。在东南亚，为抵制美国控制亚太经合组织的图谋，马来西亚前总理马哈蒂尔倡议成立了东亚经济论坛以抵制霸权。在越来越多的发展中国家眼里，西方所谓的“普世主义”归根结底是为了掩饰其自身私利，是西方霸权的别种方式。从这些角度来看，美国和西方的“全球主义”和众多“反全球主义”国家之间的对抗，也是当代全球化进程的一部分。然而，反全球主义能否代替以西方为中心的全球化，西方霸权是否能够终结，都是全球化中人们最关切的问题。无论如何，在不同文明的较量中，西方世界看起来不会完全胜利；在可预见的将来，冲突仍将继续。总之，人们期待着非政府组织通过跨国界活动，将原属西方的观点和制度（如人权、民主等）真正从国家利益中解脱出来，并赋予其新的含义。这样，人类社会才有希望为实现更加平等的“全球化”开拓出一片蓝天。

第三章

全球化条件下的人类学趋势

以计算机技术为核心的新技术革命，强有力地推动着人类社会全球化的进程。人类学家虽然不能准确预测人类社会的真实未来，却具备在广阔背景下研究人类自身及其社会问题与趋势的能力；人类学的研究，将提示人们某些趋势的存在，抑或这些趋势持续发展，将给人类自身及其社会带来什么样的后果。

第一节　生命科学发展与人类体质的演化趋势

我们说全球化是一个进程，也是一种意识形态。但确切地说，它却是人类文化的高级表现形式。全球化通过科技进步，推动人类生产力水平提高和社会发展，它不仅塑造人类全新的文化，也对人类自身体质及其生物属性产生重要影响。在人类生物属性方面，下列趋势将越来越受到关注。

一、不同基因交流机遇增加与人种差别逐渐趋小

人类这个物种在不断全球化的进程中会有怎样的未来，现在还难以预料。但生命科学飞速发展给人类生物属性中长期形成的固有模式带来的强烈冲击却会越来越明显，由此引起的人类体质演化和生存方式演化已经拉开帷幕，有些趋势已显露端倪。最直观的是，全球化进程使不同人群间的交往越来越便捷，不同基因间的交流机会日益增多，频度渐快，形式多样，范围日趋扩大，表现越来越活跃，以至原来相对稳定的人种“基因库”发生不同程度的“漂变”或“迁移”，使人种遗传模式悄然变化，各人种间的界限将越来越

趋于模糊，混血人不断增加，不同人种基因图谱的差异逐渐缩小，并渐趋相互靠拢，真正意义上的纯种人种可能消失，人类的后代越来越朝着大体趋同的方向进化。同时，人类基因谱即将完全破解；一张完整的人类基因图谱，相当于绘就了一幅全新的人类社会生活蓝图，它将对人类的社会进步与体质进化产生不可估量的巨大推动作用。

二、预期寿命延长与社会结构变化

随生物技术发展，人类预期寿命延长。目前，生物科技的研究与应用，从植物发展到动物，最终应用到人类自身，从而揭开了探索人类生命科学奥秘的序幕。通过基因技术，人类可以有效预防、控制和治疗疾病，使令人难以应对的一些绝症、顽症、慢性病和疑难症等得到医治或避免，这会让人类减少痛苦，减少死亡，延长寿命，也给医学事业带来无限光明的前景。

更值得注意的是，"人类寿命"研究进展很快：美国科学家日前通过对芽殖酵母和线虫的基因分析，鉴别出两种生物共有的25个调控寿命长短的基因。华盛顿大学的科学家认为，在这25个"长寿基因"中，至少有15个基因在人的基因组内存在相似版本。这意味着科学家有可能借此锁定人体内的基因目标，研究如何减缓人的衰老过程，以治疗衰老引发的相关疾病，并逐步实现调控人的寿命。中国科学家则发现了人类细胞衰老的主导基因P16，初步揭开了人类细胞衰老之谜。科学家断言，人类能够在不久的将来最终找到和确认致使人类衰老的基因，并通过基因重组技术对其改良。正如美国纽瓦克新泽西医学院的唐纳德·卢里奥教授所说，细胞和基因研究以及微技术方面的进步，可以使未来的人类更长寿，在未来世界，人的寿命将突破现有的自然规律，出现戏剧性的转变，人们能活到120岁到180岁。① 更有科学家认为，人的寿命将没有限制，人们可以活到200岁、300岁，甚至500岁。

由此，当人类通过基因重组使寿命大幅度延长，甚至长生不死的时候，人类的社会结构将出现怎样的情景，人口出生率和死亡率的平衡又会出现什么趋势；人口年龄结构变化后，自然环境、资源配置将如何改变，地球生态平衡会发生什么，社会如何负担人口结构和数量的变化等等，都是人类学面对的重大课题。

---

① 参见泰福：《人类社会的变迁》，中国社会科学出版社2003年版，第141—142页。

三、社会保障体系不断完善与人们的生育观念改变

科技进步、寿命延长、社会福利和保障不断完善等，都直接影响到人们的生育观变化。生存和繁衍，始终是人类发展的最基本问题。

在生产力相对低下、资源相对匮乏的传统社会，人们期望多生育的原因很简单：除传宗接代外，子女更是家庭的主要资源，他们既是必要的劳动力，又是父辈老年安全和生活保障的源泉和希望；尤其在医疗水平偏低和婴儿死亡率较高的时期，人们普遍认为多生养后代至关重要，而且越是贫穷的地方，这种生育观念越强烈。然而，随生产力水平快速发展，社会积累增多，社会保障体系不断完善，人类经过百万年铸就形成的这种传统生育观念遭到强烈冲击。尤其是当生物技术破解了人类衰老之谜，解决了健康问题，人的寿命大幅延长的时候，人类对生育繁衍的期望和需求都将大幅降低，生育观和生育方式也将悄然发生变化。

现在世界人口的总体发展趋势，虽然仍旧表现为多数贫穷（发展中）国家或地区较高的人口出生率推动世界总人口持续增长和少数富裕（工业化）国家人口出生率明显下降，尤其是欧洲和北美国家的人口出生率继续在死亡率之下延伸。但是，情况却发生了很大变化，一方面是越来越多的工业化国家死亡率和出生率继续下降，许多国家加入到人口负增长的行列；另一方面是非洲、南亚和中南美洲一些较贫穷国家，出生率也都出现不同程度下降，如孟加拉国 10 年间出生率从 6.2‰下降到 3.4‰，突尼斯从 7.2‰下降到 2.9‰，墨西哥的出生率已降至略高于死亡率的水平；在中国沿海发达地区，人口增长趋于平稳，上海这个巨型城市的人口多年保持着负增长。据统计，进入 21 世纪以来，已有 18 个“不发达”国家的出生率也降至死亡率之下。[①] 这些趋势说明，人类的生育观正在发生改变。

由于科技进步，社会生产力水平提高，人们富裕起来。当人们的财富足够解决自己一生的生活、养老和医病，以及其他所有物质需要时，减少生育就可能成为人类的主观倾向。20 世纪 80 年代始，“丁克”现象引起人们对经济生活、伦理观念、两性关系等问题的反思。有人说，丁克家庭是一种前卫的家庭形式，它代表了轻松、自由、叛逆、胆识和勇气……也有人说，丁克

---

① 这组数据参见〔美〕威廉·A.哈维兰：《文化人类学》第十版，瞿铁鹏、张钰译，上海社会科学院出版社 2006 年版，第 521 页。

家庭是一种更为自主的生活方式和行为,它使女性摆脱了被固化的"生育工具"的传统角色,也使人们摆脱了那种"前半辈子为父母活,后半辈子为孩子活"的生活氛围。况且,人们已经感受到养老制度逐步完善、便捷、可靠和适宜,越来越多的人已不指望从子女身上得到什么,只要他们每月拿出一部分资金投入养老保险和医疗等保险,就完全可以抛弃后顾之忧。

四、生命科学发展与人类繁衍方式革命

科技进步和生命科学发展,完全有可能为人类自身的繁衍方式带来一次新的革命性飞跃。

在人类生育繁衍史上,有性交配始终是人类生育繁衍的唯一模式。在人类漫长的有性繁衍岁月中,第一次重大革命的命题是禁止血亲交配,它使人类体质优化进化成为可能,也使人类自身和社会能够健康发展。然而,今天生命科学的命题,正在对人类延续了上百万年的有性繁衍方式提出挑战,并出现了一系列令人吃惊的成果。

最初,汉斯·斯皮曼于1938年提出用成年动物细胞植入卵子进行哺乳动物克隆的设想;23年后,约翰·格登宣布他用一个成年细胞成功克隆出一个蝌蚪;1984年,斯蒂恩·威拉德森用胚胎细胞克隆出第一只羊;1996年,第一个用成年哺乳动物细胞克隆的克隆羊"多利"问世;2000年,美国科学家用无性繁殖技术成功克隆出一只猴子"泰特拉",标志着无性繁殖技术用于克隆人类本身已无障碍;2001年,美国和法国科学家联手在地中海的一个岛屿上秘密开始了克隆人的实验;与此同时,美籍华人刘宏清等在人造子宫研究方面取得突破性进展。这些研究为生殖革命建立起科学基础。

一些学者认为,克隆人是人类最后的生育繁衍方式,它将为人类带来福祉。目前,世界上有7000万男人没有生育能力,克隆技术可以为他们解决没有后代的缺憾;同样,人造子宫的出现,对不能生育的女性而言,莫不是天大的喜讯?人造子宫研究的重要前景,更在于它有可能从根本上消除女人怀孕和分娩时的痛苦,并可能使人类后代的胚胎发育时间摆脱骨性产道的限制而适当延长,这样能让胎儿在"母体"中得到更充分的胎育,尤其是胎儿大脑的培育。

虽然克隆技术可以帮助不能生育的人生育后代,但克隆出来的新人并不是原来正常人两性结合的后代,而是对一个人的复制产物。这样复制出

来的新人如何为其确定伦理关系？它的家庭关系和社会属性又如何确定？这些不仅对人类祖祖辈辈延续下来的、唯一的生育方式产生着无情的冲击，也必将对人类传统社会结构和传统观念产生巨大而严重的影响。甚言之，它的影响已不能仅仅用“巨大”和“严重”这类词来描述，而很可能是一种足以使整个现存人类社会结构解体的颠覆性变革。因为，它直接诋毁着人类长期以来形成的，由血缘纽带组织起来的传统家庭和由血缘纽带建立起的人与人之间的社会单元和经济联系，也与基于血缘家庭的相对稳定的社会结构、伦理传统和精神情感大相矛盾。若此发展，人类社会将出现什么情景，科学家们也难以预测。

五、人类自身克隆禁止与生命科技前景窥望

生物技术的发展，是一把双刃剑，它既可能给人类带来福祉，也可能为人类社会带来不幸。因此，许多科学家极力反对某些生物技术的应用，各国政府也基于保护人类生存的基本伦理关系而纷纷立法对某些生物技术，特别是对人类自身的克隆予以禁止。例如，日本国议会 2000 年 11 月通过一项法律，宣布克隆人有罪，其罪最高可判处 10 年监禁或 1 000 万日元罚金。英国政府也在 2001 年 4 月宣布英国将在年内立法，明令禁止克隆人。2001 年 5 月，加拿大卫生部长洛克在一次讲话中表示，他将提出禁止克隆人的法案。2001 年 8 月美国众议院通过一项法案，明确将克隆人列为非法，触犯者将处以 10 年徒刑和百万元美金罚款等等。

但是历史告诉我们，人类智能的进步、科学技术和生产力的发展永远不会停止，人类对自身的认识也永远不会停止。在这个简明的道理面前，任何政府的政策或立法可能会变得苍白无力或只在一段时间内发挥作用。犹如 18 世纪以前至高无上的欧洲教会势力一样，它只能反对哥白尼的“日心说”，反对达尔文的“进化论”，甚至将支持哥白尼的伽利略终身监禁，把最早研究血液循环的西班牙医生塞尔维特和宣传“日心说”的意大利哲学家布鲁诺烧死在宗教审判所的火刑架上，但它没有能够阻止，也阻止不了科学的进步。科学家相信，人类一定能够摆脱传统观念的束缚，利用科学的智慧不断加速对自身的认识，不仅能够攻克人类各种疑难疾病，走向健康和长寿，也能够使人类自身向更高级的层次演化，甚至通过基因重组培育出超高智商和超高能力的“优秀人种”。可以料想，一旦这样的人种出现，现在人类的智能社会将无法抵挡他的发展和壮大，那时，相应的社会结构和人类的智能领

域也将发生意想不到的变迁。这些问题都为人类学的研究,拓展了无限广阔的探索空间。

第二节 生存环境变化与人类物种危机

科技进步使人类对生存环境的研究逐步拓展出三个明显的层次:一是对外星球和宇宙太空环境的研究,以期探索太空环境变化对地球人类的影响,进而探索、利用宇宙和外星球资源为地球人类服务;二是对地球资源与自然环境变化趋势研究,以期正确认识和保护人类的基本生存环境,探索人类社会的可持续发展;三是研究人类活动产生的地球次生环境,谋求减缓环境恶化和资源匮乏对人类生存的威胁。

一、宇宙太空人类学的未来

太空人类学和宇宙人类学最关心的问题是地球人类在宇宙太空间的地位、作用和能力。经过几百万年的努力,人类已经征服了地球,并"占领"了地球上所有能够生存的地方。然而,人口剧增、资源匮乏、生态失衡,使得地球变得越来越小,压力却越来越大。地球史上许多盛行一时的物种因地球环境变化而遭到灭顶之灾的命运,以及目前地球环境中威胁人类生存的潜在危机不断增多等事实,越来越令人担忧。因此,走出地球,寻找外星生存空间,进而迈向太空成为人类多年的梦想。

但是,在浩瀚的宇宙太空中,地球太渺小了,人类的能力更是微不足道。自从1957年前苏联发射第一颗人造地球卫星至今,尽管人类百般努力,但迈向太空的脚步还没有走出多远,人类的航天技术难以将自身送往更远的星球。因为,以今天人类创造的最高飞行速度去一次离地球最近的火星尚需300多天,可想而知,欲去其他比之远得多的星球,即便耗尽一个人的寿命也难以实现,何况还有复杂的技术障碍。

尽管如此,人类寻求地外发展的努力仍在进行。目前,人类登上月球的能力已经具备,征服火星也已不是幻想。火星的自然条件与地球相近,不仅地面日间温度可达摄氏15度,且有水蒸气含于大气中,还有四季交替的气候变化和地表浅层的冰冻水存在。科学家已将开发地外居住地的首选目标锁定在火星,并开始研究人类登上火星后的生存问题。当年,美国总统布什甚至在1989年的一次讲话中预言:人类登上火星的时间将不迟于2019年

7月20日，以便纪念伊格尔登上月球50周年。① 人类迈向火星的宏伟计划正在拉开帷幕，我们期待着它为地球人类发展开辟出崭新天地。

在探索太空生命方面，人类虽能证明宇宙中至少有千百万颗行星上存在生命，并推测地外星空很可能存在高于地球的生物文明，但目前人类还不知道这些生命的存在形式和智能程度。随科技生产力发展，人类天际旅行日益频繁，或许某日地球人类将与地外星空中的某个智慧生命不期而遇，那将会出现怎样的情景，我们尚难预料。如果对方的智能低于地球人类则问题不大；倘若相遇更高级的智慧生命形式，人类创造的地球文明将面对挑战，人类的命运可能发生重大改变。一种情况是遇到不友善的超高智慧生物，人类的命运将面临灾难，这种灾难可能比发现新大陆后美洲印第安土著民族的遭遇要惨烈得多；相反，如果彼此不怀敌意，那么不同星球的文明相互交融，地球文明将会发生意想不到的巨大变化；更有可能人类逐渐发现多个不同的智慧生命方式、不同的社会形式和不同的文明形式，地球人类面对多种具有超高智慧的外星生物和外星社会，那么各星球智能生物间的惨烈竞争将不可避免；那时，人类的种族、民族、教派、政治和经济集团，甚至国家，都不再矛盾，人类将成为一个整体，以代表地球生命去捍卫自己的领地和生存权利。这种情形也可以被认为是科幻，但宇宙之大，无奇不有，人类学家始终对此保持极大的关注。

二、地球人口、资源与环境的人类学关注

在谈到地球资源与环境问题时，首先要谈到人口问题，因为人口数量和消费水平是地球资源与环境评价的重要基础。

虽然现代文明使发达社会人群的生育观念发生着变化，但世界人口保持急剧增长仍是不争的事实。人口问题，一直是当今人类社会所面临的严重问题之一。2006年2月26日，世界人口突破65亿；2011年10月31日，全球人口已达70亿。地球能承载多少人口，人口增多使地球生态如何平衡，资源供给如何解决等等，都向人类提出了严峻的挑战。

人类学研究发现，世界人口的急剧增长，只是近一二百年的事，特别是“二战”后，人口增长才出现直线上升的迅猛态势。在这一态势的背后，则是社会稳定、科技进步、医疗卫生条件提高、生活水平改善等社会环境。这些

① 参见泰福：《人类社会的变迁》，中国社会科学出版社2003年版，第125页。

主要因素导致人类社会出生率总体上升，死亡率明显下降，婴儿成活率大幅提高，人口快速增长。人们称这种态势为“人口爆炸”，其无疑是现代文明给人类带来的意想不到的后果。

然而，在漫长的人类早期文明中，在原始质朴的采集、渔猎和农耕社会状态下，人类出生多少，死亡多少，婴儿存活多少，长期处在一种大体上与自然界相平衡的状态上。世界总体人口没有对地球自然环境的平衡产生压力。

而今天的情况大不相同，“人口爆炸”的后果，影响到世界上的每一个人。为了养活日益膨胀的人口，必须大幅增加粮食生产。当科技开发的生产率和增加的劳动生产率仍然跟不上人口增长率时，许多国家，特别是发展中国家不得不大片大片地砍伐山林，开垦草原，改作农田，使生态环境遭到前所未有的破坏，进而对地球气候造成严重影响。人口过剩，导致粮食紧张、能源短缺和资源不足，还引发经济、社会和政治问题，甚至产生政治动荡和内乱。为了有效控制人口增长，人类只能从降低出生率上入手。因为，从人道主义出发，人们不可能请活着的人早一点死亡，只能设法让尚未出生的人晚一点出来，这又加速了“老龄化社会”的到来。老龄化社会也成为人类学研究的新课题。

为解决粮食问题，现代农业科技快速发展，但科技进步虽然增加了农业产量，减轻了田间劳作的艰辛，却成倍地加重了能源消耗。表 3-1 比较了前工业时代农业和现代机械化时代农业，一个农耕者在单位时间里生产粮食中所含能量（卡路里的量）的情况。

表 3-1 前工业化时代农业与现代机械化农业单位产出对比表

地区和农业类型	作物品种	卡路里/人·小时
前工业时代农业：		
瑞典	旱地稻谷	2 600—4 500
热带地区	混合作物	600—7 200
中国密集型农业	水稻	9 600
现代机械化农业：		
美国	水稻	670 000
美国	玉米	900 000
英国	小麦	730 000

数据来源：David Pimentel and Marcia Pimentel, *Food, Energy and Society*, New York: John Wiley and Sons, 1979。

表3-1说明，现代机械化农业比前工业化时代农业的劳动生产率高出几十倍或者上百倍。但是，如果把生产中使用的牲畜、农具、肥料、农药、机械和灌溉等投入的所有能源消耗都计算进去，情况就大不一样了(参见表3-2)。

表3-2　前工业化时代农业与现代机械化农业产出/投入比

地区和农业类型	作物品种	能量产出/投入比值
前工业时代农业：		
巴布亚新几内亚	混合种植	18
东南亚、坦桑尼亚	稻谷	14—23
非洲、墨西哥、危地马拉	玉米	14—38
中国密集型农业(30年代)	稻谷	41
现代机械化农业：		
英国、美国	玉米	2—3
英国、美国	小麦	2—3
日本、加利福尼亚	稻谷	1.5—2.5
美国	高粱	2
美国	大豆	4

数据来源：David Pimentel and Marcia Pimentel, *Food, Energy and Society*, New York: John Wiley and Sons, 1979。

从表3-2可以清楚地看出，现代机械化农业在能源消耗方面比前工业时代农业要落后得多。发达国家的现代化农业，在农田里投放一个卡路里能量，只能产生1.5到4个卡路里回报，而前工业时代该比率却高达1∶14到1∶41。

问题还远非如此。在发达国家，机械化农业产出的粮食，许多都不是直接供人们消费，而是先给动物吃，由它们转化成肉、蛋、奶后再供人消费。这样一来，能量又要损失掉一大半。更不能低估的是，在现代社会里，食品从生产出来到端上餐桌，还有许许多多需要消耗大量能源的环节，比如食品的运输、加工、包装和包装材料，食品的冷冻、保鲜、加温、保温、贮藏等等，都要消耗大量能源。据专家计算，发达国家每送到人们口中一个卡路里能量的食品，起码要消耗掉7—9个卡路里的能量。相反，一个亚洲种植水稻的农民，只消耗一个卡路里的热量，就可以用传统方法生产出300卡路里的热量。尽管如此，人们仍然相信，科学技术进步能够发掘出更多的能源用于食品生产，农业科技发展也一定能够不断提高食物的生产，以满足日益增长的人口生存需要。然而，如此下去，能够做到多久，却是一个令人深思的问题。

另一个值得关注的问题是，土地不合理利用产生的后果令人担忧。在世界上的许多地方，特别是亚洲、非洲和拉丁美洲，许多曾经是人们用作生存型农业的上百万英亩成熟耕地，陆陆续续被用来生产供出口换汇用的经济作物，其中很大一部分用来满足发达国家对咖啡、茶叶、香蕉、巧克力和牛肉等的食品需求了。而那里原来的自耕民，则陆续迁移到城镇或生态环境不适合农耕的地方。在非洲，许多土地原来是游牧民族放牧用的，农民开始蚕食这些土地时，天然牧场就被破坏，牧草和牲畜的平衡被破坏；牧草逐年减少，过度放牧使牧场进一步退化，导致本来就很脆弱的草原水土流失日益严重，给游牧民和农民造成了灾难性的后果。在巴西，为了解决能源问题，东北部上百万英亩成熟土地用于生产糖料作物，这些作物用来制造酒精，以解决里约热内卢汽车的能源需要；而这里的原耕民开始被迁到亚马逊雨林的一小块土地上，可这里不久又被开发成生产牛肉的牧场，原耕民们不得不再次迁移。①

同时，为了提高农作物产量，在土地上施用化学肥料、除草剂、杀虫剂等，对土地资源的破坏程度也不能低估。这些化学物质除保证农作物生长外，也无孔不入地聚集到我们意想不到的地方，它们改变了原来天然土壤的化学平衡，甚至毒化了地表和水表，杀死了鱼和鸟及其他有用的生命形式，扰乱了自然生态循环，也诱发出若干严重的公共健康问题。

从上可知，人口增长过快，给地球带来了沉重的负担；现代化的生产方式和生活方式，不仅使能源消耗大量增加，也使自然环境面临越来越严重的失衡；人类不断向大自然索取，并疯狂地按照自己的需求来改造自然，导致地球资源和人类生存环境不断恶化。我们看到地球上人口在增加，耕地在减少、土壤在退化、森林在缩小、濒危物种在不断灭绝……但为了满足日益膨胀人口的生活需要，人们仍然不得已地过度耕种，过度放牧，过度捕猎，过度砍伐，使人均耕地愈加减少，土壤愈加贫瘠，草原愈加退化，森林愈加缩小，可利用的天然矿产资源愈加趋于紧张，濒危物种愈加濒危愈加增多，甚而淡水资源亦愈加不能满足人类需要。人类学家提醒人们有必要对人类行为进行反思，并从更高级、更长远、更全面的视角，认真探索人类社会可持续发展的可行之路。

---

① 参见〔美〕威廉·A. 哈维兰:《文化人类学》第十版，瞿铁鹏、张钰译，上海社会科学院出版社2006年版，第517页。

三、人类活动引起地球环境恶化的人类学研究

自人类出现，到采集、渔猎和农业社会，人类始终在向大自然索取食物和用品。虽然，这段时间人类向自然界索取的力度也曾不断加大，甚至时间历程长达几百万年之久，但它并没有对自然环境带来多大的损害，整个地球的自然环境总体上是平衡发展的。

然而工业革命以来，仅仅几百年，人类对地球自然环境的破坏就达到了令人吃惊的程度。这期间，人口急速膨胀对环境资源的需求压力不断加重，科技生产力发展又使人类开发自然的能力与日俱增。在此趋势下，人类的行为又时常超越理智。人们盲目开发，导致生态失调；过度采伐，致使森林锐减；开荒垦草，造成植被破坏，山体滑坡，水土流失，土壤沙化，气候异常；工业文明在创造无数辉煌的后面，排放出大量毒害物质，流入江河、湖泊和海洋，浸进土壤、地下水和地壳，升腾在空气中，对人类生存环境造成严重破坏。

人们已经知道，工业烟囱中排放出的有害气体，造成空气酸化，“酸雨”频至。空气酸化和“酸雨”，不仅直接危害地面水体和森林，更侵害人类肺部和体内微循环；地表和水表酸浓度增加，极大增加了铅、镉、汞、铝等的溶解性，增加了这些有害物质成分在土壤和水体中的比例，特别是增加了可溶性铝的比例。有资料显示，目前在全世界对农作物有害的耕地中，有17%是由于铝超标引起的。[①] 铝还与老年痴呆、阿耳茨海默氏病和帕金森氏综合征等疾病有关系。而这些有害物质最终进入海洋，在被海洋生物慢慢吸收并对它们产生危害的同时，又对食用海产品的人群造成危害（伊努伊特人体质改变就是鲜明例证）。

工业文明和科技进步对地球大气层中臭氧层的破坏，也达到极其危险的程度。地球发育几十亿年才在其大气层中形成了平均只有几毫米厚的臭氧层。臭氧层肩负着吸收和阻挡宇宙射线（特别是紫外线）的重任，如果没有臭氧层，地球生命将受到宇宙射线的致命伤害。就像宇航员在外空行走，假如没有辐射防护措施，很快就会死亡。

然而，自从英国科学家1957年发现南极上空臭氧层出现空洞以来，空

---

① 参见〔美〕威廉·A.哈维兰：《文化人类学》第十版，瞿铁鹏、张钰译，上海社会科学院出版社2006年版，第517页。

洞不断扩大。至2000年9月，南极上空臭氧层空洞面积已达2 830万平方公里，相当于澳大利亚面积的4倍。现在，北极上空也出现臭氧层空洞，覆盖面积也不断扩大。联合国环规署估算，臭氧层每减少1%，太阳紫外线辐射将增加13%，其不仅直接危及人类生存，也对动植物生长产生同样的危害。研究发现，强紫外线照射会导致人类皮肤组织癌变；会刺激眼睛，导致白内障等疾病；还会破坏人体免疫系统。同时，也会致使许多病毒活化（包括艾滋病毒）。

紫外线对地球植物生长和植物叶绿素的破坏尤为严重。它导致植物的脱氧核糖核酸损害，光合作用及有益寄生物被破坏，植物新陈代谢受干扰，生长放慢，农作物产量下降。紫外线能够大量杀死海洋浮游生物，不仅严重破坏海洋浮游生物吸收海水中二氧化碳并放出氧气的环境功能，还破坏了海洋生物食物链的源头。专家估计，海洋中食物链源头只要减少5%，全球一年的捕鱼量就要减少600万吨。可见臭氧层破坏给人类社会带来的破坏作用如何巨大。

因此，拯救地球，拯救臭氧层是人类社会刻不容缓的任务。科学家已查明，造成臭氧层破坏的主要杀手是一种称“氟利昂”的化学产品。它主要用于人工制冷和发泡剂、喷雾剂、清洗剂、消毒剂等方面。氟利昂使用时产生的氯氟烃升空后，分解出氯原子与臭氧结合，生成氯氧化物和氧气，原来的臭氧分子被分解掉，使臭氧层中的臭氧分子不断减少以致出现空洞。虽然人类正在研制氟利昂替代品，各国政府也在努力减少氟利昂的排放，但问题的解决并不简单。一方面是，一些国家政府被眼前经济利益所困扰，不可能全面限制自己国家含氟产品生产；另一方面是，目前在人类使用的化学产品中含氟的品种上万种，一时还很难全盘停止所有含氟产品的生产和使用；况且航空事业的发展又加重了破坏臭氧层的程度，如飞机数量和飞行频率不断增加，飞机尾气对臭氧层的破坏日益加重，特别是高空超音速飞机在平流层飞行，对臭氧层的破坏更加严重。

全球气候变暖对人类生存的影响，又是一个令人触目惊心的方面。

地球上的热能主要来自于太阳。太阳光辐射到地球的热量一部分被地球吸收，另一部分通过地表反射回太空。本来，地球大气中99%是氮气和氧气，它们是通透的；只有1%的其他气体，主要是二氧化碳、甲烷、臭氧、氮氧化物和水蒸气等，它们不仅能够吸收红外线，还能再反射红外线，就像一床棉被把从地表反射回太空的一部分热量保存在大气层中。因此，人们将在大气中能保存地表反射热量的气体称为“温室气体”。温室气体的种类与含量,决定着地球低层大气和地表的温度。

从人类诞生到农业文明的上百万年中,地球大气中的温室气体基本是稳定的,即使那时的人类活动也有木柴、秸秆和植物油类或煤炭的燃烧,甚至自然界也有草原、森林大火和火山喷发等排放出很多“温室气体”(主要为二氧化碳),但地球本身的代谢系统完全能以海洋和植物吸收的途径将其吸收,并使地球大气中温室气体在整体上维持平衡或处于适宜的程度。

工业革命后,人类无限制地燃烧矿物燃料,二氧化碳的排放量成倍增加,甲烷和其他温室气体排放也不断攀高,其中的氯氟烃(CFC,也称氟利昂)和氢氟烃(HFC)等都是20世纪的产物,前几个世纪大气中没有出现。另外,据联合国粮农组织报告,全球目前有10.5亿头牛,它们排放的废气中含有大量甲烷,甲烷暖化地球的速度比二氧化碳快20倍[①],因此牛排放废气对大气的破坏不能低估,它也是全球变暖的元凶。地球大气中的温室气体急剧增多并不断积累,早已超过地球本身新陈代谢的能力,导致太阳辐射到地表的热能越来越多地被滞留在大气中,不能正常返回外层空间,以致地球的“温室效应”和气候变暖的趋势越来越明显。

研究表明,近100年来,随地球温度持续上升,南极陆缘冰盖在缩小,冰架上冰山崩裂的速度在加快,南极附近岛屿上的植物种类明显增加。同时,大陆冰川在退缩。全球约70%的淡水以冰川形式存在,许多养育人类的大江大河都发源于冰川。近十几年来,亚洲长江黄河源头的冰川后退了千余米,恒河和印度河源头的喜马拉雅冰川后退严重。科学家预言,再过若干年,恒河和印度河将不能够滋养南亚人民。在欧洲,阿尔卑斯山的冰川储量比150年前减少了一半,面积减少40%。在非洲,最高峰乞力马扎罗山的冰川自1912年至今,冰冠缩小80%,科学家估算,这里经1.2万年逐渐形成的冰川体,再过二三十年将彻底消失!

在格陵兰和北冰洋,冰缘后退状况也很令人担忧。美国航天局2006年9月通报,近25年来北极海域冰层一直以每10年1.5%的速度融化,但近几年融化速度提高了10—15倍,格陵兰冰川消融滑动引发的地震频率增大。科学家甚至估计,用不了多久,北极夏季可能会找不到冰的踪迹。同

---

① 参见〔美〕比尔·麦奎尔:《全球突变与世界末日》,梁福明译,外语教学与研究出版社2007年版,第154页。

时，由于气候变暖，俄罗斯西伯利亚、美国阿拉斯加和加拿大伍德布法罗国家公园的永冻层都开始融化，永冻层融化不仅难以恢复，更严重的是永冻层下面的大量甲烷气体，会随冰冻层的融化释放进大气，而甲烷气体的温室作用比二氧化碳要厉害得多。

全球气候变暖对人类的危害是多方面的。

气候变暖，冰川消融，导致洪水频发，洪水之后又往往是干旱缺水，这给依江河生存的人群带来的生存危机旷日持久。我们看到，依靠喜马拉雅冰川江河生存的人们，每年都有一些地区要遭受洪水侵害，同时又要面对主要江河濒临枯竭的危险。联合国 2006 年 3 月的报告显示，由于气候变暖，全球 500 条大河中，有半数严重枯竭，像科罗拉多河出现入海断流情况的河流不仅仅是一个，黄河这条闻名世界的大河，现在大部分时间也处于入海断流状态。同时，全球性干旱导致许多湖泊缩小或面临干枯。非洲第四大淡水湖——乍得湖的湖面 40 年间缩小了 90%，平均湖深由 6 米降低到 1.5 米。① 由于气候变暖，洋面温度结构失衡，暴风巨浪和海岸洪水会更加猛烈。国际红十字会和红新月联合会《2004 年世界灾害报告》显示，1996 年以来，每年发生的风暴、洪水、山体滑坡和干旱等灾害，已由 200 次攀升到 700 多次。② 这意味着，这些摧残生灵的自然灾害已不像过去那样是一种偶发的事件，而渐趋成为人类无法摆脱的常态。

冰川融化最终流入海洋，导致海平面上升。验潮站数据表明，全球海平面在 20 世纪内上升了 10—20 厘米。科学家推测，未来 100 年内海平面上升还会加速，预计将上升 40 厘米，到 2100 年甚至会超过 80 厘米。③ 海平面上升的主要原因是海洋温度升高引起水体热膨胀和山地冰川快速融化流入海洋的水量增多。据 IPCC(政府间气候委员会)报告，巨大的格陵兰冰原不久将会消失，仅此就能引起海平面上升 6 米，虽然这是一个缓慢的过程，但它迟早会到来。荷兰科学家分析，在全球范围内，由于沿海人口密度远远高于内陆，海平面每上升一米，就会有大约 10 亿人受到生存威胁，而一些低海拔沿海城市和岛屿国家，如瑙鲁、塞舌尔、库克群岛、马绍尔群岛、马尔代夫等，则面临国土消失的危险。由太平洋上 9 个环状珊瑚礁组成的国家——

① 《联合国称乍得湖面积 40 年缩九成 将开会讨论挽救》，中国新闻网，2009 年 10 月 16 日。

② 参见〔美〕比尔·麦奎尔：《全球突变与世界末日》，梁福明译，外语教学与研究出版社 2007 年版，第 161 页。

③ 同上书，第 162—163 页。

图瓦卢，全国最高点海拔仅5米，近年因海平面上升很多国土已被淹没，专家2006年预计，50年内这个国家将会被海水全部淹没。目前，图瓦卢政府正在积极筹划国民未来的安置之地，他们请求澳大利亚和新西兰政府帮助提供国民安置地，也在斐济等地购买新岛屿以安置国民。

越来越多的证据表明，气候变暖使“极端天气”出现次数持续增多。它强化了原来的气候特征，导致湿润的地方更加湿润，干旱的地方也更加干旱。北欧和英国，会遭遇更多的洪水；北非的沙漠，将向南欧蔓延；澳大利亚的烈日，将越来越炙烤；加勒比海诸岛、美国东南部和墨西哥湾沿海，以及日本和中国香港等地，将遭受更频繁的热带气旋袭击；大西洋“飓风带”会更加活跃。

全球变暖还引发出人类从来没遇过的自然灾害。人们常说的“厄尔尼诺”(El Nino)和拉尼娜现象皆属此类。厄尔尼诺削弱了稳定的西向信风，打破了正常的太平洋季风洋流规律，导致太平洋风向和洋流每隔几年就发生一次强烈逆转，使那些在正常年景可以得到热带降雨的地区，因得不到应有的降雨而严重干旱；也使另一些本来就不需要热带降雨的地区暴雨不断，洪涝成灾，严重扰乱了全球气候。值得注意的是，厄尔尼诺现象出现的频率越来越频，17世纪时大概每六年发生一次，到20世纪70年代后，平均2.2年就发生一次，而且有越来越频繁出现的态势。①

全球变暖会对人类身体带来直接的影响。臭氧层破坏致使过多的宇宙射线无阻挡地进入地球，尤其是过度的紫外线照射，会导致人类皮肤细胞组织破坏，甚至癌变；过多的紫外线和其他宇宙射线不仅刺激人眼以致眼病，还会破坏人体免疫系统，并萌发出一些稀奇古怪的新疾病。气温不断微升，不但使暖冬增多，也使超高温天气增加，人类将更多地忍耐热浪滚滚的日子。由于温度、气压和湿度的不正常变化，人类生理和心理都会受到影响。温湿度上升，还促使寄生虫、细菌和病毒萌生，使传染性疾病增加。历史上大规模瘟疫大多流行于炎热的夏天。2006年世界卫生组织(WHO)的一项研究表明，每年因气候变暖而患病的人数快速增加，因此致死的人数也至少增加了15万人，且每年都在递增。

除此，气候变暖还可能造成农作物减产，牲畜疾病和死亡。如果全球平均气温上升超过1.5—2.5摄氏度，则会给地球上20%—30%的动植物物

---

① 参见〔美〕比尔·麦奎尔：《全球突变与世界末日》，梁福明译，外语教学与研究出版社2007年版，第166页。

种带来生存压力，并加速它们在地球上消失。同时，随地球变热，地球上所有的山峰都会变得不稳定，山体滑坡、岩崩和泥石流，甚至海啸等自然灾害会更加频繁，使得居住在高山地区的居民生活更加困难和危险。实际上，气候变暖使地球变得多灾多难，它殃及全人类，几乎无人幸免。事情还不止于此，当农业、牧业、水资源、野生动植物和人类健康受到越来越严重的威胁时，国民经济必将偏离正常轨道，社会结构亦会出现问题，人类世界将会面临可怕的情景。这并非骇人听闻的玄虚陈词，而是科学工作者的中肯告诫。

为防止全球气候继续变暖，避免全人类灾难加剧，在科学界的强烈呼吁下，减少"温室气体"排放问题已引起全世界的重视。

最初是1987年联合国环境规划署在加拿大蒙特利尔召开专门会议，并签署了《关于消耗臭氧层物质的蒙特利尔议定书》，提出限制生产和使用对臭氧层造成破坏的氯氟烃等8种产品；1992年6月4日，联合国环境与发展大会通过了《气候变化框架公约》；1997年12月，在日本京都又形成了限制温室气体排放的《京都议定书》，规定限制排放的温室气体除二氧化碳外，还包括甲烷、氧化亚氮、氢氟碳化物、全氟化碳和六氟化硫等。国际社会的这些约定虽然在限制温室气体排放上起到积极作用，但要完全实施还存在相当大的阻力。这些阻力主要来自各国政府的经济利益，特别是工业大国的消极态度。例如，美国作为世界最大的温室气体排放国，其二氧化碳排放量占全世界排放总量的四分之一，虽然1998年美国已在《京都议定书》上签了字，但政府却以严重影响经济发展为由，一直拒绝批准；而澳大利亚这个二氧化碳排放大国，至今仍拒绝签署《京都议定书》。可见，要使全人类自觉地减排"温室气体"，有效控制地球变暖，还是一项十分艰巨的任务。

人类社会发展到今天，工业化、现代化和全球化已是人类无法摆脱的发展方向。然而，工业化和现代化给人类社会带来了什么？它将引导人类走向何方？这些应该引起人类社会的深刻反思。有些学者将工业化和现代化比作一场具有极大诱惑力的闹剧，它把人类的智慧和创造力牢牢地吸引在里面，虽然这场闹剧一时满足了部分人群的贪婪需求，也给人类带来无限的利益，但在这些利益的后面，人类将要付出艰巨的代价，甚至是牺牲自己生存的前景，或是孕育出多年后难以预料的潜在危机。

现在，工业活动导致的环境恶化已是不争的事实，它像一艘巨轮，即使发动机停止工作，仍会惯性运动，况且那台发动机还很难马上停下来。人类社会必须选择更有效的方法，使环境恶化的状况得到根本改变。

第三节　人类社会的未来展望

一、经济全球化与人类社会的结构调整

生产技术相继发明和生产力水平不断提高，始终是推动人类社会向前发展的原动力。人类从利用原始石块、树枝、木棒、兽骨等作为工具，到制作石器、骨器、角器、牙器，再到弓箭的出现、制陶术的发明、火的利用和金属冶炼，青铜器、铁器的出现，及种植业、畜牧业的发展等，都使人类社会生产和生活日益充裕起来，也给人类社会经济、政治和文化结构带来根本性的变化。

当今社会以计算机和芯片技术为核心，带动通信、交通、信息技术等一系列高新科技不断升级，推动人类社会生产力飞速发展，经济全球化的脚步越来越快，并成为人类社会进程中无法避免的社会现象。

经济全球化将世界紧紧地联系在一起，地球变得越来越小，人群间、民族间、种族间、国家间的距离越来越近，人们可以通过网络随时知晓全球各地的信息，也可以通过图像显示屏与相隔万里的人员对话交流或讨论问题。现代交通工具更可以在一天之内把你送达地球上的任何地方。伴随科技生产力的飞速发展和经济全球化的历史洪流，人类社会结构必然发生相应的调整和演变。

在国家层面，虽然存在着许多反对经济全球化的声音，但不论是发达国家还是发展中国家，都在积极参与并快速地向全球化大势靠拢。经济全球化的深度，已由最初的“贸易全球化”快速地向“生产全球化”蔓延。此间，传统的“产品生产地”概念已失去意义，跨国公司和非政府组织的贸易和生产组织，畅通无阻地往来于不同国家或地区，国家权力受到全球经济规则的制约而不断缩小，处在弱势地位的发展中国家尤其如此。

“生产全球化”对人类社会的影响显而易见，它改变着传统而相对分散的生产力布局，使之向世界性生产力优化配置和生产要素优化配置演变。它也打破了原来以民族国家为单元的劳动生产分工模式，不断加快以全球市场为导向的国际化“大生产”布局调整，其趋势可能有以下几方面：

(1) 生产力布局，由原来封闭的国家内部布局，向开放的全球性市场化国际布局演化；

(2) 产品生产结构，从传统的以自然资源为基础的结构，向以现代生产要素为基础的生产结构演化；

(3) 生产分工组织，从产业部门间的分工体系，向产业部门内的分工转变，并向产品专业化和愈来愈趋细化的专门化组织过渡；

(4) 劳动分工的重心，从生产部门转向服务部门；着眼点，从产品转移到生产要素；

(5) 劳动分工形成机制，由市场自发力量决定，向由企业(主要是跨国公司)或区域集团内的经营导向决定发展，并出现协议性分工；

(6) 劳动分工的主要形式，向水平分工模式发展，主要有产品型号的分工、产品零部件的分工和产品工艺流程的分工等；

(7) 一个跨国界或国界模糊的全球性的、各民族国家共同参与和共享的世界性劳动生产网络和相应的生产组织管理体系已初见端倪。

世界性的人类劳动生产分工趋势，使各个民族国家中民众的劳动生产行为融汇成为世界性大生产的一部分，成为全球商品价值链条的一个环节。其一方面使得人类科技成果的时间共享越来越便捷；另一方面，使人们的生活越来越多地依赖于他人的活动；更促使不同人群间、人群与个人、个人与外部世界的时空联系越来越紧密。

伴随生产全球化进程，人与人的关系、人的社会归属感、认同感和价值观念等都将发生变化，直至触及人类社会深部的固有结构。最直观而明显的是血缘家庭的社会功能可能发生转化。

血缘家庭，是社会最基本的经济单元，是两性同居共财的最小社会单位，其与社会生产力发展有密切联系。在人类历史上，维系血缘家庭牢固存在的基本纽带有两个：一个是姻亲血缘纽带，另一个是共财经济纽带。血缘家庭不仅构筑起人类繁衍的平台，也成为社会结构搭建、发展与稳定的基石。长期以来，人们依靠血缘家庭结成稳定的社会劳动组织，代际相传地从事生产活动，以获取生产生活资料并赖以谋生。

经济全球化和生产全球化，对传统血缘家庭带来的冲击也主要体现在两个方面。一方面表现在对于"血缘"概念的淡化，由之引起"血缘"纽带越来越松弛，家庭成员间的紧密关系愈来愈趋淡薄。在当今社会，特别是发达国家和地区，血缘家庭关系淡化的现象十分普遍，其不仅表现在家庭形式上，更植根于难以揣摩的思想深处。由于经济发达，社会保障完备，养老金、退休金、各种保险、周到的社会服务和养老院等日臻完善，越来越多的家庭不想要孩子。美国哈佛大学的两位社会学家 1980 年甚至预言:美国在 20 世纪末将有三分之二的家庭无子女。[①] 在英国、德国、瑞典、意大利和挪威等国家,由于人们不愿意生育已导致人口数目持续下降。中国沿海地区也有类似情况:随经济快速发展,家庭规模急剧缩小,在人们的意识中"传宗接代"、"多子多福"、"养儿防老"的思想早已淡化,多数人追求小家庭的温馨生活,而对"四世同堂"、"五世同堂"之类更不感兴趣。这些观念上的变化都与血缘家庭的初衷背道而驰,但由此诱发的家庭结构变化和萌发的诸多社会新问题,却给传统社会带来多方面的巨大影响。

另一方面,传统家庭原来共财的"经济纽带"开始松动或开裂,家庭成员间的经济依存关系遭到质疑,以致家庭的经济特征和经济分配结构发生改变。社会化大生产的生产方式,逐渐从根本上取代长期以来以自然经济为基础的家庭生产方式,家庭成员间紧密合作的劳动生产关系几近消逝,只有不发达国家和发展中国家的个体家庭经营者还保留着传统的家庭合作生产模式。目前的家庭,大多数已是纯粹的社会消费单位,家庭成员间的生存依赖性大为弱化,经济独立和个性独立的意识急剧强化。尤其在摆脱了农业社会和工业社会繁重的体力劳动后,现代社会的机电化、智能化、信息化劳动环境,使两性间劳动分工的差别越来越小,甚至在许多领域中女性的劳动适应性比男性更有优势,妇女的社会地位空前提高,她们在经济上不再依附于男人。许多男女成家前,先进行财产公证,明确个人的婚前财产;成家后,经济仍然保持独立,除家庭公共支出外,个人工资由个人支配使用;同样,成年后的子辈与父辈间的经济供养关系也逐渐淡化。

当"血缘纽带"和"经济纽带"被松动和淡化后,传统家庭的稳定性就会变得极其脆弱。

因而,延续了数千年的血缘家庭必然要出现致命的危机,它与现代社会越来越不协调,或引发各种各样的社会矛盾,而且社会越是发达,这种危机表现得越是突出。美国的一项社会调查报告显示:美国 70 年代结婚的夫妇,到 90 年代有三分之一以离婚结束;而 70 年代出生的孩子,有三分之一是在单亲家庭中长大的。英国的状况更不乐观,据《泰晤士报》报道:英国的婚姻家庭 1971 年是 68%,1981 年为 64%,1991 年降到 55%,到 2001 年更降至 45%;随家庭婚姻关系的破裂,越来越多的英国儿童生活于单亲家庭

① 参见泰福:《人类社会的变迁》,中国社会科学出版社 2003 年版,第 72 页。

中;2005 年英国有三分之一的成年人过着单身生活,一个人构成的家庭上升到 30%,而伦敦则高达 34%。[①]

血缘家庭伴随着人类走过了漫长的历史行程,它以血缘纽带和经济纽带为基础,维持着社会的秩序和稳定,也是人类生存繁衍的稳固基地和感情生活的宁静港湾。但这块稳固基地和宁静港湾最终抵挡不住汹涌澎湃的全球化浪潮,现代化大生产猛烈地撞击和动摇着血缘家庭的基础和支柱,使之最后支离破碎。血缘家庭还能维持多久,能否继续走下去,怎样走下去,成为人类学关注的问题。

尽管如此,血缘家庭退出历史舞台的时代还远远没有到来。在很长一段时间内它仍将是人们日常生活的归宿,并将继续承担着人类生存繁衍的重任。因为,家庭是人类历史上最保守的社会组织,家庭模式的传递具有极大的惯性,家庭关系中包含着人类长期传承下来并濡化形成的精神依赖和情感因素,它具有很强的稳定性和保守性,其随生产力变化,但不像生产关系变化来得那样直接和迅速。当生产力推动生产关系变化时,家庭关系虽然受到冲击和影响,并出现种种与生产力发展不协调的现象,甚至激发出许多社会矛盾,但在社会固有制度和传统风俗的惯性范围内,它只有坚守在旧的模式下苦苦煎熬并等待时机,而许多发达社会家庭出现的复杂问题又在时时拷问着现行制度和传统风俗,进而为适应现代社会需要的新模式的出现而投石问路。

二、婚姻家庭观念的革命

在血缘家庭渐渐举步维艰的同时,现代社会早已孕育着一种与现代大生产相适应的新的经济生活组合方式,或者说人类新的生存依托方式。学者们把这种方式称为“业缘家庭”。[②] 所谓业缘家庭,是在现代化大生产背景中应运而生的新的人类生存依托模式,它以职业为纽带将内部成员相对紧密地联结在一起,形成具有共同经济利益的社会生产生活团体。虽然我们对它还没有给予足够的注意,但它却在经济全球化和生产全球化的背景中,悄然承担起原来传统家庭的许多职能,并可能改变或取代原来的社会组织形式,逐步承担起人的一生中物质与精神的各种需求,成为人类社会最基

---

① 参见泰福:《人类社会的变迁》,中国社会科学出版社 2003 年版,第 171—172 页。

② 同上书,第 177 页。

本的经济生活单元。

在现代社会中,"业缘家庭"可能是一个企业、厂矿、事业单位或社会组织,甚至是一个跨国公司。这些社会团体常以向社会提供所需"产品"为核心建立自己的社会地位,并籍以换取生产和生存所需的物质和资金,又以实实在在的"经济纽带"紧密地聚集起内部各类成员,组织和分工这些成员进行生产和经营,并为他们提供基本和可靠的生存资料,甚至养老、健康和后事料理等保障,并逐渐承担起传统家庭的所有职能。

实际上,在所有经济利益共同体中,没有一个企业不希望自己的员工真心实意地"以厂为家",培养"家"一样的企业向心力,更希望员工发挥"主人般"的责任心和奉献精神,以形成企业发展的巨大潜力。为此,每个现代企业或公司都不遗余力地设置一系列面对内部员工的生活福利措施,营造家庭的氛围。这些措施建立在公司整体利益之上,不仅与公司的社会竞争和生产经营的好坏相联系,也直接关系到员工的切身利益。从趋势上看,现代企业的福利措施有越来越周到的趋向,其内容除去个人最隐私的性生活外,从衣食住行,到生老病死,甚至卫浴用品、铺盖餐具,无所不含,几乎囊括了传统家庭的所有需要。

在战后日本的经济重建中,许多公司注意将家庭理念引入生产管理领域,给企业发展带来了巨大推动力。"出光石油公司"的经验被称为"业缘家庭"式企业的成功典范。这家公司为增强企业的凝聚力,着力将家庭式劳动运作机制移植到公司管理中,并用心营造家庭氛围,使员工们在公司的生产劳动和生活中处处感受到家庭的温暖。据美国《基督教箴言报》报道,出光公司有五万员工,却没有工会,更未曾发生过罢工和怠工等劳资纠纷;公司的员工没有被解雇的,不存在退休问题,更不设考勤,也没人计较工资多少;公司认为工资是保证员工生活的,不是劳动的代价;员工则无所谓加班不加班,因为他们真正是"以厂为家",把加班当成是自己的家务事。[①]

战后西德的许多企业也采用了"模拟家庭"式的管理,经营理念也从追求利润转变到追求"以人为本",而他们的企业不仅没有减少收入,反而得到稳定发展,企业生产经营和生活秩序都在长期和谐与稳定的环境中运行。从统计资料看,战后西德的罢工日数只有英国、法国和意大利的1%,美国的0.5‰。[②]

---

① 参见泰福:《人类社会的变迁》,中国社会科学出版社2003年版,第180—181页。

② 同上书,第181页。

与此同时，以“业缘纽带”建立的经济利益共同体中的人际关系，也正在向“家庭”式的人际关系靠拢。比如，在一个企业里，员工们尊敬或敬畏老板的情感，胜过自己的血亲父辈，因为老板掌控着员工与企业间的“经济纽带”，而这条纽带又恰恰是员工们生存的基本保障；在老板方面，他们大都特别关爱和善待那些能干的员工和骨干，其程度甚至胜过自己的子女，因为他们能为企业创造财富和价值，其本质是“经济纽带”胜过了“血缘纽带”。

相比之下，传统家庭的概念在现代人头脑中的分量越来越轻。人们围绕着生计在日夜奔忙，把“家”视为不得不回去睡觉的“宿舍”，晚上回去，一早又跑回“业缘”圈子里。许多人身在家里却做着单位的事，思想仍深浸在单位里，或身在家里心在外，家庭观念日益淡漠。原来靠“血缘”组织为核心进行生产活动，以粗放而笨重的劳动为基础建立起的传统和谐的家庭环境已渐渐远去，并越来越显示出与现代社会生产生活的不协调性。

不能回避的是，由于“业缘纽带”建立起的类似家庭的环境，使不同年龄不同位置异性间的接触机遇增加，在长期的事业合作中，在共同的“利益纽带”中，在比家庭更丰富、更具挑战、更多变、更刺激的生产、生活、学习、经营、协作和互助场景中，异性间情感交流的时空范围、深度和机缘大大增加。因此，诸如“办公室里的爱情”和班组内外、上级与部下、总裁与秘书、老板与员工、同事同窗，甚至老师与学生等异性间思想与情感方面的深度接触不可避免，更难免发生异性间复杂的情感缠绵，并与传统家庭、传统道德、伦理观念发生激烈碰撞。我们不能轻易地用“世态炎凉”或“伤风败俗”来解释，而应该看到这是时代的力量和“业缘”纽带的牵引，将人们带入一个崭新的境地。人们应面对这种复杂的时代变革，把握和理解传统观念所面临的巨大挑战。

就人生而言，生存是第一位的。因此，当生存保障和家庭观念发生矛盾时，许多人会毫不犹豫地放弃后者。这是传统家庭越来越脆弱、业缘家庭越来越兴盛的重要原因。然而，传统家庭毕竟是人类经过长期选择而形成的社会基本单元模式，它伴随人类社会走过了漫长的历史征程，并被称作人类社会稳定的基石。但历史发展常会出现人们意想不到的残酷性，人类社会每次生产力的大发展和生产方式的改变都无情地摧残了原来被认为是完美的固有模式，而催生着更加完美、更加适应时代的新的模式出现。

三、人类政治社会的整合与变迁

人类社会政治制度从无到有，由弱到强，经过了数百万年的演变历程，逐渐形成如今以民族国家为主体、相对稳定的世界政治格局。但经济全球化已经给世界政治格局带来巨大冲击，其中有两种趋势应当引起注意：一种趋势是政治经济单位的规模不断扩大而数量不断减少，如欧洲一体化和非洲联盟等的出现；另一种趋势是一些大的政治单位逐渐分裂成为若干小的政治单元，如苏联和南斯拉夫的解体等。两种趋势相互作用，彼此消长，可能成为较长一段时间内人类政治社会变迁的主要特征。

前一种趋势是由于经济全球化引导出的一种必然的政治社会发展趋向，因为经济全球化是名符其实的以全球市场为背景的市场经济。全球性市场包容着全球科技、文化和生产力内涵，具有巨大的吸引力，它已将世界上几乎所有国家都吸引进来，并在这个市场中谋生存、求发展。在全球化的历史进程中，任何国家和民族都无法摆脱全球市场的诱惑和整合，因为它能给每个国家或民族带来意想不到的利益和发展机会。从经济运行方式看，现代经济发展已超出一个国家或地区的容纳力，比较利益原则驱使各国需要在世界范围内进行生产要素组合，而这一切又得到科学技术的有力支持，现代交通、通信、信息网络保障了世界经济有条不紊地运行。在这样的背景下，世界政治格局必然会受到冲击和影响而发生相应的调整，并顺应经济全球化的走向，渐渐向政治全球化的方向演化。

在这场人类政治社会的演化中，跨国公司充当着全球政治整合的重要力量。跨国公司通常跨越不同国家的国界来组织生产和经营活动，其宗旨在于落实公司董事会达成的利益目标，而不管它与所在国利益是否一致；跨国公司的生产经营通常遵循国际惯例，而往往忽视所在国的主权。同时，与跨国公司越境运作相伴随的精神、物质、文化和人员往来流通，亦无顾忌地淡化了主权国家的政治国界；而主权国家只能从本国经济利益考虑，无奈地妥协或放弃自己的政治控制，在政策上向国际惯例靠拢。跨国公司的经营政策大都受控于极少数上层精英，他们是公司政策的独裁者和公司利益的最大占有者。在北美，仅仅 10 人就指挥着 37 个跨国公司（1994），他们的联合资产达到 2 万亿美元，相当于很多国家政府的总资产；世界上 447 位个人拥有 1.1 万亿美元资产，这些资产相当于全世界下层 52％的人的收人总和。[①] 这些精英的名字并不像政治领袖那样出名，以致大多数人并不知道他们的公司和个人资产数目。

更令人不安的是，跨国公司的经营信息不轻易与政府和社会共享，甚至被列为公司机密，不仅不向政府和社会披露，就连公司内部组织中的中下层人员也无法知道。这就使得政府难以获得真实可靠的信息来进行政策研究、规划编制和社会现状判断。美国国会就曾因烟草立法需要，花费了漫长时间和种种艰辛，才从烟草集团获得必要的全国烟草产供销基本信息。

跨国公司支配政府外交政策的事例亦比比皆是，这些公司和集团对全球秩序的影响力绝不能低估，它们控制着电视和其他媒体，控制着航空、通信、电力、日用品生产、农林牧渔业，控制着广告、交通和航运，甚至医疗、保险和金融，更操纵着成千上万的普通人的就业和生活，它们的权力在某些方面已远远超过了政府的能力。在跨国公司的面前，所在国政府的意愿不断受到极大的冲击，政治上的权力也不断被弱化。

据联合国跨国公司中心统计，20 世纪 60 年代后期，西方发达国家有跨国公司 7 276 家，控制的子公司有 27 300 家；到 70 年代末 80 年代初，跨国公司的数量增加到 10 000 多家，控制的海外子公司或分支机构至少有 10 400 家；而到 1996 年，跨国公司的数量增加到 4.4 万家，控制的子公司达 28 万家，其在国内外的雇员达 7 000 多万人。这些跨国公司控制了世界生产的 40%，控制了国际贸易的 50%—60%，控制着国际技术贸易的 60%—70%，控制着对外投资的 90%。据统计，在世界 100 个最大的经济体中，有 51 个是跨国公司，只有 49 个是主权国家经济体，足见跨国公司对世界事务的影响。[②]

经济全球化和跨国公司的活动，还强有力地推动着民族、种族和地方文化的自我认同意识，形成渐渐聚增的离心倾向，使之与国家间的距离不断扩大，从而削弱着国家内部族群对国家主权的依赖和信任。

在经济全球化、跨国公司，以及地方主义、族群、个人和国内社团离心作用的双重压力下，特别是国际干预加强、国际法不断“硬化”、国际组织的作用越来越举足轻重、非政府组织日益壮大，以及经济的无国界行为和国家间

---

① 参见〔美〕威廉・A. 哈维兰：《文化人类学》第十版，瞿铁鹏、张钰译，上海社会科学院出版社 2006 年版，第 497 页。

② 参见郭国庆、张平淡：《国际营销学》，中国人民大学出版社 2008 年版，第 4 页。

依赖密切、全球性危机的共同性等，都导致国家政府主权被弱化的趋势不易改变。

目前，我们看到的民族国家已经或正在沦为全球资本的传送带，也可以说它正在沦为一种介于不断强大的本土、族群、地区和日益完善的全球统筹运作机制之间的中介制度。人类社会新一轮政治体制变革将不可避免，经济全球化和生产全球化必将推动产生新型的跨界社会组织，以适应形势的发展。国家的联合，特别是小国与小国以不同形式的联合与归并，小国向大国靠拢，政治经济单位的规模逐渐扩大和数量日益减少的趋势会越来越明显，成功运行数千年的传统民族国家也将逐步完成各自的整合或调整，并逐步确立或改变自己在新的世界政治格局中的位置和角色。

回顾过去的5000年历史，不难发现，在漫长的历史进程中，人类政治单位的规模，总体发展倾向是越来越大，而且越来越包罗万象；同时，政治单位的数量却越来越少。倘若以此趋势推演下去，其结果将是自治的政治单位进一步减少，最后减少到只剩下一个单一的、包罗万象的世界。其实，人类学家早就对这种趋势进行过研究和预测，甚至认为人类可能在23世纪实现全球政治上的统一；保守地说，最迟也不会超过4850年。[①]

尽管如此，国家制度不会在短期内消失，虽然传统的国家主权被削弱，但全球化将赋予国家主权新的内涵。实际上，全球化对于国家政治产生的影响包含着两个方面。一方面是全球化对传统国家主权的削弱；另一方面是，它又刺激并增强着现行国家政治、经济与文化实体的地位。因为政治全球化是一个漫长的过程，在新的全球政治格局没有成熟的很长一段时间里，国家仍然是全球化的构建主体。国际规则和国际惯例虽然在很大程度上制约和限制着国家的行为，但国家在管理和推动跨境流通活动中，仍然是一块踏实可靠的基本运作平台，它承载着世界不同的政治、经济与文化的种种类型，并发育健全有多种相互对接的形式和渠道。在过去的全球化进程中，正是依靠了国家的力量，才基本保证了经济自由化和国际经济秩序的基本平衡与稳定。例如，北美自由贸易区、亚太经济区和欧盟等，都是以国家实体为基本要素相互联合形成的。虽然，为抵御全球化和跨国公司的强势冲击，一些地区出现政治经济单位规模不断扩大的趋势，但以国家为基础的经济、

---

① 参见〔美〕C. R. 恩伯、M. 恩伯：《文化人类学》第四版，转引自〔美〕威廉·A. 哈维兰：《文化人类学》第十版，瞿铁鹏、张钰译，上海社会科学院出版社2006年版，第494页。

政治和文化互动流通形式还会持续很长一段时间。

我们再看看另一种趋势：大的政治单位逐渐分裂成为若干小的政治单元。全球化的多重压力使原来国家的主权受到削弱，国家的政治力量不仅在解决外部事务上显得苍白无力，在对国家内部各阶层、社群、族群或个人的政治管理上也越来越力不从心。原因在于，全球化的影响不仅在于经济层面和物质层面，精神层面的影响更是巨大。在传统国家政治领域中，每一个公民都对自己国家保持着政治上的认同，包括对本国政治哲学、政治制度和政治原则的认可，对政治体制、结构、基本运行机制与方式的接受，对政治领导人及基本法律规范、政策纲领和政治权威的自觉遵从。这种政治上的认同，是传统民族国家得以维系的政治文化基础，也是长期以来相对封闭的政治教化、濡化和社会化的国家行为的结果，是人们在原来传统国家里自然而然或自觉不自觉形成的基本政治观念。

全球化以经济流通为先导，携带全球化理念和精神文化，强烈冲击和改变着人们原来的基本政治观念，使国家内部各个层面的人们都摆脱不了对自身政治观念的反思与调整，其反思和调整的方向往往趋于自由、独立、民主和开放，进而导致各阶层、族群和民众更期望以普适的标准来重新审视和评判本国的政治制度，用普适的条件来重新评价本国政府和政治领导人的优劣，其结果是严重地淡化、弱化，甚至从根本上化解了民众对国家的基本政治认同，直接松动了国家维系公民的纽带。

就个人而言，人们对传统的政治和阶级身份的概念越来越淡漠。在国家政治不断弱化的现实生活环境中，人们越来越期待将自己的认同感依附于一定的社会团体，并在这个社团中找到牢固的认同归属和属于自己的政治价值观念。这实际上助推了政治生活的个性化和分散化，也在客观上强化了国家内部各种社团的政治地位和作用，更将原来公众对于国家的忠诚，一步步转移到他们对于自己所在社团的忠诚。在国家政治被削弱的同时，人们对于社会“亚团体”(各种利益集团、民族群体、阶层或社会组织等)的政治认同不断增温和升华，进而聚集为对于主权国家政治认同的离心力，成为国家政府最头痛的问题。

这种情况导致大型国家，特别是那些庞大的多民族国家出现分裂的倾向，使社会政治规模变小而数量增加。在当今世界上，几乎每个地方的国家都程度不同地显示出这种分裂的迹象和民众试图将政治单位变小的政治倾向。最有力的例证是，前苏联分裂成若干独立的小国家，还有南斯拉夫的分裂，以及东帝汶从印度尼西亚分裂出来等等。有些国家虽然没有发生真正的政治单位分裂，但国内分离主义、民族主义运动和民众要求划小政治单位的意图，都是这种趋向的真实反映。再如加拿大法语民族的分离主义运动、西班牙巴斯克人和加泰隆人的民族主义运动，英国苏格兰、爱尔兰和威尔士的民族主义，库尔德人在土耳其、伊朗和伊拉克的民族主义，印度锡克教徒的分离主义，斯里兰卡泰米尔人的分离主义，尼日利亚伊博人的分离主义，埃塞俄比亚厄立特里亚和蒂格雷人的分离运动，纳米比亚的民族主义，以及美国波多黎各人的独立运动和美洲原住民争取更大政治主权的运动……

从上述例证似可看出，当国家政治观念被淡化，民众将政治认同与归属投向社会“亚团体”的时候，以族群为基础的“亚团体”提出的政治分治理由最为充分，因为他们具有共同的血缘、文化和地域传统，他们争取政治自治的要求也更易于被人理解。倘若如此，今天世界上存在着至少 5 000 个不同的民族群体，而获得承认的独立国家不过 200 个；虽然有些民族人口不多，地域不大，但还有许多民族人口并不少，如缅甸克伦族有 450 万—500 万人口，比联合国 48%的成员国的国内人口数都多。因此，政治单位变小的趋向也蕴涵着巨大的潜力。

四、人类文化的未来窥望

对人类文化进行未来窥望，实质是讨论和研究人类文化的未来变迁。它是一个宏大的课题，更是一件难上加难的事情，或许还是件愚蠢的事，这不仅因为我们的知识不够，还因为“未来”毕竟是不能预言的。

尽管如此，人们总还希望向前窥视一下未来。因为未来是今天的延伸，对未来的展望有积极的意义。正如穆莱·盖尔—曼（Murray Gell-mann）所说：“我们所处的情形完全就像在黑夜中驾驶一辆高速汽车，行驶在高低不平，充满沟沟坎坎的地界，不远处还有峭壁悬崖。照明灯光虽然微弱和闪烁不定，却能够帮助我们避免最糟糕的后果。”[①]因而，在一定尺度内，对那些正在发展并循序渐进的文化现象进行前景分析和窥望，籍以修正和调整人们的行为，以减轻或避免能预料到的一些难堪后果的发生，便具有现实的社

① 参见〔英〕穆莱·盖尔—曼：《朝向更加可持续的世界转型》，载〔英〕尤里科·布卢门费尔德：《未来掠影：20 位著名思想家论明日世界》，伦敦，泰晤士和哈德逊出版社 1993 年版，第 79、471 页；转引自〔美〕克里斯蒂安：《时间地图——大历史导论》，晏可佳等译，上海社会科学院出版社 2006 年版，第 467 页。

会意义。

通过对人类社会几千年历史过程和现状进行系统分析研究后，大多数人类学家认为，人类文化变迁的走向，主要有两种趋势应引起注意：一种趋势是，世界现存的各种文化，进一步相互影响、相互渗透、相互融合、相互吸引和靠拢，逐渐形成一种被全人类普遍接受的世界文化（有学者称之为“全球文化”或“超文化”）；另一种趋势是，随全球化和政治社会的进步，一种真正和谐的“文化多元主义”成为人类文化多彩的未来。

全球文化的趋势实际上从第二次世界大战结束以来，就开始慢慢浸润到人们的脑海中。尤其20世纪90年代以来，伴随冷战结束，人群间交流的壁垒逐渐被打破，交通、通信和互联网日益便捷，不同文化间的交往与融通不断加深，人们很容易理解：未来文化会逐渐向单一和同质的文化发展。因为社会进步已经让人们体察到，通信、交通和贸易发展越来越密切地将世界各民族连接起来。人们更直觉的是，西装、电脑、手机、自行车、电视、汉堡包、巨无霸和可口可乐等，几乎遍及世界的各个角落。在世界的很多地方，我们看到，人们穿同样的衣服，吃同样的食物，读同样的报纸，看相同或相似的电视节目。通信和网络为各地各族文化交流提供着支撑，人们不论走到世界上任何一个地方，都能够感受到当地人的生活方式与自己民族现在的生活方式越来越相似。

由于文化交流日益频繁，人类语言正在发生着明显变化。为参与和适应全球化进程，谋求自身的利益与发展，大多数国家都在积极抓紧世界通用语言教育，世界通用语言也越来越成为人们的追求。从语言本身看，各民族语言中的通用外来语词汇越来越多，语言的更新速度越来越快，小语种方言有向大语种靠拢的趋势。语言种类，则出现数目减少的趋势，虽然目前世界语种尚达6 000余种，但研究数据表明，现在地球上每两周就有一种语言彻底消失，消失的速度比物种消失的速度还要快。科学家推测，随着人们交流的频度增加和强势语种的日益普及，小语种在世界上不断消失的速度还会加快。

在全球化总背景下，许多民族和国家都不同程度地丢弃或放弃了自己过去认为是传统的，而今天被认为是“相对落后”的，甚至是腐朽的旧文化习俗，主动或被动地投奔或靠拢到“同化”的洪流中。随着经济与科技的发展，世界各地的居民不论在吃住行或政治、经济、文化，或社会福利、宗教及世界观、人生观和价值观念等各方面都会进一步取长补短，相互借鉴与渗透，并不约而同地向着一个方向靠拢。从理论上讲，人类文化向“全球文化”变迁是人类社会发展的必然趋势。因为世界上各种文化都有由低级向高级，由落后向先进发展的要求和原动力，全球文化正是世界各民族文化中最优秀部分的集合，是适合现代人类社会进步的新的社会文化，它具有巨大的吸引力。一旦这种文化形成，并能在总体上被全人类所接受，那么全球人类的生活方式将趋于大同，世界各地域、各人群间的“误会”将极大地减少，而往往正是这些来自文化方面的“误会”在过去漫长的历史中，导致了不同人群间的战争和冲突，使人们同类相残，无数财富毁之其间。因此，因势利导地推动和企盼“全球文化”的早日到来有其科学的道理。

但问题并非如此简单。

我们今天看到的“全球文化”趋势，并不是用文化间相互平等的前提来“化”的，而是被导入以经济与科技实力强弱来规定“全球文化”方向的误区。形成的局面是，经济与科技实力强大的发达国家，不断向其他国家输送自己的文化，而且逐渐形成强势，并攀升为主流文化；而弱势民族的本土文化却越来越显得苍白无力，渐渐退居为非主流文化。这种情况无疑是经济全球化的结果。它的实质是西方发达国家的过剩资本在全球范围自由流动，同外围国家和地区的劳动、土地和资源等生产要素相结合，以获取最大利润过程中的一部分。在这一过程中间，越来越多的民族、地区和人口被纳入到以西方为中心的世界经济体系中，西方的文化和价值观也随之在全球扩散，非西方国家与民族的传统生产方式/生活方式则不得不在“资本扩张”的无情逻辑中被彻底打碎和重组，他们的文化和价值观念也不可避免地按照西方国家所奉行的原则发生本质变化。而资本的本质，正是少数人凭借金钱对多数人的统治和支配。这种情形使得越来越多的民族文化遭到冲击而面临衰亡，许多人回首祈盼过去那些带有人性恤温的前现代传统文化，希望以文化多样性去平衡甚至对抗文化的单一化趋势，更希冀用多样的传统文化去缓解和疗救所谓“强势”而带铜臭的西方文化的侵蚀。

我们知道，任何一种文化都是一套观念/符号体系，或者说都是在某种生产方式和生活方式基础上，人们长期俗成的观念符号和表达形式。它表现的是一个社会或族群的一整套精神的、制度的、器物的、智力的和情感的活动，以及他们的生活方式、共同生活准则、价值体系、传统和信仰。如果一种文化失去了这些“母体”，那它即成为无源之水、无本之木，也就失去了活力，不再是生生不息的活文化，而无异于某种博物馆化的、标本式存在的历史文化遗迹，或成为受资本逻辑支配的现代旅游业、娱乐业的一部分。

科学家担心，这样下去世界历史长河铸就的多样性文化会在“资本扩张”的逻辑下遭到摧残，一切原有的社会关系和文化形态都会成为“现金交易”的俘虏，个人主义和消费主义将成为弥漫现代社会的“文化”宗旨。这种所谓的“全球文化”会给人类带来何种结局，实在令人担忧。

更重要的原因还在于，人们不情愿看到那种与“资本扩张”联系在一起的，冷酷无情的，赤裸裸“利害关系”的文化成为单一文化；更不希望丢弃文化多样性，因为文化多样性是交流、革新和创作的源泉，每项创作都来源于相关的文化传统，各种文化都具有不同的创造力，都是人类的共同遗产。文化多样性，有利于增加每个人的选择机会，这是社会发展的重要基础。文化多样性，又是促进经济增长的因素，是人们满足智力、情感、道德精神的手段。文化多样性在伦理方面，则与人的尊严密不可分，它要求人们尊重基本人权和自由，特别是尊重少数群体及土著人的各种权利，这意味着它是民主制度建设的重要部分。

在现实生活中，人们已经看到，以资本全球扩张为特征的全球化并没有给人类带来预期的福祉，却带来了社会分化、贫富对立、金融危机、通货紧缩和资源枯竭，带来了环境崩溃、生存压力增加和个人情感上的焦虑、孤独与紧张。

因此，许多人类学家认为，当前全球化导致人类文化“趋同”是浅薄的，而导致世界文化“逐异”则是深刻的。当我们看到发达国家以其科技和经济强势，主导垄断资本跨国流动的时候，它的另一只手也正在主导和操纵着全球文化的“趋同”进程。这种强势文化主导的“趋同”进程，忽视了不同国家的历史传统、民族关系和社会环境的多样性及复杂性，粗暴干涉别国内政，甚至为自身的战略利益任意发动战争。他们所谓的“普世主义”，归根结底是为了掩饰其自身的私利，是西方文化观念特殊性的别种表达方式。倘若以此“趋同”，必然与传统的多元文化发生冲突，也必然刺激和引发反全球主义和反普世主义的激烈对抗。

现实正是如此。我们看到，当今世界伊斯兰社会与西方普世主义的对抗，就是这种对抗的最突出表现，其对抗的外表是资源的、经济的、军事的，内在因素则是文化的。全球“恐怖主义”的膨胀也不能说与强势文化的霸权无关。值得注意的是，霸权国家却反操“反恐”利剑，博取公众赞许，以致国际组织用朴实人道主义理念支持“反恐”行动，这又有意无意地为强势文化的“趋同”进程提供声援，使得不同文化与观念间的矛盾更加深化，更加复杂。

尽管如此，事实不断证明，以往全球化的获胜者并不是国际主义，而是国家主义，特别是民族主义。“全球化”带来了护照和海关，带来了人员交往的阻隔，带来了“神圣不可侵犯的”国家疆界，带来了更先进的武器和更强大的国防。因此，目前“全球主义”和文化“趋同”始终遭到质疑，或者在很长时间里，世人不会轻易接受其观点，各国各族也不都能够心安理得地服从强势文化的领导。

在这样的背景下，人们祈盼在世界政治经济领域里能够出现一种公平与健康的力量，来引导人类文化发展的进程。换句话说，在理论上人类文化会随科学技术发展而逐步趋同，这无可非议，但目前真正的“全球文化”还缺少健康公平的力量来引导，因此保护“文化多样性”是维护人类和谐发展的重要途径。人们提倡保护和发展的文化多样化或文化多元主义，通常指在国际社会或在一个多民族国家内，具有不同生活方式和思想方式的人群的共同生活和政治互动；其理想状态是抛弃偏见、偏执和种族主义，倡导不同文化间的平等交流、相互尊重和相互理解，保护文化多样性，营造和谐共赢、丰富多彩的人类社会。

为此，国际社会正在积极努力。2001 年 11 月 2 日，联合国教科文组织第 31 届大会通过了《世界文化多样性宣言》(*Universal Declaration on Cultural Diversity*)，并重申了“文化间对话是和平的最佳保证”的信念。文化多样性，逐渐成为全球的主流话语。但《世界文化多样性宣言》仅仅是国际社会的一种共同意向，还没有更广泛的法律约束力，因而世界各国呼吁国际社会尽快制定有关文化多样性的国际公约。法国前总统希拉克 2003 年 10 月在联合国教科文组织第 32 届大会上甚至直言：有了这样一个公约，人类可以更好地面对那些将人们同化的企图，这种企图忽视不同民族的传统，力图达到奴役和同化不同民族的目的。他进而把世界多极化与文化多样性相提并论，明确地表达了潜藏在“文化多样性”话语背后的政治涵义。

由此看来，以西方强势文化为主导的全球文化“趋同”进程和以大多国家民族所期望的保护“文化多样性”的努力，也许是当代和今后一段时间全球文化发展中的主要矛盾。然而，历史不会停步，西方强势“趋同”的脚步亦丝毫未缓，倡导和保护文化多样性的“逐异”呼声更是坚挺。当今世界“冲突”只是症候，而不是症结，人类社会的一切秘密无不潜藏在文化结构的深层。强势与强权，霸权与“趋同”究竟在可预见的将来会对人类发展起到什么作用？政治多极化、文化多元化以及“逐异”的步伐能否成为全球人类文化发展的主流？变幻的世界期待着答案。

主要参考文献

[1]〔美〕斯塔夫里阿诺斯. 全球通史(第七版)[M]. 董书慧,等译. 北京大学出版社,2005.

[2]〔美〕大卫·克里斯蒂安. 时间地图——大历史导论[M]. 晏可佳,等译. 上海社科院出版社,2007.

[3]〔英〕查尔斯·达尔文. 物种起源[M]. 舒德干,等译. 北京大学出版社,2005.

[4]〔美〕亨德里克·房龙. 人类的故事[M]. 刘海,等译. 西安:陕西师范大学出版社,2002.

[5]〔英〕爱德华·泰勒. 原始文化[M]. 连树声译. 上海文艺出版社,1992.

[6]〔英〕爱德华·泰勒. 人类学——人及其文化研究[M]. 连树声译. 上海文艺出版社,1993.

[7]〔英〕查尔斯·达尔文. 人类的由来[M]. 潘光旦,胡寿文译. 北京:商务印书馆出版,1983.

[8]〔美〕H. W. 房龙. 房龙地理——关于世界的故事[M]. 纪何,藤华,译. 北京:中国人民大学出版社,2005.

[9]〔美〕路易斯·摩尔根. 古代社会[M]. 杨东莼,等译. 北京:商务印书馆出版,1971.

[10]〔法〕克洛德·维列—斯特劳斯. 结构人类学[M]. 张祖建译. 北京:中国人民大学出版社,2006.

[11]〔法〕克洛德·维列—斯特劳斯. 结构人类学[M]. 谢维扬译. 上海译文出版社,1995.

[12]〔英〕拉德克利夫—布朗. 原始社会的结构与功能[M]. 潘蛟,等译. 北京:中央民大出版社,1999.

[13]〔英〕拉德克利夫·布朗. 社会人类学方法[M]. 夏建中译. 北京:华夏出版社,2002.

[14]〔英〕艾尔弗雷德·哈登. 人类学史[M]. 廖泗友译. 济南:山东人民出版社,1988.

[15]〔日〕绫部恒雄. 文化人类学的十五种理论[M]. 周星，等译. 贵阳：贵州人民出版社，1988.

[16]〔法〕克洛德·维列—斯特劳斯. 人类学讲演集[M]. 张毅声，等译. 北京：中国人大出版社，2006.

[17]〔美〕威廉·哈维兰. 文化人类学，第十版[M]. 瞿铁鹏，张钰，译. 上海社科院出版社，2006.

[18]〔美〕威廉·A. 哈维兰. 当代人类学[M]. 王铭铭，等译. 上海人民出版社，1987.

[19]〔美〕马文·哈里斯. 文化人类学[M]. 李培茱，等译. 上海：东方出版社，1988.

[20]〔法〕让·泰奥多里德. 生物学史[M]. 卞晓平，张志红，译. 北京：商务印书馆，2000.

[21]〔英〕W. 丹皮尔. 科学史[M]. 李衍译. 北京：商务印书馆，1975.

[22]〔英〕阿诺德·汤因比. 历史研究[M]. 刘北成，郭小凌，译. 上海人民出版社，2005.

[23] C. A. 托卡列夫. 外国民族学史[M]. 汤正方译. 北京：中国社会科学出版社，1983.

[24] G. 埃利奥特·史密斯. 人类史[M]. 李申，等译. 北京：社会科学文献出版社，2002.

[25]〔英〕马林诺斯基. 文化论[M]. 费孝通，等译. 北京：中国民间文艺出版社，1987.

[26] 林耀华. 原始社会史[M]. 北京：中华书局，1984.

[27] 吴汝康. 今人类学[M]. 合肥：安徽科学技术出版社，1991.

[28] 周大鸣. 21世纪人类学[C]. 北京：民族出版社，2003.

[29] 庄孔韶. 人类学通论[C]. 太原：山西教育出版社，2003.

[30] 朱泓，等. 体质人类学[M]. 长春：吉林大学出版社，1993.

[31] 林惠祥. 文化人类学[M]. 北京：商务印书馆，2000.

[32] 黄淑娉，等. 文化人类学理论方法研究[M]. 广州：广东高教出版社，1996.

[33] 陈国强，刘孝瑜. 人类学研究[C]. 北京：中国社会科学出版社，1984.

[34] 席焕久，等. 医学人类学[C]. 北京：人民卫生出版社，2004.

[35] 庄孔韶. 人类学概论[C]. 北京：中国人民大学出版社，2006.

[36] 田兆元. 文化人类学教程[C]. 上海：华东师大出版社，2006.

[37] 吴国盛. 科学的历程[M]. 北京大学出版社，2007.

[38] 汪济生. 经典人类起源说新辩[M]. 上海：学林出版社，2004.

[39] 吴新智. 人类进化足迹[C]. 北京教育出版社，2002.

[40] 云南省博物馆. 云南人类起源与史前文化[M]. 昆明：云南人民出版社，1991.

[41]〔苏〕约·波·马吉多维奇. 世界探险史[M]. 屈瑞，云海，译. 北京：世界知识出版社，1988.

[42] 孙肇伦，钱逊. 知识地图——立体解读各时代人类知识的发展历史[M]. 重庆出版社，2007.

[43] 高福进. 地球与人类文化编年：文明通史[M]. 上海人民出版社，2003.

[44] 陈淳.考古学的理论与研究[M].上海:学林出版社,2003.
[45] 韦政通.中国文化概论[M].长沙:岳麓书社,2003.
[46] 何心一. 徐桂荣古生物教程[M].北京:地质出版社,1987.
[47] 王铭铭.人类学是什么[M].北京大学出版社,2002.
[48] 于海.西方社会思想史(1860—1960)[M].复旦大学出版社,1993.
[49] 杨怀仁.第四纪地质[C]. 北京:高等教育出版社,1988.
[50] 丁登山,等.自然地理学[M]. 北京:高等教育出版社,1988.
[51] 杨魁森.马克思主义与当代思潮[M].长春:吉林大学出版社,1999.
[52] 朱炳祥,崔应令.人类学基础[M].武汉大学出版社,2006.
[53] 李亦园.人类的视野[M].上海文艺出版社,1996.
[54] 朱炳祥.社会人类学[M].武汉大学出版社,2004.
[55] 纳日碧力戈,等.人类学理论的新格局[M].北京:社会科学文献出版社,2001.
[56] 夏建中.文化人类学理论学派[M].北京:中国人民大学出版社,1996.
[57] 黄新美.体质人类学基础[M].科学普及出版社广州分社,1983.
[58] 〔美〕D.匹尔比姆.人类的兴起[M].周明镇,周本雄,译.北京:科学出版社,1983.
[59] 李良松.中国传统文化与医学[M].厦门大学出版社,1990.
[60] 〔英〕布赖恩·莫里斯.宗教人类学[M]. 周国黎译. 北京:今日中国出版社,1992.
[61] 〔英〕弗兰西斯·达尔文.达尔文自传与书信集(下)[M].叶笃庄,孟光裕,译.北京:科学出社,1994.
[62] 〔英〕罗素.科学与宗教[M]. 徐弈春,林国夫,译. 北京:商务印书馆,1982.
[63] 〔美〕格尔兹.文化的解释[M]. 纳日碧力戈,等译.上海人民出版社, 1998.
[64] 王震中.中国文明起源的比较研究[M].西安:陕西人民出版社,1994.
[65] 刘志基.汉字——中国文化的元素[M].上海:华东师大出版社,2007.
[66] 〔美〕西尔瓦纳斯·G.莫莱.全景玛雅[M]. 文静,刘平平,译.北京:国际文化出版公司,2003.
[67] 泰福.人类社会的变迁[M].北京:中国社会科学出版社,2003.
[68] 〔美〕J.瓦西纳.文化和人类发展[M].孙晓玲,罗萌,等译.上海:华东师大出版社,2007.
[69] 吴晓静.失落的文明[M].北京:中国戏剧出版社,2004.
[70] 刘文鹏.古代埃及史[M].北京:商务印书馆,2005.
[71] 刘文鹏.埃及考古学[M].北京:生活·读书·新知三联书社,2008.
[72] 王震中.中国古代文明的探索[M].昆明:云南人民出版社,2005.
[73] 陆思贤.神话考古[M].北京:文物出版社,1995.
[74] 李学勤.中国古代文明与国家形成研究[C]. 昆明:云南人民出版社,1997.
[75] 严文明.长江文明的曙光[M].武汉:湖北教育出版社,2005.

[76] 朱乃诚.中国文明起源研究[M].福州:福建人民出版社,2006.
[77] 〔日〕株式会社学习研究社.宇宙[M]. 王先进,边冬梅,译.郑州:河南科技出版社,2004.
[78] 国务院学位办.同等学历人员申请硕士学位社会学统考大纲指南[C].北京:高等教育出版社,1999.
[79] 王大有.上古中华文明[M]. 北京:中国社会出版社,2000.
[80] 宋豫秦,等.中国文明起源的人地关系简论[M]. 北京:科学出版社,2002.
[81] 李法军.河北阳原姜家梁新石器时代人骨研究[M]. 北京:科学出版社,2008.
[82] 〔澳〕约翰·C.埃克尔斯.脑的进化[M]. 潘泓译.上海科教出版社,2007.
[83] 李春辉.拉丁美洲国家史稿[M]. 北京:商务印书馆,1973.
[84] 许海山.美洲历史[C]. 北京:线装书局,2006.
[85] 〔英〕V.G.柴尔德.远古文化史[M]. 周进揩译.上海:群联出版社,1954.
[86] 爱德华·伯恩斯,等.世界文明史[M].北京:商务印书馆,1998.
[87] 〔美〕维尔·杜伦.东方的文明[M]. 李一平译.西宁:青海人民出版社,1999.
[88] 翦伯赞.中国史纲[M].香港:三联书店,1950.
[89] 苏秉琦.中国文明起源新探[M].香港:商务印书馆,1997.
[90] 王宇信,徐义华.商周甲骨文[M]. 北京:文物出版社,2006.
[91] 王辉,叶启晓,赵哲夫.黑龙江考古文物图鉴[M].哈尔滨:黑龙江人民出版社,2000.
[92] 〔意〕卡斯蒂廖尼.医学史[M]. 程之范,等译,桂林:广西师大出版社,2003.
[93] 李强.社会分层十讲[M]. 北京:社会科学文献出版社,2008.
[94] 周蔚,徐克谦.人类文化启示录[M]. 上海:学林出版社,1999.
[95] 吴柏林.人体革命[M].上海人民出版社, 2000.
[96] 张海国.中国民族肤纹学[M].福州:福建科学技术出版社, 2002.
[97] 邵象清.人体测量手册[M].上海辞书出版社,1985.
[98] 张之恒 吴建民.中国旧石器时代文化[M].南京大学出版社,1991.
[99] 张之恒.中国新石器时代文化[M].南京大学出版社,1992.
[100] 〔美〕E.H.科尔伯特.脊椎动物的进化[C].周明镇,孙爱璘,叶祥奎,译.武汉:地质出版社,1976.
[101] 〔美〕L.N.马格纳.生命科学史[M]. 李难,崔极歉,王水平,译.天津:百花出版社,2002.
[102] 顾寿白.人类学大意[M].上海:商务印书馆 1924.
[103] 马克思恩格斯选集(第4卷)[M].中央马恩列斯著作编译局译.北京:人民出版社,1995.
[104] 马克思.摩尔根古代社会一书摘要[M].中科院历史所译.北京:人民出版

社,1965.
[105] 冯恩学.俄国东西伯利亚与远东考古[M].长春:吉林大学出版社,2002.
[106] 张雄,王晶雄.新编现代西方社会思潮[C].上海社科院出版社,1999.
[107] 郭瑞涛.地球概论[M].北京师范大学出版社,1988.
[108] 连云山.谁先到达美洲[M].中国社会科学出版社,1992.
[109] 林华东.良渚文化研究[M].杭州:浙江教育出版社,1998.
[110] 浙江省考古所.河姆渡文化研究[M].杭州大学出版社,1998.
[111] 王立新.早商文化研究[M].北京:高等教育出版社,1998.
[112] 苏秉琦.华人·龙的传人·中国人[M].沈阳:辽宁大学出版社,1994.
[113] 夏鼐.中国文明的起源[M].北京:文物出版社,1985.
[114] 〔美〕拉尔夫·林登.人格的文化背景[M]. 于闽梅,陈学晶,译.广西师大出版社,2007.
[115] 庄锡昌,孙志民.文化人类学的理论构架[M].杭州:浙江人民出版社,1988.
[116] 〔法〕马塞尔·莫斯.礼物——古式社会中交换的形式与理由[M]. 汲喆译.上海人民出版社,2002.
[117] 〔芬兰〕E. A. 韦斯特马克.人类婚姻史[M]. 刘小幸,等译.北京:商务印书馆,1992.
[118] 〔美〕乔治·彼得·穆道克.社会结构[M]. 许木柱,等译.台北:洪叶文化公司出版,1996.
[119] 芮逸夫.云五社会科学大辞典(人类学)[C].北京:商务印书馆,1975.
[120] 谢维扬.中国早期国家[M].杭州:浙江人民出版社,1995.
[121] 费孝通.社会学概论[C].天津人民出版社,1984.
[122] 佟新.人口社会学[M].北京大学出版社,2006.
[123] 魏津生.现代人口学[M].重庆出版社,1997.
[124] 邹进.现代德国文化教育学派[M].太原:山西教育出版社,1992.
[125] 〔德〕费迪南·费尔曼.生命哲学[M]. 李健鸣译.北京:华夏出版社,2000.
[126] 理查德·利基.人类的起源[M]. 吴汝康,等译.上海科技出版社,1995.
[127] 李民,王健.尚书译注[M].上海古籍出版社,2004.
[128] 河南省文物研究所,等.登封王城岗与阳城[M].北京:文物出版社,1992.
[129] 杨汝万.全球化背景下的亚太城市[M]. 北京:科学出版社,2004.
[130] 辽宁省文物考古所.辽宁牛河梁红山文化女神庙与积石冢群发掘简报[J].文物,1986,2.
[131] 甘肃省文物队.甘肃秦安大地湾 901 号房址发掘简报[J].文物,1986,2.
[132] 河南省文物研究所,等.河南淮阳平粮台龙山文化城址试掘简报[J].文物,1983,3.

[133] 中国社科院考古所山西队.1978—1980年山西襄汾陶寺墓地发掘简报[J].考古,1983,1.
[134] 贾兰坡.中国细石器的特征和它的传统、起源与分布[J].古脊椎动物与古人类,1978,16(2).
[135] 刘武.人是怎么进化的[J].文物天地,2004,2.
[136] 丁颖.中国栽培稻种的起源及其演变[J].农业学报,1957,8(3).
[137] 安志敏.中国史前时期之农业[J].燕京社会科学,1949(2).
[138] 孙进己,干志耿.文明起源和形成的理论研究[J].学习与探索,2002,5.
[139] 李济.殷墟铜器五种及其相关之问题[G].庆祝蔡元培先生六十五岁论文集.北京:民国中央研究院历史语言研究所,1935.
[140] 干志耿,李殿福,陈连开.先商起源于幽燕说[J].历史研究,1985,5.
[141] 严文明.文明起源研究的回顾与思考[J].文物,1999,10:27—34.
[142] 曹桂岑.探寻中华五千年文明史[J].中原文物,2002.2.
[143] 叶启晓.黑龙江地区史前人类迁徙及其环境演变研究[J].环境考古研究,1999,2.
[144] 郑光.关于黄帝城的有关问题[J].先秦史研究动态,1996,1.
[145] 周颖南.中华文明始于涿鹿[J].先秦史研究动态,1996,1.
[146] 孙守道,郭大顺.论辽河流域的原始文明与龙的起源[J].文物,1984,6.
[147] 苏秉琦.辽西古文化古城古国[J].文物,1986,8.
[148] 浙江省文物考古所反山考古队.浙江余杭反山良渚墓地发掘简报[J].文物,1988,1.
[149] 张忠培.良渚文化的年代和其所处社会阶段[J].文物,1995,5.
[150] 童恩正.有关文明起源的几个问题——与安志敏先生商榷[J].考古,1989,1.
[151] 白云翔,等.中国文明起源座谈纪要[J].考古,1989,12.
[152] 李学勤.重新估价中国古代文明[J].人文杂志(增刊)先秦史论文集,1982.
[153] 陈淳.从考古学谈人类的早期文明[J].上海大学学报,1984,1.
[154] 夏鼐.中国文明的起源[J].文物,1985,8.
[155] 邹衡.中国文明的诞生[J].文物,1987,12.
[156] 许顺湛.中国历史上有个五帝时代[J].中原文物,1999,2.
[157] 叶启晓.中国北方旧石器文化遗存研究[J].边疆考古研究,2004,3.
[158] 田昌五.中国奴隶制的特点和发展阶段问题[J].人文杂志(增刊),先秦史论文集,1982.
[159] 严文明.黄河流域文明的发祥与发展[J].华夏考古,1997,1.
[160] 严文明.略论中国文明的起源[J].文物,1992,1.
[161] 钱耀鹏.中原龙山城址的聚落考古学研究[J].中原文物,2001,1.
[162] 叶启晓.黑龙江泰来东翁根山新石器地点的古环境研究[J].环境考古研究,

1991,1.

[163] 蔡全法,马俊才,郭木森.河南省新密市发现龙山时代重要的城址[J].中原文物,2000,5.

[164] 曹桂岑.五帝时代都城考[J].溱洧文化,2002,1.

[165] 任昌华,等.涿鹿三祖文化简介[J].先秦史研究动态,1996,1.

[166] 叶启晓.哈尔滨地区第四系研究[J].黑龙江地质,1991,2.

[167] 孙敬叫,论涿鹿、阪泉之战在中华文明多元一体构成格局中的作用[J].先秦史研究动态,1996,1.

[168] 徐旭生.中国古史的传说时代(增订本)[M].北京:科学出版社,1960.

[169] 唐建.语言的起源和思维的起源[J].语文论丛,1981,1.

[170] 马克·阿伯勒.政治人类学:新的挑战、新的目标[J].黄语生译.国际社科杂志,1998,3:29—40.

[171] 带良.人类祖先何时开始直立行走——耳朵泄露了其中秘密[J].世界科技译报1994,7:30.

[172] 王东.文明起源的三大阶段新论[J].吉林大学社会科学学报,2003,2.

[173] J. R. Lucas, "Wilberforce And Huxley: A Legendary Encounter", *The Historical Journal*, 1979,22:313—330.

[174] J. W. Jensen, "Return to the Wilberforce-Huxley Debate", *The British Journal for the History of Science*, 1988,21:161—179.

后记

这本书是应现代医科高等院校人文通识教育的急需，在几年教学讲稿和课程建设的基础上编写完成的。虽然它已经正式出版，但仍存诸多缺憾，不论是内容范围和知识结构，还是章节逻辑性和深浅程度等都只能说是一种初步探索，或者说是一次积极的尝试。

多年教研实践表明，现代医科高校乃至所有非人类学专业的大学生和研究生越来越需要人类学知识。如何在全球化进程中开展人类学教育，在面向未来的大学生知识结构中补上人类学基本知识的缺环，是一项具有前瞻意义的工作，也是高校教育工作者面临的一项既艰巨复杂而又难以做好的急迫任务。

发达国家高校的人类学教育普遍受到重视。中国内地的人类学教育，特别是普通高校的人类学通识教育还刚刚起步，在师资、教材和教参等方面都处于探索阶段。为尽快推进这项工作，上海中医药大学 2004 年开始在本科教学中开设人类学课程，受到学生的普遍欢迎。现在，北京中医药大学、南京中医药大学和福建中医药大学等高等中医学府也都在积极筹备人类学课程。在这样一个形势下，为及时跟上教研需求，北京大学出版社将我这部还不太成熟的书稿作为教学参考书出版，使我受到极大的鞭策和鼓励。

然就书稿言，为给师生和读者相对全面的知识参考，书稿编撰时参阅了尽可能多的专业书籍和相关资料，间或用到先师们的精论妙语，虽书后尽附参考文献，但迫于时间，有些地方难免疏漏差错，倘有不妥，诚望海涵。限于水平，书中不当，更望赐教。

最后，我要由衷感谢中山大学的人类学家周大鸣教授，感谢他在百忙之中审读书稿并站在学科发展的高度为本书作序；由衷感谢吉林大学的体质人类学家朱泓教授，感谢他多年来无私而热忱的指导和教诲；由衷感谢上海中医药大学终身教授严振国先生，感谢他不辞劳苦连日审读书稿，又为本书最后确定书名，并以医科资深教授的视角为书作序。我还要由衷感谢吉林大学我的老师陈全家教授，感谢他多年来对我的鼓励、帮助和支持。感谢北京大学出版社刘乐坚副总编和高桂芳编辑，他们为本书的选题计划、文图编辑、出版装帧等付出了辛勤劳动。我感谢所有帮助和支持本书编撰工作的各位领导、同事和朋友们，感谢学生们的支持和协助。没有这些热情支持、指导和帮助，本书就不能出版。我再次谢谢大家。

叶启晓

2011 年 9 月 2 日于上海中医药大学